普通高等院校工业工程系列规划教材

# 制造工程基础

王润孝　主编

科学出版社

北　京

## 内 容 简 介

本书综合叙述了有关制造技术方面所涉及的基础和专业知识,并注重现代制造工程发展的新材料、新工艺、新技术的介绍。全书包括上、中、下三篇:上篇是工程材料与成形技术,分5章,包括工程材料、铸造成形、金属的塑性成形、金属的焊接成形、非金属材料的成形等内容。中篇是机械加工基础,分4章,包括金属切削的基础知识、金属切削机床及其运动、常用加工方法及装备、现代加工方法等内容。下篇是机械制造工艺,分5章,包括机械加工工艺规程设计、工艺过程质量控制、机床夹具设计基础、典型零件加工简介、机器的装配等内容。

本书内容丰富、全面,叙述简明,概念清楚,突出实用性,适合用作工业工程类和机械制造类专业教材,并可供相关专业的工程技术人员参考。

### 图书在版编目(CIP)数据

制造工程基础/王润孝主编. —北京:科学出版社,2010
普通高等院校工业工程系列规划教材
ISBN 978-7-03-029559-0

Ⅰ.①制… Ⅱ.①王… Ⅲ.①机械制造工艺-高等学校-教材
Ⅳ.①TH16

中国版本图书馆 CIP 数据核字(2010)第 225013 号

责任编辑:王鑫光 匡 敏/责任校对:张凤琴
责任印制:徐晓晨/封面设计:耕者设计工作室

科学出版社 出版
北京东黄城根北街 16 号
邮政编码:100717
http://www.sciencep.com

涿州市般润文化传播有限公司 印刷
科学出版社发行 各地新华书店经销

\*

2010 年 12 月第 一 版  开本:787×1092 1/16
2021 年 7 月第九次印刷  印张:22 3/4
字数:530 000

定价:79.00元
(如有印装质量问题,我社负责调换)

# 《普通高等院校工业工程系列规划教材》
# 编委会

**顾　问**
　　杨叔子　华中科技大学　　　　中国科学院院士

**主　任**
　　王润孝　西北工业大学　　　　教　授

**副主任**
　　郑　力　清华大学　　　　　教　授　　高建民　西安交通大学　　　教　授
　　江志斌　上海交通大学　　　教　授　　秦现生　西北工业大学　　　教　授
　　易树平　重庆大学　　　　　教　授　　胡华强　科学出版社　　　　编　审

**委　员**（按姓氏汉语拼音排序）
　　柴建设　首都经贸大学　　　教　授　　孙树栋　西北工业大学　　　教　授
　　董　欣　东北农业大学　　　教　授　　徐人平　昆明理工大学　　　教　授
　　方水良　浙江大学　　　　　副教授　　徐学军　华南理工大学　　　教　授
　　韩可琦　中国矿业大学　　　教　授　　许映秋　东南大学　　　　　教　授
　　黄洪钟　电子科技大学　　　教　授　　闫纪红　哈尔滨工业大学　　教　授
　　蒋祖华　上海交通大学　　　教　授　　杨　育　重庆大学　　　　　教　授
　　刘大成　清华大学　　　　　副教授　　张国军　华中科技大学　　　教　授
　　刘思峰　南京航空航天大学　教　授　　张晓冬　北京科技大学　　　教　授
　　龙　伟　四川大学　　　　　教　授　　张晓坤　Athabasca 大学　　教　授
　　钱省三　上海理工大学　　　教　授

**秘　书**
　　李　涛　西北工业大学　　　副教授

# 丛 书 序

热烈祝贺"普通高等院校工业工程系列规划教材"的出版！

现代企业有句名言："三分技术，七分管理。"管理是科学，也是哲学；是工作方法，也是思维方式。伴随工业生产的发展，并同工业生产实践不可分割而成长的工业工程学科本质上就是"管理"。

从弗雷德里克·泰勒创建与倡导的"科学管理运动"以来，工业工程学科发展迄今已经有近百年历史，作为一门融合自然科学、哲学社会科学、工程学与管理学等的交叉型学科，它的核心就是"用软科学的方法获得最高的效率和效益"。工业工程与工业生产实践联系非常紧密，它本身也是源于大工业生产的需求，随着人类社会的工业化文明进程不断发展、完善。在人类社会文明空前繁荣的20世纪，从欧美工业国家的经济发展、日本的战后崛起、亚洲"四小龙"的腾飞、"金砖四国"的高速发展中都能看到工业工程在社会生产中的应用。最初，工业工程主要应用在制造业，大工业时代使工业已成为社会各产业的结合，工业工程从制造业迅速发展到社会其他领域，包括现代农业、政府公共管理事业、服务业等。

我国在计划经济时代，工业工程无用武之地，错过了非常好的发展机会。改革开放后，我国市场经济飞速发展，特别是党中央提出了"以人为本"的科学发展观后，更为工业工程研究提供了极好的土壤和动力，工业工程在这三十年得到了突飞猛进的发展，工业工程技术也得到了非常广泛的应用，并且很多大型企业都设有工业工程方面的职位，社会对工业工程专业人才需求非常旺盛。工业工程的高等教育从1993年高等院校正式招收工业工程专业本科生开始，至今已有17年，最初招生只有两所院校，2000年以后，伴随着高等教育的蓬勃发展，开设工业工程专业的高等院校数量也快速增长，到目前约180多所。

在我国工业工程高等教育发展中，出版的高校教材也层出不穷，对工业工程教学水平的整体提高起到了非常重要的作用。但随着新理论、新领域、新技术、新产品的不断推出，企业、社会对人才的需求与对人才观认识的不断变化，工业工程的教学内容也有了很大变化，迫切需要出版一批适应新形势教学要求的教材。科学出版社历时2年时间，汇聚了国内众多工业工程的著名学者，在对国内外知名大学工业工程课程设置进行深入研讨的基础上，主要面向全国高等院校工业工程及相关专业的本科生，编写了这套《普通高等院校工业工程系列规划教材》。

本系列教材主要有以下特点：

(1) 课程规范，体系完整。对国外工业工程专业名校(如佐治亚理工学院等)的课程体系、人才培养模式进行探讨，结合我国清华大学、上海交通大学、哈尔滨工业大学、西北工业大学等众多名校工业工程教学现状，梳理出了约20门专业核心课程及重要专业课，并明确了每门课程所包含的基本内容及其先修后续课程的衔接内容，形成了一套比较系统、完备的工业工程专业课程体系。

(2) 厚积薄发，培育精品。国内工业工程学科、专业发展时间虽短，但十几年的经济高速发展带来的工业工程经验也非常可观，特别是参与本套丛书的很多作者，在工业工程领域成果丰硕，相应的教材也将尽量体现学科发展及课程改革的最新成果，为培育精品教材奠定基础。

(3) 引进案例教学，重视工程实践。工业工程的应用领域广泛，其本身就是解决工业生产实践的科学，而"实践是创新之根"，因此本系列教材在编写过程中，力求引进工程实际案例，引导学生拓宽视野,重视工程实践,培养解决实际问题的能力。

(4) 立体建设,资源丰富。本系列教材除了主教材外,还将逐步配套学习指导书、教师参考书和多媒体课件等,最终形成工业工程教学资源网,方便教师教学,同时有助于学生自学和复习。

随着工业工程学科、专业的发展,编者将对本系列教材不断更新,以保持其先进性与适用性;编者热忱欢迎全国同行以及关注工业工程教育及发展前景的广大读者对本系列教材提出宝贵意见和建议,以利于本系列教材的水平不断提高。

谨为之序。

中国科学院院士 杨尚るｆ

2010 年 7 月

# 前　言

随着科学技术水平的发展和知识的进步,机械制造领域和相关技术领域的教学内容也在不断更新。《制造工程基础》一书是为适应目前工业工程专业教学改革的需要,针对近几年来多门专业课合并、课时数减少的情况,参照目前试行的教学计划和教学大纲,借鉴其他教材,专为工业工程专业重新规划编写的专业课教材。

制造是人们通过已掌握的知识,应用不断革新的工具,采取更为快捷有效的方式,将自然界的资源转变成能为人们服务的物质产品的过程,它是人类从事的最主要的社会活动之一,是社会发展的基础。制造工程内容丰富,实用性强,应用范围广,为保障学生掌握必要的专业理论知识,提高综合实践能力,本书将材料、材料的热成形工艺、冷加工方法及常用制造装备等基础知识相融合,适当充实了部分例证,并力求反映国内外制造技术的新方法和新成就。

本书由王润孝任主编,董欣、谭小群、侯忠滨任副主编。上篇第 1 章由西安工业大学郁红陶编写;第 2~5 章由东北农业大学董欣编写;中篇第 6~9 章由西安邮电大学薛晓霞编写;下篇第 10 章的 10.1、10.2、10.3、10.4 节及第 11 章由侯忠滨编写;第 10 章的 10.5 和 10.6 节由王润孝编写;第 12~14 章由谭小群编写。全书由王润孝负责总体规划和统稿。

制造工程是一门应用广泛的学科,限于作者的水平,书中难免存在疏漏之处,恳请广大读者批评指正。

编　者

2010 年 10 月

# 目 录

## 上篇 工程材料与成形技术

**第 1 章 工程材料** ······ 3
- 1.1 工程材料的结构与性能 ······ 3
  - 1.1.1 金属材料的结构 ······ 3
  - 1.1.2 非金属材料的结构与组织 ······ 6
  - 1.1.3 工程材料的性能 ······ 9
- 1.2 金属的结晶与二元合金相图 ······ 11
  - 1.2.1 金属的结晶 ······ 11
  - 1.2.2 合金的结晶 ······ 14
  - 1.2.3 铁碳合金相图 ······ 16
- 1.3 钢的热处理 ······ 21
  - 1.3.1 钢在加热时的组织转变 ······ 21
  - 1.3.2 钢在冷却时的组织转变 ······ 22
  - 1.3.3 钢的基本热处理工艺 ······ 24
  - 1.3.4 钢的表面热处理工艺 ······ 26
- 1.4 常用工程材料 ······ 26
  - 1.4.1 金属材料 ······ 26
  - 1.4.2 非金属材料 ······ 34
- 思考题与习题 ······ 41

**第 2 章 铸造成形** ······ 42
- 2.1 铸造成形工艺基础 ······ 42
  - 2.1.1 充型能力 ······ 42
  - 2.1.2 合金的收缩 ······ 44
- 2.2 铸造方法 ······ 49
  - 2.2.1 砂型铸造 ······ 49
  - 2.2.2 特种铸造 ······ 52
- 2.3 铸造工艺设计 ······ 56
  - 2.3.1 浇注位置的选择 ······ 56
  - 2.3.2 铸型分型面的选择 ······ 57
  - 2.3.3 工艺参数的确定 ······ 58
  - 2.3.4 铸造工艺图绘制 ······ 60
- 2.4 常用合金铸件的生产 ······ 62
  - 2.4.1 铸铁件的生产 ······ 62
  - 2.4.2 铸钢件的生产 ······ 68
  - 2.4.3 非铁合金铸件的生产 ······ 70

## 2.5 铸件的结构工艺性 ... 71
### 2.5.1 铸造工艺对铸件结构的要求 ... 71
### 2.5.2 合金的铸造性能对铸件结构的要求 ... 73
思考题与习题 ... 76

## 第3章 金属的塑性成形 ... 77
### 3.1 塑性成形工艺基础 ... 77
#### 3.1.1 金属塑性成形的基本生产方式 ... 77
#### 3.1.2 金属的塑性变形原理 ... 79
#### 3.1.3 塑性变形后金属的组织和性能 ... 80
#### 3.1.4 金属材料的塑性加工性能 ... 83
### 3.2 锻压成形方法 ... 85
#### 3.2.1 自由锻 ... 85
#### 3.2.2 模锻 ... 85
#### 3.2.3 板料冲压 ... 91
### 3.3 锻压成形工艺设计 ... 101
#### 3.3.1 自由锻工艺规程制定 ... 101
#### 3.3.2 锤上模锻工艺规程制订 ... 103
#### 3.3.3 冲压工艺规程制订 ... 107
### 3.4 锻压件结构工艺性 ... 108
#### 3.4.1 自由锻件结构工艺性 ... 108
#### 3.4.2 模锻件结构工艺性 ... 110
#### 3.4.3 冲压件结构工艺性 ... 110
思考题与习题 ... 113

## 第4章 金属的焊接成形 ... 114
### 4.1 焊接工艺基础 ... 114
#### 4.1.1 焊接接头的组织与性能 ... 114
#### 4.1.2 焊接应力、变形与裂纹 ... 116
#### 4.1.3 金属的焊接性 ... 121
### 4.2 常用熔化焊方法 ... 122
#### 4.2.1 焊条电弧焊 ... 123
#### 4.2.2 埋弧焊 ... 126
#### 4.2.3 气体保护焊 ... 128
#### 4.2.4 电渣焊 ... 129
#### 4.2.5 等离子弧焊 ... 130
#### 4.2.6 电子束焊 ... 131
#### 4.2.7 激光焊与切割 ... 132
### 4.3 压力焊与钎焊 ... 133
#### 4.3.1 电阻焊 ... 133
#### 4.3.2 摩擦焊 ... 135

  4.3.3 钎焊 ······················································································· 136
4.4 常用金属材料的焊接 ············································································· 138
  4.4.1 碳钢的焊接 ··············································································· 138
  4.4.2 普通低合金结构钢的焊接 ······························································ 139
  4.4.3 铸铁的焊补 ··············································································· 139
  4.4.4 非铁金属的焊接 ········································································· 140
4.5 焊接结构设计 ······················································································ 141
  4.5.1 焊接结构材料的选择 ··································································· 141
  4.5.2 焊接方法的选择 ········································································· 141
  4.5.3 焊接接头工艺设计 ······································································ 141
思考题与习题 ······························································································ 145

# 第 5 章 非金属材料的成形 ··············································································· 146
5.1 工程塑料成形 ······················································································ 146
  5.1.1 概述 ························································································· 146
  5.1.2 塑料制品成形技术 ······································································ 146
  5.1.3 塑料制品的加工 ········································································· 148
  5.1.4 塑料制品结构工艺性 ··································································· 149
5.2 橡胶成形 ···························································································· 153
  5.2.1 概述 ························································································· 153
  5.2.2 橡胶制品成形技术 ······································································ 153
5.3 陶瓷材料成形 ······················································································ 154
  5.3.1 概述 ························································································· 154
  5.3.2 陶瓷制品成形技术 ······································································ 154
5.4 复合材料成形 ······················································································ 157
  5.4.1 概述 ························································································· 157
  5.4.2 复合材料成形技术 ······································································ 157
思考题与习题 ······························································································ 159

## 中篇 机械加工基础

# 第 6 章 金属切削的基础知识 ············································································· 162
6.1 金属切削基本原理 ··············································································· 162
  6.1.1 切削运动 ·················································································· 162
  6.1.2 切削要素 ·················································································· 163
6.2 金属切削刀具 ······················································································ 165
  6.2.1 刀具的结构几何参数（车刀） ······················································ 165
  6.2.2 刀具材料 ·················································································· 168
6.3 金属切削过程 ······················································································ 169
  6.3.1 切屑的形成与种类 ······································································ 169
  6.3.2 积屑瘤 ······················································································ 170

  6.3.3 切削力与切削功率 …………………………………………………………… 171
  6.3.4 切削热与切削温度 …………………………………………………………… 173
  6.3.5 刀具磨损与刀具耐用度 ……………………………………………………… 174
 6.4 工程材料的切削加工性 …………………………………………………………… 176
  6.4.1 工程材料的切削加工性 ……………………………………………………… 176
  6.4.2 改善工程材料切削加工性的主要途径 ……………………………………… 177
 思考题与习题 ……………………………………………………………………………… 181

## 第7章 金属切削机床及其运动 …………………………………………………… 182
 7.1 机床的分类 ………………………………………………………………………… 182
 7.2 机床型号的编制方法 ……………………………………………………………… 183
  7.2.1 型号表示方法 ………………………………………………………………… 183
  7.2.2 机床分类及类代号 …………………………………………………………… 183
  7.2.3 机床的通用特性代号、结构特性代号 ……………………………………… 184
  7.2.4 机床的组别、系列代号 ……………………………………………………… 184
  7.2.5 机床主参数、主轴数和第二主参数 ………………………………………… 184
  7.2.6 机床的重大改进顺序号 ……………………………………………………… 184
  7.2.7 其他特性代号 ………………………………………………………………… 185
  7.2.8 企业代号 ……………………………………………………………………… 185
 7.3 机床的组成 ………………………………………………………………………… 185
 7.4 机床的运动 ………………………………………………………………………… 186
  7.4.1 零件表面的切削加工成形方法 ……………………………………………… 186
  7.4.2 机床的运动 …………………………………………………………………… 186
 7.5 机床的传动 ………………………………………………………………………… 187
  7.5.1 机床传动的基本组成部分 …………………………………………………… 187
  7.5.2 机床的传动链 ………………………………………………………………… 187
  7.5.3 机床传动原理图 ……………………………………………………………… 187
  7.5.4 机床传动系统图和运动计算 ………………………………………………… 188
 思考题与习题 ……………………………………………………………………………… 190

## 第8章 常用加工方法及装备 ………………………………………………………… 191
 8.1 车削加工 …………………………………………………………………………… 191
  8.1.1 车削加工的工艺特点及适用范围 …………………………………………… 191
  8.1.2 车床的分类、组成及车床的运动分析 ……………………………………… 192
  8.1.3 车刀 …………………………………………………………………………… 193
 8.2 铣削加工 …………………………………………………………………………… 194
  8.2.1 铣削加工的工艺特点及适用范围 …………………………………………… 194
  8.2.2 铣床的种类 …………………………………………………………………… 194
  8.2.3 铣刀 …………………………………………………………………………… 196
 8.3 刨、插、拉、削加工 ……………………………………………………………… 198
  8.3.1 刨削加工的工艺特点及适用范围 …………………………………………… 198

|     |       | 8.3.2 刨床的种类 …………………………………………………… 199 |
| --- | ----- | ----- |
|     |       | 8.3.3 插削加工 …………………………………………………… 200 |
|     |       | 8.3.4 拉削的工艺特点 …………………………………………… 200 |
|     |       | 8.3.5 拉床 ……………………………………………………… 201 |
|     |       | 8.3.6 拉刀 ……………………………………………………… 202 |
|     | 8.4   | 钻削与镗削加工 ………………………………………………… 202 |
|     |       | 8.4.1 钻削加工 …………………………………………………… 202 |
|     |       | 8.4.2 镗削加工 …………………………………………………… 204 |
|     | 8.5   | 磨削加工 ………………………………………………………… 205 |
|     |       | 8.5.1 磨削加工的工艺特点与适用范围 ……………………… 205 |
|     |       | 8.5.2 磨床与磨具 ………………………………………………… 205 |
|     | 8.6   | 典型表面加工 …………………………………………………… 209 |
|     |       | 8.6.1 齿形加工方法 ……………………………………………… 209 |
|     |       | 8.6.2 螺纹加工 …………………………………………………… 210 |
|     |       | 8.6.3 成型面加工 ………………………………………………… 210 |
|     | 思考题与习题 …………………………………………………………… 211 |
| 第9章 | 现代加工方法 …………………………………………………………… 212 |
|     | 9.1   | 精密加工 ………………………………………………………… 212 |
|     |       | 9.1.1 研磨 ………………………………………………………… 212 |
|     |       | 9.1.2 珩磨 ………………………………………………………… 212 |
|     |       | 9.1.3 超级光磨 …………………………………………………… 213 |
|     |       | 9.1.4 抛光 ………………………………………………………… 213 |
|     | 9.2   | 超精密加工 ……………………………………………………… 213 |
|     | 9.3   | 特种加工 ………………………………………………………… 213 |
|     |       | 9.3.1 电火花加工 ………………………………………………… 214 |
|     |       | 9.3.2 电化学加工 ………………………………………………… 215 |
|     |       | 9.3.3 超声波加工 ………………………………………………… 217 |
|     |       | 9.3.4 激光加工 …………………………………………………… 218 |
|     |       | 9.3.5 电子束、离子束加工 ……………………………………… 218 |
|     |       | 9.3.6 其他特种加工方法 ………………………………………… 219 |
|     | 9.4   | 数控加工 ………………………………………………………… 220 |
|     |       | 9.4.1 数控机床简介 ……………………………………………… 220 |
|     |       | 9.4.2 数控机床的编程 …………………………………………… 222 |
|     | 思考题与习题 …………………………………………………………… 223 |

## 下篇 机械制造工艺

| 第10章 | 机械加工工艺规程设计 …………………………………………………… 226 |
| --- | ----- |
|     | 10.1 基本概念 ………………………………………………………… 226 |
|     |      10.1.1 机械加工工艺过程的组成 ………………………………… 226 |

10.1.2 生产类型与工艺过程的关系 ... 227
  10.1.3 工件的安装与获得尺寸的方法 ... 227
  10.1.4 制订工艺规程的技术依据和步骤 ... 229
 10.2 定位基准的选择 ... 229
  10.2.1 基准的概念 ... 229
  10.2.2 基准不重合的误差 ... 230
  10.2.3 基准的选择 ... 232
 10.3 工艺路线的拟订 ... 234
  10.3.1 加工方法的选择 ... 234
  10.3.2 加工阶段的划分 ... 236
  10.3.3 工序的集中与分散 ... 237
  10.3.4 加工顺序的安排 ... 238
 10.4 工序尺寸的确定和工艺尺寸的计算 ... 239
  10.4.1 加工余量的确定 ... 239
  10.4.2 工序尺寸的确定 ... 241
  10.4.3 工艺尺寸链 ... 242
  10.4.4 工艺尺寸的计算举例 ... 243
 10.5 成组加工工艺规程 ... 249
  10.5.1 概述 ... 249
  10.5.2 零件的分类编码系统 ... 249
  10.5.3 成组加工工艺规程设计 ... 250
 10.6 计算机辅助工艺过程设计 ... 251
  10.6.1 CAPP 系统的基本组成 ... 251
  10.6.2 产品信息 ... 251
  10.6.3 CAPP 系统工艺决策原理与开发应用 ... 252
 思考题与习题 ... 254

# 第11章 工艺过程质量控制 ... 258
 11.1 概述 ... 258
  11.1.1 加工精度 ... 258
  11.1.2 表面质量 ... 258
 11.2 加工误差产生的原因 ... 259
  11.2.1 理论误差 ... 260
  11.2.2 机床、夹具和刀具本身的误差 ... 260
  11.2.3 机床的调整误差 ... 263
  11.2.4 工件在机床或夹具上安装时的定位和夹紧误差 ... 263
  11.2.5 工艺系统受力变形所引起的加工误差 ... 263
  11.2.6 工艺系统热变形所引起的加工误差 ... 269
  11.2.7 工艺系统磨损所造成的加工误差 ... 270
  11.2.8 工件因内应力而引起加工误差 ... 271

  11.2.9 测量误差 ·················· 272
11.3 加工后表面层的状态 ············· 272
  11.3.1 表面层的加工硬化 ············ 272
  11.3.2 表面层的残余应力 ············ 273
11.4 表面质量对零件使用性能的影响 ······ 274
  11.4.1 耐磨性 ··················· 274
  11.4.2 疲劳强度 ················· 276
  11.4.3 耐蚀性 ··················· 277
  11.4.4 配合质量的稳定性及可靠性 ····· 277
11.5 磨削的表面质量 ················ 277
  11.5.1 烧伤 ···················· 278
  11.5.2 裂纹 ···················· 279
思考题与习题 ······················· 280

# 第12章　机床夹具设计基础 ············ 282
12.1 机床夹具的基本概念 ············· 282
  12.1.1 夹具的组成 ··············· 282
  12.1.2 夹具的分类 ··············· 283
12.2 工件在夹具上的定位原理和定位误差分析 ··· 285
  12.2.1 六点定位原理 ·············· 285
  12.2.2 自由度限制的选择 ··········· 286
  12.2.3 欠定位和超定位问题 ········· 286
  12.2.4 定位误差分析方法 ··········· 288
12.3 夹紧装置和夹紧力计算 ············ 297
  12.3.1 对夹紧装置的要求 ··········· 297
  12.3.2 夹紧力的方向和作用点的选择 ··· 298
  12.3.3 常用夹紧装置及夹紧力计算 ···· 300
12.4 典型夹具及设计 ················ 308
  12.4.1 钻床夹具 ················· 308
  12.4.2 镗床夹具 ················· 312
  12.4.3 车床、磨床夹具 ············ 317
  12.4.4 铣床类夹具 ··············· 321
12.5 夹具设计的方法与步骤 ············ 324
12.6 现代机床夹具 ·················· 325
  12.6.1 可调夹具 ················· 326
  12.6.2 自动线夹具 ··············· 327
  12.6.3 组合夹具 ················· 328
  12.6.4 数控机床夹具 ·············· 329
思考题与习题 ······················· 329

## 第 13 章 典型零件加工简介 ·········································································· 333
### 13.1 轴类零件的加工 ············································································· 333
### 13.2 套筒类零件的加工 ··········································································· 334
### 13.3 盘(环)类零件的加工 ······································································· 335
### 13.4 箱体类零件的加工 ··········································································· 335

## 第 14 章 机器的装配 ·················································································· 337
### 14.1 概述 ···························································································· 337
### 14.2 装配工艺规程的制定 ········································································ 338
#### 14.2.1 制订装配工艺规程的原则 ························································ 338
#### 14.2.2 制订装配工艺规程的原始资料 ·················································· 338
#### 14.2.3 制订装配工艺规程的内容及步骤 ··············································· 339
### 14.3 装配尺寸链 ··················································································· 341
#### 14.3.1 装配尺寸链的基本概念 ··························································· 341
#### 14.3.2 装配尺寸链的建立 ································································· 342
#### 14.3.3 装配尺寸链组成的最短路线原则 ··············································· 342
#### 14.3.4 达到装配精度的几种方法 ························································ 342
### 思考题与习题 ······················································································· 344

## 参考文献 ···································································································· 345

# 上篇　工程材料与成形技术

# 第1章 工程材料

## 1.1 工程材料的结构与性能

工程材料是人类用以制作有用物件的物质,是社会进步的物质基础和先导。材料品种繁多,按照世界各国对材料传统的分类方法,可以将工程材料分为金属材料、无机非金属材料(如陶瓷)、有机高分子材料和复合材料四大类。

### 1.1.1 金属材料的结构

固体物质按其原子(或分子)的聚集状态可分为晶体和非晶体两大类。晶体是内部质子(原子、离子或分子)在三维空间呈周期性重复排列的固体。非晶体是指组成物质的质子不呈空间有规则周期性排列的固体。晶体具有整齐规则的几何外形、固定的熔点、各向异性的特点;而非晶体没有固定的熔点且各向同性。

由于晶体是由许多质子按照一定几何规律排列所构成的,如图 1-1(a)所示,若用许多平行的直线将这些质子连接起来,就构成称为晶格的三维空间构架,如图 1-1(b)所示。这种晶体中质子排列规则的空间构架模型称为晶体点阵或结点,晶格中的结点所构成的平面称为晶面,结点所组成的直线称为晶向,表示晶格或晶体的空间方位。为了研究晶体中质子排列的规律性,通常取晶体点阵的一个基本单元来描述晶体的构造,这种基本单元也称为晶胞。晶胞的棱边长度 $a$、$b$、$c$ 和棱间夹角 $\alpha$、$\beta$、$\gamma$ 是衡量晶胞大小和形状的六个参数,其中 $a$、$b$、$c$ 称为晶格常数或点阵常数,其大小用 Å($1Å=10^{-8}$ cm)来表示。若晶胞的 $a=b=c$,$\alpha=\beta=\gamma=90°$,则这个晶胞称为简单立方晶胞,如图 1-1(c)所示。具有简单立方晶胞的晶格称为简单立方晶格。

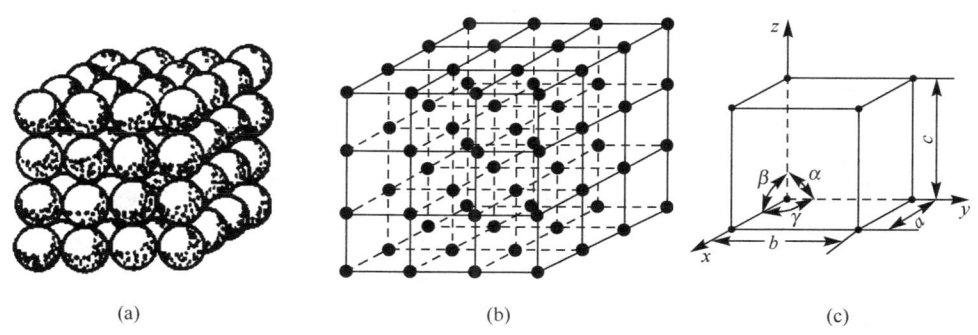

图 1-1 晶体点阵和晶胞示意图

**1. 金属的晶体结构**

1)金属晶体结构的基本类型

在常用的金属元素中,常见的金属晶体结构类型有下面三种。

(1)体心立方晶格。体心立方晶格的晶胞中,八个原子处于立方体的角上,一个原子处于立方体的中心,角上八个原子与中心原子紧靠,如图 1-2(a)所示。

(2) 面心立方晶格。面心立方晶格的晶胞中，金属原子分布在立方体的八个角上和六个面的中心，面中心的原子与该面四个角上的原子紧靠，如图1-2(b)所示。

(3) 密排六方晶格。密排六方晶格的晶胞中，十二个金属原子分布在六方体的十二个角上，在上下底面的中心各分布一个原子，上下底面之间均匀分布三个原子，如图1-2(c)所示。

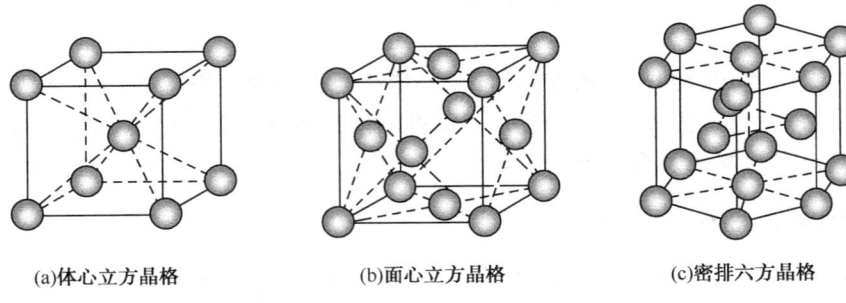

(a) 体心立方晶格　　(b) 面心立方晶格　　(c) 密排六方晶格

图1-2　金属晶格基本类型

2) 实际金属的晶体结构

前面讲到的都是理想的晶体结构，而现实中的金属晶体或多或少总是存在各种各样的偏离规则排列的不完整区域。这种质子偏离规则的不完整区域称为晶体缺陷。晶体缺陷的种类较多，若按晶体缺陷的几何形状划分，可将它们分为点缺陷、线缺陷和面缺陷三种。金属晶体结构中存在许多不同类型的缺陷，这些缺陷对金属的性能有很大影响。

(1) 点缺陷。

点缺陷是指在三维尺度上都很小的，仅有几个原子直径的缺陷。在晶体晶格中，若某结点上没有原子，则这个结点称为空位。同时，在晶格的间隙中也可以滞留多余原子。任何纯金属中都会或多或少存在杂质，即其他元素，这些原子称为异类原子(或杂质原子)。若杂质原子与金属原子的半径接近，则杂质原子可能占据晶格的一些结点；若杂质原子的半径比金属原子的半径小得多，则杂质原子位于晶格的空隙中。这些情况(图1-3)都会使附近的原子偏离正常结点位置，造成晶格畸变，使金属的电阻率、屈服强度增加，密度发生变化。

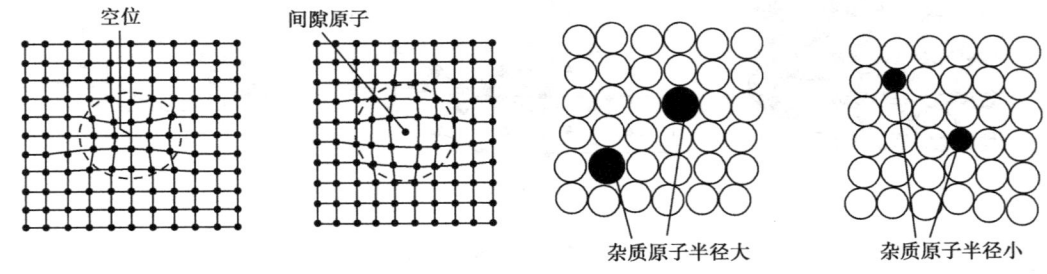

空位　　间隙原子　　杂质原子半径大　　杂质原子半径小

图1-3　晶格点缺陷

(2) 线缺陷。

线缺陷的集中表现形式是位错。在金属晶体中，由于某种原因，晶体的一部分相对于另一部分出现一个多余的半原子面。这个多余的半原子面犹如切入晶体的刀片，使晶体右边的上部点相对于下部点向后错动一个原子间距，即右边上部相对于下部晶面发生错动。这种线缺陷称为刃型位错(图1-4(a))。若将错动区的原子用线连接起来,则具有螺旋形特征。这种线缺陷称为螺型位错(图1-4(b))。

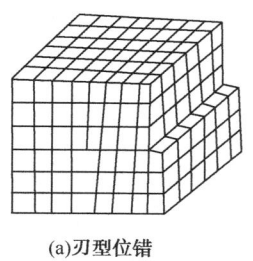 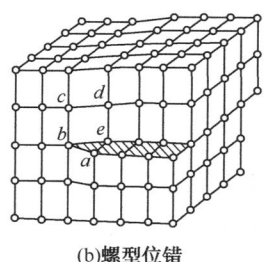

(a)刃型位错　　　　　　　　　　(b)螺型位错

图 1-4　位错示意图

位错的存在对金属的机械性能明显有影响。当金属为理想晶体或仅含极少量位错时,金属的屈服强度很高;当含有一定量的位错时,强度降低。在进行形变加工时,位错密度增加,金属的屈服强度将会增加。

(3)面缺陷。

面缺陷是指二维尺度很大而第三维尺度很小的缺陷。金属材料通常是由许多小晶体组成的(图1-5)。这种位向不同、形状各异的小晶体称为晶粒。晶粒与晶粒之间的交界称为晶界。面缺陷就是由于相邻两晶粒的位向不同,从一种位向晶粒向另一种位向晶粒过渡时引起的。由多个晶粒组成的晶体结构称为多晶体结构。晶界的存在就是晶体面缺陷的一种(图1-6)。

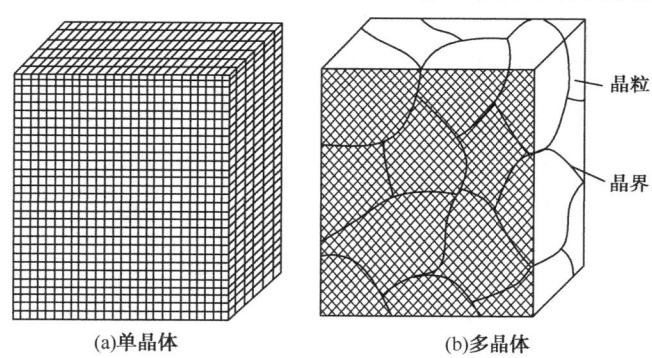

(a)单晶体　　　　　　　　　　(b)多晶体

图 1-5　单晶与多晶体结构

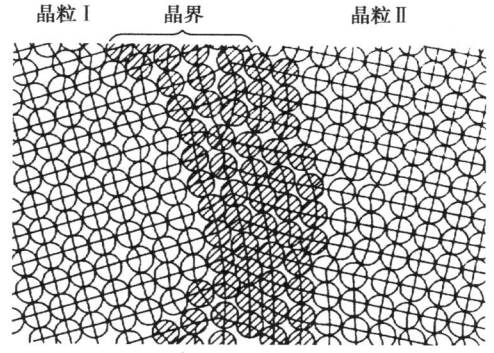

图 1-6　晶界原子排列的示意图

在实际的金属晶体结构中,还存在非金属氧化物等颗粒状物质,或者微细裂纹、孔洞类缺陷,这些缺陷称为晶体的体缺陷。

金属的晶体结构中存在的缺陷,对金属的某些性能影响明显,正确处理好缺陷的形式和数量,就可以控制金属的品质。

2. 合金的结构

由两种或两种以上的金属与非金属合成的具有金属特性的物质称为合金。合金一般通过熔合成均匀液体和凝固而得。组成合金的独立的、最基本的单元称为组元。根据组元的数目,合金可分为二元合金、三元合金和多元合金等。合金中结构相同、成分和性能均一,并以界面相互隔开的组成部分称为相。合金中不同相的组合称为组织。

合金中各组元之间相互影响、相互作用,因此可组成各种不同的结构。

1)固溶体

在固态合金中,各组元通过溶解形成一种成分和性能均匀,且结构与组元之一相同的固相,称为固溶体。与固溶体晶格相同的组元称为溶剂,在合金中含量一般较多;另一组元称为溶质,含量较少。

按照溶质原子在溶剂晶格中的位置,固溶体可分为置换固溶体(图 1-7)与间隙固溶体(图 1-8)两种。置换固溶体中溶质原子代换了溶剂晶格某些结点上的原子;间隙固溶体中溶质原子进入溶剂晶格的间隙中。随着溶质原子的溶入,晶格会发生畸变。晶格畸变会增大位错运动的阻力,使金属的滑移变形更加困难,从而能够提高合金的强度和硬度。这种通过形成固溶体使金属强度和硬度提高的现象称为固溶强化。

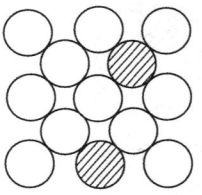
图 1-7 置换固溶体

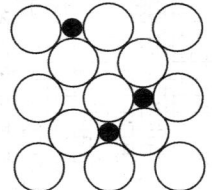
图 1-8 间隙固溶体

2)金属化合物与机械混合物

合金组元相互作用形成的晶格类型和特性完全不同于任一组元的新相称为金属化合物。金属化合物一般熔点较高,硬度高,脆性大。当合金中含有金属化合物时,强度、硬度和耐磨性提高,塑性和韧性降低。

由纯金属、固溶体、金属化合物这些合金的基本相,按照固定比例构成的组织称为机械混合物。随着混合物中各种结构的比例变化,合金的性能在较大范围内变化。

### 1.1.2 非金属材料的结构与组织

1. 陶瓷材料的组织结构

陶瓷材料按照习惯可分为两类,即传统陶瓷和先进陶瓷。传统陶瓷主要指黏土制品,以黏土、长石、石英等天然原料为主,经粉碎、成形、烧结等工艺制成制品。先进陶瓷也称为高技术陶瓷、特种陶瓷等。先进陶瓷又分为结构陶瓷和功能陶瓷，结构陶瓷主要是利用其良好的力学性能；功能陶瓷主要利用其优异的声、光、电、磁等物理性能。

陶瓷材料组织结构比较复杂。陶瓷晶体主要以离子键、共价键为主，也可以是两种结合类型的综合或是介于两种类型之间的过渡。按照组织形态，陶瓷材料分为以下三类。

(1) 无机玻璃，即硅酸盐玻璃，是室温下具有确定形状，但其粒子在空间成不规则排列的非晶结构类陶瓷材料。

(2) 微晶玻璃，即玻璃陶瓷，是单个晶体分布在非晶态的玻璃基体上的一类陶瓷材料。

(3) 陶瓷（晶体陶瓷），如具有单相晶体结构的氧化铝特种陶瓷，但更典型的是具有复杂结构的普通陶瓷等。这类陶瓷材料是最常用的结构材料和工具材料。

陶瓷的典型组织结构包括三种相：晶体相（莫来石和石英）、玻璃相和气相。

1) 晶体相

晶体相是陶瓷的主要组成相，对陶瓷的性能起决定性作用。大多数陶瓷的晶体相常常不止一个，而是多相多晶体，其物理、化学和力学性能主要由晶体相决定。陶瓷晶体相中有些化合物也会发生同素异晶转变，而且实际陶瓷结构中也存在着晶体缺陷。

陶瓷晶粒的晶界形状多呈规则多边形，这与金属晶界有较大不同。由于晶界的结构较疏松，能量较高，在晶粒生长过程中，易析出一些杂质，这些杂质通常聚集在晶界上。杂质在晶界上的存在方式如图1-9所示。

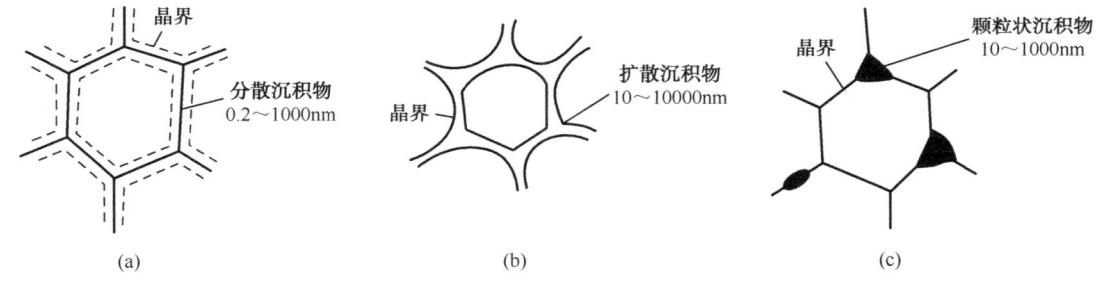

图1-9 杂质在晶界上的存在方式

2) 玻璃相

玻璃相是一种非晶态低熔点固体相，是陶瓷材料中不可缺少的组成相，它将分散的晶体相粘接在一起，填充了晶体相间的空隙，提高了材料的致密程度，降低烧结温度，抑制晶相的晶粒长大，使陶瓷材料获得一定程度的玻璃特性。玻璃相熔点低，热稳定性差，使陶瓷在高温下发生蠕变，并因其中杂质的存在而使陶瓷的绝缘性降低。因此，工业陶瓷中玻璃相的含量控制为20%～40%。

3) 气相

陶瓷结构中存在占体积5%～10%的气孔，成为组织中的气相。气孔使陶瓷组织致密性下降，密度减小，能够吸收振动，但同时也产生应力集中，导致陶瓷强度降低，介电损耗增大，电击穿强度及绝缘性下降。因此，除多孔陶瓷外，应力求降低气孔的大小和数量，并使气孔呈球形均匀分布。普通陶瓷的气孔率应为5%～10%，特种陶瓷的气孔率应在5%以下。

非金属材料是近年来发展迅速的常用材料，随着其性能的不断改善和进一步提高，将会有更加广泛的应用空间。正确选用非金属材料取代金属材料是未来的发展趋势。

2. 高分子材料的组织结构

高分子材料是以分子量大于10000的高分子化合物为主要组成部分的材料。

高分子材料除以高分子化合物为主要组分外，通常还包含各种添加剂，如塑料中的固化剂、增塑剂、稳定剂等。这些组分虽然也影响材料的性能，但是没有像高分子化合物那样至关重要，因此，高分子材料的结构主要是指高分子化合物的结构。高分子化合物的结构按其研究单元不同可分为高分子链结构(分子内结构)和聚集态结构(分子间结构)。

1）高分子链结构

链结构是指单个高分子的结构和形态，可分为近程结构和远程结构。近程结构包括构造和构型。构造是指聚合物分子的形状；构型是指分子中原子在空间的几何排列，如线型、支型、交联型等(图1-10)。近程结构属于化学结构，又称一级结构。远程结构又称二级结构，是指单个高分子的大小和形态、链的柔顺性及分子在各种环境中所采取的构象。

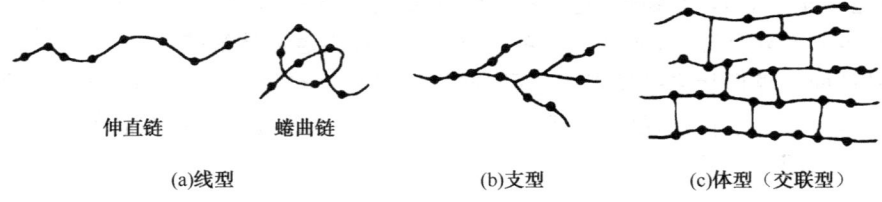

图1-10 高分子链的空间几何形态

高分子链的近程结构指的是结构单元的化学组成、键接方式、空间构型、支化和交联、序列结构等问题。

2）聚集态结构

聚集态结构是指高分子材料整体的内部结构，包括晶态结构、非晶态结构、取向态结构、液晶态结构等(图1-11)。

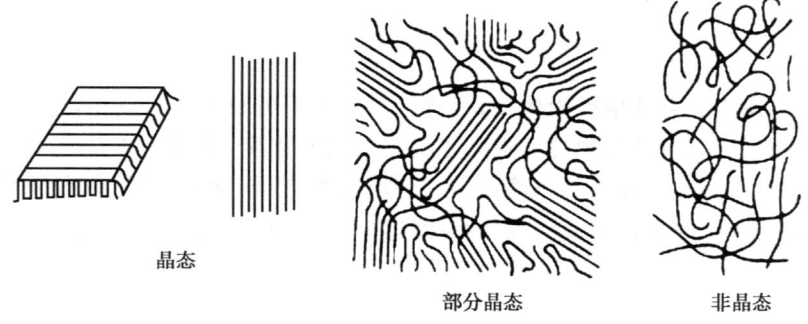

图1-11 高分子化合物聚集态结构示意图

(1) 晶态结构。线型聚合物固化时可以结晶，但由于分子链运动较困难，不可能完全结晶。

(2) 非晶态结构。聚合物凝固时，分子不能规则排列，呈远程无序、近程有序状态。

(3) 取向态结构。在外力作用下，卷曲的大分子链沿外力方向平行排列而形成的定向结构。

(4) 液晶态结构。液晶态是介于晶态和液态之间的热力学稳定态相。

## 1.1.3 工程材料的性能

**1. 材料的力学性能**

材料的力学性能是指材料在外载荷作用下所反映出来的固有性能。

1)强度

强度是工程材料在外力作用下抵抗产生塑性变形或断裂的能力。外载荷方式不同,描述强度的指标也不同。为便于相互比较,强度常用材料的单位面积所能承受载荷的最大能力表示(即应力,单位 MPa)。

(1)金属材料的强度。

屈服强度和抗拉强度是工程上金属材料常用的强度指标。

①屈服强度。

由于材料多半是在弹性状态下工作,因此屈服强度是设计计算的主要依据。屈服强度是指材料在外力作用下产生屈服时的应力,用 $\sigma_s$ 表示。计算方法如下:

$$\sigma_s = \frac{F_s}{A_0} \tag{1-1}$$

式中,$F_s$ 为试样屈服时所承受的最大载荷(N);$A_0$ 为试样的原始截面积($mm^2$)。

对于没有明显屈服现象的金属材料,工程上规定以试样产生 0.2% 塑性变形时的应力值作为该材料的屈服强度,用 $\sigma_{0.2}$ 表示。

②抗拉强度。

材料在外力作用下,在断裂前所能承受的最大应力,用 $\sigma_b$ 表示,计算方法如下:

$$\sigma_b = \frac{F_b}{A_0} \tag{1-2}$$

式中,$F_b$ 为试样拉断前所承受的最大载荷(N);$A_0$ 为试样原始截面积($mm^2$)。

(2)陶瓷材料的强度。

对于陶瓷等脆性材料,由于其塑性几乎为零,用抗拉强度已难以准确描述其抵抗变形与破坏的能力,因此常用弯曲强度表示。

(3)高分子材料的强度。

对于高分子材料,其强度与环境温度有关,图 1-12 为高分子聚合物在不同温度范围拉伸时的应力-应变曲线。

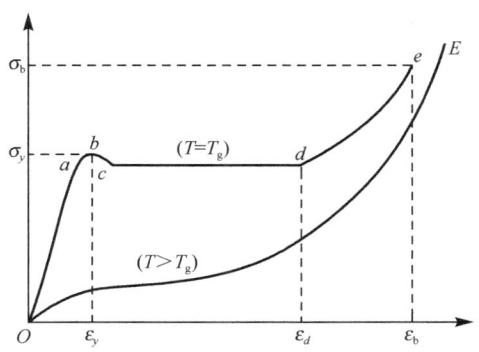

图 1-12 聚合物的应力-应变图曲线

2) 塑性

塑性是指工程材料在外力作用下产生永久变形而不破裂的能力。常用塑性指标是伸长率 $\delta$ 和断面收缩率 $\Psi$。

(1) 伸长率。

伸长率是试样拉断后标距伸长量与原始标距长度比值的百分率,用 $\delta$ 表示

$$\delta = \frac{L_1 - L_0}{L_0} \times 100\% \tag{1-3}$$

式中,$L_0$ 为试样原始的标距长度(mm);$L_1$ 为试样拉断后的标距长度(mm)。

(2) 断面收缩率。

断面收缩率是试样拉断时缩颈处截面积的最大缩减量与原始横截面积比值的百分率,用 $\Psi$ 表示

$$\Psi = \frac{A_1 - A_0}{A_0} \times 100\% \tag{1-4}$$

式中,$A_0$ 为试样原始的横截面积(mm²);$A_1$ 为试样拉断后的横截面积(mm²)。

$\delta$ 和 $\Psi$ 的数值越大,表示材料的塑性越好。良好的塑性是金属材料进行塑性加工的必要条件;塑性良好的零件在使用中一旦超载,可避免发生突然断裂。

3) 硬度

硬度是指固体材料对外界物体机械作用(如压陷、刻划)的局部抵抗能力。硬度不是金属独立的基本性能,而是反映材料弹性、强度与塑性等的综合性能指标。在工程技术中应用最多的是压入硬度,常用的指标有布氏硬度(HB)、洛氏硬度(HRC、HRB)和维氏硬度(HV)等。所得到的硬度值的大小实质上是表示金属表面抵抗压入物体(钢球或锥体)所引起局部塑性变形的抗力大小。一般情况下,硬度高的材料强度高,耐磨性能较好,切削加工性能较差。

4) 冲击韧度

许多机械零件和工具在工作中往往要受到冲击载荷的作用,如活塞销、锤杆、冲模和锻模等。金属材料断裂前吸收的变形能量称为韧性。韧性的常用指标为冲击韧度。常采用一次摆锤冲击弯曲试验来测定。测得试样冲击吸收功,用符号 $A_k$ 表示。用冲击吸收功除以试样缺口处截面积 $S_0$,即得到材料的冲击韧度 $a_k$。

5) 疲劳强度

轴、齿轮、轴承、叶片、弹簧等零件,在工作过程中各点的应力随时间周期性地变化,这种随时间周期性变化的应力称为交变应力(也称循环应力)。在交变应力作用下,虽然零件所承受的应力低于材料的屈服点,但经过较长时间的工作而产生裂纹或突然发生完全断裂的过程称为金属的疲劳。材料承受的交变应力($\sigma$)与材料断裂前承受交变应力的循环次数($N$)之间的关系可用疲劳曲线来表示。金属承受的交变应力越大,断裂时应力循环次数 $N$ 越少。当应力低于一定值时,试样可以经受无限周期循环而不破坏,此应力值称为材料的疲劳极限(也称为疲劳强度),用 $\sigma_{-1}$ 表示。

2. 工程材料的物理性能、化学性能及工艺性能

1) 物理性能

工程材料的物理性能主要是指密度、熔点、热膨胀性、导热性、导电性和磁性等。因机器零件的用途不同,对其物理性能的要求也有所不同。例如,航空零件选用密度较小的铝、镁、钛合

金;电动机、电器零件则选用导电性好的铜或铜合金。

2) 化学性能

工程材料的化学性能主要是指在常温或高温时其抵抗各种介质侵蚀的能力,如耐酸性、抗氧化性、耐蚀性等。在腐蚀介质中或高温下工作的机器零件,由于比在空气中或室温时受到的腐蚀更为强烈,因此在设计这类零件时应特别注意材料的化学性能,应采用化学稳定性良好的工程材料。例如,化工设备、医疗和食品用具常采用不锈钢制造,而内燃机的排气阀、汽轮机、核电站设备的一些零件则常选用耐热钢制造。

3) 工艺性能

工程材料的工艺性能是其物理性能、化学性能和力学性能在加工过程中的综合反映,是指是否易于进行冷、热加工的性能。按照工艺方法的不同,工艺性能可分为铸造性能、塑性加工性能、焊接性能和切削加工性能等。

在设计零件和选择工艺方法时,都需要考虑工程材料的工艺性能。例如,灰铸铁的铸造性能优良,是其广泛被用来制造铸件的重要原因,但其塑性加工性很差,焊接性能也很差;低碳钢的焊接性优良,而高碳钢则很差,故焊接结构广泛采用的是低碳钢。

## 1.2 金属的结晶与二元合金相图

通常将金属经过液态转变成固态的过程称为结晶,就是金属从一种原子排列状态(晶态或非晶态)到另一种原子规则排列状态(晶态)的转变过程。研究金属结晶过程的基本规律,对改善金属材料的组织和性能都具有重要意义。

### 1.2.1 金属的结晶

**1. 金属的结晶过程**

从原子排列规则性看,结晶就是原子排列从无规则状态向规则状态转变。金属的结晶是由晶核的形成和晶核的长大两个过程来实现的。当液态金属结晶时,首先在液体中形成一些极微小的晶体(称为晶核),然后再以它们为核心不断长大。在这些晶体长大的同时,又出现新的晶核并逐渐长大,直至液态金属全部消失。其结晶过程可用图1-13说明。

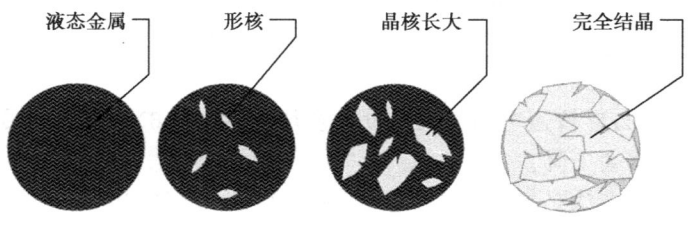

图1-13 金属结晶过程

**2. 结晶的冷却曲线和过冷现象**

金属的结晶一般可通过热分析的方法测定,即将液态金属放在坩埚中并以极其缓慢的速度进行冷却,记录冷却过程中温度 $T$ 随时间 $t$ 的变化数据,并绘制成图1-14所示的冷却曲线。

冷却曲线中平台所对应的温度 $T_0$ 即金属的结晶温度,称为平衡结晶温度(在此温度下结晶与熔化速度相等,固体和液体处于平衡状态)。

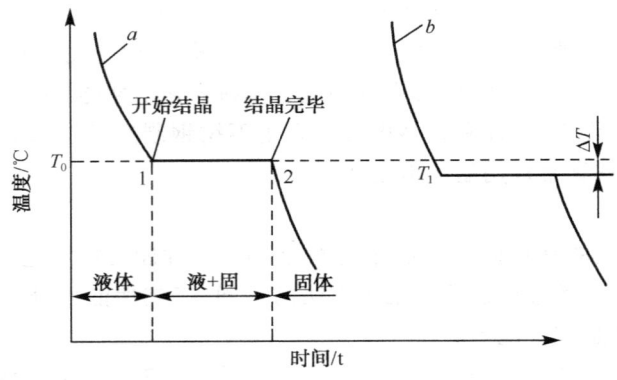

图 1-14 纯金属结晶的冷却曲线示意图
a-理论结晶温度曲线;b-实际结晶温度曲线

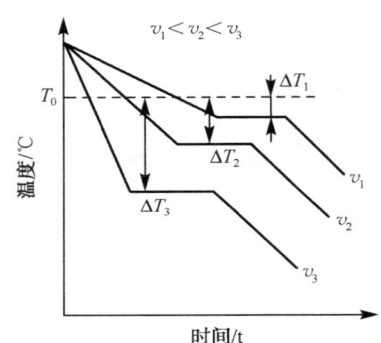

图 1-15 液态金属不同冷却速度时的冷却曲线

在实际情况下,金属的结晶不可能无限缓慢进行,常常是快速冷却至 $T_0$ 以下某一温度时开始结晶,如图 1-14 所示的曲线 b。$T_1$ 称为实际结晶温度,$T_0$ 与 $T_1$ 之差 $\Delta T(=T_0-T_1)$ 称为过冷度,其大小与冷却速度、金属性质和纯度有关。冷却速度越大,过冷度越大(图 1-15)。过冷是金属结晶的必要条件。

3. 细化晶粒的措施

金属结晶后,获得由大量晶粒组成的多晶体,而一个晶粒是由一个晶核长成的晶体。实际金属的晶粒在显微镜下呈颗粒状。晶粒大小可用晶粒度来表示,晶粒度号越大晶粒越细。一般情况下,晶粒越小,金属的强度、塑性和韧性越好。工程上经常通过晶粒细化使金属机械性能提高,这种方法称为细晶强化。细化铸态金属晶粒有以下几个措施。

1) 增大金属的过冷度

一定体积的液态金属中,若成核速率 $N$(单位时间单位体积形成的晶核数,单位是个/($m^3 \cdot s$))越大,则结晶后的晶粒越多,晶粒就越细小;若晶体长大速度 $G$(单位时间晶体长大的长度,单位是 m/s)越快,则晶粒越粗大。

随着过冷度的增加,形核速率和长大速度均会增大(图 1-16)。但当过冷度超过一定值后,成核速率和长大速度都会下降。

增大过冷度的主要办法是提高液态金属的冷却速度,采用冷却能力较强的模子。例如,采用金属型铸模比采用砂型铸模获得的铸件晶粒要细小。

2) 变质处理

当金属的体积较大,获得大的过冷度有困难,或铸件形状复杂,不允许过多地提高冷却速度时,为了得到细晶粒铸件,多采用变质处理。

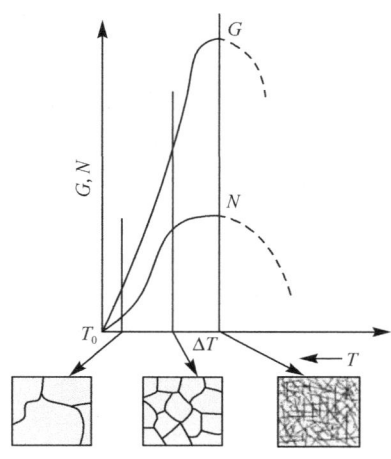

图 1-16　成核速率、长大速度与过冷度的关系

变质处理就是在液体金属中加入孕育剂或变质剂,以细化晶粒和改善组织。变质剂的作用在于增加晶核的数量或者阻碍晶核的长大。例如,在铝合金液体中加入钛、锆;钢水中加入钛、钒、铝等,可使晶粒细化。在铁水中加入硅铁、硅钙合金时,能使组织中的石墨变细。还有一类物质,虽不能提供结晶核心,但能阻止晶粒长大。有的则能附着在晶体的结晶前缘,强烈地阻碍晶粒长大。

3）振动

在金属结晶的过程中采用机械振动、超声波振动等方法,可以破碎正在生长中的树枝状晶体,形成更多的结晶核心,获得细小的晶粒。常用的振动方法有机械振动、超声波振动、电磁搅拌等。特别是在钢的连铸中,电磁搅拌已成为控制凝固组织的重要技术手段。

4. 同素异构转变

许多金属在固态下只有一种晶体结构。例如,铝、铜、银等金属在固态时,无论温度高低,均为面心立方晶格;钨、钼、钒等金属则为体心立方晶格。但有些金属在固态下存在两种或两种以上的晶格形式,如铁、钴、钛等。这类金属在冷却或加热过程中其晶格形式会发生变化。金属在固态下随温度的改变,由一种晶格转变为另一种晶格的现象,称为同素异构转变。图 1-17 是纯铁的凝固过程。

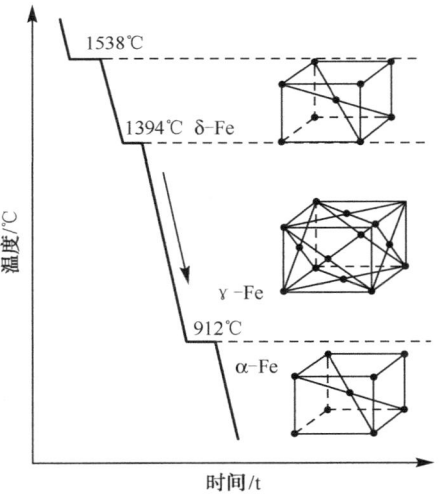

图 1-17　纯铁的冷却曲线

液态纯铁在 1538℃ 进行结晶,成为具有体心立方晶格的 δ-Fe。继续冷却,在 1394℃ 时发生同素异构转变,成为面心立方晶格的 γ-Fe。再冷却,降到 912℃ 时又发生同素异构转变,成为体心立方晶格的 α-Fe。其转变过程如下:

δ-Fe(体心立方晶格)—γ-Fe(面心立方晶格)—α-Fe(体心立方晶格)

以不同晶体结构存在的同一种金属的晶体称为该金属的同素异晶体。上面的δ-Fe、γ-Fe、α-Fe均是纯铁的同素异晶体。

金属的同素异构转变与液态金属的结晶过程相似,故称为二次结晶或重结晶。在发生同素异构转变时金属也有过冷现象,也会放出潜热,并具有固定的转变温度。新同素异晶体的形成也包括形核和长大两个过程。同素异构转变是在固态下进行,因此转变需要较大的过冷度。由于晶格的变化导致金属的体积发生变化,转变时会产生较大的内应力。例如,当γ-Fe转变为α-Fe时,铁的体积会膨胀约1%。它可引起钢淬火时产生应力,严重时会导致工件变形和开裂。

适当提高冷却速度,可以细化同素异构转变后的晶粒,从而提高金属的机械性能。

### 1.2.2 合金的结晶

#### 1. 二元合金相图

合金相图就是用图解的方法表示合金系中合金的状态、组织、温度和成分之间的关系,又称为平衡相图或状态图。利用合金相图可以知道各种成分的合金在不同的温度具有哪些相,各相的相对含量、成分以及温度变化时可能发生的变化,有助于了解合金的组织状态和预测合金的性能,也可按要求研究配制新的合金。相图在生产中可以作为制定金属材料熔炼、铸造、锻造和热处理等工艺规程的重要依据,也可以作为陶瓷材料选配原料、制定生产工艺、分析性能的重要依据。

下面以Cu-Ni合金为例,说明用热分析法建立相图的具体步骤(图1-18)。

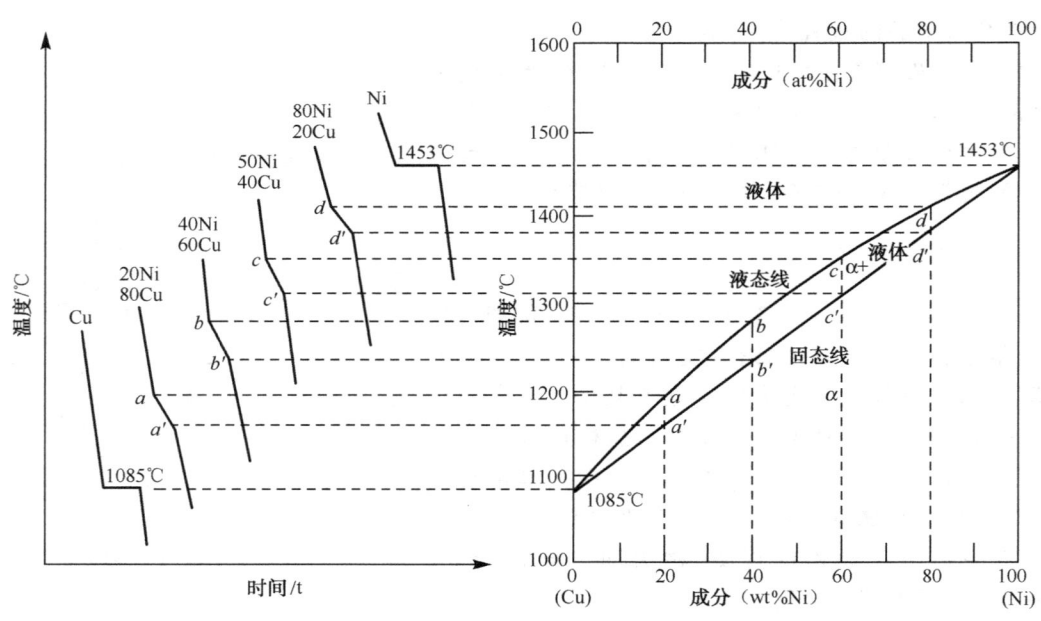

图1-18 二元合金相图

(1)分别配制不同成分(质量分数)的Cu-Ni合金:①100%Ni;②20%Cu+80%Ni;③40%Cu+60%Ni;④60%Cu+40%Ni;⑤80%Cu+20%Ni;⑥100%Cu。配制的合金数目越多,合金成分的间隔越小,得到的相图越精确。

(2) 测出以上各合金的冷却曲线,并找出各冷却曲线上临界点(即转折点和平台)的温度。

(3) 画出温度-成分坐标系,在相应成分垂线上标出临界点温度。

(4) 将物理意义相同的点(如转变开始点、转变结束点)连成曲线,标明各区域内所存在的相,即得到 Cu-Ni 相图(图 1-18)。

2. 二元合金相图类型与结晶分析

常见的二元合金相图有匀晶相图、共晶相图、包晶相图、共析相图等。

1) 发生匀晶反应的合金结晶

两组元在液态和固态下均无限互溶,它们所构成的相图称为二元匀晶相图。如图 1-18 所示的 Cu-Ni 相图为典型的匀晶相图。

2) 发生共晶反应的合金结晶

两组元在液态下完全互溶,在固态下有限互溶,并发生共晶反应时所构成的相图称为共晶相图。如图 1-19 所示 Pb-Sn 合金相图为典型共晶相图。

共晶反应是指成分固定的合金液体在恒温下同时结晶出两种固相的反应,所生成的两相混合物称为共晶体。其反应式是

$$L_e \longrightarrow (\alpha_c + \beta_d)$$

3) 发生共析反应的合金结晶

在有些二元系合金中,当液体凝固完毕后继续降低温度时,在固态下还会发生相转变。在一定温度下,一定成分的固相分解为另外两个一定成分的固相转变过程称为共析转变。共析相图形状(图 1-20)与共晶相图类似。$d$ 点成分(共析成分)的合金从液相经过匀晶反应生成 $\gamma$ 相后,继续冷却到 $d$ 点温度(共析温度)时,在此恒温下发生共析反应,反应式是 $\gamma \longrightarrow (\alpha + \beta)$。

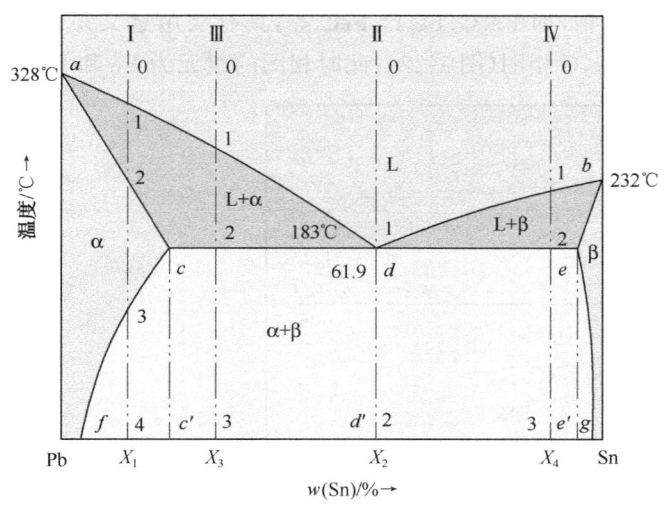

图 1-19 Pb-Sn 合金相图

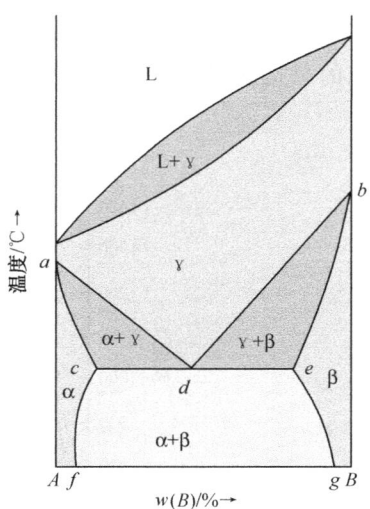

图 1-20 共析相图

4) 含有稳定化合物的合金结晶

在某些二元合金中,常形成一种或几种稳定化合物。这些化合物具有一定的化学成分、固定的熔点,且熔化前不分解,也不发生其他化学反应。例如,Mg-Si 合金就能形成稳定化合物 $Mg_2Si$。Mg-Si 合金相图属于含有稳定化合物的相图,如图 1-21 所示。

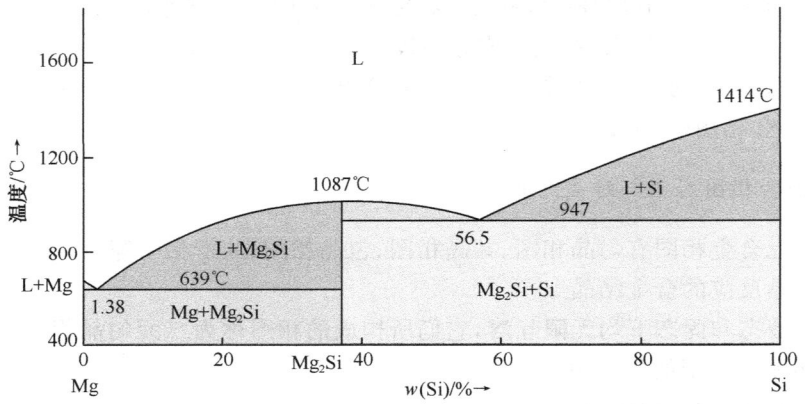

图 1-21 含有稳定化合物的相图

在分析这类相图时,可把稳定化合物看成一个独立的组元,并将整个相图分割成几个简单相图。因此,Mg-Si 相图可分为 Mg-$Mg_2$Si 和 $Mg_2$Si-Si 两个相图来进行分析。

### 1.2.3 铁碳合金相图

现代工业中以铁、碳为主要元素的碳钢和铸铁应用最为广泛,铁碳合金相图是研究碳钢和铸铁的成分、温度、组织及性能之间关系的理论基础,是制定热加工、热处理、冶炼和铸造等工艺的依据。

**1. 铁碳相图的特征**

铁(Fe)和碳(C)能够形成一系列化合物,如 $Fe_3C$、$Fe_2C$、FeC 等,具有实用意义并被深入研究的只是 Fe-$Fe_3$C 部分,通常称为 Fe-$Fe_3$C 相图(图 1-22),此时相图的组元为 Fe 和 $Fe_3$C。

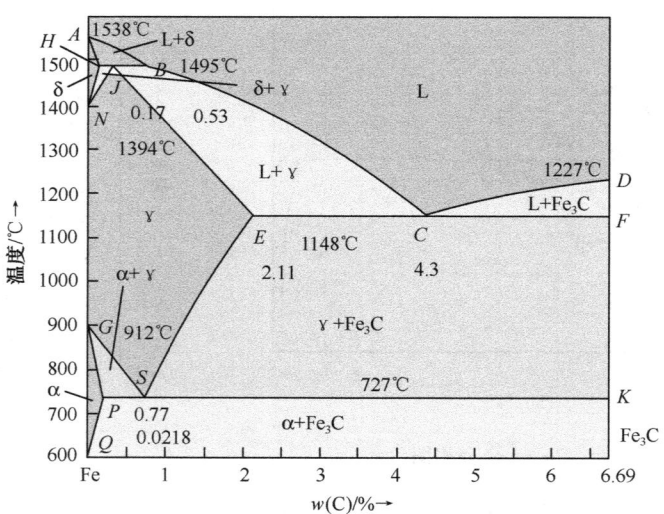

图 1-22 Fe-$Fe_3$C 相图

1) Fe-Fe₃C相图的组织

(1) Fe。Fe是过渡族元素,熔点或凝固点为1538℃,相对密度是7.87g/cm³。纯铁从液态结晶为固态后,继续冷却到1394℃及912℃时,先后发生两次同素异构转变。工业纯铁的机械性能特点是强度低、硬度低、塑性好。

(2) Fe₃C。Fe₃C是Fe与C的一种具有复杂结构的间隙化合物,通常称为渗碳体,用$C_m$表示。机械性能特点是熔点高,硬而脆,塑性、韧性几乎为零。

2) 铁碳合金中的相

Fe-Fe₃C相图中存在五种相。

(1) 液相L。液相L是Fe与C的液溶体。

(2) δ相。δ相又称为高温铁素体,是C在δ-Fe中的间隙固溶体,呈体心立方晶格,在1394℃以上存在,在1495℃时,溶碳量最大,为0.09%。

(3) α相。α相也称为铁素体,用符号F或α表示,是C在α-Fe中的间隙固溶体,呈体心立方晶格。铁素体中C的固溶度极小,室温时约为0.0008%,600℃时为0.0057%,在727℃时,溶碳量最大,为0.0218%。铁素体的性能特点是强度低、硬度低、塑性好,其机械性能与工业纯铁大致相同。

(4) γ相。γ相常称为奥氏体,用符号A或γ表示,是C在γ-Fe中的间隙固溶体,呈面心立方晶格。奥氏体中C的固溶度较大,在1148℃时溶碳量最大达2.11%。奥氏体的强度较低,硬度不高,易于塑性变形。

(5) Fe₃C相。Fe₃C相是一个化合物相,也称为渗碳体,用$C_m$表示,其晶体结构和性能已于前述,渗碳体根据生成条件不同有条状、网状、片状、粒状等形态,对铁碳合金的机械性能有很大影响。

3) 相图中重要的点和线

(1) 重要的点。

J为包晶点。合金在平衡结晶过程中冷却到1495℃时,B点成分的L与H点成分的δ发生包晶反应,生成J点成分的A。

C点为共晶点。合金在平衡结晶过程中冷却到1148℃时,C点成分的L发生共晶反应,生成E点成分的A和Fe₃C。共晶反应在恒温下进行,反应过程中L、A、Fe₃C三相共存。

共晶反应的产物是A与Fe₃C的共晶混合物,称为莱氏体,以符号Le表示。

Le中的Fe₃C称为共晶渗碳体。在显微镜下Le的形态是块状或粒状A(室温时转变成珠光体)分布在Fe₃C基体上。

S点为共析点。合金在平衡结晶过程中冷却到727℃时,S点成分的A发生共析反应,生成P点成分的F和Fe₃C。共析反应在恒温下进行,反应过程中,A、F、Fe₃C三相共存。

共析反应的产物是F与Fe₃C的共析混合物,称为珠光体,以符号P表示。

P中的Fe₃C称为共析渗碳体。在显微镜下P的形态呈层片状。在放大倍数很高时,可清楚看到相间分布的Fe₃C片(窄条)与F片(宽条)。

P的强度较高,塑性、韧性和硬度介于Fe₃C和F之间。

(2) 重要的线。

水平线HJB为包晶反应线。碳含量为0.09%~0.53%的铁碳合金在平衡结晶过程中均发生包晶反应。

水平线 ECF 为共晶反应线。碳含量在 2.11%～6.69% 的铁碳合金，在平衡结晶过程中均发生共晶反应。

水平线 PSK 为共析反应线。碳含量为 0.0218%～6.69% 的铁碳合金，在平衡结晶过程中均发生共析反应。PSK 线亦称 $A_1$ 线。

GS 线是合金冷却时自 A 中开始析出 F 的临界温度线，通常称 $A_3$ 线。

ES 线是 C 在 A 中的固溶线，通常称为 $A_{cm}$ 线。由于在 1148℃ 时 A 中溶碳量最大可达 2.11%，而 727℃ 时仅为 0.77%，因此碳含量大于 0.77% 的铁碳合金自 1148℃ 冷却至 727℃ 的过程中，将从 A 中析出 $Fe_3C$。析出的 $Fe_3C$ 称为二次渗碳体（$Fe_3C_{II}$）。$A_{cm}$ 线亦为从 A 中开始析出 $Fe_3C_{II}$ 的临界温度线。

PQ 线是 C 在 F 中固溶线。在 727℃ 时 F 中溶碳量最大可达 0.0218%，室温时仅为 0.0008%，因此碳含量大于 0.0008% 的铁碳合金自 727℃ 冷却至室温的过程中，将从 F 中析出 $Fe_3C$。析出的 $Fe_3C$ 称为三次渗碳体（$Fe_3C_{III}$）。PQ 线亦为从 F 中开始析出 $Fe_3C_{III}$ 的临界温度线。$Fe_3C_{III}$ 数量极少，往往予以忽略。

根据铁碳合金相图，铁碳合金可分为以下三类。

① 工业纯铁（$w(C) \leqslant 0.0218\%$）。

② 钢（$0.0218\% < w(C) \leqslant 2.11\%$）。包括亚共析钢（$0.0218\% < w(C) < 0.77\%$）、共析钢（$w(C) = 0.77\%$）、过共析钢（$0.77\% < w(C) \leqslant 2.11\%$）。

③ 白口铸铁（$2.11\% < w(C) < 6.69\%$）。包括亚共晶白口铸铁（$2.11\% < w(C) < 4.3\%$）、共晶白口铸铁（$w(C) = 4.3\%$）、过共晶白口铸铁（$4.3\% < w(C) < 6.69\%$）。

根据对铁碳合金的结晶过程分析，可将组织标注在铁碳相图中，如图 1-23 所示。

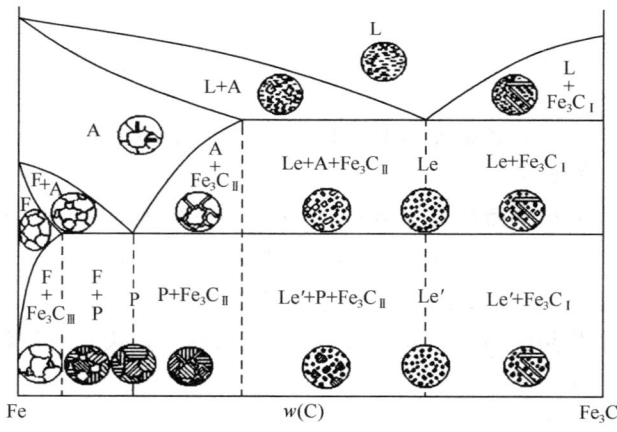

图 1-23　铁碳合金结晶过程组织

2. 铁碳合金的成分-组织-性能的关系

按照铁碳相图，铁碳合金在室温下的组织都由 F 和 $Fe_3C$ 两相组成，两相的质量分数由杠杆定律确定。相图的形状与合金的性能之间存在一定的对应关系。铁碳合金的性能与成分的关系如图 1-24 所示。随碳含量的增加，F 的量逐渐变少，由 100% 按直线关系变至 0%（含 6.69%C 时）；$Fe_3C$ 的量则逐渐增多，由 0% 按直线关系变至 100%。

在室温下,碳含量不同时,不仅 F 和 $Fe_3C$ 的相对质量变化,而且两相相互组合的形态即合金的组织也在变化。随碳含量增大,组织按下列顺序变化:

$$F \rightarrow F+P \rightarrow P \rightarrow P+Fe_3C_{II} \rightarrow P+Fe_3C_{II}+Le' \rightarrow Le' \rightarrow Le'+Fe_3C_I Fe_3C$$

各个区间的组织组成物的质量分数用杠杆定律求出,碳质量分数小于 0.0218% 的合金的组织全部为 F;碳含量为 0.77% 时全部为 P;碳含量为 4.3% 时全部为 $Le'$;碳含量为 6.69% 时全部为 $Fe_3C$。在上述碳含量分数之间则为相应组织组成物的混合物。

由图 1-24 可知:

(1) 硬度主要决定于组织中组成相或组织组成物的硬度和质量分数。随碳含量的增加,由于硬度高的 $Fe_3C$ 增多,硬度低的 F 减少,合金的硬度呈直线关系增大,由全部为 F 时硬度约 80HB 增大到全部为 $Fe_3C$ 时的约 800HB。

(2) 强度是一个对组织形态很敏感的性能。随碳含量的增加,亚共析钢中 P 增多而 F 减少。P 的强度比较高,其大小与细密程度有关。组织越细密,强度值越高。F 的强度较低,所以

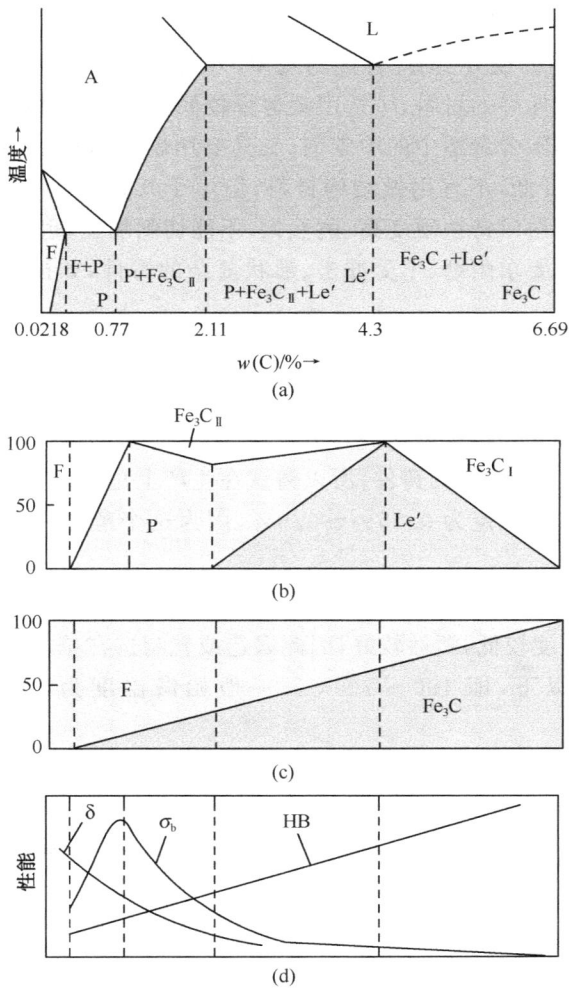

图 1-24 铁碳合金的成分-组织-性能的关系

亚共析钢的强度随碳含量的增大而增大。但当碳质量分数超过共析成分之后,由于强度很低的 $Fe_3C_{II}$ 沿晶界出现,合金强度的增高变慢,到碳含量约为 $0.9\%$ 时,$Fe_3C_{II}$ 沿晶界形成完整的网,强度迅速降低。随着碳质量分数的进一步增加,强度不断下降,到碳含量为 $2.11\%$ 后,合金中出现 Le 时,强度已降到很低的值。再增加碳含量时,由于合金基体都为脆性很高的 $Fe_3C$,强度变化不大且值很低,趋于 $Fe_3C$ 的强度($20\sim30MPa$)。

合金的塑性变形全部由 F 提供。所以随碳含量的增大,F 量不断减少时,合金的塑性连续下降。到合金成为白口铸铁时,塑性就降到接近于零值了。铁碳合金中 $Fe_3C$ 是极脆的相,没有塑性。

3. $Fe\text{-}Fe_3C$ 相图的应用

$Fe\text{-}Fe_3C$ 相图在生产中具有重要的实际意义,主要应用在钢铁材料的选用和加工工艺的制订方面。

1) 在钢铁材料选用方面的应用

$Fe\text{-}Fe_3C$ 相图所表明的成分-组织-性能的规律,为钢铁材料的选用提供了根据。建筑结构和各种型钢需用塑性、韧性好的材料,应选用碳含量较低的钢材;机械零件需要强度、塑性及韧性都较好的材料,应选用碳含量适中的中碳钢;工具要用硬度高和耐磨性好的材料,则选碳含量高的钢钟。纯铁的强度低,不宜用做结构材料,但由于其磁导率高,矫顽力低,可做软磁材料,如电磁铁的铁心等。白口铸铁硬度高、脆性大,不能切削加工,也不能锻造,但其耐磨性好,铸造性能优良,适用于做要求耐磨、不受冲击、形状复杂的铸件,如拔丝模、冷轧辊、货车轮、犁铧、球磨机的磨球等。

2) 在铸造工艺方面的应用

根据 $Fe\text{-}Fe_3C$ 相图可以确定合金的浇注温度。浇注温度一般在液相线以上 $50\sim100℃$。从相图上可看出,纯铁和共晶白口铸铁的铸造性能最好,它们的凝固温度区间最小,因而流动性好,分散缩孔少,可以获得致密的铸件,所以铸铁在生产上总是选在共晶成分附近。

在铸钢生产中,碳含量规定为 $0.15\%\sim0.6\%$,因为这个范围内钢的结晶温度区间较小,铸造性能较好。

3) 在热锻、热轧工艺方面的应用

钢处于 A 状态时强度较低,塑性较好,因此锻造或轧制选在单相 A 区进行。一般始锻、始轧温度控制在固相线以下,即 $100\sim200℃$。一般始锻温度为 $1150\sim1250℃$,终锻温度为 $750\sim850℃$。

4) 在热处理工艺方面的应用

$Fe\text{-}Fe_3C$ 相图对于制订热处理工艺有着特别重要的意义。一些热处理工艺如退火、正火、淬火的加热温度都是依据 $Fe\text{-}Fe_3C$ 相图确定的。这些内容将在热处理一节中详细阐述。

在运用 $Fe\text{-}Fe_3C$ 相图时应注意以下两点。

(1) $Fe\text{-}Fe_3C$ 相图只反映铁碳二元合金中相的平衡状态,如含有其他元素,相图将发生变化。

(2) $Fe\text{-}Fe_3C$ 相图反映的是平衡条件下铁碳合金中相的状态,若冷却或加热速度较快,其组织转变就不能只用相图来分析。

## 1.3 钢的热处理

钢的热处理是将钢在固态下通过不同的加热、保温和冷却的方法,以获得所需的组织和性能的一种工艺。热处理只是改变金属材料的组织和性能,而不以改变形状和尺寸为目的。重要的金属零件一般都要通过热处理来提高其质量和性能。

现代机器设备对于金属材料的性能不断提出新的要求,因此,热处理在机器制造业中占有十分重要的意义。钢的热处理工艺分为普通热处理和表面热处理两大类。普通热处理包括退火、正火、淬火、回火等;表面热处理包括表面淬火和化学热处理(渗碳、渗氮等)。各种钢的热处理都可用以温度、时间为坐标的热处理工艺曲线表示,如图1-25所示。

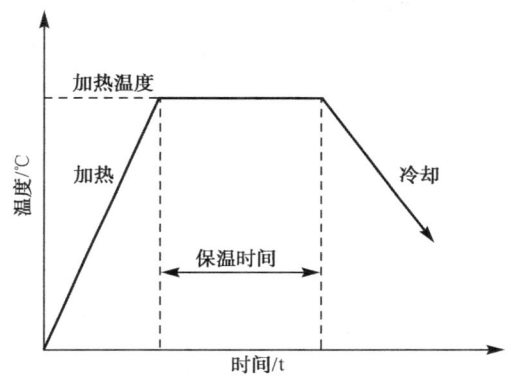

图1-25 热处理工艺曲线示意图

### 1.3.1 钢在加热时的组织转变

**1. 金属材料的组织**

在金相显微镜下可以看到金属材料内部的微观形貌,这种微观形貌称为显微组织(简称组织)。金属材料的组织由数量、形态、大小和分布方式不同的各种相(可以是单相或多相)组成。

金属材料的组织决定着材料的性能。同一种钢经过不同的热处理可以获得不同的组织,从而获得不同的性能,如45钢经过不同的热处理可以分别获得珠光体、索氏体、屈氏体、贝氏体、马氏体等组织,从而可以具有不同的性能。

**2. 奥氏体的形成过程**

以碳钢为例,碳钢的室温组织基本上是由铁素体和渗碳体两相组成,只有将钢加热到奥氏体状态才能通过不同的冷却方式获得不同的组织,从而得到所需要的性能。所以,热处理时合理地加热金属是十分重要的。大多数热处理工艺都要将钢加热到临界温度以上,获得全部或部分奥氏体组织,即奥氏体化。

奥氏体的形成是晶核形成和长大的过程,也是铁及碳原子扩散和晶格改变的过程。下面以共析钢为例讨论钢在加热过程中奥氏体的形成过程,分为四步,如图1-26所示。

第一步,奥氏体晶核形成。首先在奥氏体与$Fe_3C$相界形核。

第二步,奥氏体晶核长大。晶核通过碳原子的扩散向奥氏体和$Fe_3C$方向长大。

第三步,残余$Fe_3C$溶解。铁素体的成分、结构更接近于奥氏体,因而先消失。残余的$Fe_3C$随保温时间延长继续溶解直至消失。

第四步,奥氏体成分均匀化。$Fe_3C$溶解后,其所在部位碳含量仍很高,通过长时间保温使奥氏体成分趋于均匀。

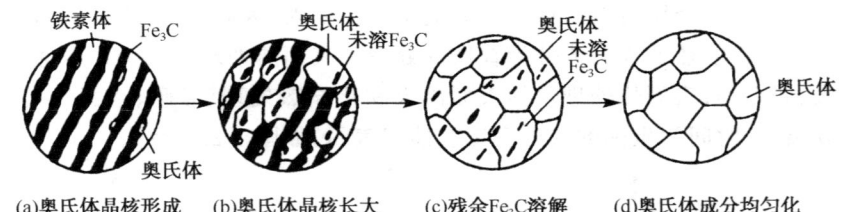

图1-26 奥氏体的形成示意图

亚共析钢和过共析钢的奥氏体形成过程与共析钢基本相同,但必须加热到$A_{c3}$(亚共析钢)或$A_{ccm}$(过共析钢)以上时才获得单一的奥氏体组织。

### 1.3.2 钢在冷却时的组织转变

通常金属零件都是在室温下工作,此时零件材料的力学性能不仅与热处理工艺中的加热、保温后所获得的奥氏体晶粒大小等有关,也取决于过冷奥氏体(处于临界点$A_1$以下的奥氏体,过冷奥氏体是非稳定组织,迟早要发生转变)冷却转变后所获得的组织。而冷却方式和冷却速度对奥氏体的组织转变有直接的影响。

钢的热处理工艺有两种冷却方式。一个是等温冷却,另一个是连续冷却。

1. 等温冷却组织转变

等温冷却就是将加热到奥氏体状态的钢,先较快地冷却至$A_1$线以下的某温度,这时奥氏体尚未转变,成为过冷奥氏体,然后保温,使过冷奥氏体在等温状态下发生组织转变。待完成转变后再快速冷却到室温。

下面以共析钢为例研究等温冷却过程中的组织转变。图1-27是共析钢的奥氏体等温转变曲线。

共析钢过冷奥氏体等温转变的产物大致可分为三个类型。

1)高温转变产物

过冷奥氏体冷却到$A_1 \sim 550℃$范围的任一温度,此时过冷奥氏体的转变产物为珠光体型组织(图1-28),此温度区间称为珠光体转变区。

珠光体型组织是铁素体和渗碳体的机械混合物,渗碳体呈层片状分布在铁素体基体上,过冷度越大,层片越薄,珠光体型组织按层间距大小分为珠光体(P)、索氏体(S)和屈氏体(T)。

2)中温转变产物

共析钢奥氏体过冷到$550 \sim 230℃$后等温转变的产物属于贝氏体组织,贝氏体是渗碳体分布在碳过饱和的铁素体基体上的两相混合物。贝氏体比珠光体硬度更大。如果将过冷到$550 \sim 350℃$后转变而得到的组织称为上贝氏体($B_上$),则过冷到$230 \sim 350℃$后转变而得到的为下贝氏体($B_下$)。下贝氏体较上贝氏体有较高的强度和硬度,塑性和韧度也较好。

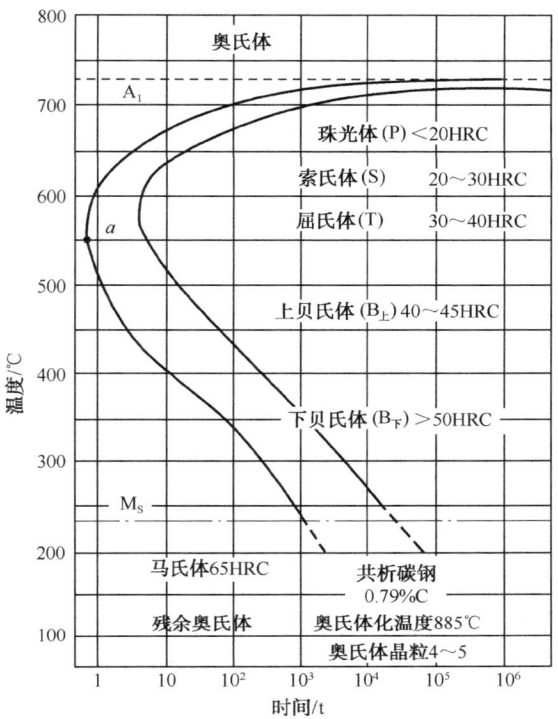

图 1-27 共析钢的奥氏体等温转变曲线

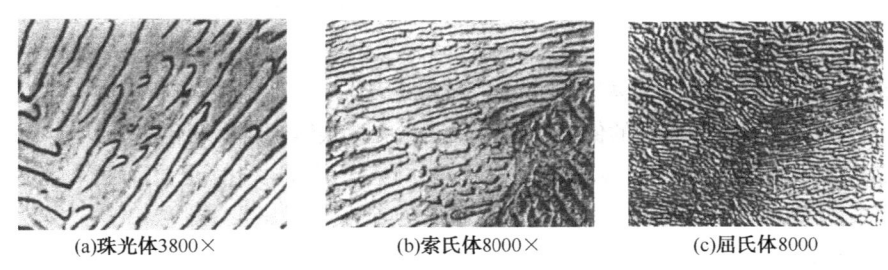

图 1-28 珠光体型组织

3) 低温转变产物

共析钢奥氏体过冷到 230℃时,开始转变为马氏体,随着温度下降,马氏体逐渐增多,过冷奥氏体不断减少,降到 -50℃时,过冷奥氏体才转变结束。所以 -50~230℃ 的组织为马氏体和残余奥氏体。它实质上是碳在 α-Fe 中的过饱和固溶体。马氏体是一种不稳定的组织,有很高的硬度,但塑性、韧度很低。

2. 连续冷却组织转变

连续冷却就是将钢加热到奥氏体,之后冷却温度连续下降的过程中发生组织转变。仍以共析钢为例,当共析钢以大于 $V_k$(上临界冷却速度)的速度冷却时,得到的组织为马氏体。冷却速度小于 $V'_k$(下临界冷却速度)时,钢将全部转变为珠光体型组织。共析钢过冷奥氏体在连续冷却转变时得不到贝氏体组织。

### 1.3.3 钢的基本热处理工艺

热处理是将金属材料放在一定的介质内加热、保温、冷却,通过改变材料表面或内部的金相组织结构来控制其性能的一种金属热加工工艺。钢的基本热处理有退火、正火、淬火和回火四种工艺。

**1. 钢的退火和正火**

1) 退火

退火是将组织偏离平衡状态的钢加热到适当温度,保温一定时间,然后缓慢冷却(一般为随炉冷却),以获得接近平衡状态组织的热处理工艺。

钢的退火分为完全退火、球化退火、扩散退火、再结晶退火和去应力退火等。各种退火方式的加热温度如图 1-29 所示。

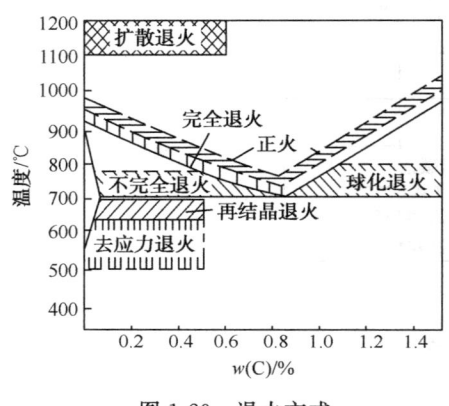

图 1-29 退火方式

(1) 完全退火。

完全退火是把钢加热至 $A_{c3}$ 以上 20～30℃保温,之后缓慢冷却(随炉冷却或埋入石灰和砂中冷却),以获得接近平衡组织的热处理工艺。

完全退火的目的在于细化和均匀化组织,提高钢的性能;或使中碳以上的碳钢和合金钢得到接近平衡状态的组织,以降低硬度,改善切削加工性能;消除内应力。

(2) 球化退火。

球化退火是为了使钢中碳化物球状化的热处理工艺,主要用于共析钢和过共析钢。球化退火的加热温度略高于 $A_{c1}$,需要较长的保温时间来保证二次渗碳体的自发球化。保温后随炉冷却。

球化退火的目的是使二次渗碳体及珠光体中的渗碳体球状化(退火前正火将网状渗碳体破碎),以降低硬度,改善切削加工性能,并为以后的淬火作组织准备。

(3) 扩散退火。

为减少钢锭、铸件或锻坯的化学成分和组织不均匀性,将其加热到略低于固相线(固相线以下 100～200℃)的温度,长时间保温(10～15h),并进行缓慢冷却的热处理工艺,称为扩散退火或均匀化退火。

(4) 再结晶退火。

为了消除工件的残余应力和加工硬化现象,将冷塑性变形后的金属重新加热到再结晶温度(一般最低再结晶温度为总温度的 0.4 倍),保温后再缓慢冷却的工艺称为再结晶退火。

(5) 去应力退火。

为消除铸造、锻造、焊接、机加工和冷变形等冷热加工在工件中造成的残留内应力而进行的低温退火,称为去应力退火。去应力退火是将钢件加热至低于 $A_{c1}$ 的某一温度(一般为 500～650℃),保温后随炉冷却,这种处理可以消除 50%～80% 的内应力,不引起组织变化。

2) 钢的正火

钢材或钢件加热到 $A_{c3}$(亚共析钢)和 $AC_{cm}$(过共析钢)以上 30～50℃,保温适当时间后,在自由流动的空气中均匀冷却的热处理工艺为正火。

正火的目的是改善切削加工性能,让钢组织正常化,因此又称为常化处理。

2. 钢的淬火

淬火是将钢加热到相变温度以上,保温一段时间,然后快速冷却获得马氏体组织的热处理工艺。淬火是钢的最重要的强化方法,常用的淬火设备为淬火炉。图1-30是钢的淬火温度范围。

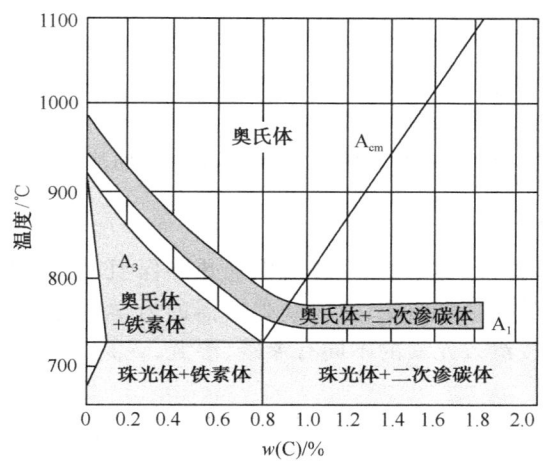

图1-30 钢的淬火温度范围

根据不同的冷却方法,淬火工艺分单介质淬火、双介质淬火、分级淬火和等温淬火。

钢淬火后的强度和硬度都会大幅度提高。钢的淬硬性主要取决于马氏体的含量。钢接受淬火时形成马氏体的能力称为钢的淬透性。同样淬火条件下,淬透层深度越大,钢的淬透性越好。钢的淬透性由其临界冷却速度决定,临界冷却速度越小,奥氏体越稳定,钢的淬透性就越好。

3. 钢的回火

回火是将淬火后的钢加热到 $A_{c1}$ 以下某一温度,保温一定时间,然后冷却到室温的热处理工艺。回火主要是为了消除由于淬火产生的内应力并获得所要求的组织和性能,故回火总是在淬火之后进行的。根据回火温度不同,分为低温回火、中温回火和高温回火。

1) 低温回火

回火温度为150～250℃,组织为回火马氏体+残余奥氏体。

低温回火的目的是降低淬火应力,提高工件韧性,保证淬火后的高硬度(一般为58～64HRC)和高耐磨性。

2) 中温回火

回火温度为350～500℃,得到回火屈氏体。

回火屈氏体具有高的弹性极限和屈服强度,同时也具有一定的韧性,硬度一般为35～45HRC。

3) 高温回火

回火温度为500～650℃,得到回火索氏体。硬度一般为32HRC以下。淬火+高温回火的复合热处理工艺称为调质处理。

### 1.3.4 钢的表面热处理工艺

1. 表面淬火

表面淬火是仅对钢的表面加热、冷却而不改变其成分的热处理工艺,也称为表面淬火。

表面淬火的具体方法是,将工件表面快速加热到奥氏体区,在热量尚未达到心部时立即快速冷却,使表面得到一定深度的淬硬层,而心部仍保持原始组织。

表面淬火的目的是提高表面硬度,保持心部良好的塑韧性。即使表面具有高的硬度、耐磨性和疲劳极限,而心部在保持一定的强度、硬度的条件下,也具有足够的塑性和韧性,也就是表硬里韧。适用于承受弯曲、扭转、摩擦和冲击的零件。

表面淬火的加热方式应用较多的是感应加热法和火焰加热法。

2. 化学热处理

化学热处理是将钢件置于适合的化学介质中加热和保温,使介质中的活性原子渗入钢件表层,改变钢件表层的化学成分和组织,从而获得所需的力学性能或理化性能的热处理方法。化学热处理的种类很多,按渗入元素的不同有渗碳、渗氮、碳氮共渗等。

1) 渗碳

渗碳是将钢件置于碳介质中加热、保温,使分解出来的活性碳原子渗入钢的表层。渗碳件通常采用低碳钢或低合金钢,渗碳后渗层深度一般为 0.5~2mm,表层碳含量将增至 1% 左右。渗碳后的工件必须进行淬火和低温回火,渗碳表层的硬度可达 56~64HRC,因而表层具有高的耐磨性和疲劳强度,而心部仍保持其良好的塑性和韧性。

2) 渗氮

渗氮(又称氮化)是向工件表层渗入氮原子的化学热处理。其方法是将钢件置于氮化炉内,并通入氨气,在加热与保温过程中,氨气与工件表面接触时分解出活性氮原子并渗入工件表层,形成氮化层,渗层深度一般为 0.5mm 左右。

渗氮后,工件表层具有高硬度(相当于 72HRC)、高耐磨性、高抗疲劳性和高耐腐蚀性。渗氮时加热温度为 550~570℃,钢件变形很小。为保证心部性能,渗氮前一般需调质处理。渗氮的缺点是生产周期长,需采用专用的中碳合金钢,成本高。

3) 碳氮共渗

在工件表层同时深入碳和氮原子的化学热处理工艺。生产中常用的是中温气体碳氮共渗(也称为氰化)和低温碳氮共渗(也称为气体软氮化)。

## 1.4 常用工程材料

前面介绍过,工程材料可以分为金属材料、无机非金属材料(如陶瓷)、有机高分子材料和复合材料四大类。本章将重点介绍那些比较常用的工程材料。

### 1.4.1 金属材料

金属材料是最重要的工程材料,工业上通常将金属及其合金分为黑色金属和有色金属两大类。黑色金属指铁和铁为基的合金(钢、铸铁和铁合金);有色金属指包括黑色金属以外的所有金属及其合金。

1. 钢铁

钢铁是纯铁、钢、铸铁等铁碳合金的统称,由于其冶炼简便、加工容易、性能比较优越、价格便宜,因而是应用最多的工程金属材料。

1) 纯铁和铸铁

纯铁碳含量小于 0.0218% 的铁碳合金称为纯铁。纯铁质地特别软,韧性特别大,应用范围较窄,根据其物理特性,一般多用于电磁类产品或其他特殊材料的原料材料。

碳含量在 2.11%～6.69% 的铁碳合金称为铸铁。常用的铸铁一般碳含量为 2%～4%。碳在铸铁中多以石墨形态存在,有时也以渗碳体形态存在。除碳外,铸铁中还含有 1%～3% 的硅,以及锰、磷、硫等元素。常用的铸铁可分为以下几种:

(1) 灰口铸铁。碳含量较高(2.7%～4.0%),碳主要以片状石墨形态存在,断口呈灰色,简称灰铁。用于制造机床床身、汽缸、箱体等结构件。

(2) 白口铸铁。碳、硅含量较低,碳主要以渗碳体形态存在,断口呈银白色。多用于可锻铸铁的坯件和制作耐磨损的零部件。

(3) 可锻铸铁。由白口铸铁退火处理后获得,石墨呈团絮状分布,简称韧铁。用于制造形状复杂、能承受强动载荷的零件。

(4) 球墨铸铁。将灰口铸铁铁水经球化处理后获得,析出的石墨呈球状,简称球铁。用于制造内燃机、汽车零部件及农机具等。

其他还有多用于制造汽车的零部件的蠕墨铸铁、特殊用途的合金铸铁等。

2) 钢

钢的碳含量是 0.021%～2.11%,其强度和韧性均较好,因此应用较为广泛。

(1) 钢的分类。

① 按钢的品质(主要是硫、磷含量)可分为普通钢(磷含量小于或等于 0.045%,硫含量小于或等于 0.050%)、优质钢(磷、硫含量均小于或等于 0.035%)和高级优质钢(磷含量小于或等于 0.035%,碳含量小于或等于 0.030%)。

② 按化学成分可分成低碳钢(碳含量小于或等于 0.25%)、中碳钢(碳含量为 0.25%～0.60%)和高碳钢(碳含量大于 0.60%);合金钢根据合金元素的含量又分为低合金钢(合金元素总含量小于或等于 5%)、中合金钢(合金元素总含量为 5%～10%)和高合金钢(合金元素总含量大于 10%)。

③ 按钢的用途分类可分为结构钢、工具钢、特殊钢和专业用钢等。结构钢用来制造各种工程构件和机器零件,工具钢用来制造各种刀具、量具、模具。特殊钢具有特殊性能的钢,如不锈钢、耐热钢、耐磨钢、磁钢等。专业用钢指各个工业部门专业用途的钢,如汽车用钢、航空用钢、化工机械用钢等。

(2) 常用钢的牌号及用途。

① 普通碳素结构钢。

常见碳素结构钢的牌号用 Q+数字表示,其中"Q"为屈服点"屈"字的汉语拼音字首,数字表示屈服强度的数值。例如,Q275 表示屈服强度为 275MPa。若牌号后面标注字母 A、B、C、D,则表示钢材质量等级不同,即硫、磷含量不同。其中 A 级钢硫、磷含量最高,D 级钢硫、磷含量最低,即 A、B、C、D 表示钢材质量依次提高。碳素结构钢的牌号和化学成分与用途如表 1-1 所示。

表 1-1 碳素结构钢的牌号和化学成分(GB700—88)与用途

| 牌号 | 等级 | 化学成分(质量分数)/% | | | | | 脱氧方法 | 应用举例 |
|---|---|---|---|---|---|---|---|---|
| | | 碳 | 锰 | 硅 | 硫 | 磷 | | |
| | | | | 不大于 | | | | |
| Q195 | — | 0.06~0.12 | 0.25~0.50 | 0.30 | 0.050 | 0.045 | F、b、Z | 用于制作钉子、铆钉、垫块及轻负荷的冲压件 |
| Q215 | A | 0.09~0.15 | 0.25~0.55 | 0.30 | 0.050 | 0.045 | F、Z | |
| | B | | | | 0.045 | | | |
| Q235 | A | 0.14~0.22 | 0.30~0.65 | 0.30 | 0.050 | 0.045 | F、b、Z | 用于制作小轴、拉杆、连杆、螺栓、螺母、法兰等不重要的零件 |
| | B | 0.12~0.20 | 0.30~0.70 | | 0.045 | | | |
| | C | ≤0.18 | 0.35~0.80 | | 0.040 | 0.040 | Z、TZ | |
| | D | ≤0.17 | | | 0.035 | 0.035 | | |
| Q255 | A | 0.18~0.28 | 0.40~0.70 | 0.30 | 0.050 | 0.045 | Z | 用于制作拉杆、连杆、转轴、心轴、齿轮和键等 |
| | B | | | | 0.045 | | | |
| Q275 | — | 0.28~0.38 | 0.50~0.80 | 0.35 | 0.050 | 0.045 | Z | |

注:1. Q235A、B 级沸腾钢锰含量上限为 0.60%。
2. "F"表示沸腾钢,"b"表示半镇静钢,"Z"表示镇静钢,"TZ"表示特殊镇静钢。

②优质碳素结构钢。

优质碳素结构钢的钢号用平均碳含量的万分数的数字表示。例如,钢号"20"表示碳含量为 0.20%(万分之二十)的优质碳素结构钢。若钢中锰含量较高,则在这类钢号后附加符号"Mn",如 15Mn、45Mn 等。牌号和化学成分和用途如表 1-2、表 1-3 所示。优质钢的有害杂质(硫、磷)含量比普通碳素结构钢低,通常在 0.04%(质量分数)以下。

优质碳素结构钢主要用来制造各种机器零件,对较重要的优质碳素结构钢,必须经过热处理后才能使用。

表 1-2 优质碳素结构钢的牌号和化学成分

| 序号 | 统一数字代号 | 牌号 | 化学成分(质量分数)/% | | | | | |
|---|---|---|---|---|---|---|---|---|
| | | | 碳 | 硅 | 锰 | 铬 | 钼 | 铜 |
| | | | | | | ≤ | | |
| 1 | U20080 | 08F | 0.05~0.11 | ≤0.03 | 0.25~0.50 | 0.10 | 0.30 | 0.25 |
| 2 | U20100 | 10F | 0.07~0.13 | ≤0.07 | 0.25~0.50 | 0.15 | 0.30 | 0.25 |
| 3 | U20150 | 15F | 0.12~0.18 | ≤0.07 | 0.25~0.50 | 0.25 | 0.30 | 0.25 |
| 4 | U20082 | 08 | 0.05~0.11 | 0.17~0.37 | 0.35~0.65 | 0.10 | 0.30 | 0.25 |
| 5 | U20102 | 10 | 0.07~0.13 | 0.17~0.37 | 0.35~0.65 | 0.15 | 0.30 | 0.25 |
| 6 | U20152 | 15 | 0.12~0.18 | 0.17~0.37 | 0.35~0.65 | 0.25 | 0.30 | 0.25 |
| 7 | U20202 | 20 | 0.17~0.23 | 0.17~0.37 | 0.35~0.65 | 0.25 | 0.30 | 0.25 |
| 8 | U20252 | 25 | 0.22~0.29 | 0.17~0.37 | 0.50~0.80 | 0.25 | 0.30 | 0.25 |
| 9 | U20302 | 30 | 0.27~0.34 | 0.17~0.37 | 0.50~0.80 | 0.25 | 0.30 | 0.25 |
| 10 | U20352 | 35 | 0.32~0.39 | 0.17~0.37 | 0.50~0.80 | 0.25 | 0.30 | 0.25 |
| 11 | U20402 | 40 | 0.37~0.44 | 0.17~0.37 | 0.50~0.80 | 0.25 | 0.30 | 0.25 |

续表

| 序号 | 统一数字代号 | 牌号 | 化学成分（质量分数）/% | | | | | |
|---|---|---|---|---|---|---|---|---|
| | | | 碳 | 硅 | 锰 | 铬 | 钼 | 铜 |
| | | | | | | ≤ | | |
| 12 | U20452 | 45 | 0.42～0.50 | 0.17～0.37 | 0.50～0.80 | 0.25 | 0.30 | 0.25 |
| 13 | U20502 | 50 | 0.47～0.55 | 0.17～0.37 | 0.50～0.80 | 0.25 | 0.30 | 0.25 |
| 14 | U20552 | 55 | 0.52～0.60 | 0.17～0.37 | 0.50～0.80 | 0.25 | 0.30 | 0.25 |
| 15 | U20602 | 60 | 0.57～0.65 | 0.17～0.37 | 0.50～0.80 | 0.25 | 0.30 | 0.25 |
| 16 | U20652 | 65 | 0.62～0.70 | 0.17～0.37 | 0.50～0.80 | 0.25 | 0.30 | 0.25 |
| 17 | U20702 | 70 | 0.67～0.75 | 0.17～0.37 | 0.50～0.80 | 0.25 | 0.30 | 0.25 |
| 18 | U20752 | 75 | 0.72～0.80 | 0.17～0.37 | 0.50～0.80 | 0.25 | 0.30 | 0.25 |
| 19 | U20802 | 80 | 0.77～0.85 | 0.17～0.37 | 0.50～0.80 | 0.25 | 0.30 | 0.25 |
| 20 | U20852 | 85 | 0.82～0.90 | 0.17～0.37 | 0.50～0.80 | 0.25 | 0.30 | 0.25 |
| 21 | U21152 | 15Mn | 0.12～0.18 | 0.17～0.37 | 0.70～1.00 | 0.25 | 0.30 | 0.25 |
| 22 | U21202 | 20Mn | 0.17～0.23 | 0.17～0.37 | 0.70～1.00 | 0.25 | 0.30 | 0.25 |
| 23 | U21252 | 25Mn | 0.22～0.29 | 0.17～0.37 | 0.70～1.00 | 0.25 | 0.30 | 0.25 |
| 24 | U21302 | 30Mn | 0.27～0.34 | 0.17～0.37 | 0.70～1.00 | 0.25 | 0.30 | 0.25 |
| 25 | U21352 | 35Mn | 0.32～0.39 | 0.17～0.37 | 0.70～1.00 | 0.25 | 0.30 | 0.25 |
| 26 | U21402 | 40Mn | 0.37～0.44 | 0.17～0.37 | 0.70～1.00 | 0.25 | 0.30 | 0.25 |
| 27 | U21452 | 45Mn | 0.42～0.50 | 0.17～0.37 | 0.70～1.00 | 0.25 | 0.30 | 0.25 |
| 28 | U21502 | 50Mn | 0.48～0.56 | 0.17～0.37 | 0.70～1.00 | 0.25 | 0.30 | 0.25 |
| 29 | U21602 | 60Mn | 0.57～0.65 | 0.17～0.37 | 0.70～1.00 | 0.25 | 0.30 | 0.25 |
| 30 | U21652 | 65Mn | 0.62～0.70 | 0.17～0.37 | 0.90～1.20 | 0.25 | 0.30 | 0.25 |
| 31 | U21702 | 70Mn | 0.67～0.75 | 0.17～0.37 | 0.90～1.20 | 0.25 | 0.30 | 0.25 |

注：1. 表中所列牌号为优质钢。如果是高级优质钢，在牌号后面加"A"（统一数字代号最后一位数字改为"3"）；如果是特级优质钢，在牌号后面加"E"（统一数字代号最后一位数字改为"6"）；对于沸腾钢，牌号后面为"F"（统一数字代号最后一位数字为"0"）；对于半镇静钢，牌号后面为"b"（统一数字代号最后一位数字为"1"）。

2. 使用废钢冶炼的钢允许铜含量不大于0.30%。

3. 热压力加工用钢的铜含量应不大于0.20%。

4. 铅浴淬火（派登脱）钢丝用的35～85钢的锰含量为0.30%～0.60%；铬含量不大于0.10%，镍含量不大于0.15%，铜含量不大于0.20%；硫、磷含量应符合钢丝标准要求。

5. 08钢用铝脱氧冶炼镇静钢，锰含量下限为0.25%，硅含量不大于0.03%，铝含量为0.02%～0.07%。此时钢的牌号为08Al。

6. 冷冲压用沸腾钢硅含量不大于0.03%。

7. 氧气转炉冶炼的钢其氮含量应不大于0.008%。供方能保证合格时，可不作分析。

8. 经供需双方协议，08～25钢可供应硅含量不大于0.17%的半镇静钢，其牌号为08b～25b。

9. 上述各成分含量皆指质量分数。

表 1-3　优质碳素结构钢的用途举例

| 牌号 | 用途举例 |
|---|---|
| 05F | 主要作为冶炼不锈钢、耐酸钢、耐热钢、不起皮钢的炉料,也可代替工业纯铁使用,还用于制作薄板、冷轧钢带等 |
| 08、08F | 用于制作薄板,制造深冲制品、油桶、高级搪瓷制品,也用于制作管子、垫片及心部强度要求不高的渗碳和碳氮共渗零件等 |
| 10、10F | 用来制造锅炉管、油桶顶盖、钢带、钢板和型材,也可制作机械零件 |
| 15、15F | 用于制造机械上的渗碳零件、紧固零件、冲锻模件及不需热处理的低负荷零件,如螺栓、螺钉、拉条、法兰盘及化工机械存储器、蒸汽锅炉等 |
| 25 | 用于热锻和热冲压的机械零件,机床上的渗碳及碳氮共渗零件,以及重型和中型机械制造中负荷不大的轴、辊子、连接器、垫圈、螺栓、螺母等,还可用作铸钢件 |
| 30 | 用于热锻和热冲压的机械零件,冷拉丝、重型和一般机械用的轴、拉杆、套环,以及机械上用的铸件,如气缸、气轮机机架、飞轮等 |
| 35 | 用于热锻和热冲压的机械零件,冷拉和冷顶镦钢材、无缝钢管,机械制造中的零件,如转轴、曲轴、轴销、杠杆、连杆、横梁、星轮、套筒、轮圈、钩环、垫圈、螺钉、螺母等,还可用来铸造气轮机机身,轧钢机机身、飞轮、均衡器等 |
| 40 | 用来制造机器的运动零件,如辊子、轴、曲柄销、传动轴、活塞杆、连杆、圆盘等,以及火车的车轴 |
| 45 | 用来制造蒸汽轮机、压缩机、泵的运动零件,还可以用来代替渗碳钢制造齿轮、轴、活塞等零件,但零件需经高频或火焰表面淬火,还可用作铸件 |
| 50 | 用于耐磨性高、动载荷及冲击作用不大的零件,如铸造齿轮、拉杆、轧辊、轴摩擦盘、次要的弹簧、农机上的掘土犁铧、重负荷的心轴和轴等 |
| 55 | 用于制造齿轮、连杆、轮面、轮缘、扁弹簧及轧辊等,也可用作铸件 |
| 60 | 用于制作轧辊、轴、偏心轴、弹簧圈、弹簧、各种垫圈、离合器、凸轮、钢丝绳等 |
| 65 | 用于制造气门弹簧、弹簧圈、轴、轧辊、各种垫圈、凸轮及钢丝绳等 |
| 70、80 | 用于制造弹簧 |
| 15Mn、20Mn | 用于制造中心部分的力学性能要求高且需渗碳的零件 |
| 30Mn | 用于制造螺栓、螺母、螺钉、杠杆、刹车踏板;还可以制造在高应力下工作的细小零件,如农机钩环、链等 |

③碳素工具钢。

碳素工具钢的碳含量为 0.65%~1.35%,数字之前冠以"T"("碳"的汉语拼音字头),钢用平均碳含量的千分数的数字表示。例如,T9 表示碳含量为 0.9%(即千分之九)的碳素工具钢。碳素工具钢使用前都要进行热处理。

碳素工具钢均为优质钢,若硫、磷含量更低,则为高级优质钢,在钢号后面标注"A"字。例如,T12A 表示碳含量为 1.2%的高级优质碳素工具钢。牌号和化学成分如表 1-4 所示。

表 1-4  碳素工具钢的牌号和化学成分(GB/T1298—1986)

| 牌号 | 化学成分(质量分数)/% | | | | |
|---|---|---|---|---|---|
| | 碳 | 锰 | 硅 | 硫 | 磷 |
| T7 | 0.65～0.75 | ≤0.40 | ≤0.35 | ≤0.030 | ≤0.035 |
| T8 | 0.75～0.84 | | | | |
| T8Mn | 0.80～0.90 | 0.40～0.60 | | | |
| T9 | 0.85～0.94 | ≤0.40 | | | |
| T10 | 0.95～1.04 | | | | |
| T11 | 1.05～1.14 | | | | |
| T12 | 1.15～1.24 | | | | |
| T13 | 1.25～1.35 | | | | |

注：1. 表中，高级优质钢(牌号后加 A)硫含量不大于 0.020%，磷含量不大于 0.030%。
2. 平炉冶炼的钢的硫含量：优质钢不大于 0.035%；高级优质钢不大于 0.025%。
3. 钢中允许残余元素含量：铬不大于 0.25%；镍不大于 0.20%；铜不大于 0.30%。供制造铅浴淬火钢丝时，钢中残余元素含量：铬不大于 0.10%；钙不大于 0.12%；铜不大于 0.20%；三者之和不应大于 0.40%。
4. 上述含量皆指质量分数。

碳素工具钢主要用来制造各种刃具、量具、模具等。常用碳素工具钢有：T7、T8，硬度高、韧性较高，可制造冲头、凿子、锤子等工具；T9、T10、T11，硬度高，韧性适中，可制造钻头、丝锥、手锯条等刃具及冷作模具等；T12、T13，硬度高，韧性较低，可制作锉刀、刮刀等刃具及量规、样套等量具。

④ 合金钢。

碳钢性能较好、容易加工、成本低廉，工程上应用最广、使用量最大(90%)，但碳钢存在淬透性不高、回火稳定性较差、强度和屈强比低和不能满足某些特殊性能(如耐热、抗高温、低温、耐蚀、耐磨)等缺点；有意向碳钢中加入某些少量合金元素，克服了碳钢使用性能的不足，从而可以在重要或某些特殊场合下使用，产生了合金钢。

合金钢牌号首部是用数字标明碳含量。规定合金结构钢以万分之一为单位的数字(两位数)、工具钢和特殊性能钢以千分之一为单位的数字(一位数)来表示碳含量，而合金工具钢的碳含量超过 1%时，则碳含量不标出。

在表明碳含量数字之后，用元素的化学符号表明钢中主要合金元素，含量由其后面的数字标明，平均含量少于 1.5%时不标数，平均含量为 1.5%～2.49%，2.5%～3.49%，…时，相应地标为 2，3，…。例如，合金结构钢 40Cr 表示平均碳含量为 0.40%，主要合金元素 Cr 的含量在 1.5%以下。合金工具钢 5CrMnMo，平均碳含量为 0.5%，主要合金元素 Cr、Mn、Mo 的含量均在 1.5%以下。

专用钢用其用途的汉语拼音字首来标明，如滚珠轴承钢，在钢号前标以"G"。GCr15 表示碳含量约 1.0%、铬含量约 1.5%(这是一个特例，铬含量以千分之一为单位的数字表示)的滚珠轴承钢；Y40Mn 表示碳含量为 0.4%、锰含量少于 1.5%的易切削钢等。

对于高级优质钢，则在钢的末尾加"A"表明，如 20Cr2Ni4A 等。

合金钢按制造工艺和用途可分为合金结构钢、合金工具钢、特殊性能钢。

## 2. 有色金属及合金

工业生产中,把非铁金属及其合金称为有色金属,如铅、镁、镍、锌、钛、铜等金属及合金。

### 1) 铝及铝合金

(1) 铝及铝合金的特点。

① 相对密度小、比强度高。纯铝的相对密度为 $2.7g/cm^3$,仅为铁的 1/3。铝合金的相对密度与纯铝相近,强度与低合金高强钢的强度相近,比一般高强钢高得多。

② 具有优良的物理、化学性能。铝的导电性好,仅次于银、铜和金,在室温时的导电率约为铜的 64%。

③ 铝及铝合金有相当好的抗大气腐蚀能力,磁化率极低,接近于非铁磁性材料。

④ 加工性能良好,铝及铝合金(退火状态)的塑性很好,可以冷成形。铸造性能、切削性能极好。

(2) 常用铝和铝合金的牌号及用途。

① 纯铝。

纯铝又有高纯铝、工业高纯铝、工业纯铝等,纯铝的牌号用"L"和其后面的编号表示,"L"是"铝"字汉字拼音字首,如高纯铝牌号 L01、L02、L03 等;工业高纯铝牌号 L0、L00 等;工业纯铝牌号 L1、L2、L3 等。高纯铝、工业高纯铝编号越大,纯度越高。而工业纯铝编号越大,纯度越低。

高纯铝主要用于科学研究及制作电容器等。工业高纯铝多用于制作铝箔和冶炼铝合金的原料。工业纯铝用于制作电线、电缆、器皿及配制合金。

② 铝合金。

铝中加入合金元素后,可获得铝合金,它具有较高的强度和良好的加工性能。许多铝合金不仅可通过冷变形提高强度,而且可采用热处理来大幅度地改善性能。铝合金可用于制造承受较大载荷的机器零件和构件。

根据成分及工艺特点,铝合金分变形铝合金和铸造铝合金两类,变形铝合金适于变形加工,铸造铝合金适于铸造生产。

a. 变形铝合金。

变形铝合金包括防锈铝合金、硬铝合金、超硬铝合金及锻铝合金等。

防锈铝的牌号用"LF"和其后面的编号表示。防锈铝合金中主要合金元素是锰和镁。防锈铝合金锻造退火后是单相固溶体,抗蚀性能高,塑性好,不能进行时效硬化,属于不可热处理强化的铝合金,但可冷变形,利用加工硬化提高强度,适宜于制造承受低载荷的深拉伸零件、焊接件和在腐蚀介质中工作的零件,如油箱、管道等。

硬铝合金牌号用"LY"和其后面的编号表示。硬铝合金为 Al-Cu-Mg 系合金,另含有少量锰。它们可以进行时效强化,属于可热处理强化的铝合金。低硬铝合金主要用于轧材、锻材、冲压件和螺旋桨叶片及大型铆钉等重要零件。高硬铝合金用于制作航空模锻件和重要的销、轴等零件。

超硬铝合金的牌号用"LC"和其后面的编号表示。超硬铝合金为 Al-Mg-Zn-Cu 系合金,含有少量的铬和锰。超硬铝合金经固溶处理和人工时效后,可获得很高的强度和硬度,是强度最高的一类铝合金。但这类合金的抗蚀性较差,高温下软化快。超硬铝合金多用于制造受力大的重要构件,如飞机大梁、起落架等。

锻铝合金的牌号用"LD"和其后面的编号表示。锻铝合金为 Al-Mg-Si-Cu 或 Al-Cu-Mg-Ni-Fe 系合金。合金的元素种类多但用量少,有良好的热塑性、铸造性能和锻造性能,并有较高的机械性能,主要用于飞机结构件等零件。

b. 铸造铝合金。

铸造铝合金的牌号用"ZL"和其后面的编号表示。铸造铝合金具有与变形铝合金相同的合金体系,具有与变形铝合金相同的强化机理。除应变强化外,它们主要的差别在于:铸造铝合金中合金化元素硅的最大含量超过多数变形铝合金中的硅含量。铸造铝合金除含有强化元素之外,还必须含有足够量的共晶型元素(通常是硅),以使合金有相当的流动性,易与填充铸造时铸件的收缩。铸造铝合金多用于制造低强度的、形状复杂的零件。

2)铜及铜合金

(1)铜及铜合金性能特点。

①优异的物理、化学性能。纯铜导电性、导热性极佳,铜合金的导电、导热性也很好。铜及铜合金对大气和水的抗蚀能力很高。铜是抗磁性物质。

②良好的加工性能。塑性很好,容易冷、热成形。铸造铜合金有很好的铸造性能。

③某些特殊机械性能。例如,优良的减摩性和耐磨性(如青铜及部分黄铜),高的弹性极限和疲劳极限(如铍青铜等)。

④色泽美观。

(2)常用铜及铜合金的牌号及用途。

①纯铜。

纯铜呈紫红色,又称紫铜,工业纯铜分为四种,即 T1、T2、T3、T4。编号越大,纯度越低。纯铜多用于制作电导体及配制合金。纯铜的强度低,不宜用作结构材料,多用于制作电导体及配制合金。

②黄铜。

以锌为主要合金元素的铜合金称为黄铜。按照化学成分,黄铜分普通黄铜和复杂黄铜两种。

普通黄铜是铜锌二元合金,其牌号用"H"和其后面的编号表示。其退火组织可以是单相也可以是双相黄铜。单相黄铜适于制作冷轧板材、冷拉线材、管材及形状复杂的深冲零件。双相黄铜可进行热变形,通常热轧成棒材、板材。

复杂黄铜包括铅黄铜、锡黄铜、铝黄铜和硅黄铜等。

a. 铅黄铜(HPb+编号)。铅可改善切削加工性能,提高耐磨性,对强度影响不大,略微降低塑性。用于要求良好切削性能及耐磨性能的零件(如钟表零件等),铸造铅黄铜可制作轴瓦和衬套。

b. 锡黄铜(HSn+编号)。锡可显著提高黄铜在海洋大气和海水中的抗蚀性,并使强度有所提高。

c. 铝黄铜(HAl+编号)。铝可提高黄铜的强度和硬度(但使塑性降低),改善黄铜在大气中的抗蚀性。用于制作海船零件及其他机器的耐蚀零件。

d. 硅黄铜(HSi+编号)。硅可显著提高黄铜的机械性能、耐磨性和耐蚀性。硅黄铜具有良好的铸造性能,并能进行焊接和切削加工,主要用于制造船舶及化工机械零件。

③青铜。

青铜原指铜锡合金,后来除黄铜、白铜以外的铜合金均称青铜。青铜包括锡青铜、铝青铜、铍青铜和磷青铜等。锡青铜的铸造性能、减摩性能和机械性能好,适合制造轴承、蜗轮、齿轮等。铝青铜强度高,耐磨性和耐蚀性好,用于铸造高载荷的齿轮、轴套、船用螺旋桨等。铍青铜和磷青铜的弹性极限高,导电性好,适于制造精密弹簧和电接触元件,铍青铜还用来制造煤矿、油库等使用的无火花工具。

3. 轴承合金

滑动轴承是汽车、拖拉机、机床及其他机器中的重要部件。轴承合金是制造滑动轴承的轴瓦及内衬的材料。轴承支承着轴,当轴旋转时,轴瓦和轴发生强烈的摩擦,并承受轴颈传给的周期性载荷,因而轴承合金应具有以下性能:

- 足够的强度和硬度,以承受轴颈较大的单位压力。
- 足够的塑性和韧性,高的疲劳强度,以承受轴颈的周期性载荷,并抵抗冲击和振动。
- 良好的磨合能力,使其与轴能较快地紧密配合。
- 高的耐磨性,与轴的摩擦系数小,并能保留润滑油,减轻磨损。
- 良好的耐蚀性、导热性、较小的膨胀系数,防止摩擦升温而发生咬合。

1) 锡基轴承合金

锡基轴承合金(锡基巴氏合金)是一种软基体硬质点类型的轴承合金。最常用的牌号是 ZCh-SnSb11-6(含 11%Sb 和 6%Cu,余 Sn)。

锡基轴承合金的摩擦系数和膨胀系数小,塑性和导热性好,适于制作最重要的轴承,如汽轮机、发动机和压气机等大型机器的高速轴瓦。但锡基轴承合金的疲劳强度较低,许用温度也较低(不高于 150℃)。

2) 铅基轴承合金

铅基轴承合金(铅基巴氏合金)也是一种软基体硬质点类型的轴承合金。铅锑系的铅基轴承合金应用很广,典型牌号有 ZChPbSb16-16-2,成分为 16%Sb、16%Sn、2%Cu,其余为 Pb。

铅基轴承合金的铸造性能和耐磨性较好(但比锡基轴承合金低),价格较便宜,可用于制造中、低载荷的轴瓦,如汽车、拖拉机曲轴的轴承等。

### 1.4.2 非金属材料

1. 工程塑料

塑料是以有机合成树脂为主要组成的高分子材料,它通常可在加热、加压条件下塑制成型,故称为塑料。

塑料由合成树脂和添加剂两部分组成。

- 合成树脂,指高分子化合物,如聚乙烯、酚醛塑料等。
- 添加剂,指填料或增强、增塑、固化、润滑、稳定、着色、阻燃剂等。

1) 塑料的分类

(1) 按树脂的性质分类。

根据树脂在加热和冷却时所表现的性质,可分为热塑性塑料和热固性塑料。

①热塑性塑料。加热时软化并熔融,可塑造成形,冷却后即成型并保持既得形状,而且该过程可反复进行。这类塑料有聚乙烯、聚丙烯、聚苯乙烯、聚酰胺(尼龙)、聚甲醛、聚碳酸脂、聚苯醚、聚砜等。这类塑料加工成形简便,具有较高的机械性能,但耐热性和刚性比较差。

②热固性塑料。初加热时软化,可塑造成形,但固化后再加热将不再软化,也不溶于溶剂。这类塑料有酚醛、环氧、氨基、不饱和聚酯、呋喃和聚硅醚树脂等。它们具有耐热性高,受压不易变形等优点,但机械性能不好。

(2)按使用范围分类

①通用塑料。指应用范围广、生产量大的塑料品种。主要有聚氯乙烯、聚苯乙烯、聚烯烃、酚醛塑料和氨基塑料等,其产量占塑料总产量的3/4以上。

②工程塑料。指综合工程性能(包括机械性能、耐热耐寒性能、耐蚀性和绝缘性能等)良好的各种塑料。主要有聚甲醛、聚酰胺、聚碳酸酯和ABS等四种。

③耐热塑料。指能在较高温度(200℃以上)下工作的各种塑料。常见的有聚四氟乙烯、聚三氟氯乙烯、有机硅树脂、环氧树脂等。

2)常用工程塑料

(1)热塑性塑料。

①聚乙烯(PE)。聚乙烯由乙烯单体聚合而成。根据合成方法不同,可分为高压、中压和低压三种。高压聚乙烯相对分子质量、结晶度和相对密度较低,质地柔软,常用来制作塑料薄膜、软管和塑料瓶等。低压聚乙烯质地刚硬,耐磨性、耐蚀性及电绝缘性较好,常用来制造塑料管、板材、绳索以及承载不高的零件,如齿轮、轴承等。

②聚丙烯(PP)。聚丙烯由丙烯单体聚合而成。聚丙烯刚性大,其强度、硬度和弹性等机械性能均高于聚乙烯。聚丙烯是常用塑料中最轻的,耐热性良好,具有优良的电绝缘性能和耐蚀性能,但冲击韧性差,耐低温及抗老化性也差。聚丙烯可用于制作某些零部件,如法兰、齿轮、风扇叶轮、泵叶轮、把手及壳体等,还可制作化工管道、容器、医疗器械等。

③聚氯乙烯(PVC)。聚氯乙烯是由乙炔气体和氯化氢合成氯乙烯,再由氯乙烯聚合而成,具有较高的机械强度和较好的耐蚀性,可用于制作化工、纺织等工业的废气排污排毒塔、气体液体输送管,还可代替其他耐蚀材料制造储槽、离心泵、通风机和接头等。

④聚苯乙烯(PS)。聚苯乙烯由苯乙烯单体聚合而成。聚苯乙烯刚度大、耐蚀性好、电绝缘性好,缺点是抗冲击性差、易脆裂、耐热性不高。聚苯乙烯可用以制造纺织工业中的纱管、纱锭、线轴;电子工业中的仪表零件、设备外壳;化工中的储槽、管道、弯头;车辆上的灯罩、透明窗;电工绝缘材料等。

⑤ABS塑料。ABS塑料是丙烯腈、丁二烯和苯乙烯的三元共聚物,具有其组成的"硬、韧、刚"的特性,综合机械性能良好,同时尺寸稳定,容易电镀和易于成形,耐热性较好,在-40℃的低温下仍有一定的机械强度。ABS塑料可制造齿轮、泵叶轮、轴承、把手、管道、储槽内衬、电机外壳、仪表壳、仪表盘、蓄电池槽、水箱外壳等。

⑥聚酰胺(PA)。又称尼龙或锦纶,是由二元胺与二元酸缩合而成,或由氨基酸脱水成内酰胺再聚合而得,有尼龙610、尼龙66、尼龙6等多个品种。尼龙具有突出的耐磨性和自润滑性,良好的韧性,强度较高(因吸水不同而异);耐蚀性好,如耐水、油、一般溶剂、许多化学药剂,抗霉、抗菌,无毒;成形性能也好。

⑦聚碳酸酯(PC)。聚碳酸酯誉称"透明金属",具有优良的综合性能。冲击韧性和延性突出,在热塑性塑料中是最好的;弹性模量较高,不受温度的影响;抗蠕变性能好,尺寸稳定性高;透明度高,可染成各种颜色;吸水性小;绝缘性能优良,在10～130℃介电常数和介质损耗近于不变。聚碳酸酯用于制造精密齿轮、蜗轮、蜗杆、齿条等。

⑧氟塑料。氟塑料比其他塑料的优越性是耐高、低温,耐腐蚀,耐老化和电绝缘性能很好,且吸水性和摩擦系数低,尤以F-4(聚四氟乙烯)最突出。聚四氟乙烯俗称塑料王,具有非常优良的耐高、低温性能,缺点是强度低,冷流性强,主要用于制作减摩密封零件、化工耐蚀零件与热交换器,以及高频或潮湿条件下的绝缘材料。

⑨聚甲基丙烯酸甲酯(PMMA)。俗称有机玻璃。有机玻璃的透明度比无机玻璃还高,透光率达92%,相对密度也只有后者的一半,为$1.18g/cm^3$。其机械性能比普通玻璃高得多(与温度有关)。

(2)热固性塑料。

①酚醛塑料(PE)。指由酚类和醛类在酸或碱催化剂作用下缩聚合成酚醛树脂,再加入添加剂而制得的高聚物。酚醛塑料有热塑性和热固性两类。酚醛塑料具有一定的机械强度和硬度,耐磨性好,绝缘性良好,耐热性较高,耐蚀性优良。其缺点是性脆,不耐碱。酚醛塑料广泛用于制作插头、开关、电话机、仪表盒、汽车刹车片、内燃机曲轴皮带轮、纺织机和仪表中的无声齿轮、化工用耐酸泵日用用具等。

②环氧塑料(EP)。指环氧树脂加入固化剂后形成的热固性塑料。环氧塑料强度较高,韧性较好;尺寸稳定性高和耐久性好;具有优良的绝缘性能;耐热、耐寒;化学稳定性很高;成形工艺性能好。其缺点是有某些毒性。环氧树脂是很好的胶黏剂,对各种材料(金属及非金属)都有很强的胶黏能力。环氧塑料可用于制作塑料模具、精密量具、灌封电器、配制飞机漆、油船漆、罐头涂料、印刷线路。

③工程塑料。指综合工程性能(包括机械性能、耐热、耐寒性能、耐蚀性和绝缘性能等)良好的各种塑料。工程塑料主要有聚甲醛、聚酰胺、聚碳酸酯和ABS等四种。

④耐热塑料。指能在较高温度(200℃以上)下工作的各种塑料。常见的有聚四氟乙烯、聚三氟氯乙烯、有机硅树脂、环氧树脂等。

2. 橡胶

橡胶是一种具有极高弹性的高分子材料,其弹性变形量可达100%～1000%,而且回弹性好,回弹速度快。同时,橡胶还有一定的耐磨性,很好的绝缘性和不透气、不透水性。它是常用的弹性材料、密封材料、减震防震材料和传动材料。

1)橡胶的分类和橡胶制品的组成

(1)橡胶的分类。按照原料的来源,橡胶可分为天然橡胶和合成橡胶两大类。合成橡胶主要有七大品种:丁苯橡胶、顺丁橡胶、氯丁橡胶、异戊橡胶、丁基橡胶、乙丙橡胶和丁腈橡胶。习惯上按用途将合成橡胶分成两类:性能和天然橡胶接近,可以代替天然橡胶的通用橡胶和具有特殊性能的特种橡胶。

(2)橡胶制品的组成。橡胶是以生胶为原料,加入适当的配合剂而形成的高分子样性体。

①生胶。生胶是指无配合剂、未经硫化的橡胶,其来源有天然和合成两种。生胶的性能随温度变化很大(如高温发黏,低温度脆),只有加入配合剂、原硫化处理后才能制成各种橡胶制品。

②配合剂。配合剂是为了提高和改善橡胶制品的各种性能而加入的物质。主要有硫化剂、硫化促进剂、防老剂、软化剂、填充剂、发泡剂、着色剂等。

2) 常用合成橡胶

(1) 通用合成橡胶。

①丁苯橡胶。丁苯橡胶以丁二烯和苯乙烯为单体共聚而成,具有较好的耐磨性、耐热性、耐老化性,价格便宜。它主要用于制造轮胎、胶带、胶管及生活用品。

②顺丁橡胶。顺丁橡胶由丁二烯聚合而成。顺丁橡胶的弹性、耐磨性、耐热性、耐寒性均优于天然橡胶,是制造轮胎的优良材料。其缺点是强度较低、加工性能差。它主要用于制造轮胎、胶带、弹簧、减振器、耐热胶管、电绝缘制品等。

③氯丁橡胶。氯丁橡胶由氯丁二烯聚合而成。氯丁橡胶的机械性能和天然橡胶相似,但耐油性、耐磨性、耐热性、耐燃烧性、耐溶剂性、耐老化性能均优于天然橡胶,所以称为万能橡胶。它既可作为通用橡胶,又可作为特种橡胶。但氯丁橡胶耐寒性较差($-35$℃),相对密度较大(为 $1.23g/cm^3$),生胶稳定性差,成本较高。它主要用于制造电线、电缆的包皮、胶管、输送带等。

(2) 特种橡胶。

①丁腈橡胶。以其优异的耐油性著称。

②硅橡胶。其性能特点是耐高温和低温。

③氟橡胶。它是以碳原子为主链、含有氟原子的高聚物。氟橡胶具有很高的化学稳定性,它在酸、碱、强氧化剂中的耐蚀能力居各类橡胶之首,其耐热性也很好,缺点是价格昂贵、耐寒性差、加工性能不好。它主要用于高级密封件、高真空密封件及化工设备中的里衬,火箭、导弹的密封垫圈。

3. 陶瓷

现今,陶瓷材料是指各种无机非金属材料的通称,分为玻璃、玻璃陶瓷和工程陶瓷(也叫烧结陶瓷)三大类。

(1) 玻璃,包括光学玻璃、电工玻璃、仪表玻璃等在内的工业玻璃及建筑玻璃和日用玻璃等无固定熔点的受热软化的非晶态固体材料。

(2) 玻璃陶瓷,包括耐热耐蚀的微晶玻璃、无线电透明微晶玻璃、光学玻璃陶瓷等。

(3) 工程陶瓷,又分为普通陶瓷和特种陶瓷两大类,而金属陶瓷通常被视为金属与陶瓷的复合材料。

当今陶瓷应用及其广泛,不仅做结构材料,而且做性能优异的功能材料,尤其在空间技术、海洋技术、电子、医疗卫生、无损检测、广播电视等领域已出现了性能优良、制造方便的功能陶瓷。

1) 普通陶瓷

主要由黏土($Al_2O_3 \cdot 2SiO_2 \cdot 2H_2O$)、石英($SiO_2$)和长石($K_2O \cdot Al_2O_3 \cdot 6SiO_2$)组成。其特点是坚硬而脆性较大,绝缘性和耐蚀性极好;制造工艺简单、成本低廉,各种陶瓷中用量最大。普通陶瓷可分为日用陶瓷和工业陶瓷两大类。

(1) 普通日用陶瓷。

作为日用器皿和瓷器,具有良好的光泽度、透明度,热稳定性和机械强度较高。普通日用陶瓷主要类型有长石质瓷(国内外常用的日用瓷,做一般工业瓷制品)、绢云母质瓷(中国的传统日用瓷)、骨质瓷(近些年得到广泛应用,主要做高级日用瓷制品)和滑石质瓷(中国发展的综合性能好的新型高质瓷)。新近的高石英质日用瓷,石英含量40%,瓷质细腻、色调柔和、透光度好、机械强度和热稳定性好。

(2)普通工业陶瓷。

普通工业陶瓷有炻器和精陶。炻器是陶器和瓷器之间的一种瓷。

工业陶瓷按用途分为建筑卫生瓷、化学化工瓷、电工瓷。

2) 特种陶瓷

特种陶瓷主要包括特种结构陶瓷和功能陶瓷两大类,如压电陶瓷、磁性陶瓷、电容器陶瓷、高温陶瓷等。工程上最重要的是高温陶瓷,包括氧化物陶瓷、硼化物陶瓷、氮化物陶瓷和碳化物陶瓷。

(1)氧化物陶瓷。

熔点大多2000℃以上,烧成温度约1800℃;单相多晶体结构,有时有少量气相;强度随温度的升高而降低,在1000℃以下时一直保持较高强度,随温度变化不大;纯氧化物陶瓷任何高温下都不会氧化。

①氧化铝(刚玉)陶瓷。根据含杂质的多少,氧化铝陶瓷呈红色(如红宝石)或蓝色(如蓝宝石)。实际生产中,氧化铝陶瓷按其含量可分为75、95和99等。氧化铝熔点达2050℃,抗氧化性好,广泛用于耐火材料;较高纯度的氧化铝粉末压制成形、高温烧结后得到氧化铝耐火砖、高压器皿、坩埚、电炉炉管、热电偶套管等;微晶氧化铝的硬度极高(仅次于金刚石),红硬性达1200℃,可做要求高的工具,如切削淬火钢刀具、金属拔丝模等。氧化铝陶瓷具有很高的电阻率和低的导热率,是很好的电绝缘材料和绝热材料。氧化铝陶瓷具有强度和耐热强度均较高(是普通陶瓷的5倍),是很好的高温耐火结构材料,如可做内燃机火花塞、空压机泵零件等。单晶体氧化铝可做蓝宝石激光器;氧化铝管坯可做钠蒸气照明灯泡。

②氧化铍陶瓷。氧化铍陶瓷具有一般陶瓷的特性,导热性极好,具有很高的热稳定性,强度低,抗热冲击性较高;消散高能辐射的能力强、热中子阻尼系数大。它用于制造坩埚,做真空陶瓷和原子反应堆陶瓷、气体激光管、晶体管散热片和集成电路的基片和外壳等。

③氧化锆陶瓷。熔点2700℃以上,耐2300℃高温,推荐使用温度2000~2200℃;能抗熔融金属的浸蚀,做铂、铑等金属的冶炼坩埚和1800℃以上的发热体及炉子、反应堆绝热材料等;氧化锆作为添加剂大大提高陶瓷材料的强度和韧性,可替代金属制造模具、拉丝模、泵叶轮和汽车零件如凸轮、推杆、连杆等;增韧氧化锆制成的剪刀既不生锈,也不导电。

④氧化镁/钙陶瓷。氧化锆陶瓷通过加热白云石(镁或钙的碳酸盐)矿石除去二氧化碳而制成的。能抗各种金属碱性渣的作用,常用作炉衬的耐火砖;缺点是热稳定性差,氧化镁在高温下易挥发,氧化钙在空气中就水化。

⑤氧化钍/铀陶瓷。具有放射性,极高的熔点和密度,多用于制造熔化铑、铂、铱等金属的坩埚及动力反应堆放热元件等,氧化钍陶瓷用于制造电炉构件。

(2)碳化物陶瓷。

具有很高的熔点、硬度(近于金刚石)和耐磨性(特别是在浸蚀性介质中),缺点是耐高温氧化能力差(900~1000℃),脆性极大。

①碳化硅陶瓷。密度为$3.2 \times 10^3$ kg/cm³,弯曲强度和抗压强度为200~250MPa和1000~1500MPa,硬度为莫氏9.2,热导率很高,热膨胀系数很小,在900~1300℃时慢慢氧化。用于制造加热元件、石墨表面保护层以及砂轮及磨料等。

②碳化硼陶瓷。硬度极高,抗磨粒磨损能力很强;熔点达2450℃,高温下会快速氧化,与热或熔融黑色金属发生反应,使用温度限定在980℃以下。多做磨料,有时用于超硬质工具材料。

(3)其他碳化物陶瓷。

碳化铈、碳化钼、碳化铌、碳化钽、碳化钨和碳化锆陶瓷的熔点和硬度都很高,在2000℃以上的中性或还原气氛做高温材料;碳化铌、碳化钛用于2500℃以上的氮气气氛;碳化铪的熔点高达2900℃。

(4)硼化物陶瓷。

硼化物陶瓷包括硼化铬、硼化钼、硼化钛、硼化钨和硼化锆等。硬度高,同时具有较好的耐化学浸蚀能力。熔点范围为1800~2500℃。比起碳化物陶瓷,硼化物陶瓷具有较高的抗高温氧化性能,使用温度达1400℃。硼化物主要用于高温轴承、内燃机喷嘴、各种高温器件、处理熔融非铁金属的器件等。各种硼化物还用作电触点材料。

(5)氮化物陶瓷。

①氮化硅陶瓷。具有键能高而稳定的共价键晶体;硬度高而摩擦系数低,有自润滑作用,是优良的耐磨减摩材料;氮化硅的耐热温度比氧化铝低,而抗氧化温度高于碳化物和硼化物;1200℃以下具有较高的机械性能和化学稳定性,且热膨胀系数小、抗热冲击,可做优良的高温结构材料。

②氮化硼陶瓷。具有六方晶体结构,也叫"白色石墨";硬度低,可进行各种切削加工;导热和抗热性能高,耐热性好,有自润滑性能;高温下耐腐蚀、绝缘性好。

4. 复合材料

复合材料是指两种或两种以上的物理、化学性质不同的物质,经一定方法得到的一种新的多相固体材料。复合材料比强度和比刚度高,减磨性、耐蚀性好,但塑性、韧性较低。其结构是由基体和增强相构成。

- 基体。包括非金属基(如树脂、橡胶、陶瓷)和金属基(如钢)两种。
- 增强相。指纤维、陶瓷或金属颗粒、夹层。其中纤维种类包括玻璃、碳、棉、麻、石棉、硼、碳化硅等纤维。

1)非金属基复合材料

(1)聚合物基复合材料

聚合物基复合材料又称树脂基复合材料,是目前应用最广泛的一类复合材料。它以有机聚合物为基体、连续纤维为增强材料组合而成。以玻璃纤维增强的塑料(俗称玻璃钢)问世后,由碳纤维、硼纤维、碳化硅纤维等性能增强体和一些耐高温基体也相继问世,发展了大量高性能聚合物基复合材料。

①热固性玻璃钢。包括酚醛树脂、环氧树脂、聚酯树脂和有机硅树脂等。其优点是成形工艺简单、质量轻、比强度高、耐蚀性能好;主要缺点是弹性模量低(结构钢的1/5~1/10)、耐热度低(≤250℃)、易老化。用于制造机器护罩、车辆车身、绝缘抗磁仪表、耐蚀耐压容器和管道及各种形状复杂的机器构件和车辆配件。

②热塑性玻璃钢。以热塑性树脂为黏接剂的玻璃纤维增强材料,如尼龙、ABS、聚苯乙烯等。其强度不如热固性玻璃钢,但成形性好、生产率高,且比强度高。

热塑性玻璃钢的用途如下：(a)尼龙 66 玻璃钢。刚度、强度、减摩性好，可作轴承、轴承架、齿轮等精密件、电工件、汽车仪表、前后灯等。(b)ABS 玻璃钢。可作化工装置、管道、容器等。(c)聚苯乙烯玻璃钢。可作汽车内装、收音机机壳、空调叶片等。(d)聚碳酸酯玻璃钢。可作耐磨、绝缘仪表等。

③碳纤维树脂复合材料。碳是六方结构的晶体（石墨），共价键结合，比玻璃纤维强度更高，弹性模量也高几倍；高温低温性能好；具有很高的化学稳定性、导电性和低的摩擦系数，是很理想的增强剂；脆性大，与树脂的结合力不如玻璃纤维，表面氧化处理可改善其与基体的结合力。碳纤维环氧树脂、酚醛树脂和聚四氟乙烯等得到了广泛应用，如宇宙飞船和航天器的外层材料，人造卫星和火箭的机架、壳体，各精密机器的齿轮、轴承以及活塞、密封圈，化工容器和零件等。

④硼纤维树脂复合材料。抗压强度和剪切强度都很高（优于铝合金、钛合金），且蠕变小，硬度和弹性模量高，疲劳强度很高，耐辐射及导热极好（硼纤维比强度与玻璃纤维相近；比弹性模量比玻璃纤维高 5 倍；耐热性更高）。硼纤维环氧树脂、聚酰亚胺树脂等复合材料多用于航空航天器、宇航器的翼面、仪表盘、转子、压器机叶片、螺旋桨叶的传动轴等。

(2)陶瓷基复合材料。

陶瓷基复合材料具有高强度、高模量、低密度、耐高温、耐磨耐蚀和良好的韧性，已用于高速切削工具和内燃机部件上。因为这类材料发展较晚，其潜能尚待进一步发挥。

(3)碳基复合材料。

碳基复合材料主要是指碳纤维及其制品（如碳毡）增强的碳基复合材料。这种复合材料具有许多碳和石墨的特点，如密度小、导热性高、膨胀系数低以及对热冲击不敏感；具有优越的机械性能，强度和冲击韧性比石墨高 5～10 倍，比强度非常高；随温度升高强度升高；断裂韧性高、蠕变低；化学稳定性高，耐磨性极好，是耐温最高的高温复合材料（达 2800℃）。

碳基复合材料主要用于航空航天、军事和生物医学等领域，如导弹弹头、固体火箭发动机喷管、飞机刹车盘、赛车和摩托车刹车系统，航空发动机燃烧室、导向器、密封片及挡声板等，以及人体骨骼替代材料。

2)金属基复合材料

金属基复合材料是以金属及其合金为基体，与一种或几种金属或非金属增强的复合材料，它改善了传统聚合物基复合材料的缺点。

(1)金属陶瓷。

指金属（通常为钛、镍、钴、铬等及其合金）和陶瓷（通常为氧化物、碳化物、硼化物和氮化物等）组成的非均质材料，它是颗粒增强型的复合材料。金属和陶瓷按不同配比组成工具材料（陶瓷为主）、高温结构材料（金属为主）和特殊性能材料。氧化物金属陶瓷多以铬为粘接金属，热稳定性和抗氧化能力较好，韧性高，可作为高速切削工具材料，还可做高温下工作的耐磨件，如喷嘴、热拉丝模以及耐蚀环规、机械密封环等。

(2)纤维增强金属基复合材料。

纤维是指硼纤维、碳化硅纤维、氧化铝纤维以及高强度金属丝等；基体材料是指铝及铝合金、镁合金、钛合金和镍合金等。

纤维增强金属基复合材料比强度高、比模量高和耐高温，适合于用作航天飞机主舱骨架支柱、发动机叶片、尾翼；空间站结构材料，汽车构件、保险杠、活塞连杆；自行车车架、体育运动器械等。

(3)细粒和晶须增强金属基复合材料。

这种材料的基体为铝、镁和钛合金,增强相有碳化硅、碳化硼、氧化铝细粒或晶须。它具有极高的比强度和比模量,广泛应用于军工行业,如制造轻质装甲、导弹飞翼、飞机部件,汽车工业的发动机活塞、制动件、喷油嘴件等也有使用。

# 思考题与习题

1. 金属材料的晶体结构类型有哪些?各自特点是什么?
2. 晶体缺陷有哪些?对材料有哪些影响?
3. 高分子材料的结构特点是什么?
4. 陶瓷的典型组织结构有哪些?
5. 金属材料的力学性能有哪些?
6. 何谓工程材料的工艺性能?
7. 金属结晶的基本规律是什么?结晶过程是如何进行的?
8. 金属结晶的必要条件是什么?
9. 试说明共晶组织形成过程。
10. 何谓铁素体、奥氏体、渗碳体?碳含量分别是多少?
11. 简述合金性能与相图的关系。
12. 简述奥氏体的形成过程。
13. 影响奥氏体晶粒度的因素有哪些?
14. 过冷奥氏体的转变产物有哪些?
15. 何谓热处理?包括哪几个环节?
16. 何谓淬火?常用的方法有哪些?
17. 为什么钢淬火之后要进行回火处理?
18. 钢和铁在成分与组织上有什么主要区别?磷和硫作为钢铁的一般杂质时,对钢铁性能有什么影响?
19. 合金元素对热处理的影响有哪些?
20. 简述合金元素对钢机械性能的影响。
21. 主要的轴承合金材料有哪些?
22. 铜合金的性能特点是什么?在工业上的主要用途有哪些?
23. 复合材料有哪几种基本类型?其基本性能特点是什么?

# 第 2 章 铸造成形

铸造又称为金属的液态成形,它是将液态金属浇注到与零件形状、尺寸相适应的铸型中,待其冷却凝固后获得毛坯或零件的方法。

铸造成形在机械制造中占有重要的地位,是制造毛坯或机器零件的重要方法之一。用铸造方法所获得的毛坯或零件统称为铸件。如按质量计算,铸件在一般机械产品中占45%~90%,在机床零件中占70%~80%,在汽车及农业机械中占40%~70%。铸造成形在工业生产中应用非常广泛,具有如下特点:

(1)最适合制造形状复杂,特别是具有复杂内腔的毛坯或零件的成形,如复杂箱体、机架、阀体、泵体、缸体等。

(2)适应性广,工业上常用的金属材料都可采用铸造方法成形,其中铸铁材料只能用铸造方法来获得毛坯;铸件的轮廓尺寸小至几毫米,大至几十米;质量从几克到数百千克;壁厚为1~1000mm;既可用于单件小批生产,又可用于成批大量生产。

(3)铸件成本低,原材料来源广泛,价格低廉,铸件与机器零件的形状尺寸很接近。

但铸造成形的铸件内部组织疏松、晶粒粗大,铸件容易出现缩孔、缩松、气孔及砂眼等缺陷,导致铸件力学性能较低;铸造成形过程较复杂,一些工艺过程还难以控制,铸件质量不稳定;铸造工作环境较差,工人劳动强度大;大多数铸件需经过切削加工。

当前铸造成形的发展趋势是,在加强铸造基础理论研究的同时发展及革新铸造新工艺及新设备,在稳定提高铸件质量、精度、表面粗糙度的前提下发展专业化生产,积极实现铸造生产过程的机械化、自动化,减少公害,节约能源,降低成本,在优质、净化的前提下,使铸造技术进一步成为可与其他工艺相竞争的少余量、无余量的成形工艺。

## 2.1 铸造成形工艺基础

### 2.1.1 充型能力

液态合金填充铸型的过程称为充型。液态合金充满铸型型腔,获得轮廓清晰、尺寸准确铸件的能力称为充型能力。充型能力差的液态合金,铸件易产生浇不足和冷隔等缺陷。充型能力取决于金属本身的流动性,同时又受铸型、浇注条件和铸件结构等因素的影响。

1. 合金的流动性及影响因素

1)合金的流动性

合金的流动性指液态合金本身的流动能力。合金的流动性越好,充型能力也越强,易获得轮廓清晰、壁薄且形状复杂的铸件,有利于液态金属中的气体和非金属夹杂物的上浮排除,有利于对铸件进行补缩。

合金的流动性通常以螺旋形流动性试样的长度来衡量,如图2-1所示。在相同的铸型及浇注条件下,浇出的试样越长,合金的流动性越好。在常用的铸造合金中,灰铸铁、硅黄铜的流动性最好,铸钢的流动性最差。

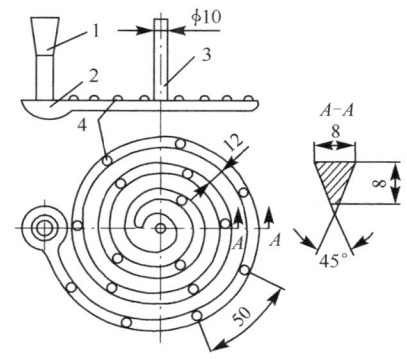

图 2-1 螺旋标准样
1-浇口杯；2-内浇道；3-出气孔；4-试样凸台

2）影响合金流动性的因素

合金的成分是影响合金流动性的主要因素。纯金属和共晶成分合金的结晶是在恒温下进行，液态合金从表层逐渐向中心凝固，固液界面比较光滑，对尚未凝固的液态合金的流动阻力较小，这种凝固称为逐层凝固。而共晶成分合金的凝固温度最低，液态合金的过热度（浇注温度与合金熔点温度之差）较大，推迟了合金的凝固，故流动性最好。其他成分合金是在一定温度范围内进行，结晶区为液体金属和初生树枝状晶体并存两相区，凝固区域较宽，凝固层的内表面较粗糙，合金的流动阻力大，流动性较差。合金成分距共晶成分越远，凝固温度范围越宽，流动性越差，当凝固温度范围过大时，液固并存的两相区甚至贯穿整个铸件断面，成糊状凝固方式，此时流动性最差；结晶温度范围越窄，越接近共晶成分，合金的流动性越好，如图 2-2 所示。

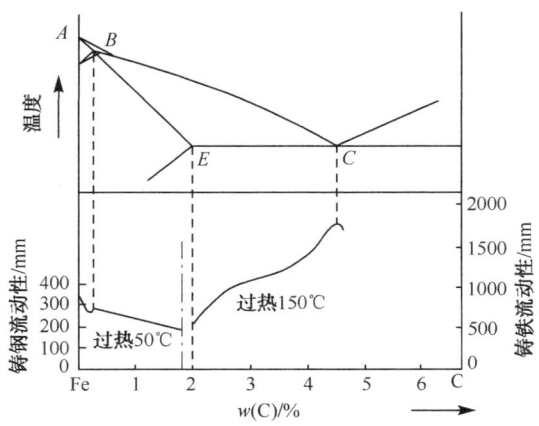

图 2-2 铁碳合金的流动性与碳含量的关系

2. 浇注条件

(1) 浇注温度。浇注温度对液态合金的充型能力有决定性影响。浇注温度越高，合金的流动性越好。因而提高浇注温度，能显著地提高合金的充型能力。对薄壁铸件或流动性较差的合金，可适当提高浇注温度以防浇不足和冷隔。但是浇注温度过高又会使液态合金严重吸气、增大收缩，使铸件产生气孔、缩孔、缩松、黏砂和晶粒粗大等缺陷。因此在保证流动性的条件下,浇注温度应尽量低些,生产中力争做到"高温出炉,低温浇注"。通常灰口铸铁的浇注温度为1200~1380℃;铸钢为1520~1620℃;铝合金为680~780℃,薄壁复杂件取上限值,厚件取下限值。

(2)充型压力。液态合金在流动方向上所受的压力称为充型压力。充型压力越大,其充型能力越强。但充型压力过大或充型速度过高时,会发生喷射和飞溅现象。

(3)浇注系统。浇注系统的结构越复杂,则流动阻力越大,充型能力越差。

### 3. 铸型条件

液态金属充型时,凡是铸型方面能增大液态金属或合金流动阻力、降低流动速度和加快铸型冷却速度的因素,均会降低充型能力,如铸型型腔过窄、温度过低及导热过快等。

### 4. 铸件结构

铸件的结构越复杂,铸件壁厚越薄,液态合金的充型能力越困难。

## 2.1.2 合金的收缩

### 1. 合金的收缩及影响因素

1)收缩的概念

液态合金在凝固和冷却过程中体积和尺寸缩小的现象称为液态合金的收缩。收缩是合金的物理本质,收缩使铸件产生缩孔、缩松、应力、变形和裂纹等缺陷,影响铸件的质量。

合金的收缩经历三个阶段,如图2-3所示。从浇注温度到凝固开始温度的收缩称为液态收缩;从凝固开始温度到凝固终止温度的收缩称为凝固收缩;从凝固终止温度到室温间的收缩称为固态收缩。

合金的收缩率为上述三种收缩的总和。合金的液态收缩和凝固收缩表现为合金体积的减小,常用单位体积的收缩量(体收缩率)来表示,它是导致铸件产生缩孔和缩松等铸造缺陷的原因;合金的固态收缩不但表现为合金体积上的减小,同时还使铸件在尺寸上减小,常用单位长度上的收缩量来表示,

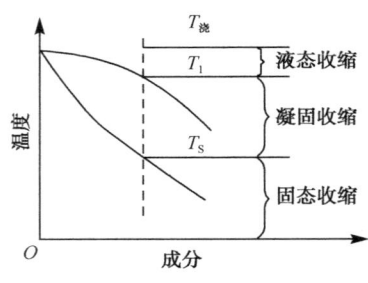

图2-3 合金收缩的三个阶段

收缩量过大会导致铸件产生应力、变形和裂纹等缺陷。

2)影响收缩的因素

(1)化学成分。不同种类的合金,其收缩率不同。常用合金中,铸钢的收缩率最大,灰铸铁最小,碳素钢的体积收缩率为10%~14.5%,线收缩率为1.6%~2.0%;灰铸铁的体积收缩率为5%~8%,线收缩率为0.7%~1.0%,这是因为灰铸铁中的碳大部分以石墨形式存在,石墨比容大,其体积膨胀会补偿一部分收缩。同类合金中,化学成分不同,其收缩率也不同。

(2)浇注温度。浇注温度越高,合金的液态收缩增大,因而体积收缩也增大。

(3)铸件结构和铸型条件。由于铸件在铸型中各部分冷却速度不同,铸件各部分相互制约,对其收缩产生阻力。此外,铸型和型芯对铸件收缩产生机械阻力,其实际线收缩率比自由线收缩率小。

2. 铸件的缩孔与缩松

液态合金充满铸型型腔后,在冷却凝固过程中,若液态收缩和凝固收缩所缩减的体积得不到补足,则在铸件最后凝固部分会形成一些孔洞。按孔洞的大小和分布,可将其分为缩孔和缩松两类。

1)缩孔的形成

缩孔是集中在铸件上部或最后凝固部位、容积较大的空洞,多呈倒圆锥形,内表面粗糙。分为集中缩孔和分散缩孔两类。

缩孔形成条件是合金在恒温或很窄的温度范围内结晶,铸件以逐层凝固的方式凝固,如图 2-4 所示。液态合金充满铸型型腔后,由于铸型的吸热,靠近型腔表面的金属很快凝固成一层外壳,而内部仍然是高于凝固温度的液体。温度继续下降,外壳加厚,内部液体因液态收缩和补充凝固收缩,体积缩减,液面下降,铸件内部出现空隙。由于空隙得不到补充,待金属全部凝固后,在铸件最后凝固的部位上形成了缩孔。继续冷至室温,整个铸件发生固态收缩,缩孔的体积略有减小。合金的液态收缩和凝固收缩越大,浇注温度越高,铸件越厚,缩孔的容积越大。

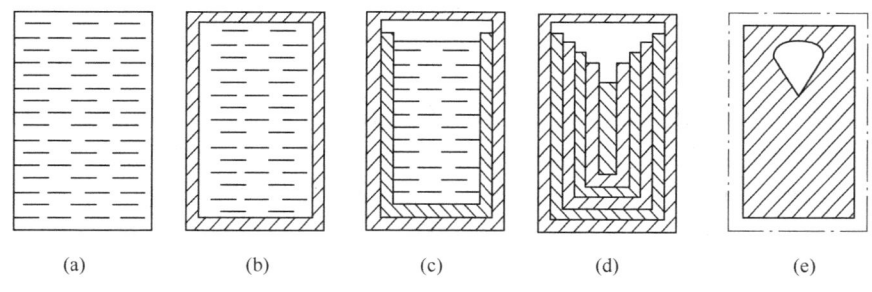

图 2-4 缩孔形成过程示意图

2)缩松的形成

缩松是指分散在铸件某些区域内的细小缩孔,分为宏观缩松和显微缩松。缩松一般分布在铸件中心轴线处、热节处、冒口根部和内浇道附近或缩孔的下方,如图 2-5 所示。缩松的形成原因也是由于铸件最后凝固区域的液态收缩和凝固收缩得不到补充,当合金以糊状凝固的方式凝固时,就已形成分散的孔洞——缩松。

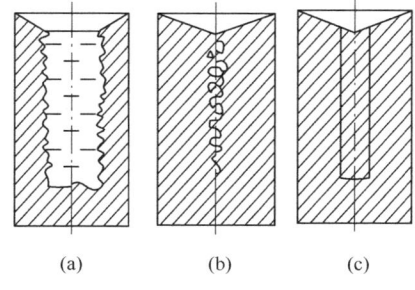

图 2-5 缩松的形成过程

3)缩孔和缩松的防止

缩孔和缩松都会使铸件的力学性能下降,缩松还可使铸件因渗漏而报废,因此必须采取适当的工艺措施予以防止。防止缩孔和缩松常用的工艺措施是控制铸件的凝固顺序,使其实现顺序凝固。

所谓顺序凝固是在铸件上可能出现缩孔的厚大部分上,通过增设冒口和安放冷铁等工艺措施,使铸件上远离冒口的部位最先凝固,靠近冒口的部位后凝固,冒口本身最后凝固,如图 2-6 所示。按此原则进行凝固,将缩孔转移到冒口之中,冒口为铸件的多余部分,铸件清理时去除,从而获得致密铸件。在铸件的厚大部位安放冷铁,可加速铸件在该处的冷却速度,实现自下而上的顺序凝固,如图 2-7 所示。冷铁仅加快某些部位的冷却速度,以控制铸件的凝固顺序,本身并不起补缩作用,冷铁通常用铸钢或铸铁加工制成。

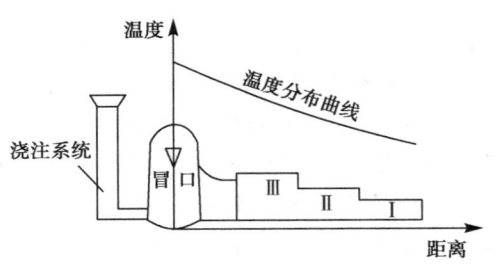

图 2-6 顺序凝固示意图　　　　图 2-7 冷铁的应用

4) 缩孔和缩松位置的确定

正确判断铸件上缩孔或缩松可能产生的部位是合理安放冒口和冷铁的重要依据。实际生产中常以画"凝固等温线"法或"内切圆"法近似地找出缩孔的部位,如图 2-8 所示。等温线未通过的心部和内切圆直径最大处,即容易产生缩孔的热节。近年来,日趋成熟的计算机凝固数值模拟技术,可以帮助预测缩孔或缩松产生的部位。

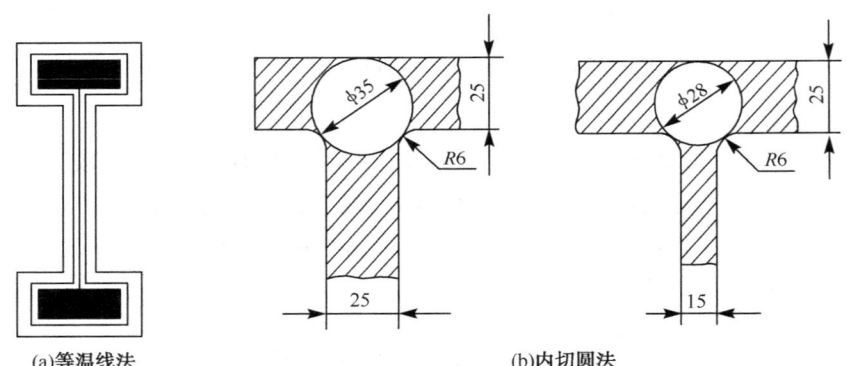

(a)等温线法　　　　(b)内切圆法

图 2-8 缩孔位置的确定

采用顺序凝固可有效地防止铸件产生缩孔,但却消耗了许多金属和工时,增加了铸件成本。同时,顺序凝固加大了铸件各部分的温差,加大了铸件变形和裂纹的倾向。因此,它主要用于必须补缩的铸件,如铝青铜、铝硅合金铸件和铸钢件等。

3. 铸造应力与防止

铸件在凝固之后的继续冷却过程中,其固态收缩若受到阻碍,铸件内部即产生内应力,称为铸造内应力。这些内应力有时是在冷却过程中暂存的,有时则一直保留到室温,后者称为残余内应力。铸造内应力是铸件产生变形和裂纹的基本原因,按内应力产生原因的不同分为热应力和机械应力两种。

1) 热应力

热应力是由于铸件壁厚不均匀,各部分冷却速度不同,以致在同一时刻各部分收缩不一致而引起的应力。

为了分析热应力的形成,首先了解一下金属自高温冷却到室温时应力状态的改变。固态金属在再结晶温度以上较高温度时处于塑性状态,此时在较小应力下就可产生塑性变形,变形之后应力自行消除。而在再结晶温度以下,金属呈弹性状态,在应力作用下将发生弹性变形,变形之后应力继续存在。

现以框形铸件为例来分析热应力的形成,如图 2-9(a)所示。该铸件由杆Ⅰ(一根粗杆)和杆Ⅱ(两根细杆)组成。当铸件处于高温阶段(图 2-9(a)中 $T_0 \sim T_1$),两杆均处于塑性状态,尽管两杆的冷却速度不同,收缩不一致,但瞬时的应力均可通过塑性变形而自行消失。继续冷却后,冷却速度快的细杆Ⅱ已进入弹性状态,而粗杆Ⅰ仍处于塑性状态(图 2-9 中 $T_1 \sim T_2$)。由于细杆Ⅱ冷却快,收缩大于粗杆Ⅰ,所以细杆Ⅱ受拉伸,粗杆Ⅰ受压缩(图 2-9(b))形成暂时内应力,但这个内应力随之因粗杆Ⅰ微量塑性压缩变形而消失(图 2-9(c))。当进一步冷却到更低温度时(图 2-9 中 $T_2 \sim T_3$),已被塑性压短的粗杆Ⅰ也处于弹性状态,此时,尽管两杆长度相同,但所处的温度不同。粗杆Ⅰ的温度较高,还会进行较大的收缩,细杆Ⅱ的温度较低,收缩已趋停止。因此,粗杆Ⅰ的收缩必然受到细杆Ⅱ的强烈阻碍,于是细杆Ⅱ受压缩,粗杆Ⅰ受拉伸直到室温形成了残余内应力(图 2-9(d))。由此可见,热应力使铸件的厚壁或心部受拉伸,薄壁或表层受压缩。铸件的壁厚差别越大,合金的线收缩率越高,弹性模量越大,其热应力也越大。

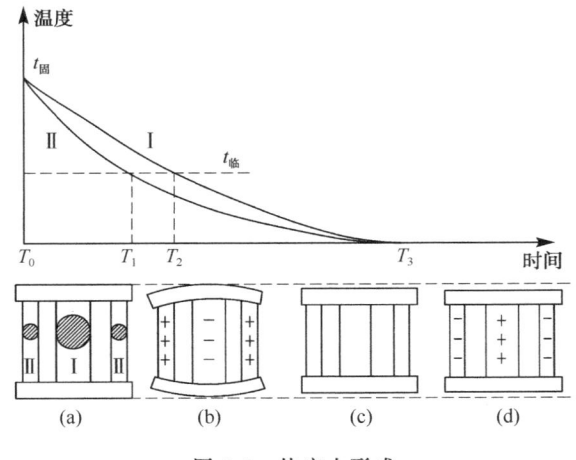

图 2-9 热应力形成

＋表示拉应力；－表示压应力

目前,对铸件的残余应力不仅能进行定性分析(分析其应力状态),还能利用有限元法或有限差分法进行计算机定量模拟计算,以求得铸件不同温度下的应力场。

2) 机械应力

机械应力是合金的线收缩受到铸型或型芯机械阻碍而形成的内应力,如图 2-10 所示。铸件在冷却收缩时,其轴向受砂型阻碍,径向受型芯阻碍,铸件产生机械应力,使铸件产生拉伸或剪切应力,其大小取决于铸型及砂芯的退让性。当铸件落砂后,这种内应力便可自行消除。然而,若机械应力在铸型中与热应力共同起作用,将增大铸件某些部位在铸型中的内应力,增大铸件产生裂纹的倾向。

热应力预防的基本途径就是减少铸件各部位间的温度差,使其均匀冷却。设计上应尽量使铸件壁厚均匀;工艺上应采用合理的铸造工艺,使铸件按"同时凝固"原则进行凝固,如图2-11所示。同时凝固原则是采取措施使铸件各个部分差不多同时凝固,可将铸件薄壁处开浇口,以减缓其冷却快的现象,在铸件厚壁处安放冷铁以加快其冷却。同时凝固原则可减少铸造内应力,防止铸件的变形和裂纹缺陷,不用冒口,简化了工艺,节约了金属材料。但铸件心部易出现缩孔或缩松缺陷,因而主要用于普通灰口铸铁和锡青铜生产。

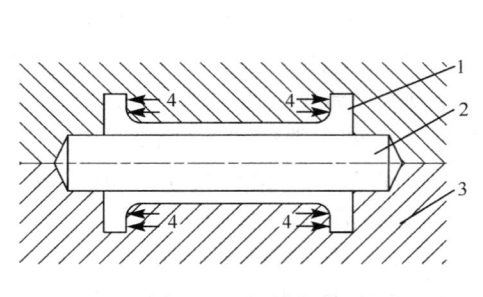

图 2-10 机械应力

1-铸件;2-型芯;3-铸型;4-阻力

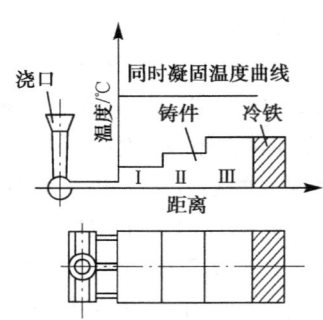

图 2-11 同时凝固示意图

热应力消除的方法是进行去应力退火,即将铸件加热到塑性状态,保温一定时间后,缓慢冷却至室温,一般可基本消除其残余应力。要有效地减小机械应力,可采取提高型砂的退让性,合理设置浇注系统和及时开箱落砂等措施。

4. 铸件的变形与防止

铸件变形的产生是由于壁厚不均匀的铸件内部有残余应力。残余应力的存在使铸件内部处于不稳定状态,会自发地变形趋于稳定。变形结果通常是铸件上受拉部位趋于缩短,受压部位趋于伸长,从而使应力得到缓解。壁厚不均匀、截面不对称的梁、杆件更易产生变形,一般受拉部分(厚部)内凹,受压部分(薄部)凸出。如图2-12所示床身铸件,其导轨较厚,受拉应力,其床腿部分较薄,受压应力,于是床身产生朝导轨方向的弯曲变形。图2-13所示的平板铸件,尽管其壁厚均匀,但其中心比边缘冷却慢而受拉,边缘受压,且铸型上部比下部散热冷却快,于是平板产生如图2-13所示方向的变形。

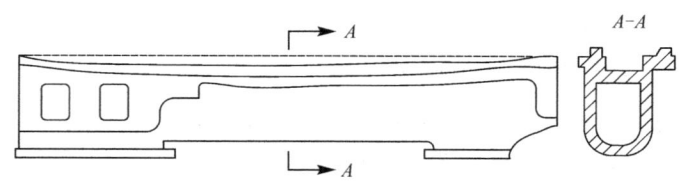

图 2-12 车床床身的挠曲变形

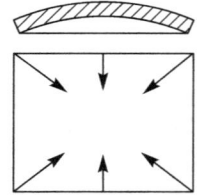

图 2-13 平板铸件变形

防止铸件变形的措施是在设计上尽可能使铸件壁厚均匀或结构对称,使其内应力相互平衡而不易变形,如图2-14所示;在铸造工艺上应采用同时凝固原则,以便冷却均匀;此外,对于长而易变形铸件采用反变形工艺,即在统计某类铸件变形规律的基础上,在模型上预先做出相当于铸件变形量的反变形量,以抵消铸件变形;有时也在薄壁处附加工艺筋。

实践证明,尽管铸件冷却时发生部分变形,但内应力仍未彻底消除。在经过机械加工后内应力发生重新分布,铸件仍会发生变形,影响零件的精度。因此,对某些重要的、精密的铸件如车床床身等,必须进行时效处理。时效处理分为自然时效和人工时效两种。自然时效是将铸件置于露天场地半年以上,使其在自然的气压和温度作用下,铸件缓慢地变形,从而消除内应力。人工时效是将铸件加热到550～650℃进行去应力退火,它比自然时效节省时间和场地,应用较为普遍。时效处理宜在粗加工之后进行,这样既有利于原有内应力的消除,又可将粗加工过程中产生的应力一并消除。

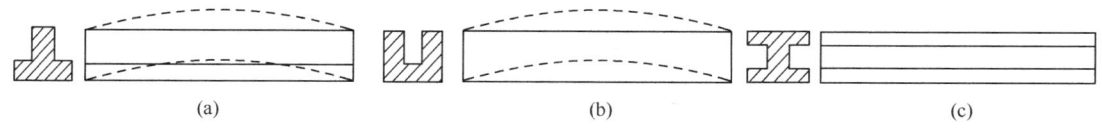

图2-14 不同截面件的变形

5. 铸件的裂纹与防止

当铸造内应力超过材料强度极限时,铸件会产生裂纹,裂纹是铸件的严重缺陷,多使铸件报废,必须防止。裂纹有热裂纹和冷裂纹两种。

(1)热裂纹。热裂纹是铸件在高温下凝固的末期产生的裂纹,其形状特征是裂纹短,缝隙宽,形状曲折,缝内呈氧化色。合金的高温收缩率大,高温强度低,铸件结构不合理,铸造工艺不合适,都易使铸件产生热裂纹。热裂纹的防止措施是选择结晶温度范围窄、热裂倾向小的合金生产铸件;减少铸造合金中硫的含量;改善铸型和型芯的退让性以减小机械应力;尽可能避免浇口、冒口对铸件收缩的阻碍。

(2)冷裂纹。冷裂纹是在低温下形成的裂纹,其形状细小,呈连续直线状,缝内有金属光泽或轻微氧化色,常出现在形状复杂大工件的受拉伸部位,特别是具有应力集中处,如尖角、缩孔、气孔等附近。冷裂纹的防止措施是设法降低铸造应力或降低铸造合金的脆性。

## 2.2 铸造方法

铸造成形按铸型特点一般分为砂型铸造和特种铸造两大类,其中砂型铸造是应用最广的一种方法;特种铸造的各种工艺方法一般都有一定的适用范围,它们的共同特点是制造的铸件尺寸精度高,表面粗糙度低,可以减少或完全不用机械加工,生产过程易实现机械化、自动化,劳动生产率高,因此特种铸造的应用也越来越广泛。

### 2.2.1 砂型铸造

砂型铸造是在砂型中生产铸件的铸造方法,它适用于各种形状、大小及常用合金铸件的生产。其造型材料来源广,价格低廉;所用设备简单,操作灵活,目前国内砂型铸造件占全部铸件产量的80%以上。

1. 砂型铸造工艺过程

砂型铸造工艺过程如图2-15所示。首先,根据零件图的形状和尺寸设计并制造出模样和芯盒,配制好型砂和芯砂,然后用型砂和模样在砂箱中制造砂型,用芯砂在芯盒中制造型芯,把砂芯装入砂型中，合型即得完整的铸型。将金属液浇入铸型型腔，冷却凝固后，落砂、清理、检验即得所需铸件。有的铸件需用干型铸造，造型与造芯之后，还必须将砂型和砂芯进行烘干。湿型铸造中型芯一般也应烘干使用。

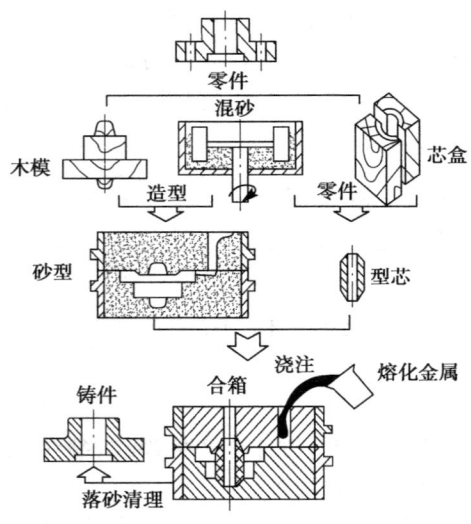

图2-15 砂型铸造基本工艺过程

**2. 造型方法**

制造砂型的工艺过程称为造型，它是砂型铸造的最基本工序。造型通常分为手工造型和机器造型两大类。

1）手工造型

造型时，填砂、紧实和起模都是用手工完成造型方法的称为手工造型。手工造型具有操作方便、灵活，适应性强、模样生产准备时间短等优点，但其生产率低，劳动强度大，铸件质量不易保证，因此，手工造型只适用于单件、小批生产。根据铸件的尺寸、形状、生产批量、使用要求以及生产条件的不同，选择手工造型的不同方法。

2）机器造型

手工造型生产率低，劳动强度大，造型质量取决于造型工人的技术水平，而机器造型能克服上述缺点。将填砂、紧砂和起模等工序用造型机完成的造型方法称为机器造型。它是大批量生产砂型的主要方法。当配以机械化的型砂处理、浇注及落砂等工序时，即可组成现代化的铸造生产线。

（1）基本原理。

常用的机器造型方法有震压造型、微震压实造型、高压造型及射砂造型等。它们的基本原理如下：

①震压造型。以压缩空气为动力的震压造型机最为常用。通过震击使得砂箱下部的型砂在惯性力下紧实，再用压头将砂箱上部松散的型砂压实，其工作原理如图2-16所示。震压造型机的结构简单、价格较低，但它噪声大、砂型紧实度不高，因而又出现了一些机械化程度更高的造型机。

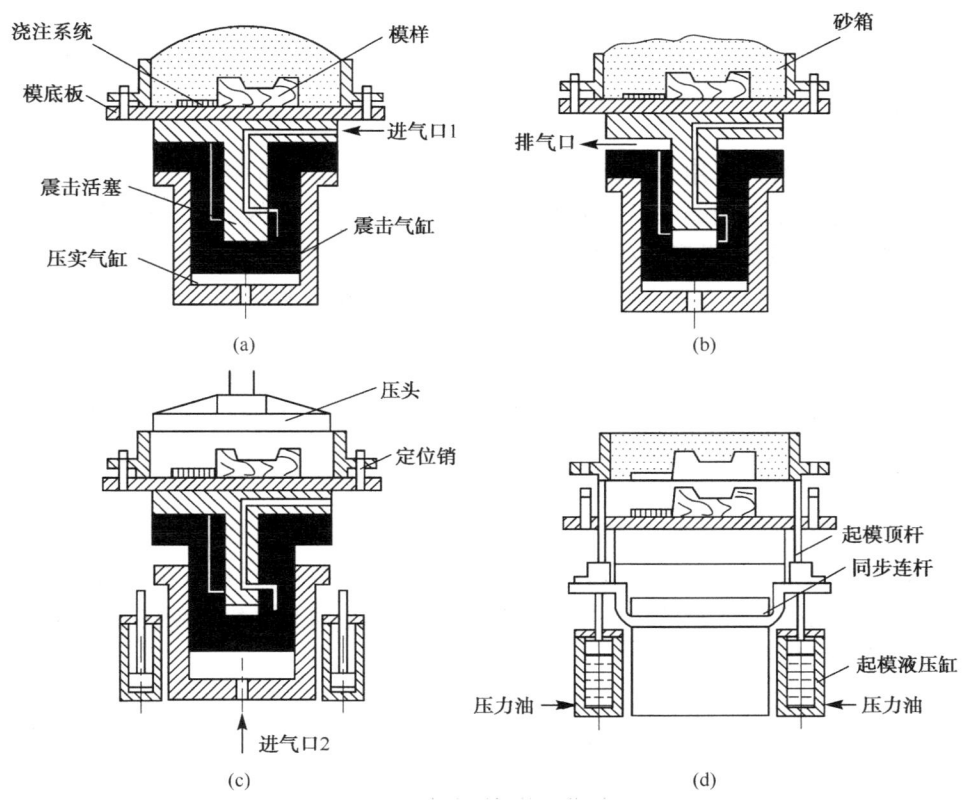

图 2-16 震压造型机的工作过程

②微震压实造型。其原理是型砂在压实的同时进行微震,所以型砂紧实度比震压造型高且均匀。

③高压造型。高压造型机采用液压压头,且每个小压头的行程可随模型自行调节,砂型各部的紧实度均匀,且在压实的同时还进行微震,使砂型紧实度提高,噪声小,且生产率高。

④射砂造型。射砂造型时采用射砂与压实相结合的方法将型砂紧实,这种方法不易产生错箱缺陷,生产率高且易实现自动化。

(2)工艺特点。

机器造型的工艺是采用模板进行的两箱造型。模板是将模样、浇注系统沿分型面与底板连接成一个整体的专用模具,造型后,底板形成分型面,模样形成铸型空腔。

机器造型与手工造型相比,显著提高了劳动生产率,改善了劳动条件,提高了铸件的尺寸精度、表面质量,减少了加工余量。但是,机器造型不能紧实型腔穿通的中箱(模样与砂箱等高),故不能进行三箱造型;机器造型也应尽量避免活块,因为取活块费时,使造型机的生产率大为降低,因此,在大批量生产铸件的情况下及制定铸造工艺方案时,必须考虑机器造型的工艺特点。

3)造芯

制作型芯的工艺过程称为造芯。当制作空心铸件或铸件的外壁内凹,或铸件具有影响起模的外凸时,经常需要用型芯。型芯可用手工制造,也可用机器制造,形状复杂的型芯可分块制造,然后黏合成形。为了提高型芯的刚度和强度,需在型芯中放芯骨;为了提高型芯的透气性,需在型芯的内部制作通气孔;为了提高型芯的强度和透气性,一般型芯需烘干使用。

## 2.2.2 特种铸造

虽然砂型铸造已被广泛用于工业生产,但是砂型铸造生产出的铸件尺寸精度和表面质量都不高。砂型铸造不便于制造壁很薄和很复杂的铸件,其生产率低,劳动条件差,不易实现机械化。为了提高铸件质量,提高劳动生产率和改善劳动条件,人们发展了不同于砂型铸造的各种其他铸造方法,这些方法统称为特种铸造。常用的特种铸造有熔模铸造、金属型铸造、压力铸造、离心铸造、低压铸造、陶瓷铸造等。这些特种铸造工艺与砂型铸造相比,铸件的尺寸精度和表面质量得到了提高,可以减少或完全省去机械加工;提高了铸件的内部质量和机械性能;节省了金属液的消耗,铸件成品率高;铸造过程中不用砂或用砂量很少;劳动条件好,便于组织机械化、自动化生产,劳动生产率高。

### 1. 熔模铸造

熔模铸造又称"失蜡铸造",它是利用易熔材料如蜡料制成蜡模,然后在蜡模表面涂敷多层耐火材料,待其硬化后,将蜡模熔化去除,从而获得与蜡模形状相应的空腔型壳——铸型,经焙烧后浇注而获得铸件的方法。

1) 熔模铸造工艺过程

熔模铸造工艺过程主要包括制造母模、压型、蜡模、结壳、脱蜡、焙烧和浇注等过程,如图 2-17 所示。

(1) 制造母模。母模是铸件的基本模样,它用来制造压型,大多采用钢和黄铜经机械加工制成。其形状与铸件相同,但尺寸比铸件稍大,必须加上蜡料和铸造合金的收缩量,才能获得合格铸件,如图 2-17(a)所示。

(2) 制造压型。压型是用来制造蜡模的铸型。为了保证蜡模质量,压型必须有较高的尺寸精度和低的表面粗糙度。当大批量生产时,压型常用钢和铝合金经机械加工制成,批量不大的铸件,其压型常用低熔点合金铸造制成,单件小批量生产的压型可用石膏制成,如图 2-17(b)所示。

(3) 制造蜡模。蜡模常用 50% 石蜡和 50% 硬脂酸配制而成。将熔融的蜡料挤入压型中,冷却后从压型中取出,去除分型面上的毛刺,便获得单个熔模,如图 2-17(e)所示。为一次铸造多个铸件,常将单个蜡模粘焊在预制好的蜡质浇口棒上,制成蜡模组,如图 2-17(f)所示。

(4) 铸型制造。包括结壳、脱蜡、焙烧、造型等。结壳是在蜡模上涂挂耐火涂料层,使其成为具有一定强度的耐火型壳的过程。它是先用水玻璃和石英粉配成涂料,将蜡模组浸挂涂料后,向其表面撒一层石英砂,然后将黏附石英砂的蜡模组放入硬化剂(通常为氯化铵溶液)中,利用反应生成硅酸胶将砂粘牢而硬化,如此反复涂挂 3~7 次,得到 5~10mm 硬壳为止,如图 2-17(g)所示。脱蜡是将型壳浸泡在 85~95℃ 的热水中,蜡模熔化,从浇注系统中流出,型壳便形成铸型空腔,如图 2-17(g)所示。焙烧是将铸型在 850~950℃ 下加热型壳,进一步排除型壳的残余挥发物和水分,提高其质量。造型是将型壳置于铁箱中,周围用干砂填紧,其目的是提高型壳强度,防止浇注时变形或开裂,如图 2-17(h)所示。

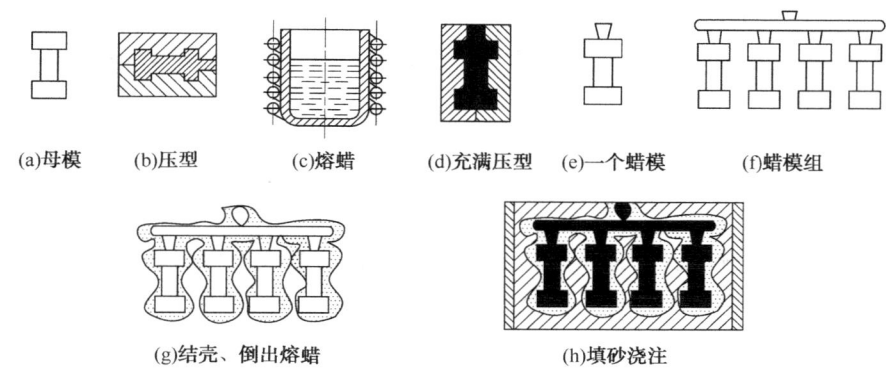

图 2-17 熔模铸造工艺过程

(5)浇注。为了提高液态合金的充型能力,常在焙烧后趁热(600～700℃)进行浇注。

(6)脱壳和清理

待铸件冷却后用人工或机械方法去掉型壳,切除冒口,清理后即得铸件。

2)熔模铸造的特点及应用

熔模铸造的铸件精度高,表面质量好,尺寸精度可达 IT14～IT11,表面粗糙度 Ra12.5～1.6μm,可实现少削和无削加工,熔模铸件无分型面;铸造合金种类不受限制,尤其适用于那些高熔点的难以切削加工的合金,如耐热合金、不锈钢等;生产批量不受限制,既可成批大量生产,又可单件、小批量生产;可制造形状复杂铸件,最小壁厚可达 0.3mm,最小铸出孔直径达 0.5mm。但其工序繁杂,生产周期长(4～15d),生产成本高,而且因熔模易变形,型壳强度不高,故熔模铸件的质量一般不超过 25kg。

熔模铸造适用于生产形状复杂、精度要求较高或难以进行切削加工的小型零件,如汽轮机叶片、成型刀具、汽车、拖拉机、机床上的小型零件等。

### 2. 金属型铸造

金属型铸造是将液体金属在重力作用下浇入金属铸型以获得铸件的一种方法。金属型可以反复使用,故又称为"永久型铸造"。

1)金属型的结构

金属型的结构有整体式、水平分型式、垂直分型式、复合分型式四种。其中,垂直分型式开设浇注系统,取出铸件比较方便,易实现机械化,所以应用最为广泛;复合分型式多用于形状复杂铸件。图 2-18 所示为铸造铝合金活塞用的金属型铸造示意图,该金属型由左、右两个半型组成,采用垂直分型,内腔由组合式型芯构成。当铸件冷却凝固后,先取出中间型芯,再取出左右两侧型芯,然后沿水平方向拔除左右小孔芯,最后分开左右两个半型取出铸件。金属型一般用铸铁或铸钢制造,型腔采用机械加工的方法制成,不妨碍抽芯的铸件内腔可用金属芯获得,复杂的内腔多采用砂芯。

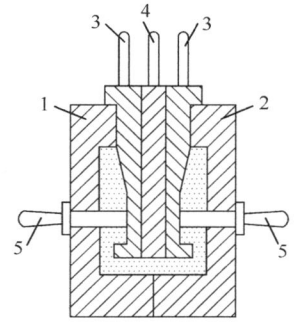

图 2-18 金属型铸造示意图
1-左半型;2-右半型;
3、4-组合型芯;5-销孔型芯

2)金属型的铸造工艺特点

金属型导热快,无退让性和透气性,铸件易产生浇不足、冷隔、裂纹、气孔等缺陷,因此,须采用如下工艺措施:

(1)预热金属型。浇注前预热金属型,防止铸件产生浇不足、冷隔、应力及白口等缺陷;浇注过程中为了防止金属型工作温度过高,还要对其适当冷却,使金属型在一定的温度范围内工作。

(2)加强金属型的排气。在金属型腔上部设排气孔,分型面上做出通气槽、出气孔等。

(3)金属型工作表面喷刷涂料。型腔内涂以耐火涂料,以保护金属型,减慢铸型的冷却速度,提高铸件质量。

(4)及时开型。由于金属型无退让,铸件在型内冷却时,容易因收缩引起较大的应力而导致开裂,甚至卡住铸件,故在保证铸件强度的前提下,应尽早开型取出铸件,一般铸铁出型温度为780～950℃,开型时间为10～60s。

3)金属型铸造特点

金属型铸造的铸件尺寸精度较高IT12～IT16,表面粗糙度较小(Ra6.3～1.6μm),机械加工余量小。金属型导热好,铸件冷却速度快,凝固后铸件晶粒较细,力学性能好。金属型"一型多铸",提高了劳动生产率,劳动条件好。金属型制造成本高,周期长,不宜生产大型、形状复杂和薄壁铸件;由于冷却速度快,铸铁件表面易产生白口,切削加工困难,受金属型材料熔点的限制,因此,熔点高的合金不适宜用金属型铸造。

金属型铸造主要适用于大批量生产形状简单的有色金属铸件,如铝活塞、气缸、缸盖、油泵壳体以及铜合金轴瓦、轴套等。

### 3. 压力铸造

压力铸造就是将液态或半液态金属在高压、高速条件下充型,并在压力作用下凝固而获得铸件的方法。高压、高速充型是压力铸造区别于其他铸造方法的重要特征。

1)压力铸造工艺过程

压铸机是完成压铸过程的主要设备,按压室工作条件的不同分为热压室压铸机和冷压室压铸机两类。前者特点是熔化合金的坩埚为压室的一部分,即压室是浸在液体金属中工作,只能压铸熔点较低的金属;后者特点是金属在压铸机外熔化,其又分为立式和卧式两种,目前生产中广泛应用的是卧式冷压室压铸机。

压铸所用的铸型称为压型,通常用热模具钢制成。压型与垂直分型的金属型相似,由定型和动型两部分组成,定型固定在压铸机的定模板上,动型固定在压铸机的动模板上,可做水平移动。图2-19所示为应用较为普遍的卧室冷压室压铸机的压铸工艺过程图。当动型与定型合型后,将定量金属液浇入压型,柱塞向前推进,金属液经浇道压入压铸模型腔中,经冷却凝固后开型,由顶杆将铸件推出。

2)压力铸造的工艺特点及应用

压力铸造的铸件的尺寸精度和表面质量高,加工精度可达到IT10～IT12,表面粗糙度达到Ra0.8～3.2μm,一般铸件可不经机械加工而直接使用。铸件的强度和表面硬度高。因压力铸造的铸件冷却快,又在压力下结晶,压力铸造的铸件晶粒细小,组织致密,所以抗拉强度比砂型铸件提高25%～30%,但延伸率有所下降。可压铸形状复杂的薄壁件。由于是在高压下充填铸型,极大地提高了液态金属的充型能力,如铝合金压铸件的最小壁厚可达 0.5mm,最小铸出孔直径可达 0.7mm,故生产率高,可实现自动及半自动化生产。

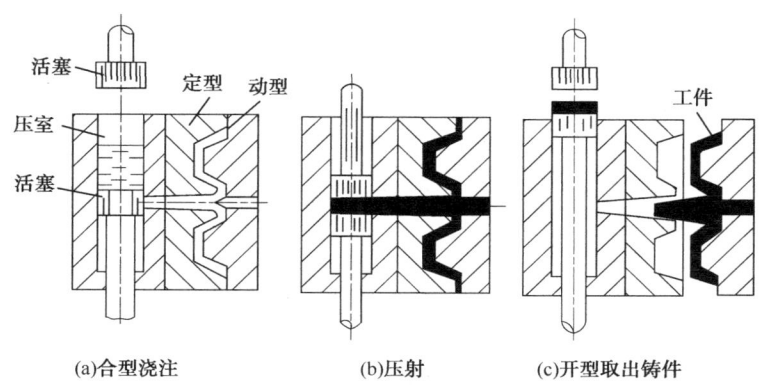

图 2-19　卧式冷压室压铸机的压铸过程示意图

但是压铸设备投资大,压铸型的制造成本高,只有在大量生产时采用才合算;压铸合金种类受到限制,即很难适用钢和铸铁等高熔点合金铸件;由于压铸充型速度快,型腔中的空气很难排除,压力铸造的铸件不能进行热处理或在高温下使用,否则压力铸造的铸件气孔中的气体会膨胀,引起变形或开裂;金属液凝固快,厚壁处很难补缩,铸件易产生缩孔和缩松。

压力铸造应用广泛,是铸件实现少切削、无切削的一种方法,主要用于大批量生产铝、镁、锌等有色金属及合金铸件。

4. 离心铸造

离心铸造是将液态金属浇入高速旋转的铸型中,使金属在离心力的作用下填充铸型并凝固成形的铸造方法。离心铸造的铸型有金属型和砂型两种。目前广泛应用的是金属型离心铸造。

1) 离心铸造种类

离心铸造是在离心铸造机上进行。按铸型旋转轴在空间的位置分为立式离心铸造和卧式离心铸造两种,如图 2-20 所示。

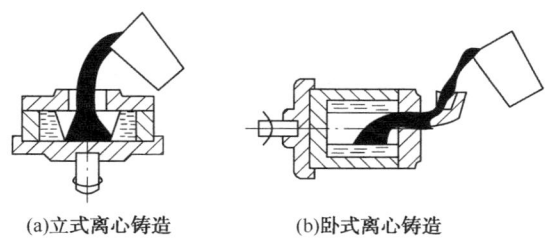

图 2-20　离心铸造示意图

立式离心铸造机的铸型绕垂直轴旋转,铸件内表面呈抛物面形状,上部壁薄,下部壁厚。铸型转速越低,铸件高度越大,上下壁厚差也越大。它主要用于生产高度小于内孔直径的圆环类铸件,如齿轮、圆环和轴瓦等。卧式离心铸造机的铸型绕水平轴旋转,铸件内表面为一个圆柱面,铸件壁厚均匀,应用较广,适用于铸造较长的筒类及管类铸件。

### 2）离心铸造的特点及应用

离心铸造生产中空类铸件不需型芯，节约了金属，铸造工艺过程简单，生产率高，成本低；在离心力作用下凝固，铸件组织致密，无缩孔、气孔、夹渣等缺陷，力学性能好；便于铸造双金属铸件，如钢套嵌铜轴承等，其接合面牢固，节省铜料，降低成本。

离心铸造的不足之处是铸件易产生比重偏析，内表面粗糙，尺寸不易控制，对于待加工的机器零件，可采用加大内孔加工余量的方法来解决。

目前离心铸造已广泛应用于铸铁管、汽缸套、铜套、双金属轴承、特殊钢的无缝管坯、造纸机滚筒等铸件的大批量生产。

## 2.3 铸造工艺设计

生产铸件之前，首先应编制出控制该铸件生产工艺的技术文件，即根据铸件的结构特点、技术要求、生产批量、生产条件等，确定铸造方案和工艺参数，编制工艺卡和工艺规范等，这一过程称为铸造工艺设计。其主要内容包括铸造方法和造型方法的确定，铸件的浇注位置和分型面的确定，工艺参数的确定，绘制铸造工艺图、铸件图、铸型装配图和编写工艺卡等，它们是生产的指导性文件，也是生产准备、管理和验收铸件的依据。因此铸造工艺设计的好坏，对铸件质量、生产率及成本起着决定性的影响。

一般大量生产的定型产品和特殊重要的单件生产的铸件，铸造工艺设计较为详细，内容涉及较多；单件、小批生产的一般性产品，铸造工艺设计内容可以简化。在最简单的情况下，只绘制铸造工艺图即可。

### 2.3.1 浇注位置的选择

铸件的浇注位置是指浇注时铸件在铸型中所处的位置。铸件浇注位置选择的正确与否对铸件的质量影响很大，确定铸件的浇注位置应着眼于保证铸件的质量，考虑如下几个原则：

（1）铸件的重要加工面或主要受力面应朝下或位于侧面。因为铸件的上表面易产生气孔、夹渣、砂眼等缺陷，组织也不如下表面致密，当铸件的重要加工面有数个时，则应将较大的平面朝下。图 2-21 所示为车床床身的浇注位置，由于床身导轨面为关键表面，不允许有明显的表面缺陷，而且要求组织致密，因此要求导轨面向下浇注。

（2）铸件上的大平面应朝下。型腔的上表面除了易产生砂眼、气孔、夹渣等缺陷外，由于在浇注过程中金属液对型腔上表面有强烈的热辐射，铸型因急剧热膨胀和强度下降而开裂，大平面还常常易产生夹砂缺陷，因此平板、圆盘类铸件的大平面应朝下，如图 2-22 所示。

（3）较大面积的薄壁部分应置于铸型下面。对面积较大的薄壁部分应置于铸型下或使其处于垂直或倾斜位置，以防止铸件产生浇不足、冷隔等缺陷，图 2-23 为薄壁铸件合理的浇注位置。

（4）铸件的厚大部分应朝上或置于侧面。为防止铸件产生缩孔、缩松缺陷，应使铸件的厚大部分朝上或位于侧面，以便在铸件的厚壁处安放冒口补缩，如图 2-24 中的卷扬筒，其厚端放在上部是合理的。

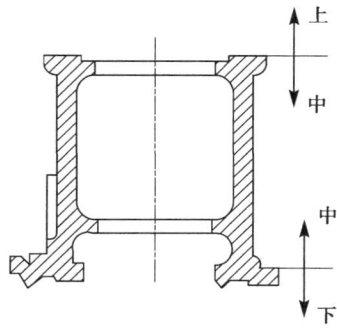

图 2-21 车床床身的浇注位置

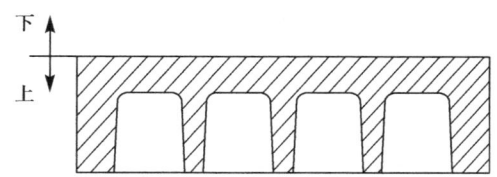

图 2-22 平板铸件浇注位置

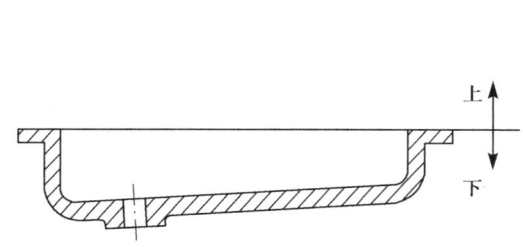

图 2-23 薄壁铸件的浇注位置

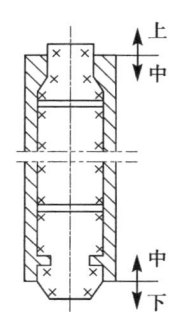

图 2-24 卷扬筒的浇注位置

### 2.3.2 铸型分型面的选择

铸型分型面是指铸型间相互接触的表面。分型面选择的合理与否对铸件质量有着重要影响。选择不当将使制模、造型、合型甚至切削加工等工序复杂化,分型面的选择要在保证铸件质量的前提下,尽量简化铸造工艺,以节省人力、物力。在选择分型面时要考虑以下几个原则:

(1)尽量使铸件的全部或大部置于同一砂型。为保证铸件的尺寸精度,应尽量使铸件的全部或大部置于同一砂型中。图 2-25 为管子堵头的分型面选择方案,在铸件机械加工时,是以四方头中心线为定位基准加工外螺纹的,图 2-25(a)使基准面与加工面在同一砂型内,防止了图 2-25(b)中由于铸型错箱而造成废品,保证了铸件的精度。

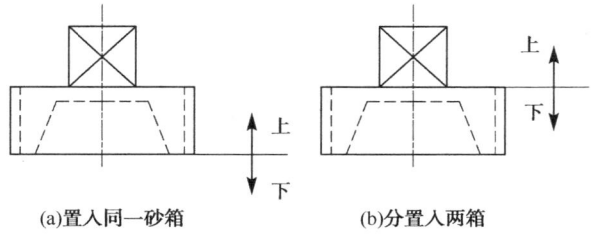

(a)置入同一砂箱　　　　(b)分置入两箱

图 2-25 管子堵头铸件分型方案

(2)尽量减少分型面的数量。图 2-26 为绳轮铸件分型方案,当小批生产时可采用图 2-26(a)所示的三箱造型;大批量生产采用机器造型时,一般只选用一个分型面,通过增加外型芯,使两个分型面改为一个分型面。

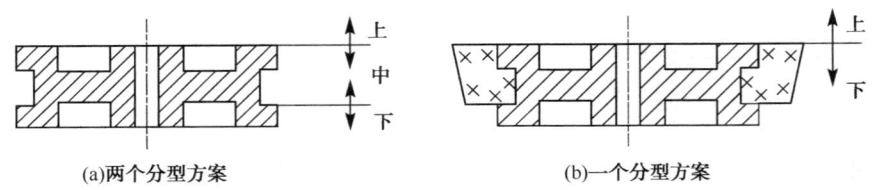

图 2-26 绳轮铸件分型方案

(3)分型面应力求为平面。为起模方便,分型面一般选取在铸件的最大截面处,且力求为平面。图 2-27 为起重机壁铸件的两种分型方案,图 2-27(a)的分型面采用曲面,需用挖砂造型,分型面不合理,图 2-27(b)的分型面是一个平直面,造型工作简化,分型面合理。

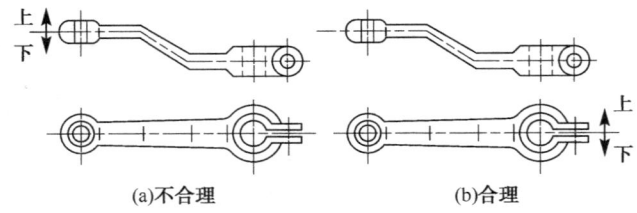

图 2-27 起重臂分型面的选择

(4)应尽量使型腔及主要型芯位于下型。型腔及主要型芯位于下型便于造型、下芯、合型和检验铸件的壁厚。图 2-28 所示为机床支架的两种分型方案,方案Ⅰ和方案Ⅱ同样便于下芯时检验壁厚,但方案Ⅱ的型腔及型芯大部分位于下箱,减小了上箱的高度,有利于起模、合箱操作,因此方案Ⅱ更合理。

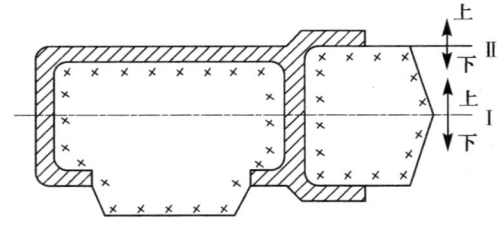

图 2-28 机床支架

确定浇注位置和分型面这两个问题是密切相关的。但上述的一些原则,对于某一具体铸件来说往往很难都顾及。浇注位置与分型面的选择是否合理直接影响到铸件的质量、铸造过程是否简便以及铸件成本等。具体应用时,在保证铸件质量的前提下,应反复分析比较,选出最合理的方案。

### 2.3.3 工艺参数的确定

铸造工艺参数包括机加余量、起模斜度、收缩率、型芯头尺寸以及最小铸出孔和槽等。

1. 机加余量

在铸件上为切削加工而加大的尺寸称为机加余量。余量过大,浪费金属材料和机械加工工时,增加零件成本;余量过小,则不能完全去除铸件表面缺陷,达不到加工要求。

机加余量的大小应根据铸件的大小、生产批量、合金种类及铸件加工面在浇注时的位置来确定。机器造型比手工造型精度高,加工余量可小些;灰铸铁表面光滑平整,精度较高,机加余量小;铸钢件表面粗糙,变形较大,机加余量比铸铁件大些;有色金属件,由于表面光洁平整,其机加余量应比铸铁小。铸件的尺寸越大或加工面与基准面之间的距离越大,其尺寸误差也越大,故余量也应随之加大;浇注时铸件朝上的表面因产生缺陷的机率较大,故其余量应比底面和侧面大,机加余量参阅相关资料、手册确定。

2. 起模斜度

为了使模型(或型芯)便于从铸型(或芯盒)中取出,凡垂直于分型面的立壁,制造模样时必须留出一定的斜度,以免损坏砂型或砂芯,此斜度称为起模斜度。

起模斜度在铸件上没有结构斜度垂直于分型面的表面上应用,其大小取决于立壁的高度、造型方法、模型材料等因素,可采取增加壁厚、加减壁厚和减小壁厚三种方式实现,如图 2-29 所示。起模斜度通常为 3°~15°,立壁越高,斜度越小。机器造型应比手工造型斜度小,木模斜度应比金属模样斜度大。为使砂型便于从模样内腔中脱出,铸孔内壁起模斜度应比外壁起模斜度大,通常为 3°~10°。

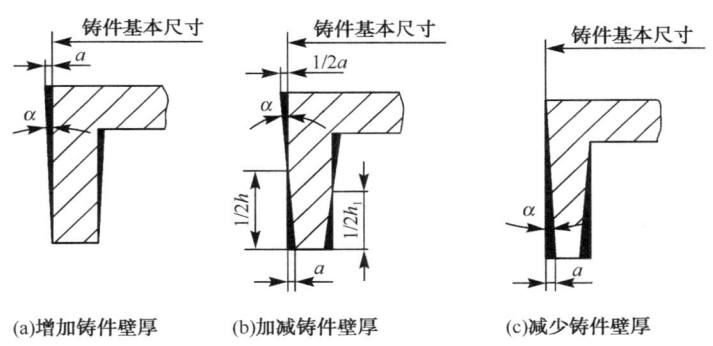

图 2-29 起模斜度的结构形式

3. 收缩率

铸件冷却凝固后的尺寸比型腔尺寸略微小,为保证铸件的应有尺寸,模样尺寸比铸件尺寸放大的数值称为收缩余量,常以铸件线收缩率 $K$ 表示,即

$$K=(L_{模}-L_{铸件})/L_{模}\times100\%$$

式中,$L_{模}$、$L_{铸件}$为同一尺寸在模样与铸件上的长度。

在铸件的冷却过程中,其线收缩不仅受到铸型和型芯的机械阻碍,同时还因为铸件壁厚的差异而导致冷速不均引起铸件各部分之间的相互制约。因此,铸件的线收缩除因合金种类而异外,还随铸件的形状、尺寸而定。通常灰口铸铁的线收缩率为 0.7%~1.0%,铸钢的线收缩率为 1.3%~2.0%,铝硅合金的线收缩率为 0.8%~1.2%,锡青铜的线收缩率为 1.2%~1.4%。

4. 型芯头尺寸

型芯用以定位、支承和排气的外伸部分称为型芯头。其形状和尺寸对于型芯的装配工艺和稳定性有很大影响。按其在铸型中的位置分为垂直芯头和水平芯头,如图 2-30 所示。

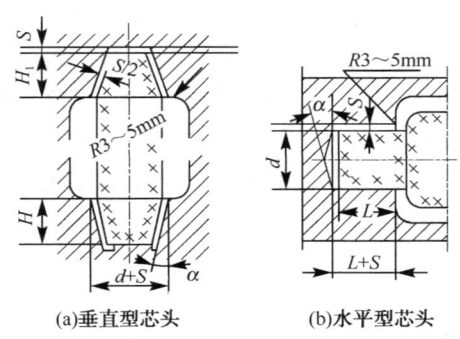

图 2-30 芯头的构造

垂直型芯一般有上、下芯头,如图 2-30(a)所示,对于矮而粗的型芯,也可不要上型芯头。垂直型芯头必须留有一定斜度,其高度主要取决于型芯头直径。下芯头的直径应小于 10°,高度应大些,以便增强型芯在铸型中的稳定性;上芯头的斜度应大些(6°~10°),高度应小些,以便于合型。

水平型芯头的长度主要取决于型芯头的直径及型芯的长度,如图 2-30(b)所示。为便于下芯和合箱,铸型上型芯的端部也应留有一定斜度,悬臂型芯头必须长而大,以平衡支承型芯,防止合型时型芯下垂或被金属液抬起。

为便于下芯和铸型的装配,型芯头与铸型型芯座之间应留有 1~4mm 的间隙。

**5. 最小铸出孔和槽**

铸件上的孔和槽是否铸出,要考虑它们铸出的可能性、必要性和经济性。一般较大的孔和槽应当铸出,以减少切削加工工时、节省金属材料,同时也可减小铸件上的热节;若孔很深、孔径小,不便铸出或铸出并不经济时,一般不必铸出,用机械加工较经济;对零件图上不要求加工的孔、槽以及弯曲孔等,一般均应铸出,铸件上最小铸出孔直径参阅相关资料、手册确定。

### 2.3.4 铸造工艺图绘制

铸造工艺图是利用各种工艺符号,把制造模样和铸型所需的资料直接绘在零件图上的图样。它决定铸件的形状、尺寸、生产方法和工艺过程,包括铸件的浇注位置、铸型分型面;型芯数量、形状、固定方法及下芯次序;机加余量、起模斜度,收缩率、浇注系统、冒口、冷铁的尺寸和布置等。铸造工艺图是指导模样(芯盒)设计、生产准备、铸型制造和铸件检验的基本工艺文件。依据铸造工艺图,结合所选的造型方法,便可绘制出模样图及合型图。

绘制铸造工艺图,通常是在零件图样上加注红、蓝色的各种工艺符号,把分型面、机加余量、起模斜度、芯头、浇注系统和冒口等表示出来,铸造收缩率可用文字说明。

图 2-31 所示,为 C6140 车床进给箱体零件图,铸件材料 HT200,单件小批量生产。

**1. 工艺分析**

该零件没有特殊质量要求的表面,但应保证基准面 D 的质量要求,以便于定位;由于材料为铸造性能优良的灰铸铁,不必考虑补缩,故浇注位置和分型面的选择主要着眼于工艺上的简化,进给箱的工艺设计有如图 2-32(a)所示的三种方案。

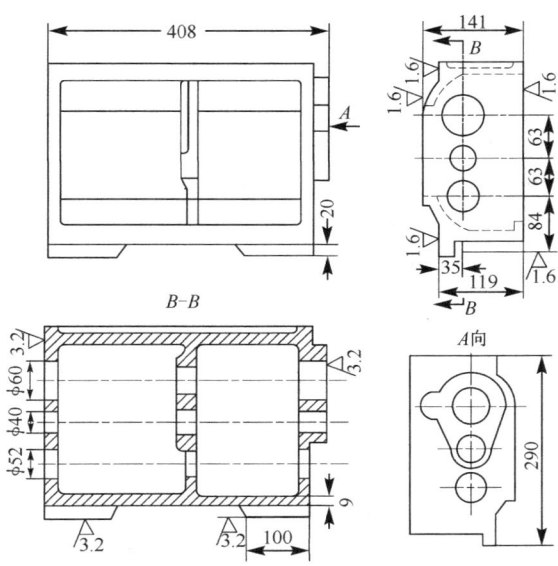

图 2-31 车床进给箱体零件图

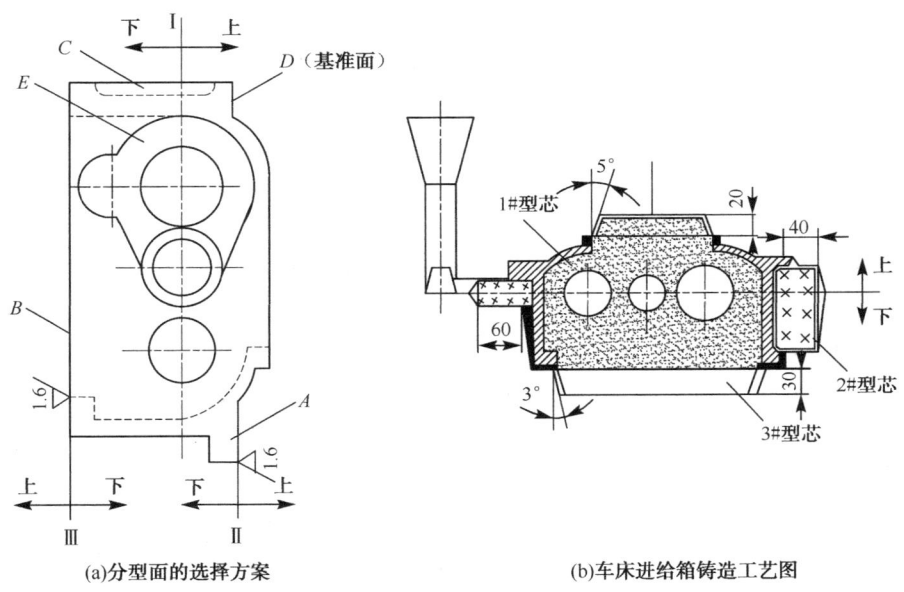

(a) 分型面的选择方案

(b) 车床进给箱铸造工艺图

图 2-32 车床进给箱工艺设计

(1) 方案 I。分型面在轴孔中心线上。此时凸台 A 因距分型面较近,又处于上型,若采用活块,型砂易脱落,故只能用型芯来形成。槽 C 可用型芯或活块制出,其优点是适于铸出轴孔,铸后轴孔的飞边少,便于清理。同时,下芯头尺寸较大,型芯稳定性好,不容易产生偏芯。其缺点是基准面 D 朝上,使该面较易产生气孔和夹渣等缺陷,且型芯的数量较多。

(2) 方案 II。从基准面 D 分型,铸件绝大部分位于下型。此时,凸台 A 不妨碍起模,但凸台 E 和槽 C 妨碍起模,也需采用活块或型芯来克服。其缺点除基准面朝上外,其轴孔难以直接铸出。轴孔若拟铸出,因无法制出型芯头,必须加大型芯与型壁间的间隙,只是飞边处理困难。

(3)方案Ⅲ。从 $B$ 面分型,铸件全部位于下箱。其优点是铸件不会产生错箱缺陷,基准面朝下,其质量易于保证,同时铸件最薄处在铸型下部,铸件不易产生浇不足、冷隔的缺陷。其缺点是凸台 $E$、$A$ 和槽 $C$ 都需采用活块或型芯,内腔型芯上大下小稳定性差,若拟铸出轴孔,其缺点同方案Ⅱ。

大量生产条件下,为减少切削加工量,轴孔需要铸出。此时为使下芯、合型及铸件的清理简便,只能按着方案Ⅰ从轴孔中心线处分型。为便于采用机器造型,应避免活块,故凸台和凹槽均采用型芯。为了克服基准面朝上的缺点,须加大 $D$ 面的机加余量。

单件、小批量生产条件下,因采用的是手工造型,活块较型芯更为经济;因铸件的精度较低,尺寸偏差较大,轴孔不必铸出,留待直接机械加工。显然在单件、小批生产条件下,易采用方案Ⅱ或方案Ⅲ;小批生产时,三个方案均可考虑,视具体条件而定。

2. 铸造工艺图绘制

在工艺分析的基础上,根据生产批量及具体生产条件,确定了浇注位置和分型面后,确定工艺参数,如加工余量、起模斜度、铸造圆角、收缩率等;确定型芯的数量、芯头尺寸以及浇注系统的尺寸等,便可绘制铸造工艺图,在大量生产条件下,采用分型方案Ⅰ绘制的铸造工艺图,如图 2-32(b)所示。

## 2.4 常用合金铸件的生产

铸造合金的种类很多,常用合金铸件生产主要有铸铁、铸钢、铜合金及铝合金等。

### 2.4.1 铸铁件的生产

铸铁是碳含量大于 2.11% 的铁碳合金,工业用铸铁是以铁、碳、硅为主要元素的多元合金。铸铁性能优良,制造简单,价格低,原材料来源丰富。

根据碳在铸铁中存在形式及石墨形态的不同,铸铁可分为灰铸铁、球墨铸铁、蠕墨铸铁、可锻铸铁和白口铸铁等;具有耐磨、耐热、耐蚀等性能的铸铁称为特殊性能铸铁。

1. 灰铸铁

灰铸铁是指具有片状石墨的铸铁,其断口呈暗灰色,简称灰铁。

(1)显微组织特征。灰铸铁的组织是由金属基体和片状石墨所组成。按基体不同灰铸铁分为铁素体灰铸铁、铁素体-珠光体灰铸铁及珠光体灰铸铁三类,如图 2-33 所示。铁素体灰铸铁在铁素体基体上分布着粗大的片状石墨,其强度、硬度低,力学性能差;铁素体-珠光体灰铸铁在铁素体和珠光体基体上分布着片状石墨,其石墨片较铁素体灰铸铁细,强度虽不高,但可以满足一般使用要求,且铸造性能好,应用广;珠光体灰铸铁在珠光体基体上分布着细小而均匀的石墨片,其强度、硬度较高,主要用来制造较为重要的零件。

(2)性能特点。①力学性能低。灰铸铁相当于在钢的基体上嵌入了大量石墨片,减少了基体承受载荷的有效面积;片状石墨的尖角易造成应力集中,在拉应力作用下,裂纹迅速扩展,导致脆性断裂。由于石墨的破坏作用,灰铸铁的抗拉强度($\sigma_b$ 为 120~250MPa)及弹性模量均低于钢,但其抗压强度与钢接近,一般达 600~800MPa,塑性及韧性近于零,属脆性材料。②减振性好。由于石墨的存在,割裂了基体,既阻止了振动的传播,又吸收了振动能量。灰铸铁的减振能力为钢的5~10倍,是制造床身、机座的优选材料。③耐磨性好。石墨本身是良好的润滑剂,在摩擦面上起润滑作用。当石墨脱落后留下的显微凹坑可以储存润滑油,保持油膜的连续性。适于制造机床导轨、衬套及活塞环等。④缺口敏感性低。灰铸铁中的石墨片相当于大量裂口,因此,外来缺口对铸铁的强度影响很小,故缺口敏感性低。

(a)铁素体灰铸铁　　(b)铁素体-珠光体灰铸铁　　(c)珠光体灰铸铁

图 2-33　灰铸铁的显微组织

此外,由于石墨的存在,使铸铁的切削加工性能好,切削加工时呈崩碎切屑,通常不需加切削液;焊接性能差,不能进行塑性加工,也不能通过热处理改变石墨形状与分布。但灰铸铁的铸造性能优良,铸件产生缺陷的倾向小。

(3)铸铁石墨化及影响因素。铸铁中的碳能以化合态的渗碳体和游离态的石墨两种形式存在,工业常用铸铁均由金属基体和石墨所组成。铸铁中碳原子形成石墨的过程称为石墨化。

铸铁的石墨化过程决定了铸铁的组织。因此要控制铸铁的组织,就必须控制铸铁的石墨化。影响石墨化的主要因素是化学成分和冷却速度。

① 化学成分。

碳和硅是最主要的两个石墨化元素,碳是形成石墨的元素,也是强烈促进石墨化元素。生产中主要通过调整碳、硅含量控制铸铁组织,碳、硅含量过低,石墨化无法进行,会形成白口;碳、硅含量过高,石墨数量多、尺寸大,基体铁素体化,使力学性能显著下降。

锰是阻碍石墨化元素,能促进珠光体基体的形成,提高铸铁的强度。锰与硫作用生成硫化锰,削弱硫的有害作用,生产中常加入0.6%~1.2%的锰铁来控制铸铁组织。

硫来自铁料和焦炭,是强烈阻碍石墨化元素,硫含量过高,能促进铸铁白口化,形成热脆性,并降低流动性,增大收缩,产生热裂。因此,硫是有害元素,其含量应严格控制在0.1%以下,高强度铸铁则应更低。

磷对石墨化影响不显著,磷含量大于0.3%时会形成硬而脆的磷共晶,能提高铸铁的耐磨性,但又会形成冷脆性。对于灰铸铁磷含量应限制在0.3%以下,耐磨铸铁磷含量可提高到0.5%~0.7%。磷还能提高铸铁的流动性,浇注薄壁铸件时,可适当提高磷含量。

② 冷却速度。

铸铁石墨化既取决于化学成分,又决定于冷却速度。在成分相同的情况下,缓慢冷却,石墨得以顺利析出,有利于石墨化。反之石墨的析出受到抑制,易形成白口组织。在实际生产中,冷却速度的影响通过铸件壁厚、铸型材料及浇注温度等因素体现出来。在诸多因素中,铸件壁厚的影响最突出。由图 2-34 可以看出,对于薄壁件易得到白口组织,要获得灰口组织就应增加碳、硅含量。相反,厚大铸件,为避免出现过多、过粗的石墨,应适当减少碳、硅含量。

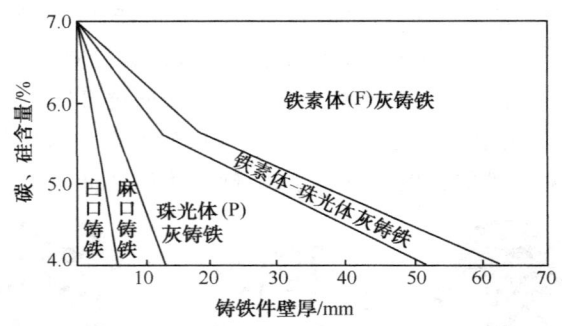

图 2-34 碳硅含量和铸件壁厚对铸铁组织的影响

(4)灰铸铁牌号及用途。按 GB9439—88 规定,中国灰铸铁分为六个牌号。"HT"表示"灰铁"二字的汉语拼音字头,后面三位数字表示最抵抗拉强度,如表 2-1 所示。选择铸铁牌号时,必须考虑铸件壁厚,因为国标中规定的牌号是以 $\phi30mm$ 试棒的性能为标准的。

表 2-1 灰铸铁牌号、性能及用途

| 牌号 | 铸件壁厚/mm | | 抗拉强度/(N/mm²) | 显微组织 | | 应用举例 |
|---|---|---|---|---|---|---|
| | > | ≤ | ≥ | 基体 | 石墨 | |
| HT100 | 2.5<br>10<br>20<br>30 | 10<br>20<br>30<br>50 | 130<br>100<br>90<br>80 | 铁素体 | 粗片状 | 手工铸造用砂箱、盖、下水管、底座、外罩、手轮、手把、重锤等 |
| HT150 | 2.5<br>10<br>20<br>30 | 10<br>20<br>30<br>50 | 175<br>145<br>130<br>120 | 铁素体+珠光体 | 较粗片状 | 机械制造业中一般铸件,如底座、手轮、刀架等;冶金业中流渣槽、渣缸、轧钢机托辊等;机车用一般铸件,如水泵壳、阀盖等;动力机械中拉钩、框架、阀门、油泵壳等 |
| HT200 | 2.5<br>10<br>20<br>30 | 10<br>20<br>30<br>50 | 220<br>195<br>170<br>160 | 珠光体 | 中等片状 | 一般运输机械中的汽缸体、缸盖、飞轮等;一般机床中的床身、床箱等;通用机械承受中等压力的泵体、阀体等;动力机械中的外壳、轴承座、水套筒等 |
| HT250 | 4.0<br>10<br>20<br>30 | 10<br>20<br>30<br>50 | 270<br>240<br>220<br>200 | 细珠光体 | 较细片状 | 运输机械中薄壁缸体、缸盖、线排气管;机床中立柱、横梁、床身、滑板、箱体等;冶金矿山机械中的轨道板、齿轮;动力机械中的缸体、缸套、活塞 |
| HT300 | 10<br>20<br>30 | 20<br>30<br>50 | 290<br>250<br>230 | 细珠光体 | 细小片状 | 机床导轨、受力较大的机床床身、立柱基座等;通用机械的水泵出口管、吸入盖等;动力机械中的液压阀体、蜗轮、汽轮机隔板、泵壳、大型发动机缸体、缸盖 |
| HT350 | 10<br>20<br>30 | 20<br>30<br>50 | 340<br>290<br>260 | 细珠光体 | 细小片状 | 大型发动机气缸体、缸盖、衬套、水泵缸体、阀体、凸轮等;机床导轨、工作台等摩擦件;需经表面淬火的铸件 |

(5)灰铸铁的孕育处理。孕育处理是在浇注前向铁水内加入孕育剂促进石墨成核和结晶,使石墨片变得细小而均匀,并细化基体组织,提高灰铸铁强度。用这种方法制成的铸铁称为孕育铸铁。孕育处理的原铁水碳、硅含量低,锰含量高,一般碳含量为2.8%~3.2%,硅含量为0.6%~1.6%,锰含量为1.2%~1.5%,该种铁液直接进行浇注,将形成白口或麻口组织。为提高孕育效果,铁水出炉温度不低于1420~1450℃,常用的孕育剂为硅含量75%的硅铁,加入量为铁液的0.2%~0.7%。孕育处理常用方法是在出铁槽内均匀地加入孕育剂,由出炉的铁液将其冲入浇包中,处理后立即浇注。此外,冷却速度对孕育铸铁组织和性能的影响甚小,故铸件上厚大截面的性能较为均匀,如图2-35所示。

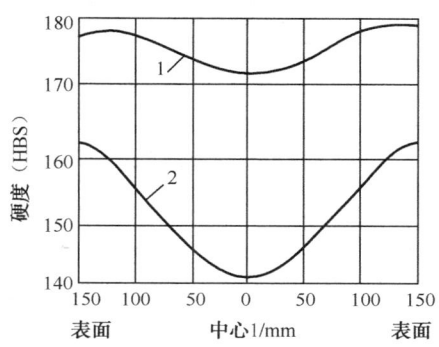

图2-35 孕育处理对大截面(300mm×300mm)铸件硬度的影响
1-孕育铸铁;2-普通灰铸铁

(6)灰铸铁的生产特点。目前灰铸铁主要在冲天炉内熔化,一些高质量的灰铸铁可用电炉熔炼。灰铸铁的铸造性能优良,铸造工艺简单,便于制造出薄而复杂的铸件,生产中多采用同时凝固原则,铸型不需加补缩冒口和冷铁,只有高牌号铸铁采用顺序凝固原则。灰铸铁主要用砂型铸造,浇注温度较低,对型砂的要求较低,中小件大多采用经济简便的湿型铸造。灰铸铁件一般不需要进行热处理,或仅时效处理即可。

2. 球墨铸铁

(1)组织特征。球墨铸铁的显微组织是由球状石墨和金属基体所组成,随着化学成分、冷却速度和热处理方法的不同,球墨铸铁可得到不同的基体组织,最常用的是珠光体基体和铁素体基体的球墨铸铁,如图2-36所示。

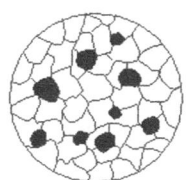  

(a)铁素体球墨铸铁　　(b)铁素体-珠光体球墨铸铁　　(c)珠光体球墨铸铁

图2-36 球墨铸铁的显微组织

(2)性能特点。由于球状石墨对基体的割裂作用小,其强度的利用率可达70%~90%,力学性能远远超过灰铸铁,优于可锻铸铁,抗拉强度可以和钢媲美,塑性和韧性大大提高。球墨铸铁仍具有较好的铸造性能、减震性、耐磨性、切削加工性能及低的缺口敏感性。此外,球墨铸铁的焊接性能和热处理性能都优于灰铸铁。

铁素体球墨铸铁塑性、韧性较高,强度较低,可代替可锻铸铁制造承受震动和冲击的零件;铁素体-珠光体球墨铸铁强度和韧性配合较好;珠光体球墨铸铁强度和硬度较高,耐磨性较好,具有一定的韧性,屈强比高于45钢,可代替碳钢制造承受交变载荷及耐磨损的零件。

(3) 牌号及用途。球墨铸铁牌号、力学性能和用途如表2-2所示,其中"QT"表示"球铁"的汉语拼音字头,后面的两组数字分别表示最抵抗拉强度和最小延伸率数值。

表 2-2 球墨铸铁牌号、力学性能和用途

| 牌号 | 基体组织 | 力学性能 | | | | 用途举例 |
| --- | --- | --- | --- | --- | --- | --- |
| | | $\sigma_b$/MPa | $\sigma_{0.2}$/MPa | $\delta$/% | HBS | |
| | | 不小于 | | | | |
| QT400-18 | 铁素体 | 400 | 250 | 18 | 130~180 | 承受冲击、振动的零件,如汽车或拖拉机轮毂、驱动桥壳、差速器壳、拨叉、中低压阀门、管道、齿轮箱等 |
| QT400-15 | 铁素体 | 400 | 250 | 15 | 130~180 | |
| QT450-10 | 铁素体 | 450 | 310 | 10 | 160~210 | |
| QT500-7 | 铁素体+珠光体 | 500 | 320 | 7 | 170~230 | 机座、传动轴、飞轮、电动机架、油泵齿轮、机车轴瓦等 |
| QT600-3 | 珠光体+铁素体 | 600 | 370 | 3 | 190~270 | 载荷大、受力复杂的零件,如汽车或拖拉机的曲轴、汽缸套,部分机床的主轴,机床蜗杆、蜗轮、轧钢机轧辊、大齿轮,小型水轮机主轴,气缸体,起重机大小滚轮等 |
| QT700-2 | 珠光体 | 700 | 420 | 2 | 225~305 | |
| QT800-2 | 珠光体或回火组织 | 800 | 430 | 2 | 245~335 | |
| QT900-2 | 贝氏体或回火马氏体 | 900 | 600 | 2 | 280~360 | 高强度齿轮,如汽车后桥螺旋锥齿轮、大减速器齿轮,内燃机曲轴、凸轮轴等 |

(4) 球墨铸铁的生产。熔炼铁水,进行有效的球化处理和孕育处理是球墨铸铁生产的关键。

① 铁水。球铁所用铁水的成分,要有足够高的碳含量,低的硫、磷含量,有时还要求低的锰含量。高碳(3.6%~4%)可提高铁水的流动性和球化效果;硅和锰降低铸铁韧性;磷增加冷脆性;低硅(2.2%~2.8%)、低锰(0.4%~0.6%)、低磷(0.1%)可提高球铁塑性和韧性。硫易与球化剂化合形成硫化物消耗球化剂,并使铸件产生皮下气孔等缺陷,因此,要求硫越低越好(<0.06%)。铁水出炉的温度应不低于1450~1470℃。

② 球化处理。球化处理是向铁水中加入球化剂,促使石墨成球状。镁是重要的球化元素,但其密度小、沸点低,直接加入铁水,镁将浮于液面并立即沸腾,镁烧损严重,也不安全。稀土元素球化作用比镁差,但沸点高于铁水温度,作用平稳,没有沸腾现象,并能净化铁水,细化晶粒,改善铸造性能。稀土镁球化剂综合了稀土和镁的优点,并利用了中国稀土资源丰富的特点,用它作为球化剂作用平稳,节约镁的用量,改善了球铁的质量,自20世纪60年代初研制成功至今仍是中国应用最广的球化剂。

球化处理普遍采用冲入法,如图2-37所示。球化剂加入量一般为铁水量的1.3%~1.8%,球化剂放入铁水包的

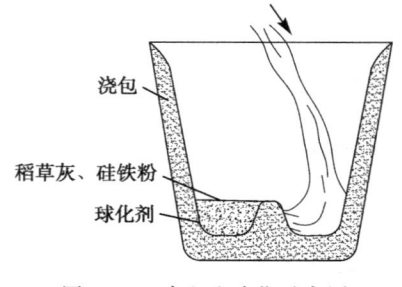

图 2-37 冲入法球化示意图

堤坝内,上盖硅铁粉和稻草灰,以防止球化剂上浮。铁水分两次充满,第一次冲入铁水总量2/3,待球化剂与铁液充分反应后,将孕育剂放在冲天炉出铁槽内,再冲入其余1/3铁水,进行孕育处理。球化处理后的铁水应及时浇注,以防孕育和球化作用的衰退。

③孕育处理。孕育处理的目的是促进铸铁石墨化,消除白口倾向,使石墨球细化、圆整,提高球铁力学性能。孕育剂普遍采用75%硅铁,其加入量是珠光体球墨铸铁为铁水的0.5%~1.0%,铁素体球墨铸铁为0.8%~1.6%。由于球化元素有较强白口倾向,故球墨铸铁不适合铸造薄壁小件。

(5)铸造工艺。球铁流动性与灰铸铁接近。球墨铸铁较灰铸铁易产生缩孔、缩松、皮下气孔、夹渣等缺陷,因而工艺上要严格要求。

球墨铸铁碳含量较高,近共晶成分,凝固收缩率低,但缩孔、缩松倾向较大,这是其凝固特征所决定的。球墨铸铁在浇注后的一个时期内,凝固的外壳强度较低,而球状石墨析出时的膨胀力却很大,若铸型的刚度不够,铸件的外壳将向外胀大,造成铸件内部金属液的不足,在铸件最后凝固的部位产生缩孔和缩松。防止上述缺陷的措施是在热节处设置冒口和冷铁,对铸件收缩进行补偿;增加铸型刚度,防止铸件外形扩大。

皮下气孔是在铸件表皮以下0.5~2mm处出现$\phi 1 \sim \phi 2$mm的小孔。产生原因是铁水中的残留镁或夹渣硫化镁与型砂中水反应析出气体而形成,即

$$Mg + H_2O = MgO + H_2\uparrow, \quad MgS + H_2O = MgO + H_2S\uparrow$$

为防止皮下气孔的产生,除应降低铁液中的硫含量和残余镁量外,还应降低型砂含水量或采用干砂型。

(6)球墨铸铁的热处理。热处理是保证球铁基体组织的重要手段,多数球墨铸铁件要进行热处理,以保证应有的力学性能。常用的热处理为退火和正火。退火的目的是获得铁素体基体,以提高球墨铸铁件的塑性和韧性。正火的目的是获得珠光体基体,以提高材料的强度和硬度。

### 3. 可锻铸铁

可锻铸铁是由白口铸铁经石墨化退火得到的一种高强韧铸铁。可锻铸铁比灰铸铁强度高,兼有良好的塑性和韧性,但却不可锻造。

(1)组织特征。可锻铸铁分为黑心可锻铸铁(即铁素体可锻铸铁)、珠光体可锻铸铁和白心可锻铸铁三种,如图2-38所示。目前,中国以生产黑心可锻铸铁为主,其组织由铁素体基体和团絮状石墨构成,断口呈暗黑色。珠光体可锻铸铁生产较少,其组织由珠光体和团絮状石墨所构成。白心可锻铸铁国内基本不生产,团絮状石墨特征是表面不规则,表面积与体积比值大。

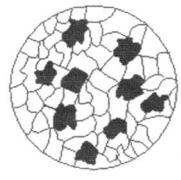
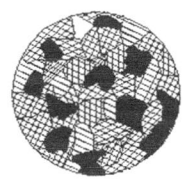

(a)黑心可锻铸铁　　(b)珠光体可锻铸铁

图2-38　可锻铸铁的显微组织

(2)性能特点。可锻铸铁具有较高的冲击韧性和强度,适于制造形状复杂、承受冲击载荷的薄壁小件,铸件壁厚一般不超过25mm,否则铸件难以得到白口组织,或造成退火时间过长,无法保证铸件质量。

(3)牌号及用途。可锻铸铁的牌号如表2-3所示,其中KTH代表黑心可锻铸铁,KTZ代表珠光体可锻铸铁,符号后面两组数字分别表示最抵抗拉强度和延伸率数值。

表2-3 可锻铸铁的牌号、性能及用途

| 种类 | 牌号 | 试样直径/mm | 力学性能 | | | | 用途举例 |
|---|---|---|---|---|---|---|---|
| | | | $\sigma_b$/MPa | $\sigma_{0.2}$/MPa | $\delta$/% | HBS | |
| | | | 不小于 | | | | |
| 黑心可锻铸铁 | KTH300-06 | 12或15 | 300 | | 6 | ≤150 | 弯头、三通管件、中低压阀门等 |
| | KTH330-08 | | 330 | | 8 | | 扳手、犁刀、车轮壳等 |
| | KTH350-10 | | 350 | 200 | 10 | | 汽车、拖拉机前后轮壳、减速器壳、转向节壳、制动器及铁道零件等 |
| | KTH370-12 | | 370 | | 12 | | |
| 珠光体可锻铸铁 | KTZ450-06 | 12或15 | 450 | 270 | 6 | 150~200 | 载荷较高的耐磨损零件,如曲轴、凸轮轴、连杆、齿轮、活塞环、轴套、耙片、万向接头、棘轮、扳手、传动链条等 |
| | KTZ550-04 | | 550 | 340 | 4 | 180~250 | |
| | KTZ650-02 | | 650 | 430 | 2 | 210~260 | |

(4)可锻铸铁生产。可锻铸铁的生产分为白口铸件的制取及石墨化退火两个步骤。首先,铸造出的白口铸件,不允许有石墨出现,否则在随后的退火中,由渗碳体分解的石墨将在已有的石墨上沉淀而得不到石墨。因此,必须使铸铁的碳、硅含量较低,从而得到纯白口铸铁。其成分通常为含碳2.2%~2.8%,含硅0.8%~1.4%,含锰0.4%~0.6%,含磷低于0.1%。然后,进行长时间的石墨化退火处理。将白口铸铁加热到900~980℃,经长时间保温,使渗碳体分解为奥氏体和团絮状石墨。当冷却到共析转变温度范围(720~750℃)时,以极缓慢的速度冷却,使奥氏体分解为铁素体和团絮状石墨,或者冷却到略低于共析转变温度长时间保温,使珠光体分解为铁素体和团絮状石墨,最后得到铁素体基体的可锻铸铁,如果在通过共析转变时的冷却速度较快,则可得到珠光体基体的可锻铸铁。因可锻铸铁生产周期长,工艺复杂,其应用和发展受到一定限制,某些传统的可锻铸铁零件已逐渐被球墨铸铁件所代替。

## 2.4.2 铸钢件的生产

铸钢比铸铁强度高,韧性好,其产量及应用仅次于铸铁,适于制造承受重载荷及冲击载荷的重要零件。

### 1. 铸钢分类

按化学成分铸钢分碳素钢和合金钢两类,碳素钢应用最多,占铸钢产量80%以上。

(1)碳素钢。由于碳含量的不同,各种碳素钢的铸造性能及力学性能有很大差别,适用于不同零件。低碳钢(如ZG15)的熔点较高、铸造性能差,仅用于制造电机或渗碳零件;中碳钢(如ZG25~ZG45)的综合性能高于各类铸铁,强度高,塑性和韧性优良,适用于制造形状复杂、强度和韧性要求高的零件,如火车车轮、锻锤机架和砧座等,是应用最多的一类碳素铸钢;高碳钢(如ZG55)熔点低,塑性和韧性差,仅用于制造少量的耐磨件。

(2)合金铸钢。根据合金元素的多少,合金铸钢分为低合金铸钢和高合金铸钢两大类。低合金铸钢的合金元素总量不高于5%,中国的铸造低合金铸钢主要是锰系(如ZG40Mn、ZG30MnSi)和铬系(如ZG40CrMo、ZG35CrMo)两大系列,主要用来制造高强度齿轮、轴、水压机工作缸、水轮机转子等重要零件;高合金钢的合金元素总量大于10%,具有耐磨、耐热或耐腐蚀等特殊性能,属特种铸钢。其中高锰钢ZGMn13是一种抗磨钢,主要用来制造在干摩擦工作条件下适用的零件,如挖掘机掘斗、拖拉机和坦克的履带等。铬镍不锈钢ZG1Cr18Ni9Ti以及铬不锈钢ZGGr13和ZGGr28等对硝酸的耐腐蚀性很高,主要用于制造化工、石油、化纤和食品等设备上的零件。

**2. 铸钢的铸造工艺特点**

铸钢熔点高、流动性差、收缩大,体收缩约为灰铸铁的3倍,线收缩约为灰铸铁的2倍,且氧化、吸气严重,因而铸钢铸造性能差。为保证铸件质量,避免出现缩孔、缩松、裂纹、气孔、夹渣等缺陷,必须采取工艺措施。

(1)保证型砂性能。型砂的强度、耐火度和透气性要求更高,原砂要采用耐火度高的石英砂。为防止粘砂,铸型表面应涂刷耐火涂料,为保证铸型强度,改善充型条件,一般采用水玻璃砂型或烘干型。

(2)合理设计冒口、冷铁。铸钢收缩大,常需采用较多的冒口进行补缩,在冒口难以补缩的位置安放冷铁控制铸件冷却速度和凝固顺序,消耗大量钢液,增加造型及切割冒口的工作量。

(3)合理设计铸件结构。为防止浇不足、冷隔、缺陷,壁厚一般不小于8mm,并力求均匀。为减少内应力,防止变形和开裂,壁的连接要平滑或做出圆角。

**3. 铸钢的热处理**

铸钢件均需经过热处理后才能使用。因为在铸态下的铸钢件内部存在气孔、裂纹、缩孔和缩松、晶粒粗大、组织不均及残余内应力等缺陷,这些缺陷大大降低了其力学性能,尤其是塑性和韧性,因此铸钢件必须进行正火或退火。由于正火处理会引起较大应力,只适用于碳含量小于0.35%的铸钢件。因其塑性好,冷却时不易开裂。正火后的铸钢件,应进行高温回火以降低内应力;对于碳含量大于或等于0.35%的结构较复杂或易产生裂纹的铸钢件,只能进行退火处理。铸钢件不宜淬火,否则会开裂。

**4. 铸钢的熔炼**

一般铸钢车间的熔炼设备主要有电弧炉、平炉和感应电炉等,其中电弧炉用得最多,平炉仅用于重型铸钢件,感应电炉主要用于合金钢中小型铸件的生产。

电弧炉炼钢是利用石墨电极与金属炉料间的高温电弧热来熔炼金属。其容量(每次炼钢的钢液量)多为5~30t。电弧炉炼出的钢液质量较高,熔炼速度快,温度易控制,适合于浇注各种类型的铸钢件。炼钢的金属材料主要是废钢、生铁和铁合金等。其他材料有造渣材料、氧化剂、还原剂和增碳剂等。现代化新型电弧炉已实现了电子计算机对炼钢全过程的自动控制。

感应电炉炼钢是利用交流电感应的作用,使坩埚炉内的金属炉料在交变磁场作用下产生感应电流而发热并熔化。感应电炉加热速度快,氧化烧损小,吸气少,操作简便。但容量小,炉渣的冶金作用不充分,适用于中小型精密铸钢件生产。

### 2.4.3 非铁合金铸件的生产

**1. 铸造铜合金**

紫铜又称为纯铜,熔点为1083℃,其导电性、导热性、耐腐蚀性及塑性良好,但强度、硬度低,价格较贵,因此极少用它来制造机械零件,广泛应用的是铜合金。

1) 铸造铜合金种类、性能及应用

铸造铜合金分为黄铜和青铜两大类。

黄铜是铜和锌的合金,锌在铜中有较高溶解度,随着锌含量的增加,合金强度、塑性显著提高,但超过47%以后黄铜力学性能将显著下降,故黄铜锌含量小于47%。铸造黄铜除含锌外,还含有硅、锰、铝和铅等合金元素。铸造黄铜有相当高的力学性能,如$\sigma_b=250\sim450$MPa,$\delta=7\%\sim30\%$,硬度为$60\sim120$HBS,而价格却较青铜低。铸造黄铜的熔点低、结晶温度范围窄,流动性好,铸造性能较好,常用于一般用途轴承、衬套、齿轮等耐磨件和阀门等耐蚀件。

青铜是铜与锌以外元素构成的合金,其中铜和锡构成的合金是最普通的青铜,称锡青铜。锡青铜的力学性能虽较黄铜差,且因结晶温度范围宽,易产生显微缩松缺陷,但线收缩率较低,不宜产生缩孔,其耐磨、耐蚀性优于黄铜,适用于致密性要求不高的耐磨、耐蚀件。除锡青铜外,还有铝青铜、铅青铜等,其中铝青铜有着优良的力学性能和耐磨、耐蚀性,但铸造性能差,仅用于重要用途的耐磨、耐蚀件。

2) 铜合金的熔炼

熔炼铜合金常用坩埚炉或感应电炉。熔炼关键是脱氧、除气、除渣精炼。铜合金在液态下极易氧化,形成的氧化物($Cu_2O$)因溶解在铜内而使合金的力学性能下降。为防止铜的氧化,熔化青铜时,应加熔剂(如玻璃、硼砂等)以覆盖铜液。为去除已形成的氧化物,最好在出炉前向铜液中加入$0.3\%\sim0.6\%$(质量分数)的磷、铜来脱氧。由于黄铜中的锌本身就是良好的脱氧剂,所以熔化黄铜时,不需另加熔剂和脱氧剂。

**2. 铸造铝合金**

铝合金密度低,熔点低,导电性和耐蚀性优良,因此也常用来制造铸件。

1) 铸造铝合金种类、性能及应用

铸造铝合金分为铝硅合金、铝铜合金、铝镁合金及铝锌合金四类。铝硅合金又称硅铝明,其流动性好,线收缩率低、热裂倾向小,气密性好,又有足够的强度,所以应用最广,占铸造铝合金总产量的50%以上。铝硅合金适用于形状复杂的薄壁件或气密性要求较高的零件,如内燃机气缸体、化油器、仪表外壳等。铝铜合金的铸造性能较差,如热裂倾向大,气密性和耐蚀性较差,但耐热性和切削加工性能较好,主要用于制造活塞、气缸头等。铝镁合金的质量轻,强度高,耐蚀性好,但铸造性能差,多用于承受冲击载荷及在腐蚀条件下工作的零件,如飞机起落架。铝锌合金强度较高,但耐蚀性差,热裂倾向大,一般用于制造汽车发动机配件、仪表元件等。

2) 铸造铝合金熔炼

铝合金常用坩埚炉和感应电炉熔炼。铝合金在液态下也极易氧化,其氧化物($Al_2O_3$)的熔点高达2050℃,密度稍大于铝,所以熔化搅拌时容易进入铝液,呈非金属夹渣。铝液还极易吸收氢气,使铸件产生针孔缺陷。

为了减缓铝液的氧化和吸气,可向坩埚炉内加入氯化钾(KCl)、氯化钠(NaCl)等作为熔剂,以便将铝液与炉气隔离。为驱除铝液中已吸收的氢气,防止针孔的产生,在铝液出炉之前,应进行驱氢精炼。其方法有多种,较为简便的使用钟罩向铝液中压入氯化锌($ZnCl_2$)、六氯乙烷($C_2Cl_6$)等氯盐和氯化物,发生如下反应:

$$3ZnCl_2 + 2Al = 3Zn + 2AlCl_3 \uparrow$$
$$3C_2Cl_6 + 2Al = 3C_2Cl_4 + 2AlCl_3 \uparrow$$

反应生成的 $AlCl_3$(氯化铝)沸点仅为 183℃,故形成气泡,而氢在氯化铝气泡中的分压力等于零,所以铝液中的氢气向气泡中扩散,被上浮的气泡带除液面。与此同时,上浮的气泡还将氧化铝夹杂一并带出。

## 2.5 铸件的结构工艺性

铸件结构设计是否合理,对于铸件质量、成本和铸造生产率都有很大影响。进行铸件结构设计时不仅要保证铸件的力学性能和使用性能要求,而且还必须考虑铸造工艺和合金的铸造性能对铸件结构的要求。

### 2.5.1 铸造工艺对铸件结构的要求

铸件结构应尽可能使制模、造型、造芯和清理等过程简化,以减少劳动工时,提高生产率,防止废品的产生。从铸造工艺角度出发应考虑以下要求。

**1. 对铸件外形的要求**

铸件的外形应力求简单,造型方便。

(1)避免铸件外表面侧凹。铸件侧壁上若有凹入部分,必然妨碍起模,通常需要增加砂芯才能形成铸件凹入部分的形状。如图 2-39(a)所示端盖铸件。由于上面是凸缘法兰,使铸件具有两个分型面,必须采用三箱造型或者增加环形外型芯,使造型工艺复杂。改进设计后,如图 2-39(b)所示,取消了上部法兰凸缘,使铸件仅有一个分型面,简化了造型工艺。

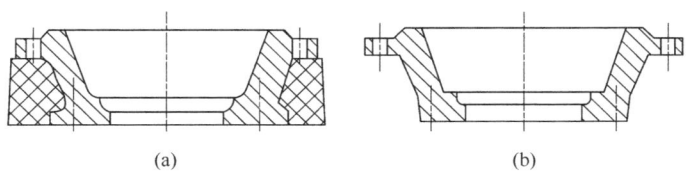

图 2-39 端盖铸件结构

(2)分型面应是平面。如图 2-40(a)所示托架铸件,原设计结构有不必要的外圆角,结果只得采用挖砂(或假箱)造型;改进结构设计去掉铸件外形不必要的外圆角,如图 2-40(b)所示,则可进行整模造型。

(3)铸件上的凸台、加强筋等,要尽量避免使用活块。图 2-41(a)中的凸台妨碍起模,通常采用活块(或外壁型芯)才能起模,改为图 2-41(b)的结构可避免活块,方便了造型。

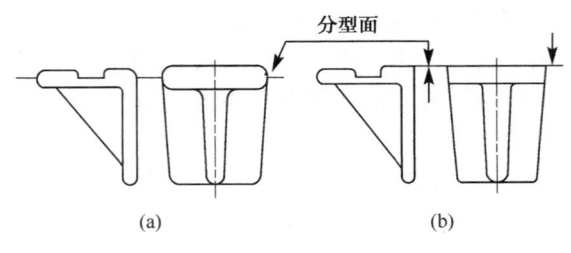

图 2-40　托架的结构设计

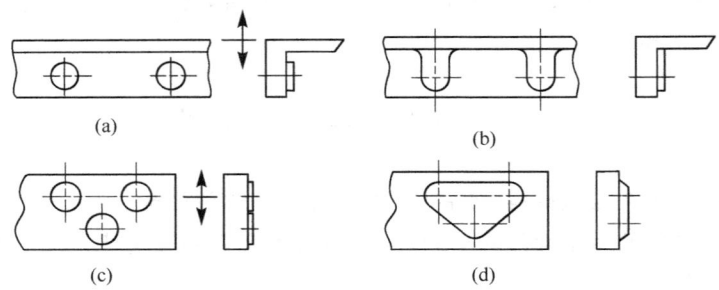

图 2-41　零件上凸台的设计

**2. 对铸件内腔的要求**

铸件内腔应尽量简单,减少型芯。

(1) 铸件的内腔尽量不用或少用型芯。图 2-43 为悬臂支架的两种设计方案,采用图 2-42(a) 所示的方形空心截面,需用型芯,而改为图 2-42(b) 所示的工字形截面结构,可省掉型芯。此外,铸件的内腔在一定条件下,也可利用模型内腔自然形成的砂垛(上箱砂垛称吊砂)来形成,如图 2-43 所示,图 2-43(a) 中铸件内腔出口处较小,要采用型芯;改进结构后,图 2-44(b) 中内腔直径大于高度,故可用砂垛取代型芯。

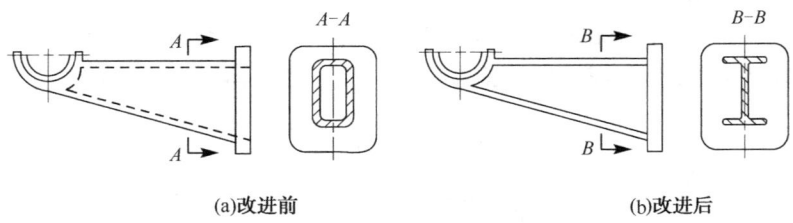

图 2-42　悬臂支架的两种设计

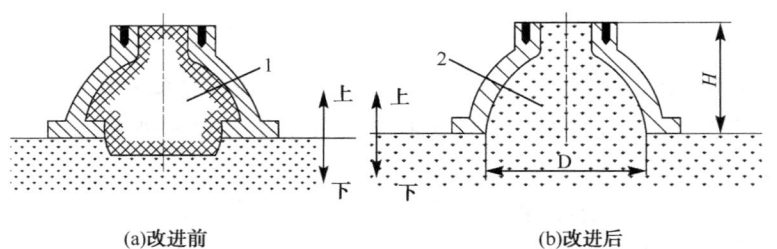

图 2-43　圆盖铸件内腔的两种设计

1-型芯;2-自带型芯

(2) 铸件内腔复杂需采用型芯时,应便于型芯的固定、排气和清理。图 2-44(a)中轴承支架原内腔结构需要两个型芯,其中一个较大的呈悬臂状的型芯需用型芯撑支承;如改为图 2-44(b)中的结构,使悬臂式砂芯和轴孔砂芯连为一体,则型芯的稳定性大大提高且下芯简便,易于排气。

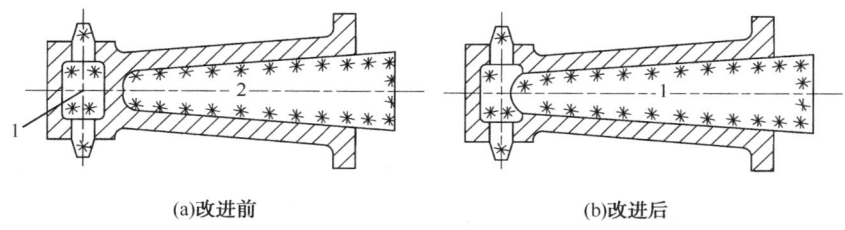

(a)改进前　　　　　　(b)改进后

图 2-44　轴承架铸件的结构改进

对于结构不能修改的,可增设铸造工艺孔,增加型芯支承点。铸造后再将工艺孔用螺丝堵头堵塞。

3. 铸件的结构斜度

铸件上凡是垂直于分型面的非加工表面,应具有结构斜度,如图 2-45 所示。铸件哪些部位应具有结构斜度,要依照分型面的位置而定;铸件结构斜度的大小随垂直壁的高度而不同,高度越小,角度越大。

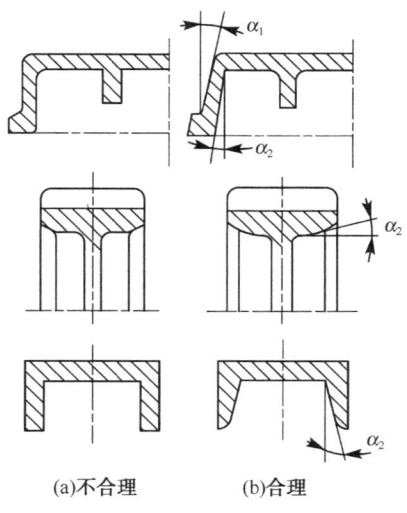

(a)不合理　　(b)合理

图 2-45　结构斜度

铸件的结构斜度与拔模斜度不能混淆。前者斜度值较大,直接在零件图上示出;后者是在绘制铸造工艺图或模型图时,对零件图上没有结构斜度的立壁给出很小的角度(0.5°～3.0°)。

## 2.5.2　合金的铸造性能对铸件结构的要求

铸件许多缺陷的产生,如缩孔、变形、裂纹、气孔和浇不足等往往是由于铸件设计时未能充分考虑合金的铸造性能,铸件结构设计不够合理而造成。为此,在铸件结构设计时,除考虑铸造工艺等方面的要求外,还必须使其结构满足合金铸造性能的要求。

1. 铸件壁厚设计

1)合理设计铸件壁厚

由于各种合金的流动性不同,在相同的铸造条件下,所得到的最小壁厚也不相同。如果所设计的铸件壁厚小于允许的"最小壁厚",铸件就易产生浇不足、冷隔等缺陷。铸件的最小壁厚主要取决于合金的种类和铸件大小,设计铸件壁厚时,在保证铸件机械性能前提下,应使铸件壁厚大于其允许的"最小壁厚"。

但是,铸件壁也不宜太厚,厚壁易产生缩孔和缩松缺陷。提高铸件承载能力不能仅靠增加壁厚,特别是铸铁件,其强度并非与其壁厚成正比关系增加。

2)铸件的壁厚应均匀

铸件壁厚不均匀,易在厚壁处产生缩孔和缩松等缺陷,并且由于冷却速度不同形成的铸造应力,可使铸件薄厚连接处产生裂纹。

所谓铸件壁厚尽可能均匀,并非指铸件所有的壁厚完全相同,而是使铸件各壁的冷却速度相近,如铸件内壁由于散热条件较差,因此要求内壁厚度应小于外壁,使铸件内、外壁冷却速度相近,如图 2-46 所示。此外,可利用加强筋来减少铸件的壁厚,如图 2-47 所示。

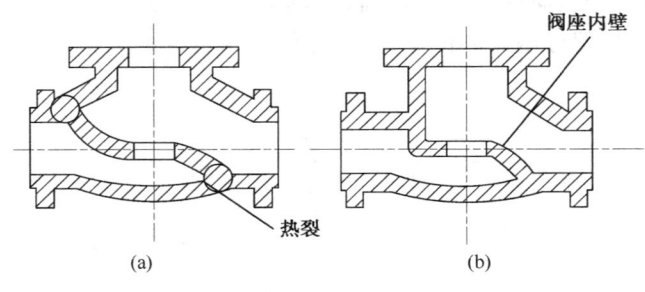

图 2-46　阀体铸件的设计

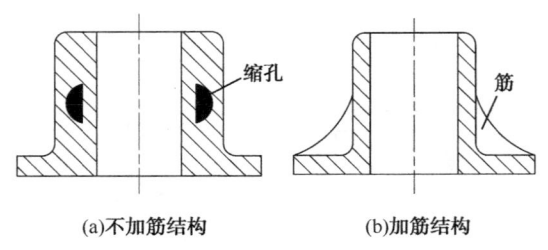

图 2-47　利用加强筋减少铸件壁厚

2. 铸件壁的连接

铸件壁与壁的连接或转弯处应尽量避免金属的集聚和内应力的产生。

(1)铸件的结构圆角。铸件上任何两个非加工表面相交的转角处,都应设计成结构圆角。否则,铸件壁直角相交,铸造凝固过程中由于柱状晶的方向性,转角处的对角线上将形成晶界,成为薄弱环节,产生应力集中,引起裂纹、缩孔、缩松等缺陷,也不便于造型和铸件清理,如图 2-48 所示。

(2)铸件应避免锐角连接。为减小热节和降低内应力,铸件壁与壁之间应避免锐角连接。此外,铸件壁与壁之间应避免交叉连接,中小型铸件采用交错接头,大型铸件可采用环状接头,如图 2-49 所示。

图 2-48 金属结晶的方向性　　　　　图 2-49 铸件壁或筋的连接形式

(3)铸件壁与壁的连接要逐步过渡。为减少应力集中,防止铸造过程中产生裂纹,铸件壁从厚到薄或从薄到厚的连接应逐步过渡,避免截面突变,其具体要求查表获得。

(4)铸件应避免收缩受阻。当铸件收缩受到阻碍,铸造内应力超过合金的强度极限时,铸件会产生裂纹。图 2-50(a)所示为常见的轮形铸件,其轮辐为直线形、偶数,当合金的收缩较大而轮毂、轮缘、轮辐的厚度差又较大时,常因收缩不一致,形成较大内应力,偶数轮辐不能使铸件通过变形自行缓解其应力,故常在轮辐与轮缘连接处产生裂纹,改用图 2-50(b)所示弯曲轮辐或图 2-50(c)所示直线形奇数轮辐,可借助轮辐本身的微量变形自行减少内应力。

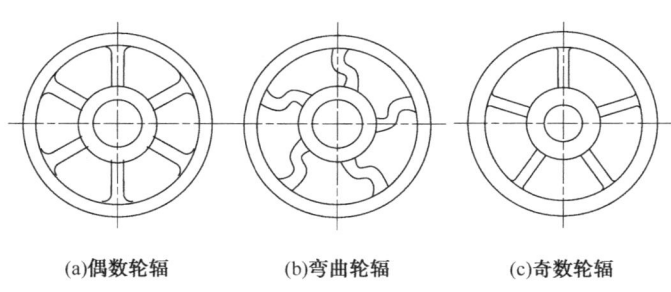

(a)偶数轮辐　　　(b)弯曲轮辐　　　(c)奇数轮辐

图 2-50 轮辐的设计

(5)铸件应尽量避免出现过大水平面。铸件大的水平面不利于金属的填充,易产生浇不足等缺陷;同时,平面型腔的上表面,由于受液态金属长时间烘烤,易产生夹砂;此外,大的水平面也不利于气体和非金属夹杂物的排除。因此铸件结构应尽量避免大的水平面,如图 2-51 所示。

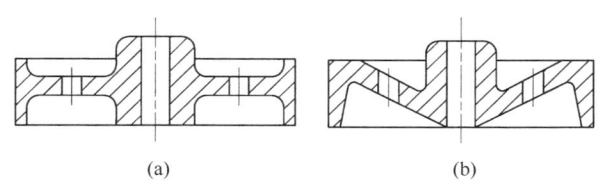

(a)　　　　　　　(b)

图 2-51 轮形铸件辐板的设计

随着科学技术的迅速发展,尤其是计算机的广泛应用,出现了利用计算机三维图形技术辅助制造铸造模具的快速成型技术、近终形状铸造技术及计算机数值模拟技术等铸造新技术,铸造行业正由劳动密集型向高科技型转化，由机械化、自动化向智能化方向发展，传统工艺和材料正逐步被新工艺、新材料取代。

## 思考题与习题

1. 什么是液态金属的充型能力？主要受哪些因素影响？
2. 何谓合金的收缩？其影响因素有哪些？
3. 选定和标出图2-52所示零件的分型面，定性绘出其铸造工艺图。

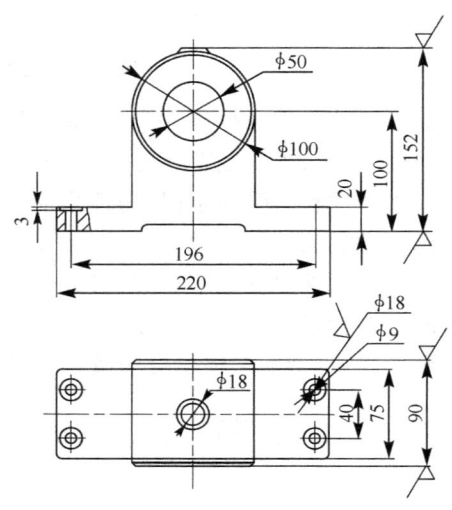

图2-52 零件的分型面

4. 铸钢与铸铁相比有何特征？分析钢的铸造性能，并说明其铸造工艺特点。
5. 铝合金和铜合金铸造工艺上的主要特点是什么？
6. 常见的特种铸造方法有哪些？其铸造工艺特点及应用如何？
7. 试述分型面的概念，从保证质量与简化操作两方面考虑，确定分型面主要原则有哪些？
8. 铸件的壁厚为什么不能太薄，也不宜太厚，而且应尽可能厚薄均匀？
9. 何谓铸件的结构斜度？它与起模斜度有何不同？图2-53所示铸件的结构是否合理？应如何改正？
10. 某厂铸造一个φ1500mm的铸铁顶盖，如图2-54所示两个方案，哪个结构工艺性好？

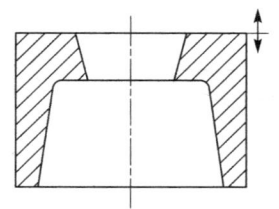

图2-53 铸件结构

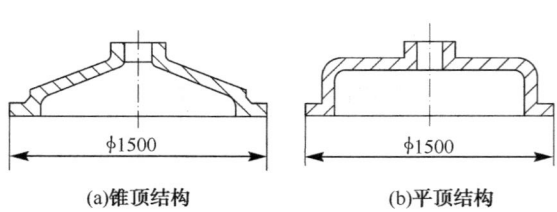

图2-54 铸铁顶盖方案

# 第 3 章 金属的塑性成形

金属的塑性成形是借助外力作用,使金属产生塑性变形,从而获得具有一定形状、尺寸和机械性能的原材料、毛坯或零件的生产方法。

材料的塑性是进行塑性成形的基础,各类钢和大多数有色金属及其合金都具有一定的塑性,因此可以对它们在热态或冷态下进行压力加工。

金属塑性成形中作用在金属坯料上的外力主要有冲击力和压力两种。锤类设备产生冲击力使金属变形,轧机与压力机对金属坯料施加静压力使之变形。

## 3.1 塑性成形工艺基础

### 3.1.1 金属塑性成形的基本生产方式

1. 轧制

轧制是金属坯料在两个轧辊的空隙间受压变形,以获得各种产品的加工方法(图 3-1)。

轧制生产所用的坯料主要是金属锭。坯料在轧制过程中靠摩擦力得以连续通过轧辊孔隙而受压变形,结果使坯料的截面减小,长度增加。

合理地设计轧辊上各种不同的孔型(与产品截面轮廓相似),可以轧制出不同截面的原材料,如钢板、型材和无缝管材等,供其他工业部门使用。也可以直接轧制出毛坯或零件。

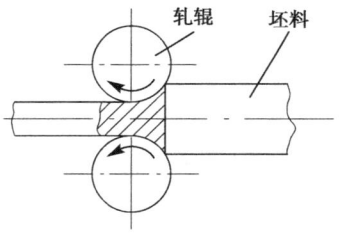

图 3-1 轧制示意图

2. 挤压

挤压是金属坯料在挤压模内受压被挤出模孔而变形的加工方法(图 3-2)。

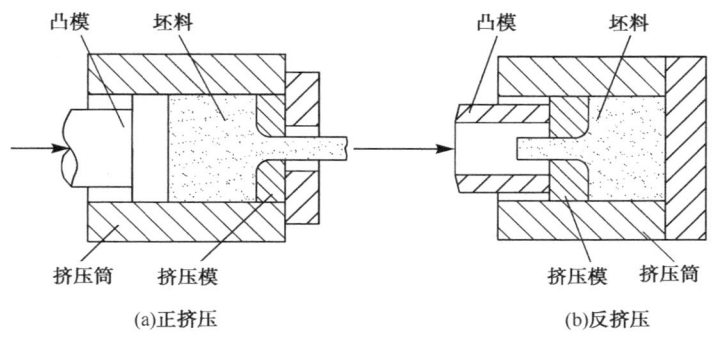

(a)正挤压　　　　　　(b)反挤压

图 3-2 挤压示意图

挤压方法主要分为正挤压和反挤压两类,金属坯料的流动方向与凸模运动方向一致的叫正挤压(图 3-2(a));金属坯料的流动方向与凸模运动方向相反的叫反挤压(图 3-2(b))。

挤压过程中金属坯料的截面依照模孔的形状减小,坯料的长度增加。挤压可以获得各种复杂截面的型材或零件,适用于加工低碳钢、有色金属及其合金。如采用适当的工艺措施,还可对合金钢和难熔合金进行挤压生产。

3. 拉拔

拉拔是将金属坯料拉过拉拔模的模孔而变形的加工方法(图 3-3)。拉拔模模孔的截面形状和使用性能的好坏对产品有决定性影响。拉拔模模孔在工作中受到强烈的摩擦作用,为保持其几何形状的准确性和使用的长久性,应选用耐磨的硬质合金来制作。

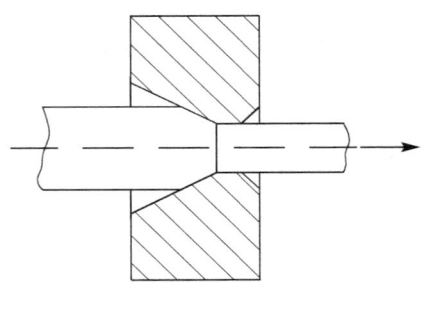

图 3-3 拉拔示意图

拉拔生产主要用来制造各种细线材、薄壁管和各种特殊几何形状的型材,如电缆等。多数情况是在冷态下进行拉拔加工,所得到的产品具有较高的尺寸精度和低的表面粗糙度,故拉拔常用于对轧制件的再加工,以提高产品质量。低碳钢和大多数有色金属及其合金都可以经拉拔成形。

4. 自由锻

自由锻是金属坯料在上、下砧铁间受冲击力或压力作用而变形的加工方法(图 3-4(a))。

5. 模锻

模锻是金属坯料在具有一定形状的锻模模膛内受冲击力或压力作用而变形的加工方法(图 3-4(b))。

6. 板料冲压

板料冲压是金属板料在冲模之间受压产生分离或变形的加工方法(图 3-4(c))。

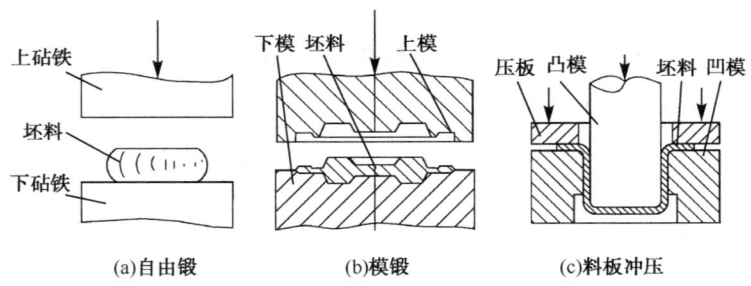

图 3-4 锻压生产方式示意图

一般常用的金属型材、板材、管材和线材等原材料,大都是通过轧制、挤压、拉拔等方法制成的。机器制造工业中常用塑性成形的方法来制造毛坯和零件。凡承受重载荷的机器零件,如机器的主轴、重要齿轮、连杆、炮管和枪管等,通常采用锻件作为毛坯,再经切削加工而制成。板料冲压广泛应用于汽车制造、电器、仪表及日用品工业等方面。

塑性成形的特点是在加工过程中,金属毛坯的组织和性能进一步得到细化和改善。金属的塑性成形方法被广泛应用就是由于这种加工方法的特点所决定的。近年来,由于金属塑性成形技术的迅速发展,其加工范围已突破了主要是提供毛坯的范畴,向部分和全部取代切削加工,直接生产零件产品的方向发展。许多过去采用较好变形方法加工出的零件目前可采用精密锻造、复合挤压、板料成形、特种轧制等工艺加工出来,且具有生产率高、零件质量好、产品成本低等优越性。但金属塑性成形生产不能像铸造生产那样生产出形状复杂的零件。

### 3.1.2 金属的塑性变形原理

各种金属的塑性成形都是通过对金属施加外力,使之产生塑性变形来实现的。金属受外力后,首先产生弹性变形,当外力超过该金属的屈服点后,才开始产生塑性变形。

金属材料之所以有塑性,能够塑性变形,要从它的晶体结构来说明。晶体结构的特点是原子有规则地排列,即原子紧密地结合在一起,原子在空间的位置是按一些基本规律如体心立方、面心立方和密排六方等堆积成有规则的空间格子(晶格)所构成。无数多的晶格构成晶粒,工业上应用的金属材料都是很多晶粒组成的多晶体。金属原子在原子间结合力的相互作用下,可以达到平衡状态,这时原子在空间排列成很整齐的空间结构。

金属在外力作用下内部产生应力。此应力迫使原子离开原来的平衡位置,从而改变了原子间的相互距离,使金属发生变形,并引起原子位能的增高。但处于高位能的原子具有返回到原来低位能平衡位置的倾向。因而当外力停止作用后,应力消失,变形也随之消失,金属的这种变形称为弹性变形;当外力增大到使金属的内应力超过该金属的屈服极限以后,外力停止作用,金属的变形也并不消失,这种变形称为塑性变形。

对于金属塑性变形的实质,经典理论用晶粒内部产生滑移,晶粒间也产生滑移和晶粒发生转动来解释。单晶体的滑移变形如图 3-5 示。晶体在切应力作用下,晶体的一部分与另一部分沿着一定的晶面产生相对滑移,从而引起单晶体的塑性变形。

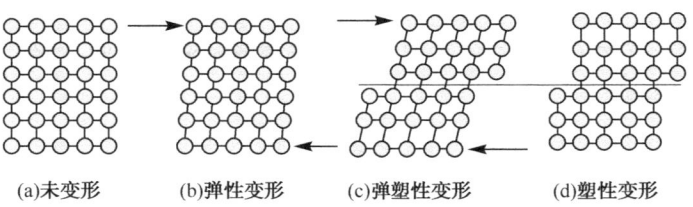

(a)未变形　　(b)弹性变形　　(c)弹塑性变形　　(d)塑性变形

图 3-5　单晶体滑移变形示意图

该理论所描述的滑移运动,相当于滑移面上下两部分晶体彼此以刚性的整体相对滑动。这是一种纯理想晶体的滑移。实现这种滑移所需的外力要远远大于实际测得的数据的几千倍,这证明实际晶体结构及其塑性变形并不完全如此。

近代物理学理论说明晶体内部有缺陷,其类型有点缺陷、线缺陷和面缺陷三种。位错就是晶体中的线缺陷(图 3-6(a))。由于位错的存在,使部分原子处于不稳定状态。在比理论值低许多的切应力作用下,处于高能位的原子很容易地从一个相对平衡的位置上移动到另一个位置上(图 3-6(b)、(c)),形成位错运动。位错运动到晶体表面就实现了整个晶体的塑性变形(图 3-6(d))。

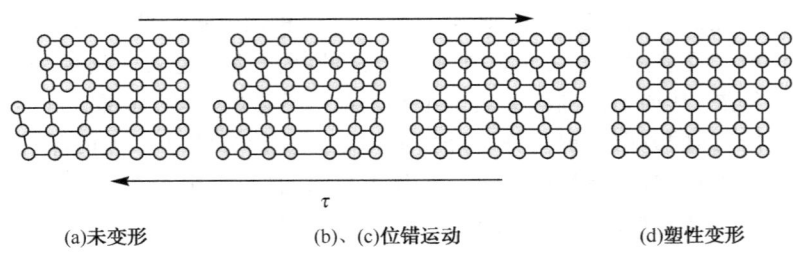

(a)未变形　　　　(b)、(c)位错运动　　　　(d)塑性变形

图 3-6　位错运动引起塑性变形示意图

多晶体的塑性变形可以看成组成多晶体的许多单个晶粒产生变形的综合效果。同时晶粒之间也有滑动和转动(称为晶间变形)(图 3-7)。每个晶粒内部都存在许多滑移面,因此整块金属的变形量可以比较大。低温时多晶体的晶间变形不可过大,否则将引起金属的破坏。

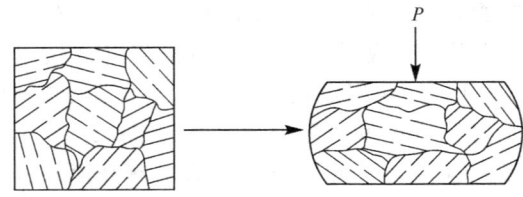

图 3-7　多晶体塑性变形示意图

由此可知,金属内部有了应力就发生弹性变形。应力增大到一定程度后使金属产生塑性变形。因此塑性变形过程中一定有弹性变形存在。当外力去除后,弹性变形将恢复,称为"弹复"现象。这种现象对有些塑性成形件的变形和工件质量有很大影响,需采取工艺措施以保证产品质量。

### 3.1.3　塑性变形后金属的组织和性能

金属的塑性变形可在不同的温度下产生。由于变形时温度不同,塑性变形将对金属组织和性能产生不同的影响。

1. 加工硬化

金属在常温下经过塑性变形后,内部组织将发生变化,晶粒沿变形最大的方向伸长;晶格与晶粒均发生扭曲,产生内应力;晶粒间产生碎晶。

金属的机械性能随其内部组织的改变而发生明显变化。变形程度增大时,金属的强度及硬度升高,而塑性和韧性下降,这一现象称为加工硬化(图 3-8),也称冷变形强化。产生加工硬化的原因,是由于在塑性变形过程中,滑移面上的碎晶和附近晶格的强烈扭曲增大了继续滑移的阻力,使继续滑移难于进行。金属在塑性变形过程中,出现加工硬化,对继续变形造成困难。当要求变形程度较大时,需采取其他工序,消除加工硬化,才有利于塑性变形。

金属加工硬化现象在生产中具有实际意义,是工业生产中强化金属材料的一种手段,如某些不能通过热处理方法来强化的金属材料,可以利用加工硬化提高金属强度指标,在实际生产中采用冷轧、冷拔和冷挤等工艺提高低碳钢、纯铜、防锈铝、镍铬不锈钢等所制型材和锻压件的强度和硬度。

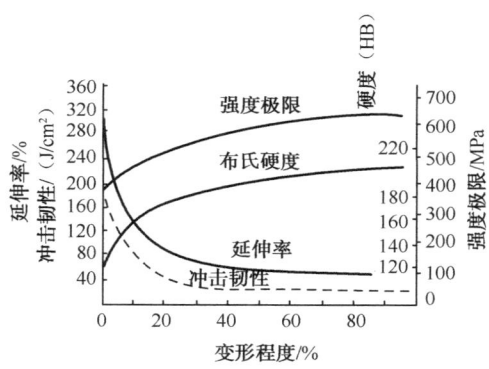

图 3-8 常温下塑性变形对低碳钢机械性能的影响

## 2. 回复和再结晶

加工硬化是一种不稳定现象,处于高位能的原子具有自发地回复到其低位能状态的趋势,但在室温下不易实现。而当温度升高时,金属原子获得热能,热运动加剧,使原子得以回复正常排列,消除了由于变形产生的晶格扭曲,使加工硬化得到部分消失,这一过程称为回复(图 3-9(b))。这时的温度称为回复温度,即

$$T_{回} = (0.25 \sim 0.3) T_{熔}$$

式中,$T_{回}$ 为金属的绝对回复温度;$T_{熔}$ 为金属的绝对熔化温度。

金属经塑性变形产生的加工硬化,随着温度的升高出现回复过程,加工硬化现象得到了部分消除。当温度继续升高到金属熔点绝对温度的 0.4 倍时,金属原子获得更多的热能,则开始以某些碎晶或杂质为核心结晶成新的晶粒,从而消除了全部加工硬化现象,这个过程称为再结晶(图 3-9(c))。这时的温度称为再结晶温度,即

$$T_{再} = 0.4 T_{熔}$$

式中,$T_{再}$ 为金属的绝对再结晶温度。

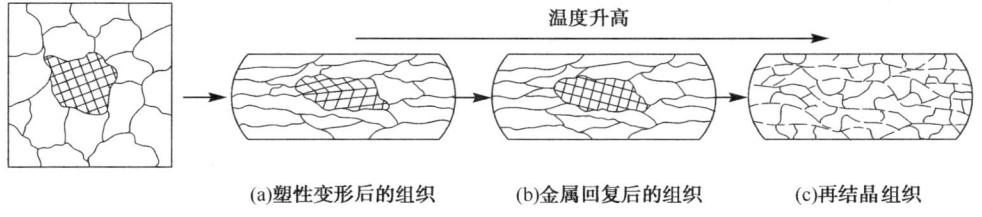

(a)塑性变形后的组织　　(b)金属回复后的组织　　(c)再结晶组织

图 3-9 金属的回复和再结晶示意图

在实际生产中,常采用加热的方法使金属发生再结晶,消除加工硬化,从而再次获得良好的塑性,这种工艺称为再结晶退火。例如,对于铸锭,经过充分的塑性变形和再结晶之后,消除了不均匀的铸态组织,细化了晶粒,使化学成分扩散均匀,并焊合疏松和小气孔等铸造缺陷,使组织致密。

### 3. 冷变形和热变形

由于金属在不同温度下变形后的组织和性能不同，通常以再结晶为界，将金属的塑性变形分为冷变形和热变形两种。

金属在其再结晶温度以下的塑性变形称为冷变形。变形过程中只有加工硬化而无回复和再结晶现象，变形后的金属具有加工硬化组织，所以变形过程中需要很大的变形抗力，变形程度不易过大，以避免工件产生裂纹。冷变形能使金属获得较高的硬度和低粗糙度，一般不需再切削加工。生产中常应用冷变形来提高产品的表面质量。常温下进行的冷镦、冷挤以及冷冲压等都属于冷变形。

金属在其再结晶温度以上的塑性变形称为热变形。热变形过程中的加工硬化随时都被再结晶过程所消除，变形后，金属具有再结晶组织，而无加工硬化痕迹。金属只有在热变形情况下，才能以较小的功达到较大的变形，同时能获得具有高机械性能的再结晶组织。但是热变形时由于是在高温下进行，因而金属处在加热过程中，表面易形成氧化皮，产品的尺寸精度和表面质量较低，劳动条件和生产率也较差。自由锻、模锻、热轧和热挤压等工艺均属于热变形。

### 4. 变形程度和纤维组织

塑性加工过程中，常用锻造比（$Y_{比}$）来表示变形程度。锻造比是锻造生产中代表金属变形程度大小的一个参数，一般用锻造中的典型工序的变形程度来表示。

拔长时的锻造比

$$Y_{拔} = F_0 / F$$

式中，$F_0$ 为拔长前金属坯料的横截面积；$F$ 为拔长后金属坯料的横截面积。

镦粗时的锻造比

$$Y_{镦} = H_0 / H$$

式中，$H_0$ 为镦粗前金属坯料的高度；$H$ 为镦粗后金属坯料的高度。

锻造比对锻件的机械性能有直接影响。一般情况下增加锻造比，可使金属组织致密化，提高锻件的机械性能。

塑性加工最原始的坯料是铸锭。其内部组织很不均匀，晶粒较粗大，并存在气孔、缩松、非金属夹杂物等缺陷。将这种铸锭加热进行塑性加工后，由于金属经过塑性变形及再结晶，从而改变了粗大的铸造组织（图 3-10(a)），获得了细化的再结晶组织。同时还可以将铸锭中的气孔、缩松等压在一起，使金属组织更加致密，其机械性能会有很大的提高。此外，铸锭在压力加工中产生塑性变形时，基体金属的晶粒形状和沿晶界分布的杂质形状都发生了变化，它们将沿着变形方向被拉长，呈纤维形状，这种结构称为纤维组织（图 3-10(b)）。

(a)变形前原始组织

(b)变形后的组织

图 3-10　铸锭热变形前后的组织

纤维组织使金属材料在性能上具有各向异性。纤维组织越明显，金属在纵向（平行纤维方向）上塑性和韧性提高，而在横向（垂直纤维方向）上塑性和韧性降低；纤维组织的明显程度与金属的变形程度有关，变形程度越大，纤维组织越明显。

纤维组织的化学稳定性很高，用热处理的方法是不能消除的，只能通过锻造方法才能改变纤维组织的分布状况。因此，为了获得具有最好机械性能的零件，在设计和制造零件时，应充分利用纤维组织的方向性。一般应注意两点，一是使零件在工作中产生的最大正应力方向与纤维方向重合，最大切应力方向与纤维方向垂直；二是使纤维分布与零件的轮廓相符合而不被切断。

例如，当采用棒料直接经切削加工制造螺钉时，螺钉头部与杆部的纤维被切断，不能连贯起来，受力时产生的切应力顺着纤维方向，故螺钉的承载能力较弱（图3-11（a））。当采用同样棒料经局部镦粗方法制造螺钉时（图3-11（b）），纤维不被切断且连贯性好，纤维方向也较有利，故螺钉质量较好。

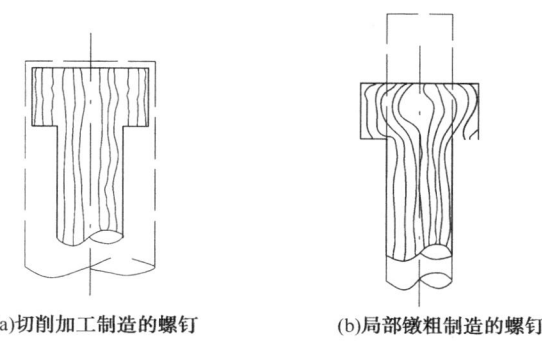

(a) 切削加工制造的螺钉　　(b) 局部镦粗制造的螺钉

图3-11　不同工艺方法对纤维组织的影响

## 3.1.4　金属材料的塑性加工性能

金属材料的塑性加工性能是衡量金属材料在经受塑性加工产生塑性变形时获得合格零件难易程度的一个工艺性能，常用金属的塑性和变形抗力来综合衡量。塑性越大，变形抗力越小，金属材料的塑性加工性能越好，反之则差。

塑性是指金属在外力作用下产生永久变形而不破坏其完整性的能力。变形抗力指在变形过程中金属抵抗工具作用的力。塑性高，则金属变形不易开裂；变形抗力小，则锻压省力。金属的本质和加工条件皆影响金属材料的塑性加工性能。

1. 金属的本质

1）化学成分的影响

不同化学成分的金属其塑性加工性能不同。一般来说，纯金属的塑性加工性能比合金的好。例如，纯铁的塑性就比碳含量高的钢好，变形抗力也小；又如，钢中含有形成碳化物的元素（如铬、钼、钨、钒等）时，则可锻性显著下降。

2）金属组织的影响

金属内部的组织结构不同，其塑性加工性能有很大差别。纯金属及固溶体（如奥氏体）的塑性加工性能好。而碳化物（如渗碳体）的塑性加工性差。铸态铸状组织的粗晶粒结构不如晶粒细小而又均匀的组织的塑性加工性能好。

## 2. 加工条件

### 1) 变形温度的影响

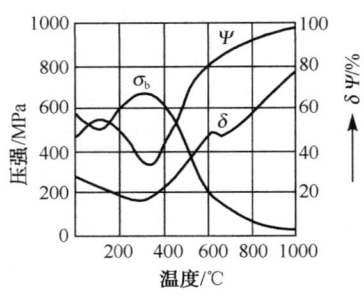

图 3-12 低碳钢的机械性能与温度的变化关系

在一定的变形温度范围内,随着温度的升高,原子动能升高,从而塑性提高,变形抗力减少,有效改善了塑性加工性能,图 3-12 给出了低碳钢在不同温度时的机械性能变化曲线。但是加热要严格控制在一定范围内,若加热温度过高,晶粒急剧长大,则金属机械性能降低,产生过热。若加热温度过高接近熔点,晶界氧化破坏了晶粒间的结合,使金属失去塑性,坯料报废,产生过烧。金属锻造加热时允许的最高温度称为始锻温度。在锻造过程中,金属坯料温度不断降低,当温度降低到一定程度,塑性变差,变形抗力增大,不能再锻,否则引起加工硬化甚至开裂,此时停止锻造的温度称为终锻温度。始锻温度与终锻温度间的温度范围称为锻造温度范围。始锻温度与终锻温度的确定以合金状态图为依据。

### 2) 变形速度的影响

变形速度即单位时间内的变形程度。它对金属塑性加工性能的影响是矛盾的。一方面由于变形速度的增大,回复和再结晶不能及时克服加工硬化现象,金属则表现出塑性下降、变形抗力增大(图 3-13),塑性加工性能变坏;另一方面,金属在变形过程中,消耗于塑性变形的能量有一部分转化为热能,使金属温度升高(称为热效应现象)。变形程度越大,热效应现象越明显,使金属的塑性提高,变形抗力下降(图 3-13 中 $a$ 点以后),塑性加工性能变好。但热效应现象只有在高速锤上锻造时才能实现,在一般设备上都不可能超过 $a$ 点的变形速度,故塑性较差的材料(如高速钢等)或大型锻件,还是应采用较小的变形速度为宜。

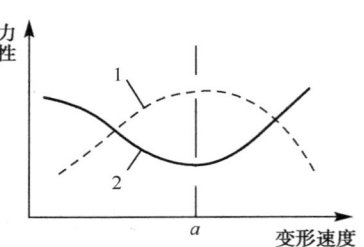

图 3-13 变形速度对塑性及变形抗力的影响
1-变形抗力曲线;2-塑性变形曲线

### 3) 应力状态的影响

金属在经受不同方向变形时,所产生的应力大小和性质(压应力或拉应力)是不同的。例如,挤压变形时(图 3-14)为三向受压状态,而拉拔时(图 3-15)则为两向受压一向受拉的状态。

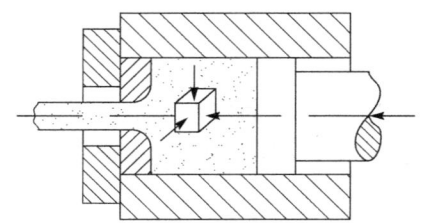

图 3-14 挤压时金属应力状态

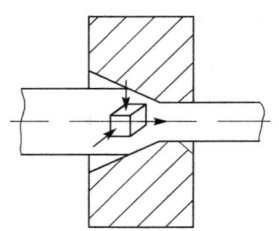

图 3-15 拉拔时金属应力状态

实践证明,三向应力状态中,压应力的数目越多,则其塑性越好;拉应力的数目越多,则其塑性越差。当金属内部存在像气孔、小裂纹缺陷时,在拉应力作用下,缺陷处易产生应力集中,使得缺陷扩展甚至达到破坏而使金属失去塑性。压应力使金属内部原子间距减小,不易使缺陷扩展,故金属的塑性会增高。但压应力同时又使金属内部摩擦增大,变形抗力也随之增大,为实现变形加工,就要相应增加设备吨位,以增加变形力。

综上所述,金属的塑性加工性能是从金属的塑性和变形抗力两方面的因素进行综合衡量的。而金属的塑性和变形抗力又受金属本质与变性条件诸因素所制约。在塑性加工过程中,要综合考虑所有因素,依据金属的本质和成形的要求,力求创造最有力的变形条件,充分发挥金属的塑性,降低变形抗力,减少能耗,以达到加工目的。

## 3.2 锻压成形方法

### 3.2.1 自由锻

自由锻是将加热后的金属坯料放在锻造设备上、下砧铁之间,在冲击力或压力作用下使之产生塑性变形,从而获得所需形状、尺寸和性能锻件的一种加工方法。

自由锻过程中坯料两侧的金属自由流动,变形不受限制,锻件形状和尺寸由锻工的操作技术来保证。自由锻件的尺寸精度低,加工余量大,金属材料消耗多,锻件形状一般比较简单,生产率低,劳动强度大。

自由锻分手工自由锻和机器自由锻两种。手工自由锻只能生产小型锻件,生产率也较低。随着技术的不断进步与发展,手工锻造已逐渐淘汰,机器自由锻则是自由锻的主要生产方法。机器自由锻又分为锤上自由锻和液压机自由锻两种。

锤上自由锻是利用锻锤产生的冲击力使金属坯料变形,生产中使用的锻锤是空气锤和蒸汽-空气锤。锻锤的吨位是以落下部分的质量来表示的。空气锤吨位较小,只用来锻造小型件。蒸汽-空气锤的吨位稍大,所以可用来生产质量小于1500kg的中、小型锻件。液压机吨位是以产生的最大压力表示。生产中使用的液压机主要是水压机,它的吨位较大,可以锻质量达 $3\times10^5$ kg 的锻件。液压机在使金属变形的过程中,没有震动,并能很容易达到较大的锻件深度,所以水压机是巨型锻件的唯一成形设备。

自由锻生产工序很多,可分为基本工序、辅助工序和精整工序三大类。自由锻的基本工序是使金属坯料产生一定程度的塑性变形,以达到所需形状和尺寸的工艺过程,如镦粗、拔长、弯曲、冲孔、切割、扭转和错移等。实际生产中最常用的是镦粗、拔长和冲孔三个工序。辅助工序是为基本工序操作方便而进行的预先变形工序,如压钳口、压钢锭棱边、切肩等。精整工序是用以减少锻件表面缺陷而进行的工序,如消除锻件表面凹凸不平及整形等,一般在终锻温度以下进行。

自由锻主要用于单件、小批及大型锻件的生产。

### 3.2.2 模锻

模型锻造(也称模锻)是将加热后的坯料放在锻模模腔内,在外力作用下使坯料产生塑性变形而获得锻件的一种塑性加工方法。在变形过程中金属坯料的流动受到模腔的限制,因而锻造终了时能获得和模膛形状一致的锻件。

模锻与自由锻相比有如下优点：

(1) 生产效率高。自由锻时金属的变形是在上、下两个砧铁间进行的，难以控制。模锻时，金属的变形是在模膛内进行的，故能较快获得所需形状。

(2) 模锻件尺寸精确，加工余量小。

(3) 可以锻造出形状比较复杂的锻件。

(4) 可以比自由锻生产节约金属材料，减少切削加工工作量。在批量足够的条件下能降低零件成本。

(5) 操作简单，易于实现机械化。

由于受模锻设备吨位的限制，模锻件不能太大；锻模加工工艺复杂，制造周期长，成本高，所以，模锻生产只适用于中小型锻件大批和大量生产。

由于现代化大生产的要求，模锻生产越来越广泛地应用在国防工业和机械制造业中，并逐渐取代自由锻，成为锻造生产的主要工艺。

模锻按使用设备的不同主要分为锤上模锻、压力机上模锻（曲柄压力机模锻、摩擦压力机模锻、平锻机上模锻、液压机上模锻等）及胎模锻等。

1. 锤上模锻

锤上模锻所用设备有蒸汽-空气锤、无砧座锤和高速锤等。一般生产中主要使用蒸汽-空气锤（图3-16）。其工作原理与蒸汽-空气自由锻锤基本相同，但锤头与导轨间隙小，且锤身6与砧座5相连成一个封闭的整体；锤头运动精度高，保证上、下模在锤击时对准。此外，模锻锤一般由一名工人操作。

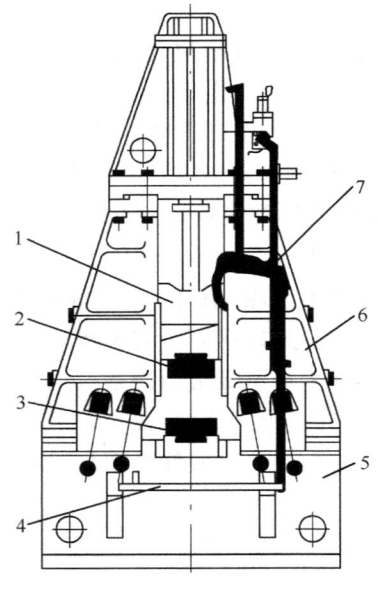

图 3-16 蒸汽-空气锤

1-锤头；2-上模；3-下模；4-踏板；5-砧座；6-锤身；7-操纵机构

锤上模锻用的锻模(图 3-17)是由带有燕尾的上模 2 和下模 4 两部分组成。下模 4 用紧固楔铁 7 固定在模垫 5 上。上模 2 靠楔铁 10 紧固在锤头 1 上,随锤头 1 一起做上下往复运动。上、下模合在一起,其中部形成完整的模膛 9,8 为分型面,3 为飞边槽。

模膛根据其功用的不同可分为模锻模膛和制坯模膛两大类。

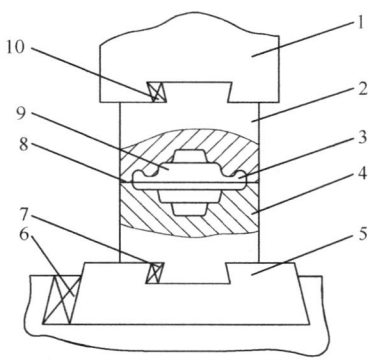

图 3-17 锤上模锻

1-锤头;2-上模;3-飞边槽;4-下模;5-模垫;6、7、10-紧固楔铁;8-分型面;9-模膛

(1)模锻模膛。

模锻模膛分为终锻模膛和预锻模膛两种。

①终锻模膛。终锻模膛的作用是使坯料最后变形到锻件所要求的形状和尺寸,因此它的形状应和锻件的形状相同。但因锻件冷却时要收缩,终锻模膛的尺寸应比锻件尺寸放大一个收缩量。钢件收缩量取 1.5%。另外,沿模膛四周有飞边槽,用以增加金属从模膛中流出的阻力,促使金属充满模膛,同时容纳多余的金属。对于具有通孔的锻件,由于不可能靠上、下模的凸起部分把金属完全挤压掉,故终锻后在孔内留下一薄层金属,称为冲孔连皮(图 3-18)。把冲孔连皮和飞边冲掉后,才能得到有通孔的锻件。

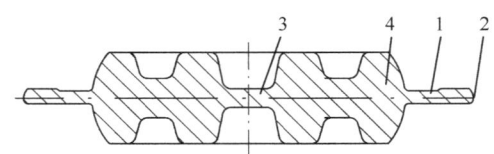

图 3-18 带有冲孔连皮及飞边的模锻件

1-飞边;2-分模面;3-冲孔连皮;4-锻件

②预锻模膛。预锻模膛的作用是使坯料变形到接近于锻件的形状和尺寸,再进行终锻时,金属容易充满终锻模膛,同时减少了终锻模膛的磨损,以延长锻模的使用寿命。预锻模膛和终锻模膛的区别是前者的圆角和斜度较大,没有飞边槽。对于形状简单或批量不大的模锻件可不设置预锻模膛。

(2)制坯模膛。

对于形状复杂的模锻件,为了使坯料形状基本接近模锻件形状,使金属能合理分布和很好地充满模膛,就必须预先在制坯模膛内制坯。制坯模膛有以下几种:

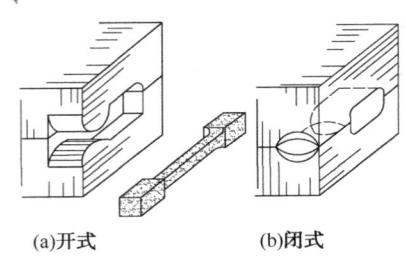

图 3-19 拔长模膛

①拔长模膛。用它来减小坯料某部分横截面积,以增加该部分长度(图 3-19)。当模锻件沿轴向横截面积相差较大时,采用这种模膛进行拔长。拔长模膛分为开式(图 3-19(a))和闭式(图 3-19(b))两种,一般设在锻模的边缘,操作时坯料除送进外还需翻转。

②滚压模膛。用它来减少坯料某部分横截面积,以增大另一部分的横截面积。主要是使金属按模锻件形状来分布(图 3-20)。滚锻模膛分为开式(图 3-20(a))和闭式(图 3-20(b))两种。当模锻件沿轴线的横截面积相差不很大或作修整拔长后的毛坯时采用开式滚压模膛。当模锻件的最大和最小截面相差较大时,采用闭式滚压模膛。

③弯曲模膛。对于弯曲的杆类模锻件,需用弯曲模膛来弯曲坯料(图 3-21(a))。坯料可直接或先经其他制坯工步后放入弯曲模膛进行弯曲变形。弯曲后的坯料需翻转 90°再放入模锻模膛成型。

④切断模膛。它是在上模与下模的角部组成的一对刀口,用来切断金属(图 3-21(b))。单件锻造时用它从坯料上切下锻件或从锻件上切下钳口,多件锻造时用它来分离单个件。

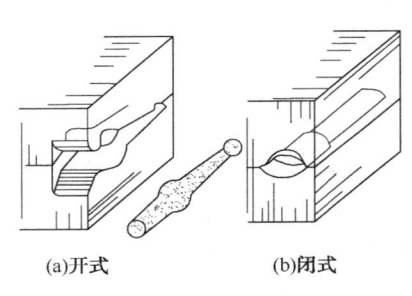

图 3-20 滚压模膛

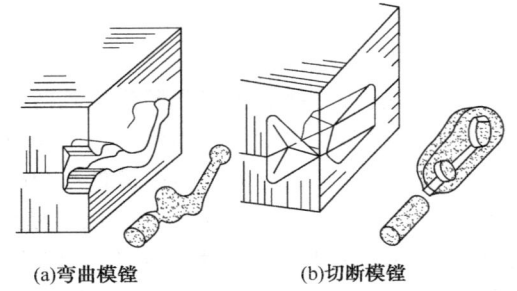

图 3-21 弯曲和切断模膛

此外尚有成型模膛、镦粗台及击扁面等制坯模膛。

根据模锻件的复杂程度不同,所需变形的模膛数量不等,可将锻模设计成单膛锻模或多膛锻模。单膛锻模是在一副锻模上只具有终锻模膛一个模膛。例如,齿轮坯模锻件就可将截下的圆柱形坯料,直接放入单膛锻模中成形。多膛锻模是在一副锻模上具有两个以上模膛的锻模,如弯曲连杆模锻件的锻模即多膛模锻。

**2. 压力机上模锻**

锤上模锻具有工艺性适应广的特点,但是,模锻锤在工作时振动和噪声大,劳动条件较差,蒸汽效率低,能源消耗多,难以实现较高程度的操作机械化。因而,在大批量生产中有逐渐被压力机上模锻取代的趋势。

按所使用的模锻设备不同,压力机上模锻主要分为摩擦压力机上模锻、曲柄压力机上模锻和平锻机上模锻等。

1) 摩擦压力机上模锻

摩擦压力机的工作原理如图 3-22 所示。锻模分别安装在滑块 7 和机座 10 上。滑块与螺杆 1 相连,只能沿导轨 9 上下滑动。螺杆穿过固定在机架上的螺母 2,上端装有飞轮 3。两个圆轮 4 同装在一根轴上,由电动机 5 经过皮带 6 使圆轮轴在机架上的轴承中旋转。改变操纵机构 8 操纵杆位置可使圆轮轴沿轴向串动,这样就会把某一个圆轮靠紧飞轮边缘,借摩擦力带动飞轮转动。飞轮分别与两个圆轮接触就可获得不同方向的旋转,螺杆也就随飞轮做不同方向的转动。在螺母的约束下,螺杆的转动变为滑块的上下滑动,实现模锻生产。

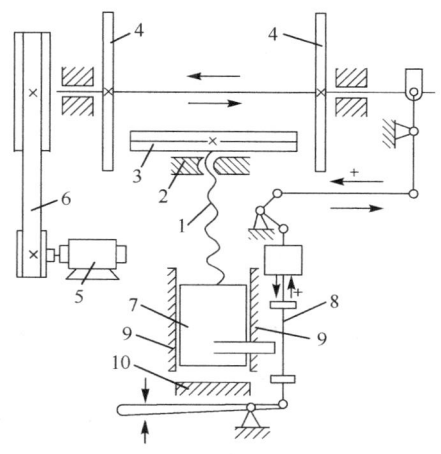

图 3-22 摩擦压力机传动图
1-螺杆;2-螺母;3-飞轮;4-圆轮;5-电机;6-皮带;7-滑块;8-操纵机构;9-导轨;10-工作台

在摩擦压力机上进行模锻主要是靠飞轮、螺杆及滑块向下运动时所积蓄的能量来实现。吨位为 3500kN(350t)的摩擦压力机使用较多,最大吨位可达 10000kN(1000t)。

摩擦压力机本身工作过程中滑块速度为 0.5~1.0m/s,使坯料变形具有一定的冲击作用,且滑块行程可控,这与锻锤相似。坯料变形中的抗力由机架承受,形成封闭力系,这又是压力机的特点。所以,摩擦压力机具有锻锤和压力机的双重工作特性。另外,摩擦压力机带有顶料装置,使取件容易,但摩擦压力机滑块打击速度不高,每分钟行程次数少,传动效率低(仅为 10%~15%),能力有限,故多用于锻造中小型锻件。摩擦压力机上模锻具有如下特点:

(1)摩擦压力机的滑块行程不固定,并具有一定的冲击作用,因而可实现轻打、重打,可在一个模膛内进行多次锻打。不仅能够满足模锻各种主要成形工序的要求,还可以进行弯曲、压印、热压、精压、切飞边、冲连皮及校正等工序。

(2)由于滑块运动速度低,金属变形过程中的再结晶现象可以充分进行,因而特别适合于锻造低塑性合金钢和有色金属(如铜合金)等。

(3)由于滑块打击速度不高,设备本身具有顶料装置,生产中不仅可以使用整体式锻模,还可以采用特殊结构的组合式模具。模具设计制造得以简化,节约材料和降低生产成本,同时可以锻制出形状更为复杂、敷料和模锻斜度都很小的锻件,并可将轴类锻件直立起来进行局部镦粗。

(4)摩擦压力机承受偏心载荷能力差,通常只适用于单膛锻模进行模锻。对于形状复杂的锻件,需要在自由锻设备或其他设备上制坯。

综上所述,摩擦压力机具有结构简单、造价低、投资少、使用维修方便、基建要求不高、工艺用途广泛等优点,所以国内中小型工厂都拥有这类设备,用它来代替模锻锤、平锻机、曲柄压力机进行模锻生产。

2)曲柄压力机上模锻

曲柄压力机的传动系统如图 3-23 所示。电动机 1 的转动经带轮 2、3 和齿轮 5、6 传至曲柄连杆机构的曲柄 8 和连杆 9,再带动滑块 10 沿导轨做上下往复运动。曲柄连杆机构的运动由离合器 7 控制,停止靠制动器 15。锻模分别安装在滑块的下端和工作台 11 上。

曲柄压力机的吨位一般是 2000~120000kN。曲柄压力机上模锻生产工艺特点如下:

(1)由于滑块行程一定,并具有良好的导向装置和顶件机构,因此锻件的公差、余量和模锻斜度都比锤上模锻的小。

(2)曲柄压力机作用力的性质是静压力,因此锻模的主要模膛都设计成镶块式的。这种组合模制造简单、更换容易、节省贵重模具材料。

(3)由于热模锻曲柄压力机有顶件装置,所以能够对杆件的头部进行局部镦粗。

(4)因为滑块行程一定,不论在什么模膛中都是一次成形,所以坯料表面上的氧化皮不易被清除掉,影响锻件质量。氧化问题应在加热时解决。同时曲柄压力机上也不宜进行拔长和滚压工步。如果是横截面变化较大的长轴类锻件,可以采用周期轧制坯料或用辊锻机制坯来代替这两个工步。

(5)曲柄压力机上模锻由于是一次成形,金属变形量过大,不易使金属填满终锻模膛,因此变形应逐渐进行,终锻前常采用预成形及预锻工步。

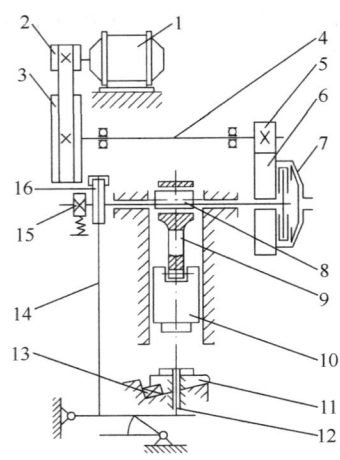

图 3-23 曲柄压力机传动系统
1-电机;2-小带轮;3-大带轮;4-传动轴;
5-小齿轮;6-大齿轮;7-离合器;8-曲杆;
9-连杆;10-滑块;11-工作台;12-顶杆;
13-垫块;14-拉杆;15-制动器;16-凸轮

综上所述,曲柄压力机上模锻与锤上模锻比较具有锻件精度高、生产率高、劳动条件好和节省金属等优点。

曲柄压力机上模锻虽有上述优点,但由于设备复杂,造价高,模具结构也比一般锤上锻模复杂,因此,仅适用于大批量生产,目前国内仅在一些大厂中采用。

3)平锻机上模锻

平锻机的主要结构与曲柄压力机相同,只因滑块是做水平运动,故称平锻机(图 3-24)。它的锻模由固定凹模 16、活动凹模 17 和凸模(冲头或主滑块)15 组成。电动机 1 通过皮带 2 将运

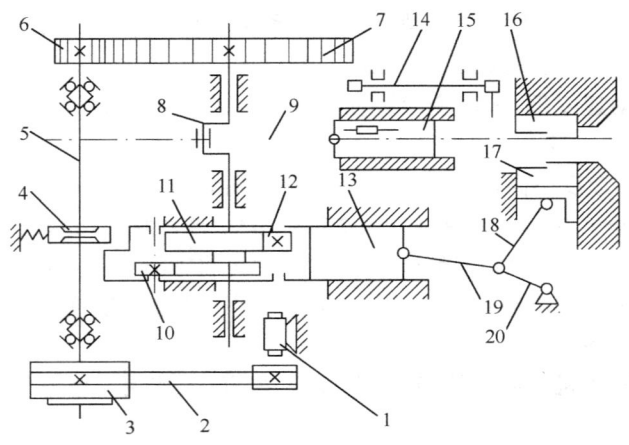

图 3-24 平锻机传动图
1-电机;2-皮带轮;3-离合器;4-制动器;5-传动轴;6、7-齿轮;8-曲轴;9-连杆;
10、12-导轮;11-凸轮;13-副滑块;14-挡料板;15-主滑块;16-固定凹模;17-活动凹模;18、19、20-连杆

动传给皮带轮3,皮带轮带有离合器一同装在传动轴5上,传动轴的另一端装有齿轮6、7,可将运动传至曲轴8上。曲柄通过连杆与主滑块15相连。凸轮11装在曲轴上,与导轮10、12接触。副滑块13固定着导轮,并通过连杆系统18、19和20与活动凹模17相连。

运动传至曲轴后,随着曲轴的转动,一方面推动主滑块15带着凸模前后往复运动,同时曲轴又驱使凸轮11旋转。凸轮的旋转通过导轮使副滑块移动,并驱使活动模运动,实现锻模的闭合或开启。挡料板14通过辊子与主滑块的轨道接触。当主滑块向前运动(工作行程)时,轨道斜面迫使辊子上升。带动挡料板绕其轴线转动,挡料板末端便移至一边,给凸模让出路来。

平锻机的吨位一般为500～31500kN。可加工$\phi 25 \sim \phi 230$mm的棒料。

最适合在平锻机上模锻的锻件是带头部的杆类和有孔(通孔或不通孔)的锻件。亦可锻造出曲柄压力机上不能模锻的一些锻件,如汽车半轴、倒车齿轮等。其模锻具有如下特点:

(1)平锻机上模锻,锻模具有两个分模面,扩大了模锻适用范围,可以锻出锤上和曲柄压力机上无法锻出的锻件,还可以进行切飞边、切断、弯曲和热精压等工步。

(2)易于实现操作机械化,生产率高,每小时可生产400～900件。

(3)锻件尺寸精确,表面粗糙度低。

(4)平锻机上模锻几乎没有飞边,节省金属,材料利用率可达85%～95%。

(5)对非回转体及中心不对称的锻件用平锻机较难锻造。

(6)平锻机是模锻设备中结构较复杂的一种,价格贵,投资大,仅适用于大批量生产。

3. 胎模锻

胎模锻是在自由锻设备上使用简单的胎模生产模锻件的一种工艺方法。

与自由锻相比,胎模锻具有生产率和锻件精度较高、节约金属材料等优点;与模锻相比,胎模锻不需要专用锻造设备,模具简单,容易制造。但是,胎模锻的生产率和锻件质量都比模锻低,劳动强度大,安全性差,模具寿命低。因此,这种锻造方法多用在没有模锻设备的中小型工厂中,小型锻件中小批量的生产。

### 3.2.3 板料冲压

板料冲压是金属塑性加工的基本方法之一,它是利用冲模使板料产生分离或变形的加工方法。板料冲压通常在冷态下进行,所以又称冷冲压。只有当板厚超过8～10mm时,才采用热冲压。

与其他加工方法相比,板料冲压具有如下特点:

(1)可压制形状复杂的零件,废料较少。

(2)产品具有足够的精度和表面质量,互换性能好。

(3)能获得质量轻、材料消耗少、强度和刚度较高的零件。

(4)冲压操作简单,工艺过程便于机械化和自动化,生产率很高,故零件成本低。

(5)冲压模具结构复杂、精度要求高,制造费用高,只有在大批量生产的条件下,采用冲压加工方法在经济上才是合理的。

由于板料冲压具有上述特点,因而其在现代工业的许多部门得到了广泛应用,特别是在汽车、拖拉机、电机、电器、无线电、仪器仪表、兵器及日用品生产等工业部门中占据十分重要的地位。

用于板料冲压的原材料需有一定的塑性，常用的金属材料是低碳钢、高塑性的合金钢、铜、铝及镁合金等。按形状的不同，用于冲压的金属材料有板料、条料和带料。

板料冲压生产所用的设备种类很多，常用的设备是剪床和冲床。剪床是用来将板料切成一定宽度的条料，以供给下一步冲压之用；冲床是进行冲压加工的基本设备，可以用于切断、落料、冲孔、弯曲、拉深、成形和其他冲压工序。

板料冲压的基本工序可分为分离工序和变形工序两大类。

1. 分离工序

分离工序是使坯料的一部分与另一部分相互分离的工序，如落料、冲孔、切断、切口、切边等。

1）落料及冲孔（统称冲裁）

落料及冲孔是利用模具使坯料按封闭的轮廓产生分离的工序。这两个工序中坯料变形过程和模具结构都是一样的，只是用途不同。落料冲下的部分为工件，而周边是废料；冲孔冲下的部分为废料，而周边是成品。例如，冲制垫圈工件，制取外形的冲裁工序称为落料，而制取内孔的工序称为冲孔。冲裁既可直接冲制成品零件，又可为其他成形工序制备坯料。

(1) 冲裁变形过程。

冲裁件质量、冲裁模结构与冲裁时板料变形过程有密切关系。其过程可分为三个阶段（图3-25）。

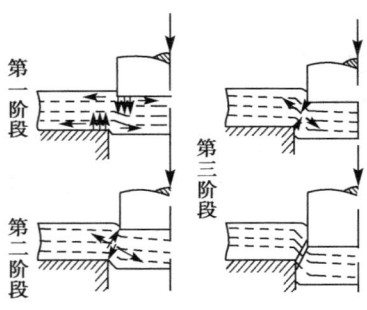

图 3-25　冲裁变形过程

弹性变形阶段：凸模向下运动压住板料时，板料产生压缩、拉伸和弯曲变形，凸模稍许挤入板料上部，凹模上的板料则向上翘曲，间隙值越大，弯曲和上翘越严重。此时，坯料内应力低于屈服点。

塑性变形阶段：凸模继续压入，材料内的应力达到屈服极限时，则产生塑性变形，随凸模的不断压下，材料的变形程度增大，变形区材料硬化加剧，变形抗力增大，直到凸、凹模刃口附近材料内部出现微裂纹，塑性变形阶段结束。

断裂分离阶段：随着凸模的继续压入，已形成的上、下剪裂纹逐渐扩大并不断向材料内部扩展，当上、下剪裂纹相遇重合时，板料被剪断分离。

冲裁件的断面具有明显的区域特征。断面由塌角、光亮带、剪裂带和毛刺四个部分组成（图3-26）。光亮带越宽，冲裁件断面质量越高。

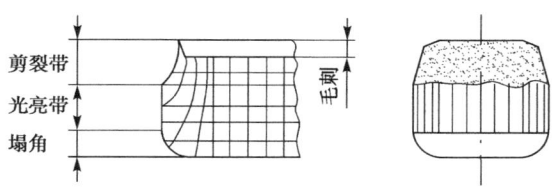

图 3-26 冲裁断面状态图

冲裁件断面质量主要与凸、凹模间隙、刃口锋利程度有关。同时也受模具结构、材料性能及板厚等因素的影响。

(2) 冲裁模间隙。

冲裁模凸、凹模刃口部分尺寸之差称为冲裁模间隙,用 $Z$ 表示。凸凹模间隙不仅严重影响冲裁件断面质量,而且影响模具寿命、卸料力、推件力、冲裁力和冲裁件的尺寸精度。

间隙过小时,凸凹模刃口附近的剪裂纹向外错开,上下剪裂纹不能互相重合,材料中拉应力成分减小,压应力增大,裂纹的产生被抑制而推迟,光亮带增大。由于弹性恢复,所得的冲裁件外形尺寸大于凹模尺寸,内孔尺寸小于凸模尺寸;同时,凸模、凹模所受的摩擦力增大,模具刃口部分的磨损加重,降低了模具寿命(图 3-27(a))。间隙过大时,凸凹模刃口附近的剪裂纹向内错开,上下剪裂纹不能互相重合,材料中的拉应力增大,易产生裂纹,塑性变形阶段结束较早,致使光亮带减小,剪裂带和毛刺增大;同时材料对凸凹模的摩擦作用也减弱,延长了模具的寿命(图 3-27(c))。

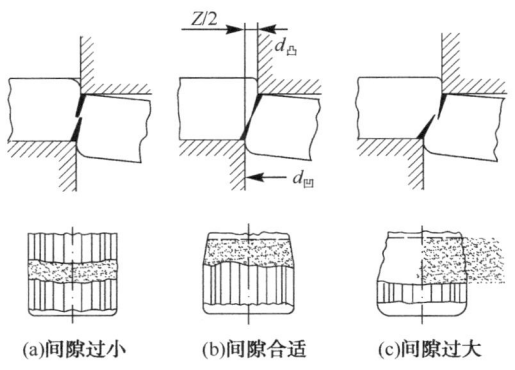

(a) 间隙过小  (b) 间隙合适  (c) 间隙过大

图 3-27 间隙对冲裁断面的影响

冲裁间隙控制在一个合理的范围内,上、下剪裂纹基本重合于一线(图 3-27(b))。此时,光亮带占板厚的 1/3～1/2。生产中通常是选择一个适当的范围作为合理间隙值,只要间隙在这个范围内,就可以冲出良好的零件。合理的间隙值可查表选取,一般冲裁件断面质量要求较高时,选取较小的间隙值,可将表中数值减小 1/3;断面质量要求不高时,则尽可能选取较大的间隙值,以提高模具寿命。

此外,也可以采用下述经验公式计算出合理间隙

$$Z = mt$$

式中,$t$ 为坯料厚度(mm);$m$ 为与材质及坯料厚度有关的系数。

当板料厚 $t<3$mm 时,$m$ 可以选用如下数据:

低碳钢、纯铁   $m=0.06\sim0.09$

铜、铝合金　　$m=0.06\sim0.1$
高碳钢　　　　$m=0.08\sim0.12$

当坯料厚度 $t>3$mm 时,应适当把系数 $m$ 放大。对断面质量无特殊要求时,$m$ 可放大 1.5 倍。

(3) 凸、凹模刃口尺寸的确定。

冲裁件的尺寸精度取决于凸、凹模刃口部分的尺寸。冲裁的合理间隙也要靠凸、凹模刃口部分的尺寸来实现和保证。

设计落料模时,应先按落料件确定凹模刃口尺寸,取凹模为设计基准件,然后根据间隙 $Z$ 确定凸模尺寸(即用缩小凸模尺寸来保证间隙值)。

设计冲孔模时,先按冲孔件确定凸模刃口尺寸,取凸模作为设计基准件,然后根据间隙 $Z$ 确定凹模尺寸(即用扩大凹模刃口尺寸来保证间隙值)。

冲模在工作过程中必然有磨损,落料件尺寸会随凹模刃口的磨损而增大。而冲孔尺寸则随凸模的磨损而减小。为了保证零件的尺寸要求,并提高模具的使用寿命,落料时取凹模刃口的尺寸应靠近落料件公差范围内的较小数值。而冲孔时,选取凸模刃口的尺寸靠近孔的公差范围内的较大数值。

(4) 冲裁力的计算。

计算冲裁力的目的是为了合理地选择冲压设备和设计模具。计算准确,有利于发挥设备的潜力。计算不准确,有可能使设备超载而损坏,造成严重事故。

平刃冲模的冲裁力按下式计算:

$$P=kLt\tau$$

式中,$P$ 为冲裁力(N);$L$ 为冲裁周边长度(mm);$t$ 为坯料厚度(mm);$\tau$ 为材料的抗剪强度(MPa),可查手册;$k$ 为系数,一般取 1.3。

为便于估算,可取抗剪强度 $\tau$ 等于该材料强度极限的 80%,即 $\tau=0.8\sigma_b$。故冲裁力也可按下式进行估算:

$$P\approx Lt\sigma_b$$

(5) 冲裁件的排样。

排样是指落料件在条料、带料或板料上的合理布置的方法。合理的排样和选择适当的搭边值,可使废料最少,材料利用率大为提高。图 3-28 为同一冲裁件采用四种不同的排样方式材料消耗对比。

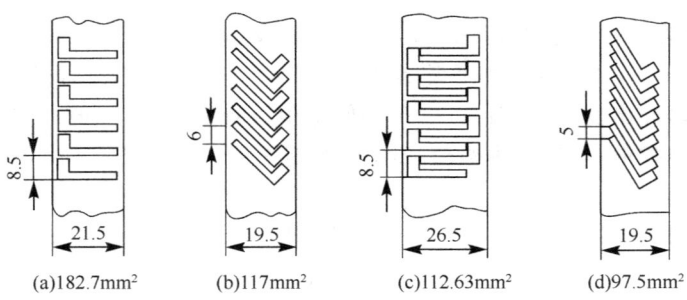

图 3-28　不同排样方式材料消耗对比

落料件的排样有两种类型,无搭边排样和有搭边排样。无搭边排样是用落料件形状的一个边作为另一个落料件边缘(图3-28(d))。这种排样材料利用率高。但毛刺不在同一平面上,而且尺寸不容易准确。此外,因此只有在对冲裁件质量要求不高时才采用。

有搭边排样即是在各个落料件之间留有一定尺寸的搭边。其优点是毛刺小,而且在同一个平面上,冲裁件尺寸准确,质量高,冲模寿命也长,但材料利用率低。

2) 修整

修整是利用修整模沿冲裁件外缘或内孔刮削一薄层金属,以切掉普通冲裁时在冲裁件端面上存留的剪裂带和毛刺,从而提高冲裁件的尺寸精度和降低表面粗糙度。

修整冲裁件的外形称为外缘修整。修整冲裁件的内孔称内孔修整(图3-29)。

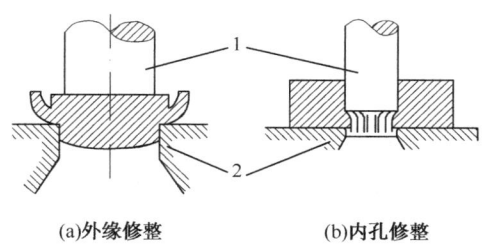

(a)外缘修整　　　　(b)内孔修整

图 3-29　修整工序简图

1—凸模;2—凹模

修整的机理与冲裁完全相同,与切削加工相似。修整时应合理确定修整余量及修整次数。对于大间隙落料件,单边修整量一般为材料厚度的10%。对于小间隙落料件,单边修整量在材料厚度的8%以下。当冲裁件的修整总量大于一次修整量时,或材料厚度大于3mm时,均需多次修整。但修整次数越少越好。外缘修整的凸、凹模间隙,单边取0.001~0.01mm。也可以采用负间隙修整,即凸模大于凹模的修整工艺。

只有当对冲裁件的质量要求较高时,才需要增加修整工序。修整后冲裁件的精度可达IT7甚至IT6,表面粗糙度为Ra0.8~1.6μm。

2. 变形工序

变形工序是使坯料的一部分相对于另一部分产生位移而不破裂的工序,如拉深、弯曲、成型(翻边、胀形、旋压等)等。

1) 拉深

拉深是利用拉深模把平板坯料制成各种空心零件的工序。在冲压生产中拉深是一种广泛使用的工序,用拉深工序可得到旋转体零件、方形零件及复杂形状零件。

(1) 拉深变形过程。

拉深变形过程如图3-30所示。将直径为 $D$ 的平板毛坯放在凹模3上,在凸模1的作用下,坯料被压入凸模和凹模的间隙中,形成圆筒形空心件4。在这一过程中,凸模底部的材料基本不变形,只起传递力的作用,厚度基本不变。筒壁部分由坯料外径与工件外径差的环形部分形成,拉深过程中主要受拉力作用,厚度有所减小,而直壁与底之间的过渡圆角部被拉薄最严重。拉深时,变形区主要是拉深件的法兰部分,切向受压应力作用,厚度有所增大。拉深后工件各个部分的厚度如图3-31所示。

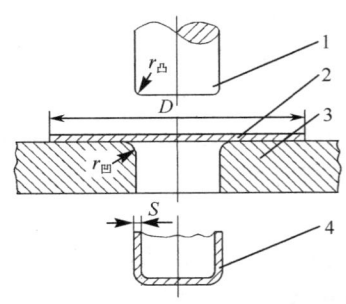

图 3-30 圆筒形零件的拉深

1-凸模;2-毛坯;3-凹模;4-工件

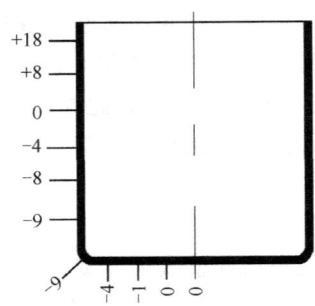

图 3-31 圆筒形拉深件壁厚的变化规律(%)

(2)拉深中的起皱和破裂及防止措施。

①拉深件的破裂。

从拉深过程的分析中可以看到,拉深件中最危险的部位是直壁与底部的圆角处,当径向拉应力超过材料的强度极限时,此处将被拉裂形成废品。防止拉裂的措施有以下几种:

其一,正确选择拉深系数。拉深件直径 $d$ 与坯料直径 $D$ 的比值称为拉深系数,用 $m$ 表示,即 $m=d/D$。它是衡量拉深变形程度的指标。拉深系数越小,表明拉深件直径越小,变形程度越大,坯料被拉入凹模越困难,因此越易产生拉裂废品(图 3-32)。一般情况下,拉深系数不小于 0.5~0.8。坯料的塑性差取上限值,塑性好取下限值。

如果拉深系数过小,不能一次拉深成形时,则可采用多次拉深工艺(图 3-33)。

第 1 次拉深系数 $m_1 = d_1/D$

第 2 次拉深系数 $m_2 = d_2/d_1$

$\vdots$

第 $n$ 次拉深系数 $m_n = d_n/d_{n-1}$

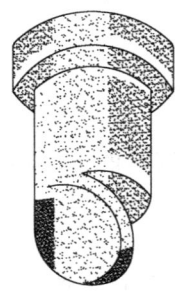

图 3-32 拉裂废品

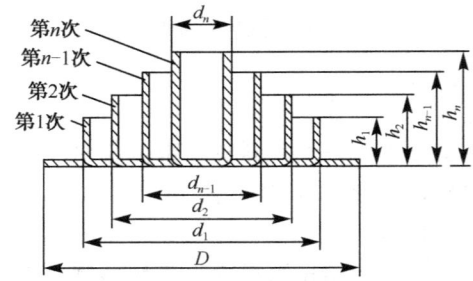

图 3-33 多次拉深时圆筒直径的变化

工件直径 $d_n$ 与毛坯直径 $D$ 之比称为总拉深系数,即工件成形所需要的拉深系数。总拉深系数

$$m_\text{总} = d_n/D = m_1 m_2 \cdots m_n$$

式中,$d_1, d_2, \cdots, d_{n-1}, d_n$ 为各次拉深后的平均直径。

多次拉深过程中,必然产生加工硬化现象。为了保证坯料具有足够的塑性,生产中坯料进行一两次拉深后,应安排工序间的退火处理。另外在多次拉深中,拉深系数应一次比一次略大些,确保拉深件质量和生产的顺利进行。

其二，合理设计拉深模工作零件。

对于凸凹模圆角半径，拉深模的工作部分不能是锋利的刃口，必须做成一定的圆角。材料为钢的拉深件，取 $r_{凹}=10t$，而 $r_{凸}=(0.6\sim1)r_{凹}$。

对于凸凹模间隙，拉深模凸凹模间隙远比冲裁模大。一般取 $Z=(1.1\sim1.2)t$。间隙过小，模具与拉深件间的摩擦力增大，容易拉断工件，擦伤工件表面，降低模具寿命。间隙过大，又容易使拉深件起皱，影响拉深件的精度。

其三，润滑。拉深时通常加润滑剂，可以起到减小摩擦、降低拉深件壁部的拉应力、减少模具的磨损的作用。润滑剂只涂在坯料与凹模接触的一面。

②拉深件的起皱。

起皱是拉深过程中另一种常见缺陷(图 3-34)。起皱发生在圆筒形凸缘部分，这是由于拉深时该处切应力引起的。起皱的危害性很大，起皱变厚的板料不易被拉入凸凹模的间隙里，使拉深件底部圆角部分受力过大而被拉裂。即使勉强拉入也会使工件留下皱痕，影响工件的质量。它还会使材料与模具之间的摩擦与磨损加剧，损害模具寿命。因此，拉深中不允许出现起皱现象，可采用设置压边圈的方法解决(图 3-35)，也可以通过增加毛坯的相对厚度($t/D$)或拉深系数的途径来解决。

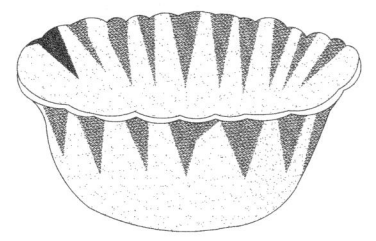

图 3-34 起皱拉深件

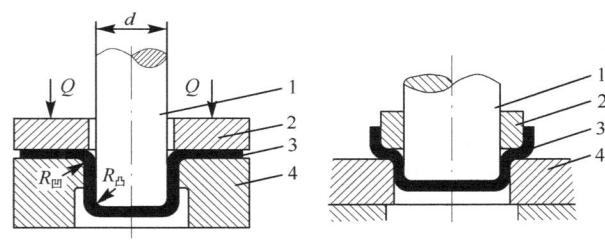

图 3-35 有压边圈的拉深

(3)毛坯尺寸及拉深力的确定。

毛坯尺寸计算按拉深前后的面积不变原则进行。具体计算中把拉深件划分成若干个容易计算的几何体，分别求出各部分的面积，相加后即得所需毛坯的总面积，再求出毛坯直径。

选择设备时，应结合拉深件所需的拉深力来确定。设备能力(吨位)应比拉深力大，对于圆筒件，最大拉深力可按下式计算：

$$P_{max}=3(\sigma_b+\sigma_s)(D-d-r_{凹})t$$

式中，$P_{max}$ 为最大拉深力(N)；$\sigma_b$ 为材料的抗拉强度(MPa)；$\sigma_s$ 为材料的屈服强度(MPa)；$D$ 为毛坯直径(mm)；$d$ 为拉深凹模直径(mm)；$r_{凹}$ 为拉深凹模圆角半径(mm)；$t$ 为材料厚度(mm)。

2)弯曲

弯曲是将坯料的一部分相对于另一部分弯曲成一定角度的工序(图 3-36)。弯曲时材料内侧受压缩，而外侧受拉伸。当外侧拉应力超过坯料的抗拉强度极限时，会造成金属破裂。坯料越厚，内弯曲半径 $r$ 越小，则压缩及拉伸应力越大，越容易弯裂，致使工件报废。为防止破裂，弯曲的最小半径是有限制的，按 $r_{min}=(0.25\sim1)t$ 选用，其中 $t$ 为金属板料的厚度。材料塑性好，则弯曲半径可小些。

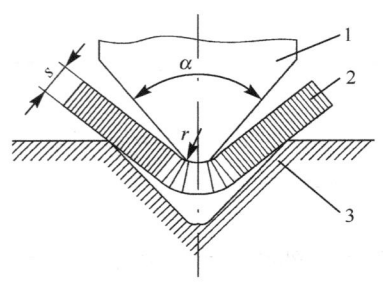

图 3-36 弯曲过程
1—凸模；2—板料；3—凹模

作为弯曲用的板料，材料沿纤维方向塑性好，所以弯曲时还应尽可能使弯曲线与坯料纤维方向垂直。否则容易产生破裂，此时可用增大最小弯曲半径来避免。

在弯曲结束后，由于弹性变形的恢复，坯料略微弹回一点，使被弯曲的角度增大。此现象称为回弹现象。一般回弹角为 0°～10°。因此，在设计弯曲模时必须使模具的角度比成品件角度小一个回弹角，以便在弯曲后得到准确的弯曲角度。

3) 成形

成形是指用各种局部变形的方式来改变工件或毛坯形状的各种加工方法，包括胀形、翻边、缩口、校形、旋压等。从变形特点看，这些成形工序有相同之处，也有不同的地方。例如，胀形和翻边等主要是受拉应力产生伸长变形，易被拉裂而破坏；缩口和外缘翻凸边，则主要受压应力产生压缩变形，易起皱而破坏；校形时由于变形量一般不大，不易产生开裂和起皱，但需要解决弹性恢复影响校形的精确度等问题；旋压是一种特殊的成形方法，即可能起皱也可能因拉裂而破坏。

(1) 胀形。

胀形是使平板毛坯或空心件局部变形的成形方法。胀形分平板毛坯的局部胀形和空心毛坯的胀形。平板毛坯的局部胀形是指平板毛坯在模具作用下产生局部凸起的冲压方法（或叫起伏成形），主要用于增加工件的刚度和强度，如压制凹坑、加强筋、起伏形的花纹及标记等。空心毛坯的胀形是将空心件和管状坯料沿径向向外扩张，胀出所需凸起曲面的加工方法，分为刚性凸模胀形和软体凸模胀形两类。图 3-37(a) 是橡胶凸模胀形，模具简单，工件变形均匀，能成形复杂形状的工件；图 3-37(b) 是液体凸模胀形，可加工大型零件，工件表面质量好。

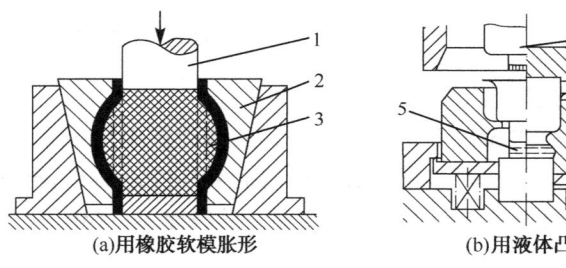

图 3-37 软模胀形
1—凸模；2—分块凹模；3—橡胶；4—侧楔；5—液体

胀形时，毛坯的塑性变形区局限于变形区范围内，材料不向变形区外转移，也不从外部进入变形区内，是靠毛坯的局部变形来实现的。由于胀形时毛坯处于两向拉应力状态，因此，变形区的毛坯不会产生失稳起皱的现象，成形的零件表面光滑。

胀形的极限变形程度，主要取决于材料的塑性，材料的塑性越好，可能达到的极限变形程度就越大。

(2) 翻边。

翻边是将工件的孔边缘或外边缘在模具作用下翻成竖立直边的成形方法。根据工件边缘和应力应变状态不同，翻边可分为内孔翻边（图 3-38）和外缘翻边。根据竖边壁厚的变化，可分为不变薄翻边和变薄翻边。

圆孔翻边过程是将带孔的板料放在凹模上,凸模向下运动,逐步压入凹模,板料在凸模作用下,沿孔口按凸模和凹模提供的形状翻出直边。变形过程中,其变形极限值受翻出直边的开口处周向拉应力限制,通常用翻边系数 $K_0$ 来表示

$$K_0 = d_0/d_1$$

式中,$d_0$ 为翻边前板料的孔径;$d_1$ 为翻边后内孔径。

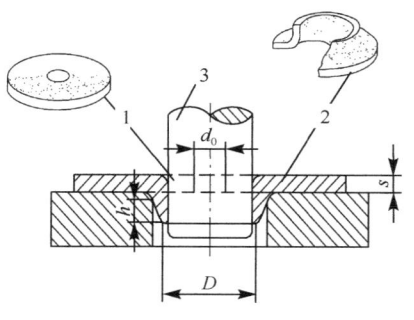

图 3-38  翻边简图

$K_0$ 越小,变形程度越大。翻边时孔边不破裂所能达到的最小翻边系数值称为极限翻边系数。对于镀锡铁皮 $K_0$ 不小于 0.65～0.7;对于酸洗钢 $K_0$ 不小于 0.68～0.72。

当零件所需凸缘的高度较大,用一次翻边成形计算出的翻边系数 $K_0$ 很小,直接成形无法实现时,则可采用先拉深后冲孔(按计算得到的允许孔径)、再翻边的工艺来实现。

3. 冲模简介

冲模是冲压生产中必不可少的模具。冲模结构合理与否对冲压件质量、冲压生产的效率及模具寿命都有很大影响。冲模基本上可分为简单冲模、连续冲模和复合模三种。

1) 简单冲模

在冲床的一次冲程中只完成一个工序的冲模,称为简单冲模。如图 3-39 所示的冲模,凹模 2 用压板 7 固定在下模板 4 上,下模板用螺栓固定在冲床的工作台上。凸模 1 用压板 6 固定在上模板 3 上,上模板通过模柄 5 与冲床的滑块连接。因此,凸模可随滑块做上下运动。为了使凸模的上下运动能对准凹模孔,并在凸凹模之间保持均匀间隙,通常采用导柱 12 和导套 11 的结构。条料在凹模上沿两个导板 9 之间送进,碰到定位销 10 为止。凸模向下冲压时,冲下的零件(或废料)进入凹模孔。而条料则夹住凸模并随凸模一起回程向上运动。条料碰到卸料板 8 时(固定在凹模上)被推下,这样,条料继续在导板间送进。重复上述运动,冲下第二个零件。

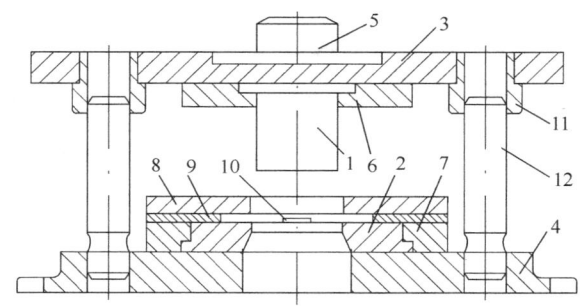

图 3-39  简单冲模

1-凸模;2-凹模;3-上模板;4-下模板;5-模柄;6,7-压板;8-卸料板;9-导板;10-定位销;11-导套;12-导柱

2) 连续冲模

冲床的一次冲程中,在模具不同部位上同时完成数道冲压工序的冲模,称为连续冲模(图 3-40)。工作时定位销 2 对准预先冲出的定位孔,上模向下运动,凸模 4 进行冲孔。当上模

回程时,卸料板 6 从凸模上推下残料。这时再将坯料 7 向前送进,执行第二次冲裁。如此循环进行,每次冲进距离由挡料销控制。

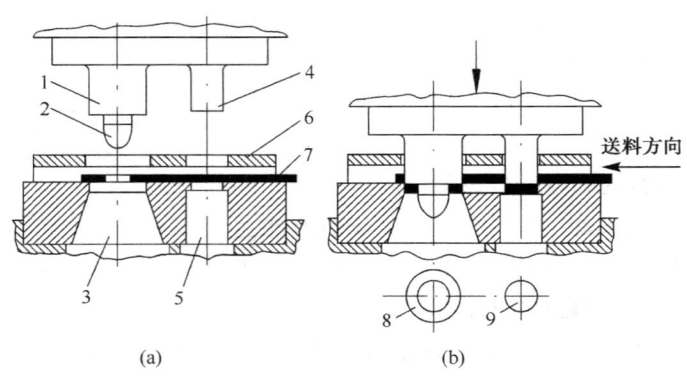

图 3-40 连续冲模
1-落料凸模;2-定位销;3-落料凹模;4-冲孔凸模;5-冲孔凹模;6-卸料板;7-坯料;8-成品;9-废料

3) 复合冲模

冲床的一次行程中,在模具的同一位置上同时完成数道冲压工序的冲模,称为复合冲模(图 3-41)。复合冲模的最大特点是模具中有一个凸凹模 3。凸凹模的外圆是落料凸模刃口,内孔则成为拉深凹模。当滑块带着凸凹模向下运动时,条料首先在凸凹模 3 和落料凹模 2 中落料。落料件被下模当中的拉深凸模 4 顶住,滑块继续向下运动时,凸凹模随之向下运动进行拉深。推件板 1 和顶板 5 在滑块的行程中将拉深件推出模具。复合冲模适用于产量大精度高的冲压件。

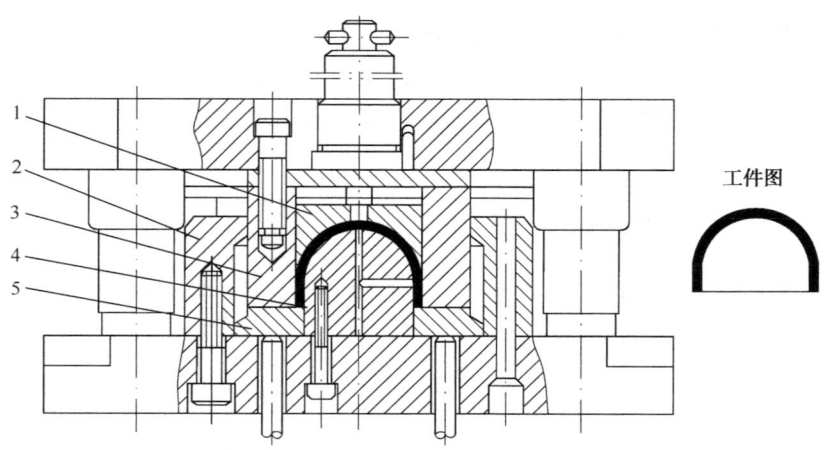

图 3-41 复合冲模
1-推件板;2-落料凹模;3-凸凹模;4-拉伸凸模;5-压料顶板

## 3.3 锻压成形工艺设计

### 3.3.1 自由锻工艺规程制定

由原毛坯转变成自由锻件的过程,称为自由锻工艺过程。制订工艺规程、编写工艺卡是组织生产过程、规定操作规范、控制和检查产品质量的依据。自由锻的工艺规程包括绘制锻件图、确定变形工步,计算坯料的质量和尺寸,选定设备和工具,确定锻造温度范围和加热、冷却及热处理的方法和规范等。

1. 绘制锻件图

锻件图是工艺规程的核心内容。是锻造生产中必不可少的工艺技术文件,它是以产品的零件图为基础,结合自由锻工艺特点绘制而成的。绘制锻件图应考虑以下几个因素:

(1) 余块。为了简化锻件形状,便于锻造,在加工余量之外又增加的一部分金属称为余块(亦称敷料),如图 3-42 所示。

(2) 锻件余量。由于自由锻件的尺寸精度低、表面质量较差,需要再经切削加工制成成品零件,所以,应该在零件的加工表面上增加供切削加工的金属,该金属称为锻件余量。锻件余量的大小与零件形状、尺寸等因素有关。零件越大,形状越复杂,则余量越大。具体数值结合生产实际条件查表确定。

(3) 锻件公差。锻件公差是锻件名义尺寸的允许偏差。公差值的大小根据锻件形状、尺寸及生产的具体情况加以选取。

余量、公差、余块确定以后,即可绘制锻件图。锻件图上的锻件形状用粗实线绘制,为了使锻造者了解零件的形状、尺寸和检查锻后的实际余量,在锻件图上还要用双点划线画出零件的主要轮廓形状,锻件的尺寸和公差标注在尺寸线上面,零件的尺寸标注在尺寸线下面的括号内。对于大型锻件,必须在同一个坯料上锻造出作为性能试验用的试样。该试样的形状和尺寸也应该在锻件图上表示出来。典型锻件图如图 3-42 所示。

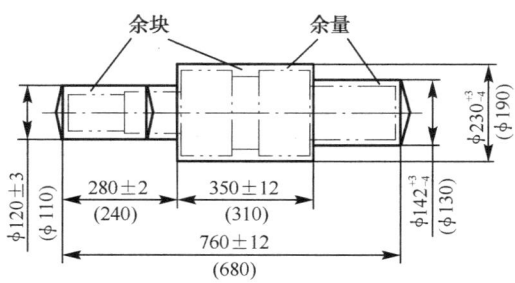

图 3-42 锻件图

2. 坯料质量及尺寸计算

坯料质量可按下式计算:

$$G_{坯料} = G_{锻件} + G_{烧损} + G_{料头}$$

式中，$G_{坯料}$ 为坯料质量；$G_{锻件}$ 为锻件质量；$G_{烧损}$ 为加热时坯料表面氧化而烧损的质量。第一次加热取被加热金属的 2%～3%，以后各次加热取 1.5%～2.0%；$G_{料头}$ 为在锻造过程中冲掉或被切掉的那部分金属的质量。如冲孔时坯料中部的料芯，修切端部产生的料头等。

当锻造大型锻件采用钢锭作为坯料时，还要考虑切掉的钢锭头部和钢锭尾部的质量。

根据坯料的质量和比重，可算出坯料的体积。

坯料尺寸的确定还应考虑到坯料在锻造过程中必须的变形程度（锻造比）和采用的变形方式。对于以碳素钢锭作为坯料采用拔长方法锻制的锻件，锻造比一般不小于 2.5～3；如果采用轧材作为坯料，则锻造比可取 1.3～1.5。

采用镦粗法锻制锻件时，为了避免镦粗时产生弯曲和便于操作，坯料的高径比（$H_0/D_0$）不超过 2.5，应大于 1.25，即

$$1.25 \leqslant H_0/D_0 \leqslant 2.5 \tag{3-1}$$

因此，坯料的直径（或边长）可按下式计算：

对于圆毛坯

$$V_{坯} = \frac{1}{2}\pi D_0^2 H_0 \tag{3-2}$$

式(3-1)代入式(3-2)

$$V_{坯} = (0.98 \sim 1.96)D_0^2$$

$$D_0 = (0.8 \sim 1.0)\sqrt[3]{V_{坯}}$$

对于方毛坯

$$A_0 = (0.75 \sim 0.9)\sqrt[3]{V_{坯}}$$

式中，$V_{坯}$ 为坯料体积；$D_0$ 为圆截面坯料的直径；$A_0$ 为方截面坯料的边长。

采用拔长时，应按锻件最大截面面积考虑锻造比要求，即

$$F_{坯} \geqslant YF_{锻}$$

式中，$F_{坯}$ 为坯料截面积；$F_{锻}$ 为拔长后的最大截面积；$Y$ 为规定的锻造比。

初步确定毛坯直径或边长后，再选用标准直径（或边长），最后计算出坯料的长度。

**3. 确定变形工步**

确定变形工步依据锻件的形状特征、尺寸、技术要求、生产批量和生产条件等。包括确定锻件成形所必需的基本工序、辅助工序和精整工序的工步，以及完成这些工步所使用的工具，确定工步顺序和工步尺寸等，应参照类似锻件的典型工艺，根据具体生产条件来确定。

**4. 选择设备**

选择自由锻设备的吨位有理论计算和经验公式两种。理论计算能对分析问题提供思路，但实用性差；对于中小型锻件一般采用锻锤，对于大锻件则采用水压机。

**5. 锻造温度范围的确定**

锻造温度范围的确定原则是保证金属有较高的塑性、较小的变形抗力及得到高质量的锻件，同时锻造温度应尽可能宽些，以便减少火次，提高生产率。

6. 填写工艺卡片

将制订的工艺规程的结果用文字填写在卡片上,作为生产操作的依据,它是生产中的重要文件。

### 3.3.2 锤上模锻工艺规程制订

锤上模锻工艺规程包括制订锻件图、计算坯料尺寸、确定模锻工步(选择模膛)、选择设备及安排修整工序等。

1. 锻件图的制订

锻件图是设计和制造锻模、计算坯料以及检查锻件的依据。制定模锻件图应考虑如下几个问题。

(1)选择模锻件的分模面。分模面即上、下锻模在模锻件上的分界面。锻件分模面的位置选择的合适与否,关系到锻件成形、锻件出模、材料利用率等一系列问题。故制订锻件图时,必须按以下原则确定分模面位置

第一,要保证模锻件能从模膛中取出。如图 3-43 所示零件,若选 A-A 面为分模面,则无法从模膛中取出锻件。一般情况,分模面应选择在模锻件最大尺寸的截面上。

第二,按选定的分模面制成锻模后,应使上、下两模沿分模面的模膛轮廓一致,以便在安装锻模和生产中容易发现错模现象,及时调整锻模位置。图 3-43 的 C-C 面选作分模面时,就不符合此原则。

第三,最好把分模面选择在能使模膛深度最浅的位置处。这样可使金属很容易充满模膛,便于取出锻件,并有利于锻模的制造。图 3-43 中的 B-B 面,就不适合作为分模面。

第四,选定的分模面应使零件上所加的敷料最少。图 3-43 中的 B-B 面被选作分模面时,零件中间的孔锻造不出来,其敷料最多。既浪费了金属降低了材料的利用率,又增加了切削加工的工作量。所以该面不宜选作分模面。

第五,最好使分模面为一平面,使上、下锻模的模膛深度基本一致,差别不宜过大,以便于制造锻模。

按上述原则综合分析,图 3-43 中的 D-D 面是最合理的分模面。

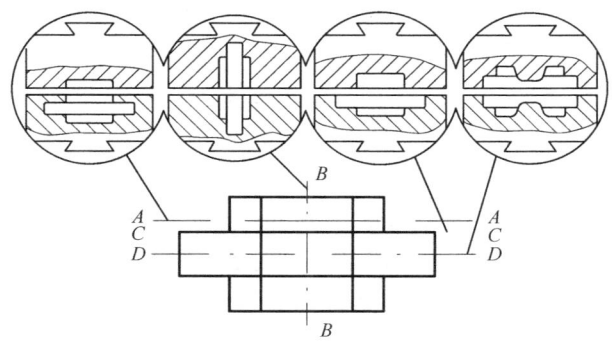

图 3-43 分模面的选择比较

(2) 余量、公差和敷料。模锻时金属坯料因在锻模中成形,因此模锻件的尺寸较精确,其公差和余量比自由锻小得多。确定的方法一种是按着零件的形状和锻件的精度等级确定,另一种是按着锻锤的吨位确定,该法简单。余量一般为 1～4mm,公差一般取为 0.3～3mm。

(3) 模锻斜度。为便于锻件从模膛中取出,锻件上平行于锤击方向的表面必须具有斜度,这个斜度称为模锻斜度(图 3-44)。一般模锻斜度为 5°～15°。模锻斜度增加了金属损耗和机械加工量,因此应尽量取小些。模锻斜度与模膛深度和宽度有关,当模膛深度与宽度的比值 ($h/b$) 越大时,取较大的斜度值。考虑到锻模内壁在锻件冷却后易被夹住,所以内壁斜度要略大于外壁斜度。

(4) 模锻圆角半径。模锻件上所有两平面的交角处均需做成圆角(图 3-45)。其作用一方面提高了锻件的强度,减少了锻造时金属流动的摩擦阻力,保持金属纤维的连续性,减少了模具的磨损,提高了其使用寿命;另一方面使金属易于充满模膛,避免模具在热处理和锻造过程中因应力集中而导致开裂。

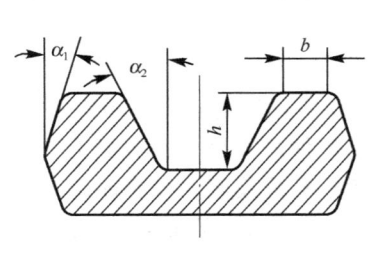
图 3-44 模锻斜度

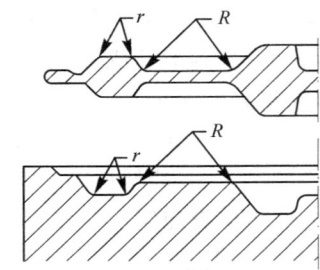
图 3-45 圆角半径

确定圆角半径时,外圆角半径取 $r=$ 加工余量+零件的圆角半径(或倒角),内圆角半径取 $R=(2\sim3)r$。

(5) 冲孔连皮。锤上模锻不能直接锻出通孔,当锻件上孔的直径小于 25mm 或冲孔深度大于直径 3 倍时,一般不锻出,只在冲孔处压出凹穴。大于 25mm 的通孔也不能直接锻出通孔,而需在孔内留有一定厚度的金属层,称为冲孔连皮(图 3-18),锻后在压力机上冲除。连皮的厚度与孔径有关,当孔径为 30～80mm 时,冲孔连皮的厚度为 4～8mm。

上述各参数确定后,便可绘模锻件图。绘制方法与自由锻的锻件图相同,如图 3-46 所示。

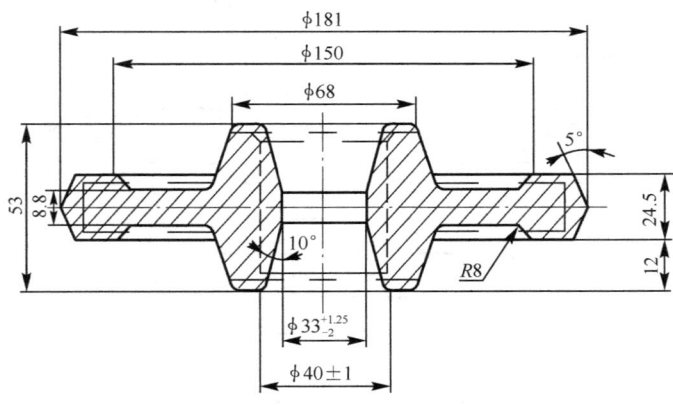
图 3-46 齿轮坯模锻件图

2. 模锻工步的确定

模锻工步的确定主要是根据锻件的形状和尺寸来确定的。模锻件按形状可分为长轴类锻件,如台阶轴、曲轴、连杆和弯曲摇臂等(图3-47)和盘类模锻件,如齿轮、法兰盘等(图3-48)。

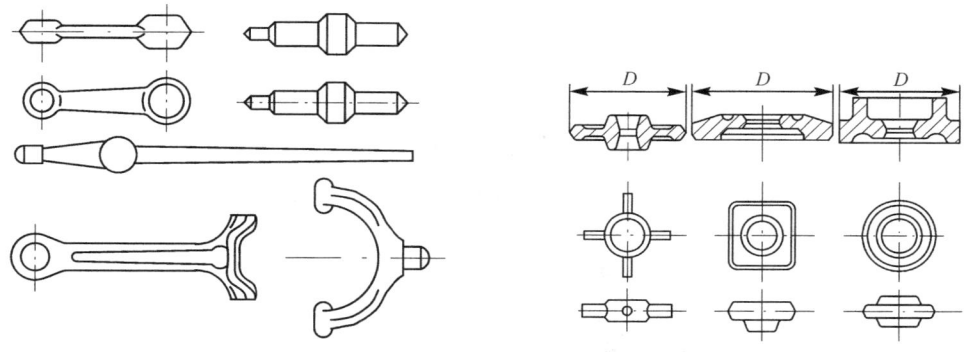

图 3-47　长轴类锻件　　　　　图 3-48　盘类锻件

长轴类锻件的长度与宽度之比较大,锻造过程中锤击方向垂直于锻件的轴线。终锻时,金属沿高度方向流动,而长度方向流动不显著。因此,常选用拔长、滚压、弯曲、预锻和终锻等工步两大类。

当坯料的横截面积大于锻件最大横截面积时,可只选用拔长工步;当坯料的横截面积小于锻件最大横截面积时,采用拔长和滚压工步。当锻件的轴线为曲线时,应选用弯曲工步。对于小型长轴类锻件,为减少钳口料和提高生产率,常采用一根棒料同时锻造几个锻件的锻造方法,因此要增设切断工步,以切离锻好的锻件;对于形状复杂的锻件,还需选用预锻工步,最后在终锻模膛中模锻成形。例如,锻造弯曲连杆模锻件(图3-49),坯料经过拔长、滚压、弯曲等三个工步,形状接近于锻件,然后经预锻及终锻两个模膛制成带有飞边的锻件。经切飞边等其他工步后即可获得合格锻件。

盘类锻件是在分模面上的投影为圆形或长度接近于宽度的锻件。锻造过程中,锤击方向与坯料轴线相同,终锻时金属沿高度、宽度及长度方向均产生流动。因此常采用镦粗、终锻等工步。形状简单的可下料后直接终锻成形;形状复杂的则应增加镦粗工步。

3. 模锻件的修整

坯料在锻模内终锻成形后,只是完成了锻件最主要的成形过程,尚需经过切边、冲孔、校正、清理等一系列修整工序,才能保证获得合格的锻件。

1) 切边和冲孔

终锻制成的模锻件,一般都带有飞边及连皮,须将它们切除掉。

切边(图3-50(a))是切除锻件分模面的飞边;冲孔(图3-50(b))是冲出冲孔连皮。切边和冲孔在压力机上进行,可在热态或冷态下进行。热切所需切断力较小,但锻件在切边和冲孔时易产生变形,对于较大的锻件和合金钢锻件常采用热切;冷切后锻件表面较整齐,不易变形,但所需的切断力较大,对于尺寸较小和精度要求较高的模锻件常采用冷切。切边模和冲孔模都是由凸模和凹模组成。切边凹模的内孔形状与锻件在分模面上的轮廓一致。凹模的刃口起剪切作用,凸模只起推压作用;而冲孔时,凹模起支承作用,带刃口的凸模起剪切作用。

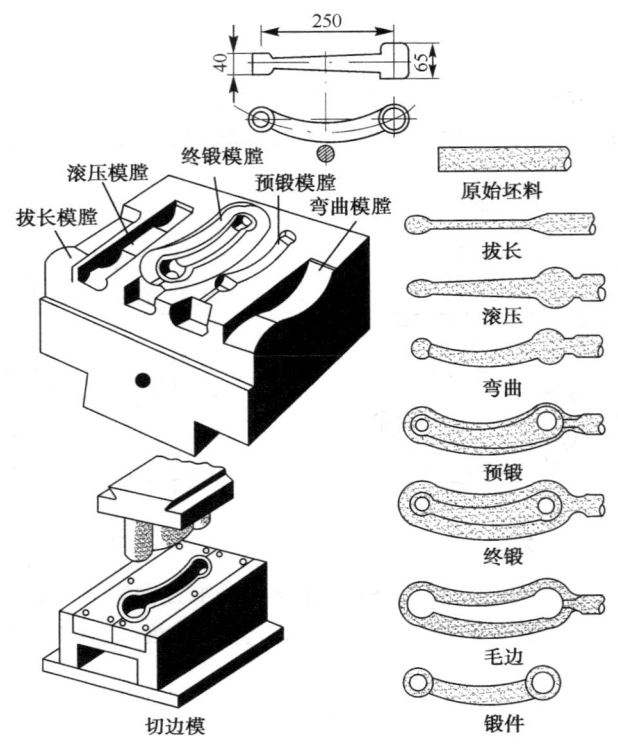

图 3-49　弯曲连杆锻造过程

当锻件为大量生产时,切边及冲孔可在一个较复杂的复合模或连续模上联合进行。

2)校正

在切边、冲孔及其他工序的操作中都可能引起锻件变形。因此许多锻件,特别是对形状复杂的锻件在切边、冲孔之后还需进行校正。

校正也分热校和冷校。热校是将经过热切的锻件,在锻模的终锻模膛内进行校正;冷校通常是在热处理(正火或退火)及清理以后,在专用的校正模内进行。

3)精压

精压是提高锻件精度和降低表面粗糙度的一种加工方法,校正后在压力机上进行。

精压分为平面精压和体积精压两种。平面精压(图 3-51(a))用来获得锻件某些平行平面间的精确尺寸,一般在冷态下进行;体积精压(图 3-51(b))主要用来提高模锻件所有尺寸精度、减少模锻件质量差别,为减小变形抗力,体积精压多在热态下进行。精压模锻件的尺寸精度公差可达±0.1~0.25mm,表面粗糙度 Ra0.8~0.4μm。

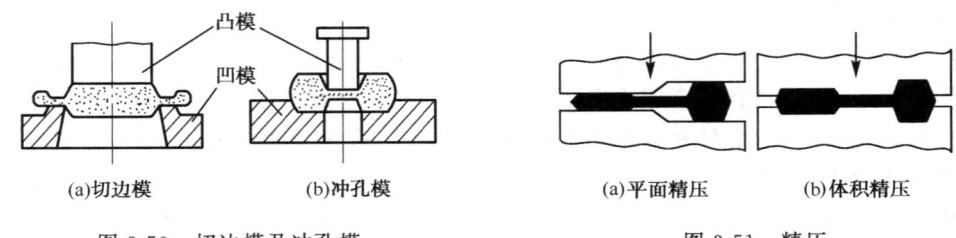

图 3-50　切边模及冲孔模　　　　　图 3-51　精压

### 3.3.3 冲压工艺规程制订

冲压零件的生产过程通常包括原材料准备,各种冲压工序和必要的辅助工序。有时还需配合一些非冲压工序(如切削加工、焊接、铆接等)才能完成一个冲压零件的全部制作过程。

冲压工艺规程的制订通常是根据冲压件的特点、生产批量、现有设备和生产能力等,拟订出数种可能的工艺方案,在对各种工艺方案进行全面综合比较后,选定一种较先进、最经济及最合理的工艺方案。制订冲压工艺规程的主要内容包括对冲压件进行工艺分析,拟订冲压件的总体工艺过程,即根据产品零件图和生产批量的要求,初步拟订出备料、冲压工序和必要的辅助工序(如去毛刺、清理、表面处理、酸洗、热处理等)的先后顺序等内容。

**1. 确定板料形状、尺寸和下料方式**

根据产品零件图,计算和确定板料尺寸和形状,拟订既能保证产品质量,又能节省材料的最佳排样方案,然后确定合适的下料方式。

**2. 拟订冲压工艺方案**

拟订冲压工艺方案是制订冲压工艺规程的主要工作,通常包括冲压基本工序的选择、冲压基本工序的顺序安排和数目的确定、工序合并的安排及中间工序尺寸的计算等工作。

**3. 选择冲压基本工序**

冲压基本工序的选择主要是根据冲压件的形状、尺寸、公差及生产批量确定。

(1)冲裁和剪切。剪裁与冲裁都能实现板料的分离。在少量生产中,对于尺寸和公差大而形状规则的外形板件毛坯,可采用剪床剪裁。对于各种形状的平板毛坯和零件在批量生产中通常采用冲裁模冲裁。对于平面度要求较高的零件,应增加校平工序。

(2)弯曲。对于各种弯曲件,在少量生产中常采用手工工具打弯。对于窄长的大型件,可用折弯机压弯。对于批量较大的各种弯曲件,通常采用弯曲模压弯。当弯曲半径太小时,应加整形工序使之达到要求。

(3)拉深。对于各类空心件,多采用拉深模进行一次或多次拉深成形,最后用修边工序达到高度要求。当径向公差要求较小时,常采用变薄量较小的变薄拉深代替末次拉深。当圆角半径太小时,应增加整形工序以达到要求。对于批量不大的旋转体空心件,当工艺允许时,用旋压加工代替拉深更经济。对于带凸缘的无底空心件,当直壁口部要求不严,且工艺允许时,可考虑冲孔翻边达到高度要求,这样较为经济。对于大型空心件的少量生产,当工艺允许时,可用焊接代替拉深,这更经济。

**4. 确定冲压工序的顺序与数目**

冲压工序的顺序,主要是根据零件的结构形状而确定,其一般原则如下:

(1)对于有孔或有切口的平板零件,当采用单工序模冲裁时,一般应先落料,后冲孔(或切口);当采用连续模冲裁时,则应先冲孔(或切口),而后落料。

(2) 对于多角弯曲件，当采用简单弯曲模分次弯曲成形时，应先弯外角，后弯内角。如果孔位于变形区（或靠近变形区）或孔与基准面有较高位置精度要求时，必须先弯曲，后冲孔；否则，都应先冲孔，后弯曲，这样安排工序可使模具结构简化。

(3) 对于旋转体复杂拉深件，一般是由大到小为序进行拉深，即先拉深大尺寸的外形，后拉深小尺寸的内形；对于非旋转体复杂拉深件，则应先拉深小尺寸的内形，后拉深大尺寸的外形。

(4) 对于有孔或缺口的拉深件，一般应先拉深，后冲孔（或冲缺口）。对于带底孔的拉深件，有时为了减少拉深次数，当孔径要求不高时，一般应先拉深后冲孔，也可先冲孔后拉深，再冲切底孔边缘，使之达到要求。

(5) 校平、整形、切边工序，应分别安排在冲裁、弯曲、拉深之后进行。

(6) 工序数目主要是根据零件的形状及精度要求、工序合并情况、材料极限变形参数（如拉深系数）来确定的。其中工序合并的必要性主要取决于生产批量。一般在大批量生产中，应尽可能把冲压基本工序合并起来，采用复合模或连续模冲压，以提高生产率，减少劳动量，降低成本；反之以采用单工序模分散冲压为宜。但是有时为了保证零件精度的较高要求，保障安全生产，批量虽小，也需要把工序作适当的集中，用复合模或连续模冲压。工序合并的可能性主要取决于零件尺寸的大小、冲压设备的能力和模具制造与使用的可能性。

在确定冲压工序顺序与数目的同时，还要确定中间工序的形状和半成品尺寸。

5. 确定模具类型与结构形式

模具类型通常有简单模、复合模和连续模。在冲压工艺方案确定后，各道工序采用何种类型的模具也就相应确定，再进一步确定各零件、部件的具体结构形式，那么模具的结构形式就基本确定。

6. 选择冲压设备

常用的冲压设备有开式冲床和闭式冲床，闭式冲床又分单动冲床和双动冲床。此外，液压机也普遍用于冲压加工。选择冲压设备一般应根据冲压工序的性质选定设备类型，再根据冲压工序所需的冲压力和模具尺寸选定冲压设备的技术规格。

## 3.4 锻压件结构工艺性

### 3.4.1 自由锻件结构工艺性

自由锻所使用的工具都是简单和通用的，锻件的形状和尺寸要求主要靠工人的操作技术来保证。因此，设计自由锻成形零件时，除满足使用性能要求外，还必须考虑自由锻设备和工具的特点，零件结构要符合自由锻的工艺性要求。锻件结构合理，可达到锻造方便，节约金属，保证锻件质量和提高生产率的目的。

(1) 锻件上具有锥体或斜面的结构，从工艺角度衡量是不合理的（图3-52(a)）。因为锻造这种结构，必须制造专用工具，锻件成形也比较困难，使工艺过程复杂，操作不便，影响设备的使用效率，要尽量避免，改进设计如图3-52(b)。

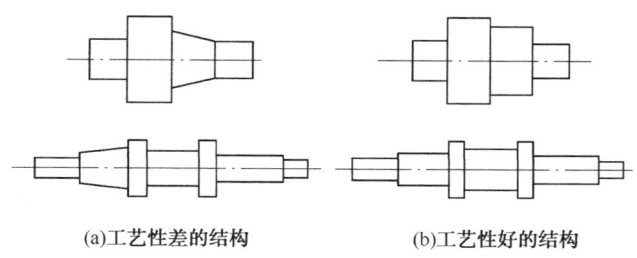

图 3-52　轴类锻件结构

(2) 锻件由数个简单几何体构成时,几何体的交接处不应形成空间曲线(图 3-53(a))。这种结构锻造成形极为困难,应改成平面与圆柱、平面与平面相接(图 3-53(b)),消除空间曲线结构,易锻造成形。

(3) 自由锻件上不应设计出加强筋、凸台、工字形截面或空间曲线形表面(图 3-54(a))。该种结构难以用自由锻方法获得。如果采用特殊工具或特殊工艺措施生产,必将降低生产率,增加产品成本。将锻件结构改成图 3-54(b)结构,工艺性好,经济效益大。

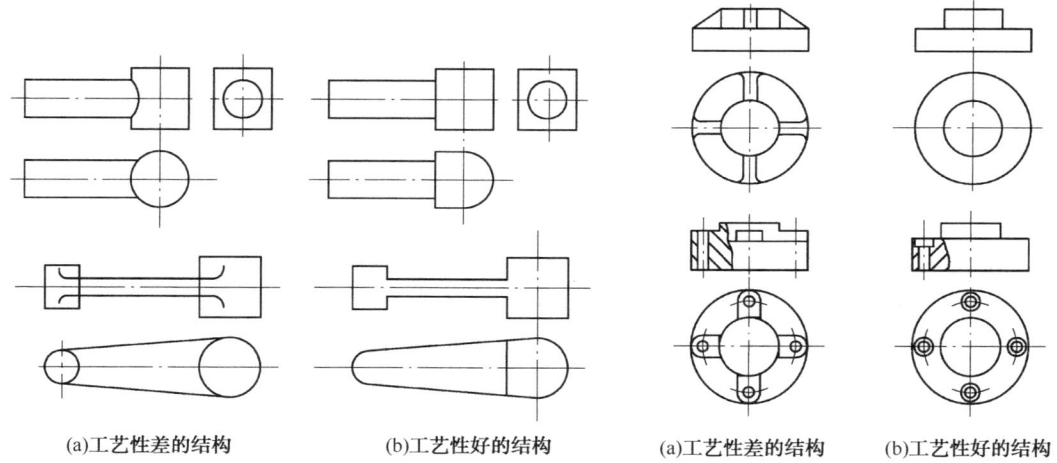

图 3-53　杆类锻件结构　　　　　图 3-54　盘类锻件结构

(4) 锻件横截面积有急剧变化或形状较复杂时(图 3-55(a)),应设计成由几个简单件构成的几何体。每个简单件锻制后,再用焊接或机械连接方式构成整体零件(图 3-55(b))。

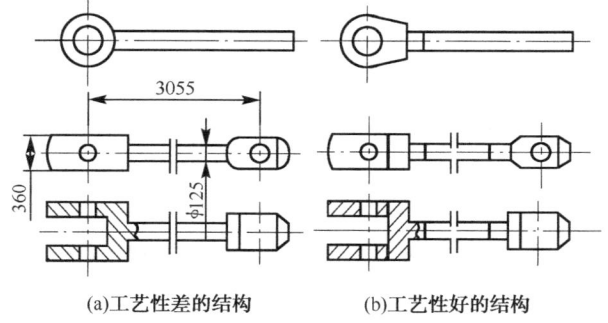

图 3-55　复杂件结构

### 3.4.2 模锻件结构工艺性

为便于模锻生产和降低成本,设计模锻零件时,应根据模锻特点和工艺要求使零件结构符合下列原则:

(1)为保证模锻件易于从锻模中取出、敷料最少、锻模容易制造,模锻零件必须具有一个合理的分模面。

(2)由于锻件尺寸精度高和表面粗糙度低,因此零件上只有与其他机件配合的表面才需进行机械加工,其他表面均应设计为非加工表面;零件上与锤击方向平行的非加工表面,应设计出模锻斜度;非加工表面所形成的角都应按模锻圆角设计。

(3)为了使金属易充满模膛和减少工序,零件外形力求简单、平直和对称,尽量避免零件截面间差别过大或具有薄壁、高筋、凸起等结构。图3-56(a)所示零件的最小截面与最大截面之比如小于0.5就不宜采用模锻方法制造。此外,该零件的凸缘薄而高,中间凹下很深也难于用模锻方法锻制。图3-56(b)所示零件扁而薄,模锻时薄的部分金属易冷却,不宜充满模膛。

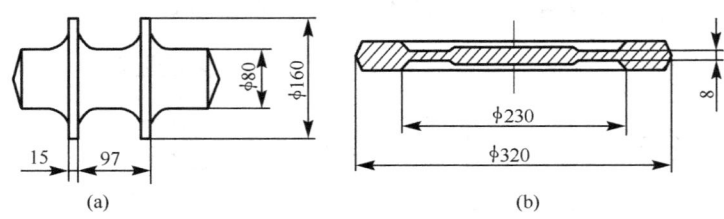

图3-56 模锻零件形状

(4)在零件结构允许的条件下,设计时应尽量避免有深孔或多孔结构,图3-57所示零件上四个$\phi$20mm的孔就不能锻出,只能用机械加工成形。

(5)为减少敷料,简化模锻工艺,在可能条件下应采用锻-焊组合工艺。

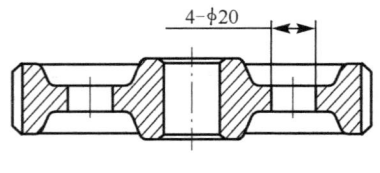

图3-57 多孔齿轮

### 3.4.3 冲压件结构工艺性

设计板料冲压件时,不仅应使其具有良好的使用性能,还应使冲压件具有良好的结构工艺性。影响冲压件工艺性的主要因素有冲压件的形状、尺寸及精度等。

**1. 冲压件的几何形状**

(1)冲压件的形状应力求简单、对称,有利于材料的合理利用(图3-58),同时应避免长槽与细长悬臂结构(图3-59),否则制造模具困难。

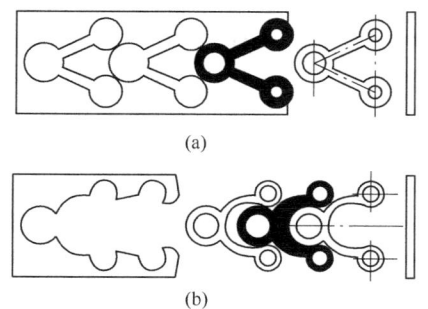

(a)

(b)

图 3-58 零件形状与节约材料的关系

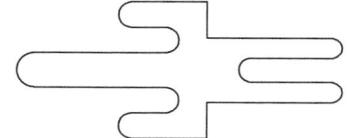

图 3-59 不合理的落料件外形

(2) 采用冲口工艺，以减少组合件数量。如图 3-60 所示，原设计用三个件铆接或焊接组合，现采用冲口工艺（冲口、弯曲）制成整体零件，可以节省材料，简化工艺过程。

(3) 在使用性能不变的情况下，应尽量简化拉深件结构，以便减少工序，节省材料，降低成本。例如，消音器后盖零件结构，原设计如图 3-61(a) 所示，经过改进后如图 3-61(b) 所示。结果冲压加工由八道工序降为两道工序，材料消耗减少 50%。

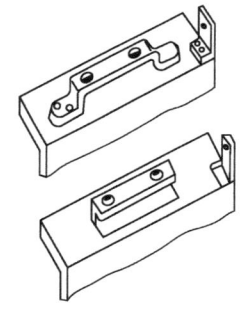

图 3-60 冲口工艺的应用

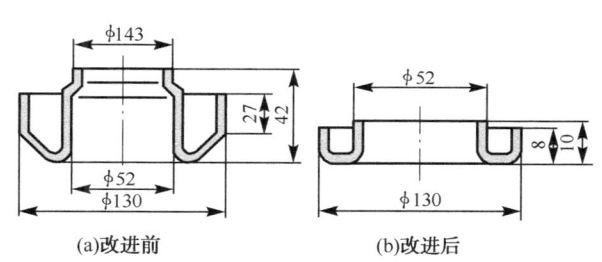

(a) 改进前　　(b) 改进后

图 3-61 消音器后盖零件结构

### 2. 冲压件的尺寸

(1) 冲裁件的内、外形转角处，要尽量避免尖角，应以圆弧连接。以避免尖角处应力集中被冲模冲裂。最小圆角半径数值如表 3-1 所示。

表 3-1 落料件、冲孔件的最小圆角半径

| 工序 | 圆弧角 | 最小圆角半径/mm ||||
|---|---|---|---|---|
| | | 黄铜、紫铜铝 | 低碳钢 | 合金钢 |
| 落料 | $\alpha \geqslant 90°$ | $0.18 \times s$ | $0.25 \times s$ | $0.35 \times s$ |
| | $\alpha < 90°$ | $0.35 \times s$ | $0.50 \times s$ | $0.70 \times s$ |
| 冲孔 | $\alpha \geqslant 90°$ | $0.20 \times s$ | $0.30 \times s$ | $0.45 \times s$ |
| | $\alpha < 90°$ | $0.40 \times s$ | $0.60 \times s$ | $0.90 \times s$ |

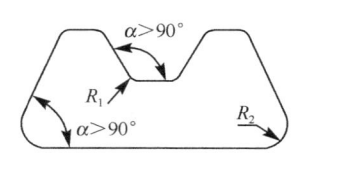

(2) 孔及其有关尺寸如图 3-62 所示。为避免工件变形，孔间距和孔边距以及外缘凸出和凹进的尺寸都不能过小。冲孔时，因受凸模强度的限制，孔的尺寸也不应太小。

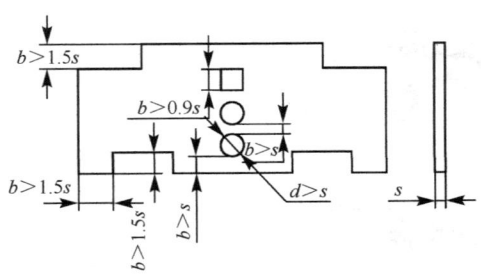

图 3-62 冲孔件尺寸与厚度的关系

(3) 弯曲件的弯曲半径不能小于材料允许的最小弯曲半径并应考虑到材料纤维方向,以免成形过程中弯裂。

(4) 弯曲边过短不易弯成形,故应使弯曲边高度 $H>2s$。若 $H<2s$,则必须压槽或增加弯曲边高度,然后加工去掉(图 3-63)。

(5) 弯曲带孔件时,为避免孔的变形,孔的边缘距弯曲中心应有一定的距离(图 3-64)。图 3-64 中 $L \geqslant (1.5 \sim 2)s$。当 $L$ 过小时,可在弯曲线上冲工艺孔(图 3-64)。如对零件孔的精度要求较高,则应弯曲后再冲孔。

(6) 拉深件的圆角半径(图 3-65)应满足 $r_d \geqslant s, R \geqslant 2s, r \geqslant 35$。否则应增加整形工序。

(7) 拉深件的壁厚变薄量一般要求不应超出拉深工艺壁厚变化的规律(最大变薄率为 10%~18%)。

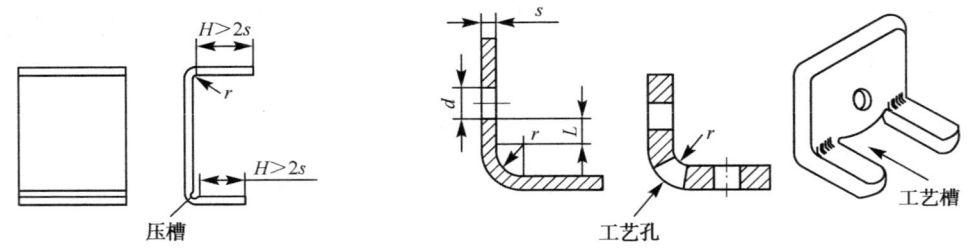

图 3-63 弯曲件直边高度　　　图 3-64 弯曲件孔边距离

### 3. 冲压件的精度和表面质量

对冲压件的精度要求,不应超过冲压工艺所能达到的一般精度,并应在满足需要的情况下尽量降低要求。否则将增加工艺过程的工序,降低生产率,提高成本。

冲压工艺的一般精度如下:

落料不超过 IT10,冲孔不超过 IT9,弯曲不超过 IT9、IT10。

拉深件高度尺寸精度为 IT8、IT9,经整形工序后尺寸精度达 IT6、IT7。拉深件直径尺寸为 IT9、IT10。

一般对冲压件表面质量所提出的要求尽可能不要高于原材料所具有的表面质量。否则要增加切削加工等工序,使产品成本大为提高。

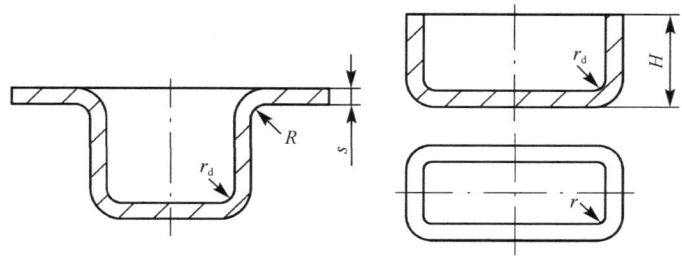

图 3-65 拉深件的圆角半径

## 思考题与习题

1. 将 φ150mm 的圆钢,锻造成 φ75mm 的主轴,试计算锻造比。
2. 铅的熔点为 327℃,钨的熔点 3380℃。铅在室温进行变形,钨在 900℃进行变形,试判断它们属于何种塑性变形?
3. 纤维组织是如何形成的?它对金属的机械性能有何影响?
4. 何谓金属材料的塑性加工性能?影响因素有哪些?
5. 试叙述绘制自由锻件图时应考虑哪些因素?
6. 锤上模锻选择分模面的原则是什么?能否锻出通孔?
7. 为保证冲压件精度,用 φ50 冲孔模生产 φ50 落料件可行否?
8. 在设计落料冲孔件、弯曲件和拉深件结构时,应考虑什么因素?

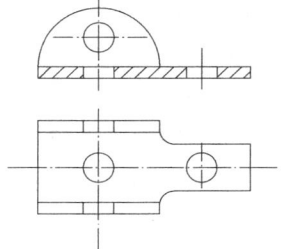

图 3-66 冲压件

9. 图 3-66 所示零件用 2mm 厚的 A3 钢板制成,试说明制造方法和工序内容,并定性绘出排样图及钢板纤维方向的关系。

# 第4章 金属的焊接成形

金属的焊接成形是实现材料或零件连接成零件或部件的方法之一,材料连接成形方式有机械连接、物理化学连接和冶金连接。

机械连接是指用螺钉、螺栓和铆钉等紧固件将两分离型材或零件连接成一个复杂零件或部件的过程;物理化学连接是用黏胶和钎料通过毛细作用和分子间力作用或者相互扩散及化学反应作用,将两个分离表面连接成不可拆接头的过程;而冶金连接,通常称为焊接,是通过加热或加压(或两者并用)使两个分离表面的原子达到晶格距离,并形成金属键而获得不可拆接头的工艺过程。

焊接方法很多,通常按焊接过程的特点不同将焊接方法分为熔化焊、压焊和钎焊三大类。熔化焊焊接时使用填充金属,将工件的结合处与填充金属加热到熔化状态,形成共同熔池并对熔池加以保护,熔池冷却结晶后形成牢固的接头。压力焊焊接时对工件的结合处加热的同时又加压,使其产生塑性变形将工件连接在一起。压力焊与熔化焊相比,不需要填充金属,焊接过程中也不需要保护。钎焊焊接时使用比工件熔点低的钎料,将钎料置于工件的结合处并与工件一起加热,在工件不熔化的情况下,钎料熔化,填充到工件连接的间隙中,与被焊金属相互结合与扩散,冷却凝固后将工件连接在一起。

焊接具有连接性能好、省料省工成本低、质量轻及成形工艺简单等优点。但焊接结构是不可拆卸的,焊接的不均匀加热和冷却过程使焊接件要产生应力、变形以及焊接缺陷,需要有相应的工艺措施来保证质量。

焊接技术应用广泛,主要用于制造金属结构及机器零件、部件和工具等。

## 4.1 焊接工艺基础

### 4.1.1 焊接接头的组织与性能

**1.焊接热循环**

焊接时,电弧沿工件逐渐前移并对工件进行局部加热,焊缝附近的金属由常温状态被加热到较高的温度,然后在逐渐冷却到室温。由于各点金属所在的位置与焊缝中心的距离不相同,所以各点的最高加热温度及所达到最高温度的时间亦不同。焊缝及其母材上某点的温度随时间变化的过程称为焊接热循环,如图4-1所示。

热循环使焊缝附近金属相当于受到一次不同规范的热处理。焊接热循环的特点主要是加热速度和冷却速度都很快,对于易淬火钢,焊后会发生空冷淬火,产生马氏体组织;对其他材料,易产生焊接变形、应力及裂纹。

焊接接头由焊缝和热影响区组成,如图4-2所示。

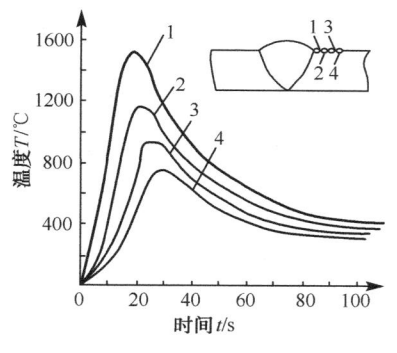

图 4-1 焊接热循环曲线

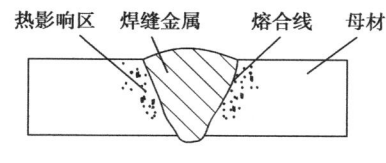

图 4-2 焊接接头

**2. 焊缝的组织和性能**

熔焊焊缝的形成经历了局部加热熔化,使分离工件的结合部位产生共同溶池,再经凝固结晶成为一个整体的过程。熔池金属由液态结晶成固态,其结晶规律与一般金属的结晶规律一样,具有晶核生成和晶核长大的过程。结晶一般从液固交界处的熔合线上开始,垂直熔合线向熔池的中心长大,使焊缝金属得到了柱状树枝晶粒结构,如图 4-3 所示。因为熔池冷却速度较大,所以柱状晶粒并不粗大,通过渗合金调整焊缝化学成分,焊缝金属的力学性能不低于母材。

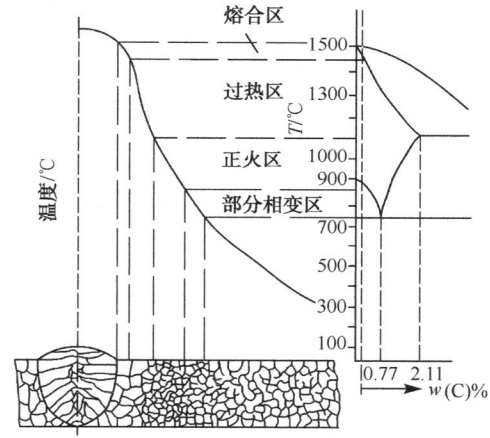

图 4-3 低碳钢焊接热影响区的组织和性能变化

对于低碳钢,经过一次结晶得到奥氏体组织,经过二次结晶后得到大量铁素体加少量珠光体,而且,珠光体的含量要比平衡组织中的珠光体含量多,晶粒较细。因此,低碳钢焊缝金属的力学性能不低于母材。

**3. 热影响区的组织与性能**

在焊接过程中,材料因受热的影响(未熔化),而使组织和性能发生变化的区域称为热影响区。图 4-3 为低碳钢热影响区的组织变化,由于热影响区各点的最高加热温度不同,其组织变化也不同。低碳钢热影响区分为熔合区、过热区、正火区和部分相变区。

(1)熔合区。熔合区是焊缝与被焊金属的交界区域,加热温度处于固相线与液相线之间。焊接过程中,部分金属熔化,部分未熔化。冷却后熔化金属成为铸态组织,即液态金属的结晶组织,未熔化金属因加热温度过高而形成奥氏体粗大过热粗晶组织。该区很窄,强度降,塑性韧性极差,化学成分不均匀,性能是焊接接头中最差的部位。

(2)过热区。过热区是靠近熔合区,加热温度在1100℃至固相线间的区域。由于加热温度高,奥氏体晶粒急剧长大,冷却后得到粗晶过热组织。该区金属的塑性、韧性低,容易产生裂纹,是焊接接头的一个薄弱区域。

(3)正火区。正火区处于过热区外侧,加热温度在$Ac_3$~1100℃的区域,金属在该温度范围发生重结晶,冷却后得到细小而均匀的铁素体和珠光体正火组织,相当进行了一次正火处理。其力学性能优于母材,是焊接接头中力学性能最好的区域。

(4)部分相变区。部分相变区处于正火区外侧,加热温度在$Ac_1$~$Ac_3$的区域。受热影响,此区中珠光体和部分铁素体转变为细晶粒奥氏体,而另一部分铁素体因温度太低来不及转变,仍然保持原来组织状态,使该区晶粒大小不均,力学性能略低于母材。

部分相变区以后母材金属的组织性能基本不发生变化。

一般情况下,钢在加热至$Ac_1$线以下时,组织不发生变化,但对于进行冷塑性变形的钢件,则在$Ac_1$~450℃还会发生再结晶,使塑性有所提高。

易淬火钢的焊接热影响区,由于焊后冷却速度很快,会产生淬硬组织,因此,它的热影响区一般分为淬火区($Ac_3$以上)和部分淬火区($Ac_1$~$Ac_3$的区域)。对于焊前调质状态的合金钢,还有软化区($Ac_1$至高温回火的区域)。其中淬火区(尤其是接近熔合线部位)机械性能严重下降,甚至引起冷裂纹。

由上述分析看出,焊接接头中熔合区和过热区是焊接接头中力学性能最差的薄弱部位。

4. 影响焊接接头性能因素

焊接过程中不可避免地要出现热影响区,此区域的大小和组织性能取决于焊接材料、焊接方法及焊接工艺规程等因素。

(1)焊接材料。焊丝、焊剂及焊条直接影响焊缝金属的化学成分。

(2)焊接方法。不同焊接方法,其热源温度高低和热量集中的程度不同,热影响区大小和组织也不同,接头性能不同;其机械保护效果不同,杂质含量不同,焊缝性能也不同。在热量集中、焊接速度快时,热影响区就小,如手工电弧焊、$CO_2$气体保护焊、氩弧焊和埋弧自动焊的焊接热影响区都较气焊、电渣焊的小,应优先选用。真空电子束焊热影响区最小,总宽度小于1.44mm,而气焊的热影响区总宽度一般为27mm。

(3)焊接工艺。焊接工艺参数(焊接电流、电弧电压、焊接速度、线能量等)直接影响焊接接头输入热量的大小。此外,熔合比(熔化母材在焊缝金属所占的百分数)的大小影响焊缝的化学成分。工艺上采用小电流快速焊、多层焊,都可减小对工件的热量输入,有利于减小焊接热影响区的宽度。

(4)焊后热处理。焊后对工件进行热处理是改善和消除焊接热影响区常用且有效的工艺措施。焊后热处理能细化接头组织,改善焊接接头性能。实际生产中,常采用焊前预热、焊后热处理(正火或退火)等方法以减小和消除热影响区的不良影响。

## 4.1.2 焊接应力、变形与裂纹

焊接过程是一个极不平衡的热循环过程,焊接时,焊缝及其相邻区域金属都要由室温被加热到很高的温度(焊缝金属为液态),在这个热循环过程中,焊件各部分的温度不同,随后的冷却速度也各不相同,因而焊件各部位在热胀冷缩和塑性变形的影响下,必将产生内应力、变形,甚至会出现裂纹。因此,焊接时,须尽量减小焊接应力与变形,并要防止裂纹的产生。

1. 焊接应力与焊接变形产生的原因

焊接过程中,焊件受到局部加热和冷却是产生焊接应力和变形的主要原因。现以低碳钢平板对焊为例说明焊接应力与变形产生的原因,如图 4-4 所示。

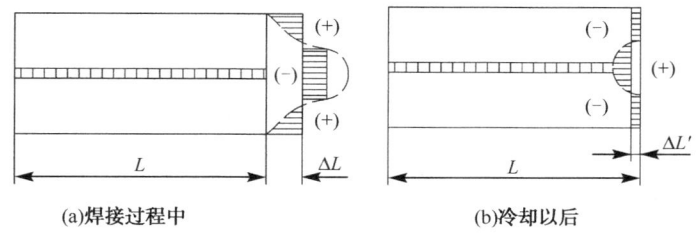

图 4-4 平板对焊时的变形与应力

低碳钢平板对焊加热时,焊缝区的温度最高,其两侧的温度随距焊缝距离的增大而降低。由于金属材料具有热胀冷缩的特性,所以当焊件各区加热温度不同,其单位长度伸长量也不同。即受热时按温度分布的不同焊缝及母材金属各有不同的自由伸长量。如果这种自由伸长不受任何阻碍,则钢板焊接时的变化如图 4-4(a)中虚线所示。但实际上由于平板是一个整体,不可能各处都实现自由伸长,各部分伸长量必须相互协调,最后平板整体只能平衡伸长 $\Delta L$。因此被加热到高温的焊缝区金属,因其自由伸长受到两侧低温金属自由伸长量的限制而承受压应力(一)。当压应力超过屈服点时产生压缩塑性变形,使平板整体达到平衡。此时,焊缝区以外的金属则需承受拉应力(+)。所以整个平板存在着相互平衡的压应力与拉应力。

焊缝成形后,金属随之冷却使其收缩,这种收缩如能自由进行,则焊缝区将自由缩短至图 4-4(b)所示虚线位置,而焊缝区两侧的金属则缩短至焊前的 $L$ 端。实际上,因整体作用,各部位仍然相互牵制,焊缝区两侧的金属同样会阻碍焊缝区的收缩,最后共同处于比原长短 $\Delta L$ 的平衡位置。于是,焊缝金属承受拉应力,焊缝两侧金属承受压应力,两种应力相互平衡,一直保持到室温,此时的应力称为焊接残余应力,简称焊接应力。被焊工件在长度上焊后缩短了 $\Delta L$,称为焊接残余变形,简称焊接变形。图 4-5 为平板对焊和圆筒环焊缝的焊接应力分布状况。

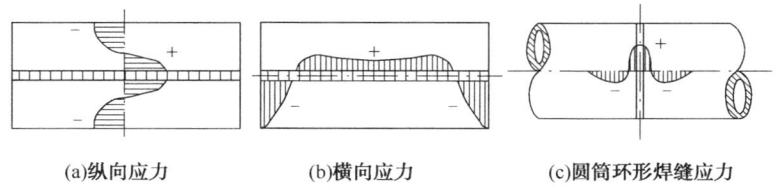

图 4-5 平板对焊和圆筒环焊缝的焊接应力分布

焊接应力与焊接变形总是同时存在,焊接结构不会只有变形或只有应力,若被焊金属材料塑性较好和结构刚度较小,则焊接变形较大,焊接应力较小;反之则变形较小,应力较大。

### 2. 焊接变形的基本形式

被焊工件的变形与焊件结构、焊缝位置、焊接工艺及应力分布等因素有关。常见的焊接变形形式有收缩变形、角变形、弯曲变形、扭曲变形和波浪变形等,如图 4-6 所示。

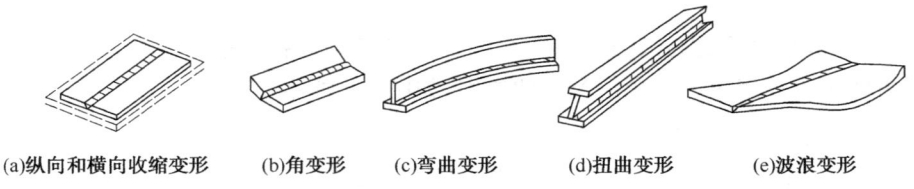

(a)纵向和横向收缩变形　　(b)角变形　　(c)弯曲变形　　(d)扭曲变形　　(e)波浪变形

图 4-6　焊接变形的基本形式

(1)收缩变形。焊后纵向(焊缝方向)和横向(垂直焊缝方向)收缩引起的工件纵向及横向的尺寸变小,常见于简单结构的小型焊件,如图 4-6(a)所示。

(2)角变形。V 形坡口对接时,由于焊缝截面上下尺寸相差较大,焊缝纵向收缩引起的变形,如图 4-6(b)所示。

(3)弯曲变形。焊接 T 形梁时,因焊缝布置不对称,焊缝纵向收缩引起的变形,如图 4-6(c)所示。

(4)扭曲变形。焊接工字梁时,由于焊接顺序和焊接方向不合理引起的变形,如图 4-6(d)所示。

(5)波浪变形。焊接薄板时,由于焊缝收缩使薄板局部产生较大压力而失去稳定引起的变形,如图 4-6(e)所示。

### 3. 减少焊接变形的措施

焊接变形可使焊接结构尺寸不符合要求,组装困难,影响焊件质量;焊接变形使结构件形状发生变化,产生附加应力,降低承载能力。因此,要减少焊接变形。从焊接工艺考虑需要考虑的因素如下。

1)焊接前

(1)加余量法。工件下料时,给工件尺寸加大一定的收缩余量,以补偿焊后的收缩。

(2)反变形法。一般按测定和经验估计的焊接变形方向和大小,在焊前组装时给出相反方向的预变形,以抵消焊后产生的变形,如图 4-7 所示。同样,也可采用预留收缩余量来抵消尺寸收缩。

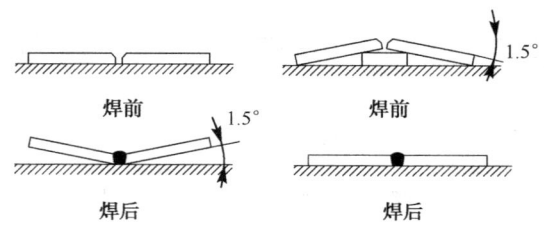

图 4-7　反变形法

(3)刚性固定法。焊前用压铁或点焊方法将焊件夹紧固定,以减小焊接变形。但这样会产生较大的焊接残余应力,一般用于塑性较好的焊材,如图4-8所示。

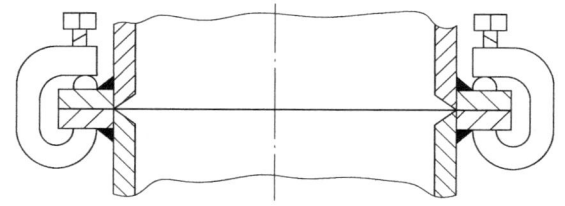

图4-8　刚性固定防止发生变形

2)焊接中

(1)合理安排焊接顺序。例如,对称施焊、长焊缝的分段倒退焊法,采用多层多道焊,使焊缝的收缩能够互相抵消或减弱,以减小变形,如图4-9所示。

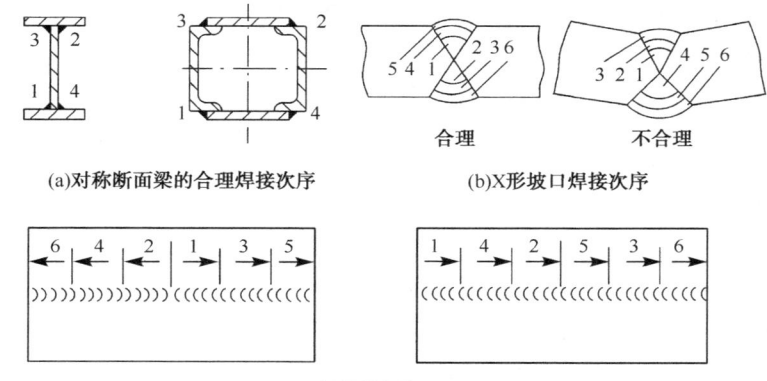

(a)对称断面梁的合理焊接次序　　(b)X形坡口焊接次序

(c)长焊缝焊接顺序

图4-9　合理焊接顺序

(2)当焊缝仍处在较高温度时,锤击或碾压焊缝,使焊件金属在高温塑性较好时得以延伸,减小焊接应力。

4.焊接变形的矫正

合理的设计和工艺只能减小而不能完全消除焊接变形,当焊接变形超过允许值时,就必须进行矫正。矫正的实质是使工件产生新的变形,以抵消原来的焊接变形。矫正焊接变形的方法有机械矫正法和火焰矫正法两种。

(1)机械矫正法。用机械加压或锤击的冷变形方法产生塑性变形来矫正焊接变形,适用于塑性好的低碳钢和普通低合金钢。如图4-10(a)所示。

(2)火焰矫正法。利用火焰局部加热后的冷却收缩变形来矫正原来的焊接变形,此法仅适用于塑性好,且无淬硬倾向的材料。图4-10(b)为火焰加热矫正丁字梁变形实例。

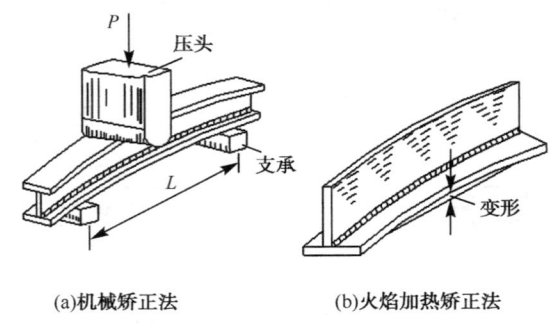

(a)机械矫正法　　　　　(b)火焰加热矫正法

图 4-10　矫正方法

**5. 减少和消除焊接应力的措施**

焊接残余应力会增加工件工作时的内应力,降低承载能力;还会引起焊接裂纹,甚至造成脆断;应力的存在还会诱发应力腐蚀裂纹。此外,残余应力是一种不稳定状态,在一定条件下会衰减而产生一定的变形,引起构件形状、尺寸的不稳定,所以减少和防止焊接应力十分必要。

(1)焊件材料。尽量选用同一种材料进行焊接,避免因材料物理、化学性能的不同,膨胀、收缩不一致而使焊接接头产生较大的焊接应力。

(2)焊件结构。设计时,焊缝不要密集交叉,截面和长度也要尽可能小,以减少焊接局部过热,从而减小焊接应力。

(3)焊接工艺。焊前预热。焊前将焊件加热到 150～350℃ 后进行焊接,可以缩小焊缝与周围金属的温差,使工件均匀缓慢冷却,以减小焊接应力。

焊接中选择合理的焊接顺序。焊接时尽量让焊缝自由收缩,而不受到较大的收缩约束,如图 4-11 所示。

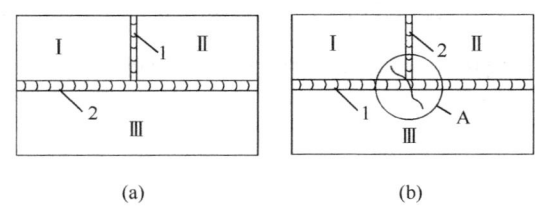

(a)　　　　　　　(b)

图 4-11　焊接次序对焊接应力的影响

当焊缝仍处在较高温度时,迅速锤击焊缝,使焊件金属在高温塑性较好时得以延伸,减小焊接应力。

焊后去应力退火。焊后去应力退火是消除应力最常用、最有效的方法,即将焊件缓慢加热到 550～650℃,保温一定时间,再随炉冷却,该法可消除残余应力 80% 左右。

**6. 焊接裂纹**

当焊接应力,特别是当焊接接头的拉应力超过了金属的抗拉强度时,便会产生焊接裂纹。焊接裂纹是焊接生产中比较普遍而又十分严重的缺陷,它不仅会使已焊成的工件成为废品,而且有可能成为一种隐患,造成灾难性事故。

焊接裂纹按产生的温度不同分为热裂纹和冷裂纹两大类。

(1)热裂纹。热裂纹是在焊缝冷却过程中处于固相线附近的高温阶段产生的,而且都是沿着晶界开裂,裂纹表面有氧化色。热裂纹主要出现在含杂质较多的焊缝中,在焊缝结晶的最后阶段,由于杂质生成的低熔点共晶体分布在焊缝金属的晶界上,形成晶间液态薄膜,使晶界的强度极低,在焊接拉应力的作用下开裂而形成热裂纹。

(2)冷裂纹。冷裂纹一般出现在焊接热影响区中。冷裂纹一般是在200~300℃以下较低温度区间产生的,主要发生在中碳钢、高碳钢、合金结构钢中。冷裂纹中最常见的是延迟裂纹,这种裂纹不是在焊后立即出现的,而是在焊后延续一段时间才产生的。焊缝及焊接热影响区中的氢含量、淬火组织和焊接应力是产生延迟裂纹的主要影响因素。

防止焊接裂纹一般从冶金和工艺两方面采取措施。

焊接冶金上,要控制焊缝金属中有害杂质的含量,如焊接低碳钢、低合金钢以及不锈钢,最为有害的元素是硫、磷、碳,焊接材料中应限制这些元素的含量。向焊缝中渗入细化晶粒的元素(如钼、钛、钒、铌等),细化焊缝金属晶粒,可以提高其抗热裂纹性能。为防止接头出现冷裂纹,应选用低氢的焊接材料(如碱性焊条),且需焊前烘干。焊前还要对工件表面的油污、水分和铁锈等进行仔细清理,以消除氢的来源,降低焊接金属中氢的含量。在焊接高强钢时,还可适当降低焊缝强度,以提高整个接头的塑性和韧性,提高抗冷裂纹性能。

焊接工艺上,凡是能防止或减小焊接应力的措施均可减小焊接裂纹的倾向,如改善被焊工件的应力状态,合理安排焊缝位置、焊接顺序、焊前预热、焊后缓冷以及进行焊后热处理等,其目的是降低接头的淬硬程度,改善应力状态,并且有利于氢的逸出,从而降低焊接接头的裂纹倾向。

## 4.1.3 金属的焊接性

### 1. 焊接性的概念

在一定的焊接工艺条件(焊接方法、焊接材料、焊接工艺参数和结构形式等)下,被焊金属获得优质焊接接头的难易程度称为金属材料的焊接性。优质的焊接接头是指接头无缺陷,并且接头的力学性能、物理及化学性能等均符合规定的要求。

金属的焊接性反映了被焊金属对焊接加工的适应性。焊接性好的金属焊接时,可以选用各种焊接方法进行焊接,工艺要求也比较简单;焊接性较差的金属焊接时,选择的焊接方法就受到一定限制,工艺要求也比较严格;焊接性不好的金属焊接时限制更大,工艺要求更加严格。

金属材料的焊接性不是一成不变的。被焊金属的化学成分、工件厚度、接头形式、焊接方法、焊接规范及其工艺条件等因素都会影响焊接性,其中最主要的是被焊金属的化学成分。对同一种金属材料,当采用不同的焊接方法和焊接材料时,其表现的焊接性是不同的。例如,化学活泼性极强的钛焊接是比较困难的,曾一度被认为焊接性不好,但自从氩弧焊、真空电子束焊应用后,钛及钛合金的焊接结构已在航空等工业部门中得到广泛应用。随着新的焊接方法的相继出现,钨、钼、钽、锆等高熔点金属及其合金的焊接都已成为可能。

### 2. 焊接性的评价方法

评价金属材料的焊接性主要包括工艺焊接性和使用焊接性两方面内容。工艺焊接性是指焊接过程中形成完整焊接接头的能力,如焊接接头产生各种缺陷的倾向,尤其是出现各种裂缝的可能性;使用焊接性是指焊接接头在使用中的可靠性,包括焊接接头的力学性能及其他特殊性能,如耐热、耐蚀性能等。

金属的焊接性可由间接法(如碳当量法、冷裂敏感指数法、焊接热影响区最高硬度法等)和直接法(如化学、理化、裂纹、断裂试验等)来估算和验证。其中,碳当量法由于使用方便应用较为广泛。

1) 碳当量估算法

影响钢材焊接性的主要因素是化学成分。各种化学元素加入钢中以后,对焊缝组织、性能、夹杂物的分布以及对焊接热影响区的淬硬程度等影响不同,产生裂纹的倾向也不同。其中,碳的影响最为明显,其他元素的影响可折算成碳的影响,因此,常用碳当量法来评价被焊钢材的焊接性。国际焊接学会推荐的碳钢和低合金结构适用的碳当量计算公式为

$$C_{当量} = C + \frac{Mn}{6} + \frac{Cr + Mo + V}{5} + \frac{Ni + Cu}{15} \quad (\%)$$

式中,化学元素符号表示钢中该元素质量的百分数,并取其成分范围的上限。

据经验,当 $C_{当量} < 0.4\%$ 时,钢材塑性良好,热影响区淬硬和冷裂倾向较小,焊接性优良,在一般的焊接工艺条件下,焊件不会产生裂纹;当 $C_{当量} = 0.4\% \sim 0.6\%$ 时,钢材塑性下降,淬硬及冷裂倾向增加,焊接性下降,焊前需要采取保护性措施,如焊前适当预热,焊后缓慢冷却等;当 $C_{当量} > 0.6\%$ 时,钢材塑性较差,淬硬和冷裂倾向严重,焊接性很差,焊前需要高温预热,焊接时要采取减少焊接应力和防止裂纹的工艺措施,焊后需要进行适当热处理等。

2) 断裂试验法

断裂试验法是将被焊金属材料做成一定形状和尺寸的试样,在规定的工艺条件下施焊,然后鉴定产生裂纹倾向的程度,或者鉴定接头是否满足使用性能(如力学性能)的要求。

上述利用碳当量法评价钢材的焊接性是粗略的,因焊接性还要受结构刚度、焊后应力条件、环境温度等影响。因此,在实际工作中应首先利用碳当量来估算钢材的焊接性,然后再根据具体情况通过试验来确定钢材的焊接性,以作为制定合理工艺规范的依据。

## 4.2 常用熔化焊方法

熔化焊是利用局部加热,将被焊金属接头处加热到熔化状态,加入填充金属或不加填充金属,冷却后获得牢固接头的焊接方法。熔化焊在加热、熔化和凝固冷却过程中,焊接区内会发生一系列物理化学反应,是一个冶金过程,但又与普通炼钢过程不完全相同,具有如下特点:

(1) 焊接热源和金属熔池的温度高于一般的冶金温度,因而加热区的物理化学反应更加强烈。

(2) 金属熔池的体积小,冷却速度快,化学反应有时不够充分,熔池中的气体和杂质也会因来不及逸出,而在焊缝中产生气孔及其他缺陷。

为保证熔焊质量,必须解决两个主要问题:一是防止空气对焊接区的有害影响;二是保证焊缝金属有合适的化学成分。按加热热源的不同,常用熔化焊方法有电弧焊、埋弧焊、气体保护焊、电渣焊、气焊、等离子弧焊、电子束焊及激光焊等。

## 4.2.1 焊条电弧焊

焊条电弧焊是以焊接电弧为热源,利用手工操纵焊条进行焊接的方法,如图 4-12 所示。焊条电弧焊设备简单,操作灵活,可焊多种金属材料,对空间不同的焊接位置、不同形式的接头以及不同形式的焊缝均能方便地进行焊接,是应用最广泛的焊接方法。但其劳动强度大,生产率低。

**1. 焊条电弧焊焊接过程**

焊条电弧焊的焊接过程如图 4-13 所示。电弧在焊条和工件之间燃烧,电弧热使工件和焊芯同时熔化形成共同熔池,同时也使药皮熔化和分解。药皮熔化后与液态金属发生物理化学反应,形成的熔渣不断从熔池中浮起;药皮受热分解产生大量的二氧化碳、一氧化碳和氢气等气体,围绕在电弧周围,熔渣和气体起着保护液态熔池与空气接触的保护作用。当电弧向前移动时,工件和焊条不断熔化形成新的熔池,原来的熔池和熔渣则冷却凝固,形成焊缝和渣壳。

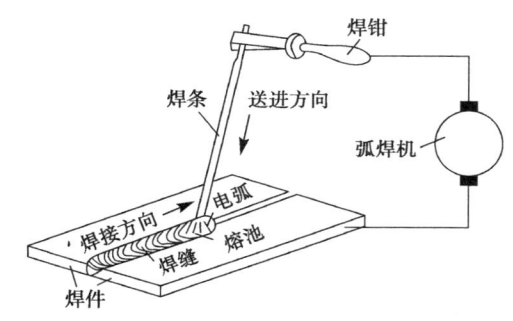

图 4-12 焊条电弧焊原理图

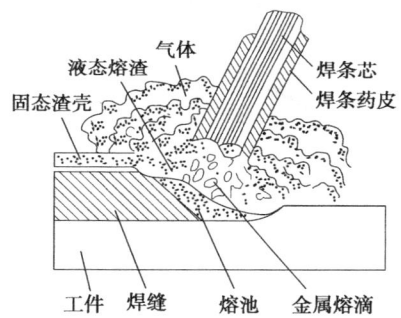

图 4-13 焊条电弧焊过程

**2. 焊条电弧焊焊接电弧**

焊接电弧是在电极和工件之间的空气介质中产生的强烈而持久的放电现象。

电弧由阳极区、阴极区和弧柱区三部分组成,如图 4-14 所示。阴极区的热量主要是正离子碰撞阴极时,由正离子的动能和它与阴极电子复合时释放的位能转化而来的。阳极区的热量主要是电子撞入阳极时,由电子的动能和逸出功转换而来的。由于阳极不发射电子,也就不消耗发射电子所需要的能量,所以阳极的热量比阴极大。一般电弧区中,阳极区的温度为 2600K,阴极区温度为 2400K,弧柱区的温度最高可达 6000~8000K。这是因为电弧中各区的温度分布不仅与各区中产生的热量有关,而且还与各区的散热条件及其他因素有关。阴极区及阳极区的温度因受电极材料散热条件的影响,其温度在电极材料的沸点左右,温度不可能太高;而弧柱区虽产生的热量不多,但其散热慢,其温度反而高于两极。

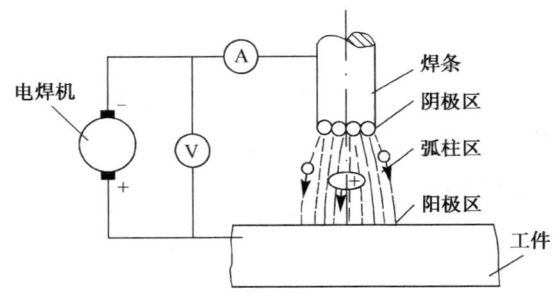

图 4-14　焊接电弧的构造

采用直流焊接电源时,因为阳极区和阴极区的热量和温度不同,实际中就存在电源极性选择问题,如图 4-15 所示。将工件接正极,焊条接负极称为正接法。将工件接负极,焊条接正极称为反接法。当焊接薄板时,如采用正接法,会因热量大温度高而产生烧穿缺陷;而当焊接厚板时,采用反接法,则又会因热量小温度低而产生未焊透的缺陷。因此,采用直流焊接电源时,要根据焊件的厚度来选择电源极性。

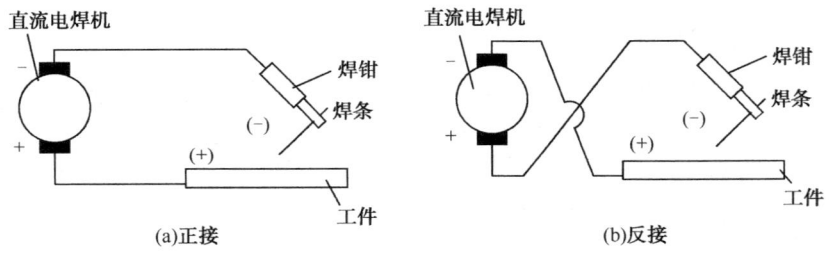

图 4-15　直流正接和反接接法

采用交流电进行焊接时,由于电源极性不断变换,两极的热量和温度趋于一致,温度都在 2500K 左右,没有电源极性选择问题。

3. 电焊条

电焊条是焊条电弧焊时的重要焊接材料,它直接影响到焊接电弧的稳定性、焊缝金属的化学成分和力学性能。

1) 电焊条组成及作用

电焊条是由焊芯和药皮两部分组成的。焊芯是电焊条中被药皮包覆的金属芯。它的主要作用一是作为电极传导焊接电流;二是熔化后作为填充金属与母材形成焊缝。在焊条电弧焊中,焊芯的化学成分直接影响焊缝质量,焊芯金属占整个焊缝金属的 50%~70%。

药皮是由各种矿物质、铁合金和金属类、有机物和化工产品等原料组成。焊条药皮在焊接过程中起着非常重要的作用,主要作用如下:

(1) 机械保护作用。焊接时,药皮分解、燃烧出的气体和与液态金属发生冶金反应形成熔渣,隔离空气,防止有害气体侵入到电弧区和熔池中。

(2) 冶金处理作用。药皮中的脱氧剂、造渣剂与液态金属发生冶金反应,使焊缝金属脱氧、去硫,药皮中的合金剂补充有益元素,使焊缝金属获得合乎要求的化学成分,满足性能要求。

(3)改善焊接工艺作用。药皮含有稳弧剂,使电弧易引弧,放电稳定,飞溅少,焊缝成形美观,易去除渣壳。

2)电焊条种类及型号

电焊条按成分和用途的不同分为九大类,即结构钢焊条(J)、耐热钢焊条(R)、不锈钢焊条(B)、低温钢焊条(W)、堆焊焊条(D)、铸铁焊条(Z)、镍及镍合金焊条(N)、铜及铜合金焊条(T)、铝及铝合金焊条(L)等,其中应用最多的是结构钢焊条。

一般结构钢焊条牌号有一个汉字(或拼音字母)和三位阿拉伯数字组成,汉字(或拼音字母)表示焊条的种类,三位阿拉伯数字中的前两位数字表示各大类中的若干小类(各大类中该两位数字表示的意义不同),最后一位数字表示焊条药皮的类型和使用的焊接电源种类。例如,"结 422"的牌号中,"结"表示结构钢焊条,"42"表示焊缝金属的 $\sigma_b \geqslant 420\text{MPa}$,"2"表示焊条药皮的类型为氧化钛钙型,适应的焊接电源为直流或交流。

焊条型号是国家标准中规定的焊条代号。结构钢焊条相应的国家标准是 GB/T5117—1995(碳钢焊条)和 GB/T5118—1995(低合金钢焊条)。标准规定碳钢焊条型号由字母"E"和四位数字组成,其含义如下:

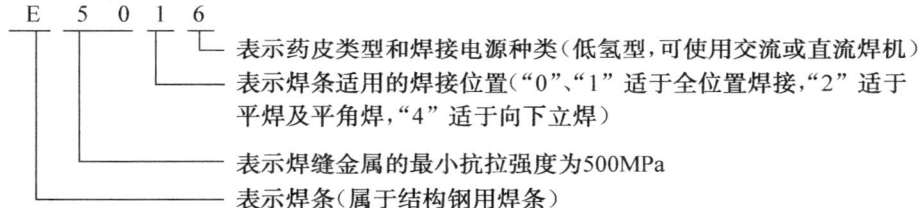

结构钢焊条还按药皮性质不同可分为酸性焊条和碱性焊条两种。药皮熔渣中酸性氧化物(如 $SiO_2$、$TiO_2$、$Fe_2O_3$)比碱性氧化物(如 $CaO$、$FeO$、$MnO$)多的焊条为酸性焊条。此类焊条适合各种电源,操作性较好,电弧稳定,成本低,但焊缝的塑性、韧性稍差,渗合金作用弱,故不宜焊接承受动载荷和要求高强度的重要结构件。药皮熔渣中碱性氧化物比酸性氧化物多的焊条为碱性焊条,碱性焊条因焊缝氢含量很低又称为低氢型焊条。此类焊条一般要求采用直流电源,焊缝的塑性、韧性好,抗冲击能力强,但操作性差,电弧不够稳定,价格较高,故只适用焊接重要结构件。

3)焊条的选用原则

选用焊条的基本原则是使焊缝金属的性能符合焊接结构性能要求,还要考虑被焊结构的特点、焊条的工艺性、现场条件及生产成本等。

(1)根据被焊金属的强度。由于结构钢主要用来制造各种受力结构或零件,所以要求焊缝金属与被焊金属的强度相等或相近。因此焊条的选择应满足等强度原则,或者说,可按结构钢的强度选择相应等级的焊条。

(2)根据被焊结构的特点和工作条件。在承受冲击载荷或在低温、高压下工作的结构,除要求焊缝金属具有一定的强度外,还要求其具有较好的冲击韧性,此时要选用低氢型焊条。对形状复杂、厚度大、刚度大的工件,也应选用低氢型焊条,以防止产生裂纹。

(3)根据具体施工条件及成本。为方便焊接和降低成本,在满足产品质量的前提下,应尽量选用工艺性好、价格便宜的酸性焊条。特殊性能钢(如不锈钢、耐热钢等)及非铁金属焊接时,应选用相应的专用焊条,以保证焊缝金属的主要化学成分与被焊金属相同。

### 4.2.2 埋弧焊

埋弧焊是电弧在焊剂层下燃烧进行焊接的方法。焊接时,电弧的引燃、焊丝的送进和电弧沿焊缝的移动,是用设备自动完成的,也称埋弧自动焊。

**1. 埋弧焊焊接过程**

埋弧焊工艺过程如图 4-16 所示。焊接前,在焊件接头上覆盖一层 40～60mm 厚的颗粒状焊剂,焊接电源两极分别接在导电嘴和焊件上;焊接时,装在焊接小车上的颗粒状焊剂从焊剂斗中不断流出,撒在工件接合处的表面上,焊机送丝滚轮机构自动地将焊丝送进,引燃电弧并保持一定的弧长进行焊接。电弧在焊剂层下放电熔化被焊工件、焊丝和焊剂,熔化的金属形成熔池,熔化的焊剂与液态金属发生冶金反应形成熔渣覆盖在熔池表面,随着焊接小车的匀速移动,电弧沿焊缝自行移动形成新熔池,后面熔池冷却凝固形成焊缝,液态溶渣凝固形成渣壳,覆盖在焊缝表面,直至焊接结束。未熔化的焊剂可以回收重新使用。

埋弧焊的焊缝纵向截面如图 4-17 所示,焊剂层下燃烧的电弧产生的热量使颗粒状焊剂部分熔化形成熔渣,同时形成高温气体,高温气体将熔渣排开形成一个封闭的熔渣泡。具有表面张力的熔渣泡有效阻止空气侵入熔池,同时也阻止了熔滴向外飞溅。未熔化的焊剂将电弧与外界空气隔离,这样,焊缝处金属受到焊剂层和熔渣泡的双重保护,热量损失小,熔深大。

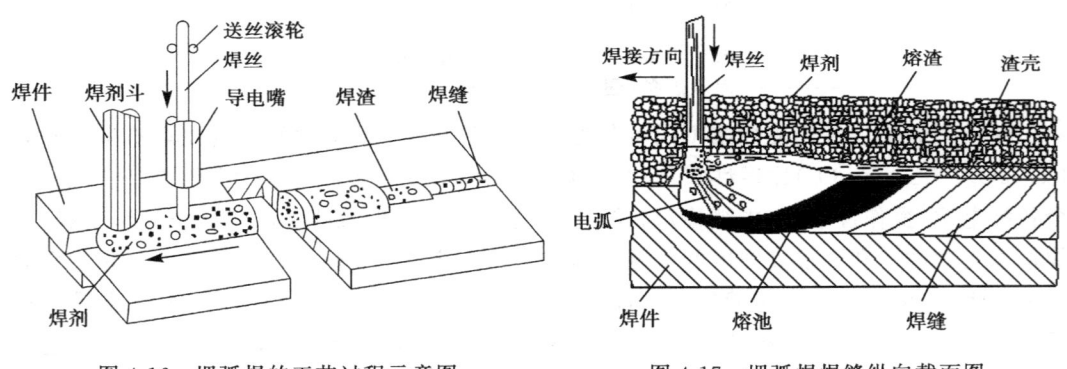

图 4-16　埋弧焊的工艺过程示意图　　　图 4-17　埋弧焊焊缝纵向截面图

**2. 埋弧自动焊的焊接材料**

焊丝与焊剂是埋弧自动焊所使用的焊接材料。焊丝和焊剂的作用相当于手工电弧焊的焊条芯和焊条药皮。

焊丝的化学成分与焊条芯相同,常用的有 H08A、H08MnA、H08Mn2 等,配合适当焊剂可以焊接低碳钢和普通低合金钢。焊剂按用途分为钢用焊剂和非铁金属用焊剂等;按制造方法分为熔炼焊剂和非熔炼焊剂两大类,常用的焊剂是熔炼焊剂,熔炼焊剂按化学成分分为高锰、中锰、低锰、无锰等,焊丝与焊剂共同决定焊缝金属的化学成分和性能,在使用时要适当配合才能获得优质焊缝。

### 3. 埋弧焊工艺

埋弧焊一般是平焊位置的焊接，常用对接和T形接头，主要焊接长直焊缝和大直径环焊缝。焊接板厚在20mm以下，可以采用单面焊接，如果焊接板厚超过20mm或设计上有要求（如锅炉与容器），可以采用双面焊接。

埋弧焊时，对工件的下料、坡口加工及清洗等要求都较为严格。为保证引弧处和断弧处质量，焊接前在焊缝两端焊上引弧板与引出板，如图4-18所示，焊后再去除。为了保持焊缝成形和防止烧穿，焊接第一条焊道时，可采用在焊件的接缝下面放置焊剂垫和垫板，如图4-19所示。

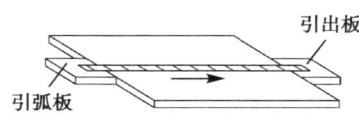

图4-18 自动焊的引弧板与引出板

图4-19 埋弧焊的焊剂垫

埋弧焊焊接大直径（>250mm）筒体环焊缝时，工件以一定的焊接速度旋转，焊丝位置不动。为防止熔池金属从筒体表面流失，焊丝位置应逆旋转方向偏离焊件中心线一定距离 $a$，如图4-20所示，其大小视筒体直径与焊接速度等而定。

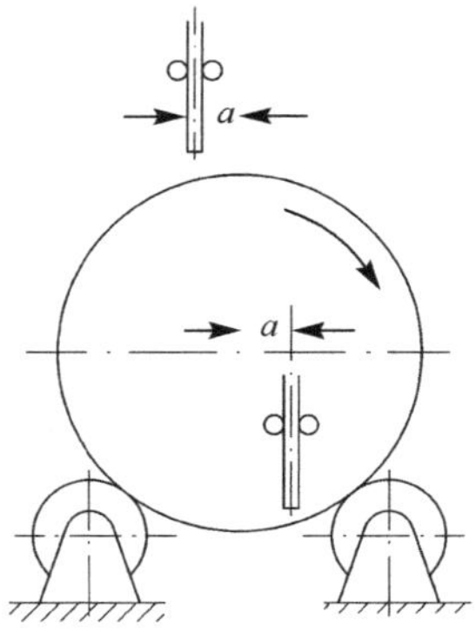

### 4. 埋弧焊特点及应用

(1) 生产效率高。由于焊丝从导电嘴伸出长度较短，所以可以采用较大的焊接电流，加之电弧是在焊剂层下稳定燃烧，热量集中，焊接速度快。同时，焊接时无焊条头的更换，比焊条电弧焊提高生产率5~10倍。

(2) 焊接质量好。埋弧焊时，熔池金属受到焊剂和熔渣泡的双重保护，避免有害气体的进入。另外，熔池保持液态时间长，冶

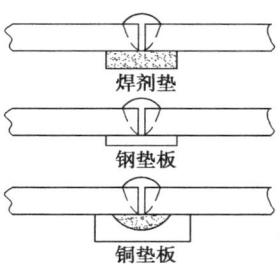

图4-20 环缝自动焊示意图

金过程比较充分，气体及杂质易于浮出。焊接操作自动化，避免人为操作的不利因素，焊缝成形平整光洁，焊接缺陷少。

(3) 节省金属材料。由于埋弧焊热量集中，焊件熔深较大，可以不开坡口或开小坡口，减少了焊丝的填充量，节省因开坡口而消耗掉的焊件材料。而且，焊接时金属飞溅小，又没有焊条头的浪费，所以能节省大量金属材料。

(4) 改善了劳动条件。埋弧焊看不到弧光，焊接烟雾也少，焊接时只需调整焊机就可以实现自动化，劳动条件得到很大的改善。

埋弧焊还具有设备费用高，工艺装备复杂，不适宜焊接结构复杂的有倾斜焊缝的焊件及焊接时检查焊缝质量不方便等缺点。

埋弧焊适用于低碳钢、低合金钢、不锈钢、铜、铝合金等金属板材的长直焊缝和较大直径的环形焊缝的焊接。当工件厚度增加和批量生产时，其优点尤为显著。

### 4.2.3 气体保护焊

气体保护焊是用外加气体作为电弧介质并保护电弧和焊接区的一种电弧焊方法。保护气体一般为惰性气体(氩气、氦气)和二氧化碳。

1. 氩弧焊

氩弧焊是以氩气作为保护气体的电弧焊。氩气是惰性气体，它既不熔于液态金属，也不与金属发生化学反应。氩气是单原子气体，不会因分解而消耗能量，因此，在这种气体中燃烧的电弧热量损失小，是一种较理想的保护气体。氩弧焊按电极不同，常分为熔化极氩弧焊和钨极氩弧焊，如图 4-21 所示。

1) 熔化极氩弧焊

熔化极氩弧焊是用连续送进的焊丝作为电极，熔化后又作为填充金属，如图 4-21(a)所示。当焊接电流较大时，熔滴常呈很细的颗粒"喷射"在焊件表面上，起到"阴极破碎"作用。熔化极氩弧焊通常采用直流反接，生产效率比钨极氩弧焊高几倍，适用于焊接厚度小于 25mm 的中厚板。

2) 钨极氩弧焊

钨极氩弧焊又称非熔化极氩弧焊，是以高熔点的钨棒作为电极，焊接时电极不熔化，只起到引弧、稳弧的作用，如图 4-21(b)所示。焊接时需要外加填充金属，填充金属一般采用焊丝，也可以在焊接接头中附加填充金属条或采用卷边接头等形式焊接。

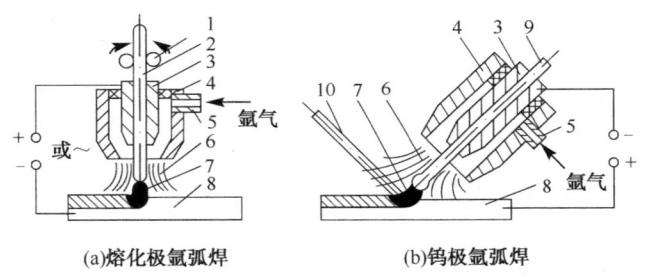

(a) 熔化极氩弧焊　　(b) 钨极氩弧焊

图 4-21　氩弧焊示意图

1-送丝轮；2-焊丝；3-导电嘴；4-喷嘴；5-进气管；6-氩气流；7-电弧；8-工件；9-钨极；10-填充焊丝

为防止钨合金熔化，钨极氩弧焊焊接电流不能太大，一般只适用于焊接厚度小于 4mm 的薄板。焊接钢材时，多用直流电源正接，以减少钨极的烧损。而在焊接铝、镁及其合金时，应采用直流反接或交流电源，此时可以利用钨极发射的正离子撞击焊件表面，使焊件表面的氧化膜破碎而去除(也称阴极破碎)，有利于焊件熔合和保证焊接质量。

焊接厚度小于 0.8mm 的薄板可以采用脉冲钨极氩弧焊，由于焊接时电流的幅值按一定频率由高值到低值周期性变换，既可避免烧穿工件，又保证根部焊透。

3) 氩弧焊特点及应用

氩弧焊焊接时电弧燃烧稳定，表面无熔渣，焊缝成形美观，焊接质量好。明弧可见，便于操作，可全方位焊接，利于实现自动化。焊接热影响区较窄，工件变形小。这是因为电弧在气流压缩下燃烧,热量集中,焊接速度快,因而适合薄板的焊接。焊接时用惰性气体保护,可焊接化学性质活泼的金属及其合金。但因为惰性气体价格较高,故焊接成本高。

氩弧焊主要适用于易氧化的有色金属及特殊性能钢的焊接,如铝、钛及其合金、耐热钢、不锈钢等合金钢。

2. 二氧化碳气体保护焊

二氧化碳气体保护焊是利用二氧化碳作为保护气体的电弧焊方法。

1) 焊接过程

二氧化碳气体保护焊的焊接过程如图 4-22 所示。焊接时,二氧化碳气体经焊炬的喷嘴沿焊丝周围喷射形成保护层,使电弧、熔滴和熔池与空气隔绝,焊丝由送丝机构通过软管,经导电嘴送出,焊丝与工件之间产生电弧,熔化焊丝与被焊工件形成熔池,凝固后形成焊缝。

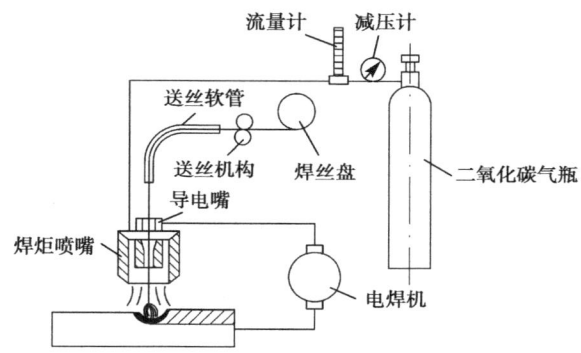

图 4-22 二氧化碳气体保护焊示意图

由于二氧化碳气体是氧化性气体,在高温下具有氧化金属的作用,会使合金元素烧损,所以不能焊接易氧化的有色金属。在焊接碳钢、低合金钢和不锈钢等时,为补偿合金元素的烧损和防止气孔,应采用具有脱氧和渗合金作用的特殊焊丝。焊接低碳钢常用 H08Mn2SiA 焊丝。另外,为了稳定电弧,减少飞溅,二氧化碳气体保护焊常采用直流反接法。

2) 焊特点及应用

二氧化碳气体保护生产率高,由于焊丝是自动送入,焊接电流大,电弧热量集中,焊接速度较快。此外,焊后没有渣壳,节省了清渣时间,其生产率比焊条电弧焊提高 1～4 倍。成本低,采用价廉的二氧化碳气体代替焊剂,焊接成本仅是埋弧焊和焊条电弧焊的 40% 左右。质量较好,由于电弧在气流压缩下燃烧,热量集中,因而焊接热影响区较小,变形和产生裂纹的倾向性小。操作性能好,明弧焊接,方便操作,适合于各种位置的焊接。焊缝成形稍差,焊接时,熔滴飞溅较为严重,因此焊缝成形不够光滑。

二氧化碳气体保护焊主要适用于焊接低碳钢和低合金结构钢焊件,焊件厚度最厚可达 50mm(对接形式),广泛用于造船、汽车、农用机械等工业部门。

### 4.2.4 电渣焊

电渣焊是利用电流通过熔渣产生的熔渣电阻热加热熔化母材与电极(填充金属)的一种焊接方法。电渣焊按电极形状分为丝极电渣焊、板极电渣焊、熔嘴电渣焊和熔管电渣焊,如图 4-23所示。

## 1. 电渣焊焊接过程

电渣焊焊接过程如图4-23(a)所示。焊前被焊工件不开坡口,按一定间隙以立焊位置放置,两侧装水冷铜滑块,工件下端装引弧板,上端装引出板,如图4-24所示。开始焊接时,在焊丝与引弧板之间引燃电弧,电弧热将不断加入的焊剂熔化为熔渣并形成渣池,当渣池达到一定深度时,增加送丝速度,使焊丝插入渣池,熄灭电弧转入电渣过程。电流通过液体熔渣产生的电阻热,不断地将工件和电极加热熔化形成的金属熔池沉在渣池下面。始终浮在金属熔池上面的渣池既产生热量作为焊接热源,又起机械保护作用,防止空气进入熔池金属。随着焊丝的不断送进,熔池和渣池不断上升,冷却铜滑块上移,离渣池远的熔池金属被水冷铜滑块强迫冷却结晶凝固形成焊缝,焊后去除引弧板和引出板。

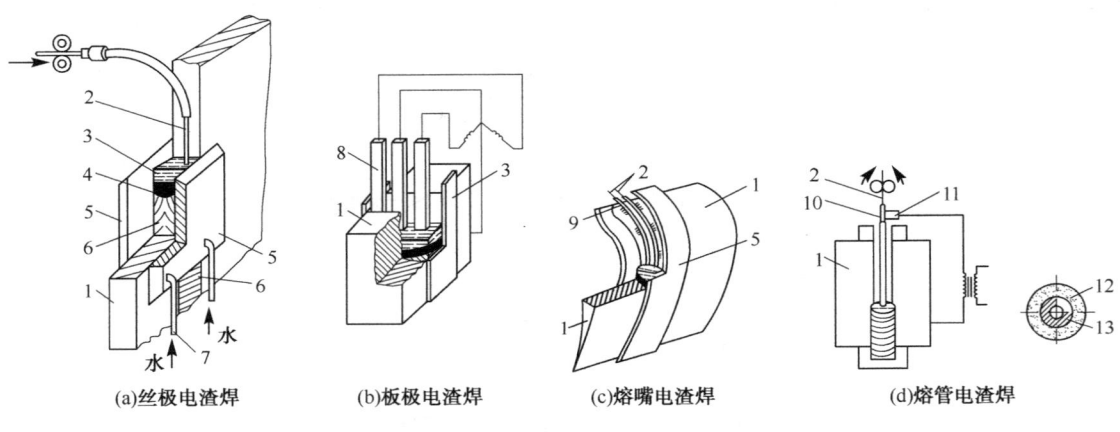

图4-23 电渣焊示意图

1-工件;2-焊丝;3-渣池;4-熔池;5-成型铜板;6-焊缝;7-冷却水;8-板极;9-导丝管;10-熔管;11-导电板;12-药皮;13-管极

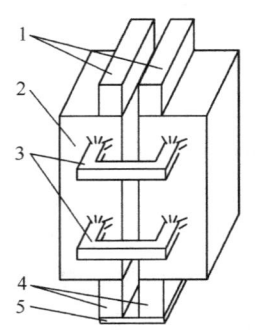

图4-24 电渣焊工件装配图
1-引出板;2-工件;3-Ⅱ形板;
4-引入板;5-引弧板

## 2. 电渣焊特点及应用

(1) 生产率高,成本低。电渣焊时,厚大截面焊缝均不需开破口,仅留一定间隙(25~35mm)即可一次焊成,节省了焊接材料和焊接工时。

(2) 焊缝金属比较纯净。由于渣池机械保护好,空气不易进入;熔池存在时间长,低熔点夹杂物和气体容易排出。

(3) 焊件焊后要热处理。电渣焊时,整个截面一次焊成,焊接速度慢,接头金属在高温停留时间长,过热区大,接头金属组织粗大。因此,电渣焊后要进行正火处理,以改善接头的组织与性能。

电渣焊适用于板厚40mm以上结构的焊接。一般用于直缝焊接,也可用于环缝焊接。

### 4.2.5 等离子弧焊

等离子弧区别于自由电弧,是一种电离度很大、导电截面很小、热量非常集中的压缩电弧。等离子弧不仅可以用于焊接,还能用于切割金属。等离子弧焊是利用等离子弧作为热源进行的一种熔焊方法。焊接时在等离子弧周围通以保护气体(氩气),以保护熔池和焊缝不受空气的有害作用。

## 1. 等离子弧形成原理

等离子弧是在三种压缩效应下产生,如图 4-25 所示。一是使经高频振荡使气体产生电离形成的电弧通过喷嘴细孔道,弧柱被强迫压缩,称为机械压缩效应;二是水冷喷嘴以及通入一定压力的冷气(氩气、氮气)使电弧外层冷却,迫使带电粒子流(离子和电子)向弧柱中心收缩,称为热压缩效应;三是无数根平行导线(带电粒子在弧柱中的运动)所产生的自身磁场,使这些导线相互吸引,电弧被进一步压缩,称为磁压缩效应。电弧在上述三种压缩效应的作用下,被压缩得很细,能量高度集中,弧柱内的气体完全电离成电子和离子,称为等离子弧,其温度可达 24000～50000K,能量更集中。

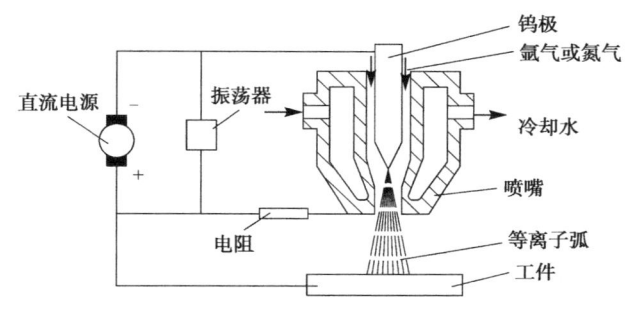

图 4-25　等离子弧发生装置

## 2. 等离子弧焊特点及应用

大电流等离子弧焊对于厚度在 12mm 以下的工件可不开坡口一次焊透,生产效率高。当电流小到 0.1A 时,等离子弧仍很稳定,保证良好的方向性和电弧挺直度,故可以焊接厚度为 0.01～1mm 的箔材和薄板。其设备比较复杂,气体消耗大,不适宜室外焊接。灵活性不及钨极氩弧焊。

等离子弧焊适用于各种难熔、易氧化以及热敏性强的金属材料的焊接,如钨、镍、钛、铜、钼、铝及其合金以及不锈钢、高强度钢等。

### 4.2.6　电子束焊

电子束焊是利用加速和聚焦的电子束轰击置于真空或非真空中的焊件所产生的热能进行焊接的方法。电子束轰击焊件时,99%以上的电子动能会转变为热能,焊件被电子束轰击的部位可被加热至很高的温度。

电子束焊根据焊件所处环境的真空度不同,分为高真空电子束焊、低真空电子束焊和非真空电子束焊。

## 1. 电子束焊原理

图 4-26 所示为真空电子束焊。焊接时,真空中的电子枪(灯丝、阴极和阳极等)阴极通电加热至高温,发射出大量电子,这些电子在强电场的阴极和阳极间受高压作用而加速至很高速

度。高速运动的电子经聚束装置(阳极和聚焦线圈)形成高能量密度($10^9$W/cm²)电子束,以极大速度(16000km/s)冲击到焊件极小的面积上,动能转化为热能,使轰击部位迅速熔化而形成焊缝。根据焊件的熔化程度适当移动焊件即可得到所需接头。

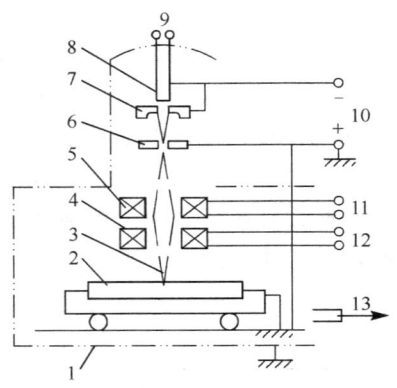

图 4-26 真空电子束焊示意图
1-真空室;2-焊件;3-电子束;4-磁性偏转装置;5-聚焦透镜
6-阳极;7-阴极;8-灯丝;9-交流电源;10-直流高压电源;11、12-直流电源;13-排气装置

电子束焊一般不加填充金属,如要保证焊缝正面和背面有一定堆高,可在焊缝处预加垫片。对接缝隙约为 0.1 倍的厚板,但不超过 0.2mm。

**2. 电子束焊焊接特点及应用**

电子束焊焊接时焊接质量高,焊件在真空中焊接,金属不会氧化、氮化,焊接质量高。焊接变形小,可进行装配焊接。焊接时热量高度集中,焊接热影响区小(0.75mm),基本上不产生焊接变形,可对精加工后的零件进行焊接。焊接适应性强。电子束焊工艺参数调节范围宽,可焊 0.1~300mm 的不同板厚。对低合金钢、不锈钢、有色金属、难熔金属、复合材料、异种金属等均可焊接。电子束焊生产率高,成本低,易于自动化。电子束能量密度大,焊速快,焊厚板不需开坡口。其焊接设备复杂,造价高,且焊件尺寸受真空室限制。

真空电子束焊适用于各种难熔金属(钛、钼等)、活性金属(除锡、锌等低沸点元素含量多的合金外)以及各种合金钢、不锈钢等的焊接。既可用于焊接薄壁、微型结构,又可焊接厚板结构,如微型电子线路组件、大型导弹外壳、原子能设备的厚壁结构以及轴承、齿轮组合件等。

近年来,出现的低真空电子束焊(工作室真空度 1.33~13.3Pa)和非真空电子束焊(大气环境下焊接需采用保护措施)方法设备简单,成本低,更适于一般工业生产。

### 4.2.7 激光焊与切割

**1. 激光焊焊接过程**

激光焊是以聚焦的激光束为能源轰击焊件产生的热量来进行焊接的方法。

激光是一种强度高、单色好、方向性好的相干光,聚焦后的激光束能量密度极高,可达 $10^{13}$W/cm²,在极短时间内(千分之几秒甚至更短时间)激光能转变为热能,温度可达 10000℃ 以上。焊接时,激光器受热,产生激光束,通过聚焦系统,聚焦为微小焦点,能量进一步集中。

当激光束调焦到焊件的接缝处时,光能被焊件材料吸收后转化为热能,在焦点附近产生高温使金属瞬间熔化实现焊接,如图 4-27 所示。

### 2. 激光焊焊接特点及应用

激光焊能量密度大,适于高速加工,热源作用时间短,因而焊接热影响区极小,焊接尺寸精度高,可进行精密零件、热敏感材料的焊接。由于焊接极快,被焊材料不易氧化,可在大气中焊接,且不需真空和气体保护。激光焊操作灵活,激光焊接装置不需要与被焊工件接触,借助偏转棱镜或通过光导纤维引导到难以接近部位进行焊接,也可穿过透明材料进行焊接。其设备复杂,造价高。激光焊需要专门的仪器及装置。

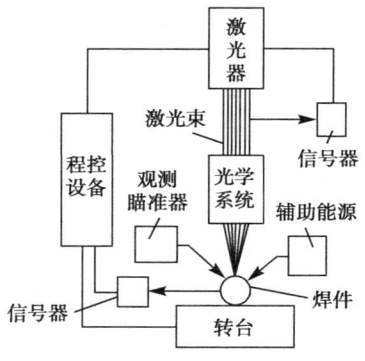

图 4-27  激光焊示意图

激光焊接适用于绝缘材料、异种金属、金属与非金属的焊接。目前主要用在微型精密、排列密集和热敏感焊件上的焊接。

### 3. 激光切割

激光切割的原理是利用聚焦后的激光束使工件材料瞬间气化而形成割缝。大功率二氧化碳气体激光发生器所输出的连续激光可以切割钢板、钛板、石英、陶瓷和塑料等。切割金属材料时,采用同轴吹氧工艺,可大大提高切割速度。

## 4.3  压力焊与钎焊

压力焊是利用加压的方法,或者同时加热,使被焊金属接头处紧密接触,并产生一定的塑性变形,让接触面上的原子组成新的结晶而将被焊金属连接在一起的焊接方法。根据加热情况的不同,压力焊有电阻焊、摩擦焊、冷压焊、超声波焊、扩散焊、爆炸焊等方法。这里主要介绍电阻焊和摩擦焊。

### 4.3.1  电阻焊

电阻焊是利用电流通过接头的接触面产生的电阻热作为热源,并通过电极施加压力进行焊接的一种压力焊方法。

焊接时的电阻热可根据焦耳-楞次定律计算,由于工件的总电阻很小,为使工件在极短时间内(0.01s 至几秒)迅速加热,必须使用低电压(10V 以下),很大的焊接电流(2~4kA)。

与其他焊接方法相比,电阻焊具有生产效率高、焊接变形小、劳动条件好、焊缝不需填充金属、操作简便、易实现自动化等优点。但设备较一般熔焊复杂、耗电量大、适用接头形式及可焊工件厚度(或断面)受到限制。

电阻焊按电极形式和接头形式分为点焊、缝焊和对焊。

#### 1. 点焊

点焊是将焊件装配成搭接接头,并压紧在两柱状电极之间,利用电阻热熔化母材金属形成焊点的焊接方法,如图 4-28 所示。

焊接时,首先将表面已清理好的焊件搭接,用柱状电极预压夹紧,使焊件接触面紧密接触。通电后在焊件搭接接头接触处电阻最大,产生的热量最多,电阻热将该处加热至局部熔化状态,形成一个熔核,熔核周围的金属也被加热至塑性状态,发生塑性变形。断电后,在压力作用下熔核结晶,得到组织致密的焊点。由于电极本身具有冷却水系统,故电极和焊件接触处不会焊合。移动焊件或电极可以得到新的焊点。

焊接新焊点时,一部分电流要从邻近焊点流过,减少了电流强度,出现"分流"现象。为减小分流,两焊点之间要有一定的距离。其距离大小与焊接材料和厚度有关。一般材料导电性越强,厚度越大,分流现象越严重。不同材料及不同厚度工件上焊点间最小距离可查表获得。

点焊的焊接接头形式要充分考虑到点焊机电极要能接近焊件,做到施焊方便,加热可靠,图 4-29 为几种常见的焊接接头形式。

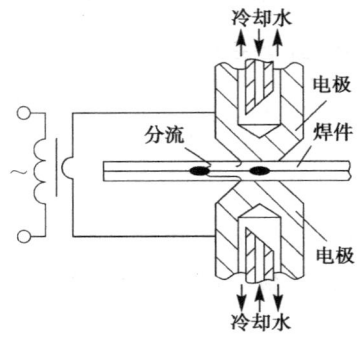

图 4-28　点焊示意图

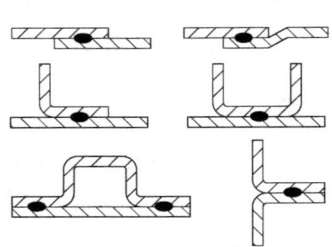

图 4-29　点焊焊接接头形式

点焊主要用于薄板冲压件和钢筋的焊接,如汽车、飞机薄板外壳的拼接及装配、电子仪器、仪表等工业品。点焊工件常用厚度范围是 0.05～6mm。

2. 缝焊

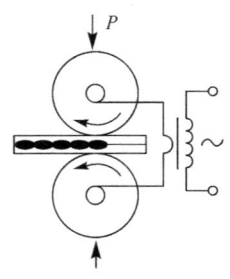

图 4-30　缝焊示意图

缝焊的焊接过程与点焊相似,只是用旋转的圆盘状电极代替了点焊时用的柱状电极,如图 4-30 所示。焊接时,盘状电极压紧焊件并转动(同时带动焊件向前移动),连续或断续通电,形成一条连续重叠的焊点,因此称为缝焊。

因缝焊中的焊点相互重叠约 50% 以上,因此密封性好。但缝焊分流现象严重,焊接相同厚度的工件时,所需焊接电流为点焊的 1.5～2 倍,因此只适用于厚度 3mm 以下的薄板结构。缝焊主要用于制造有密封性要求的薄壁结构,如油箱、小型容器和管道等。

3. 对焊

对焊是将焊件装配成对接接头进行的电阻焊方法。按工艺过程特点分为电阻对焊和闪光对焊两种,如图 4-31 所示。

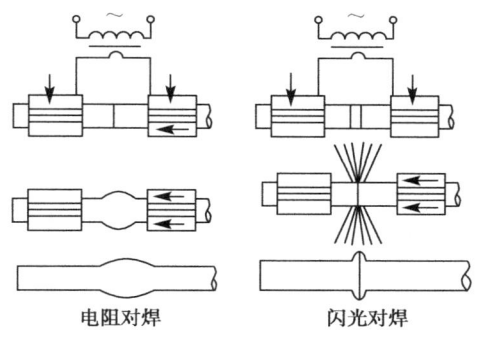

图 4-31 对焊示意图

1) 电阻对焊

电阻对焊是指将对接的焊件压紧在电极上，施加预压力并接通电源，这时接触处被迅速加热到塑性状态，然后增大压力并断电，使焊件接触处产生塑性变形并形成牢固接头。

此法要求焊接前接头端面要平整、清洁，否则会因接触面加热不均匀，氧化物夹杂等缺陷影响焊接质量。

电阻对焊操作方便，接头外形光滑无毛刺，但接头强度较闪光对焊低。一般用于截面简单、直径小于 20mm 和强度要求不高的棒材和线材的焊接。

2) 闪光对焊

闪光对焊是指将欲对接的两焊件分别夹紧在电极上，然后接通电源，并使焊件缓慢接触，强电流通过少数接触点，使它们迅速熔化、气化，在磁场作用下，液态金属爆破飞出，造成"闪光"。由于焊件不断送进，又形成新的接触点，则闪光现象连续产生。待端面金属熔化至一定深度时，迅速加压并断电，使熔化金属从结合面挤出，并产生大量塑性变形而使焊件焊合。

焊接中，由于工件端面的一些杂质及氧化物部会会随闪光火花带出，一部分会在加压时随液态金属挤出，所以，焊接接头质量高，但金属损耗大，接头有毛刺。

闪光对焊接头强度较大，适用于承受较大载荷零件或重要零件的焊接。

对焊要求焊件接触处的端面形状尺寸相同或相近，以保证焊接质量，如图 4-32 所示。对焊主要用于制造封闭形零件、轧材的接长、制造异种材料的零件等，如自行车车圈、钢轨、刀具等。

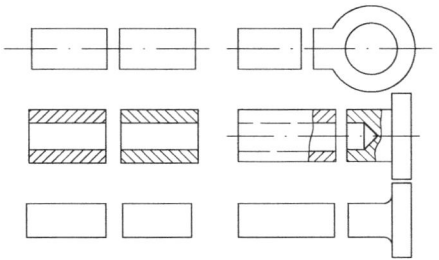

图 4-32 对焊接头形式

## 4.3.2 摩擦焊

摩擦焊是利用焊件表面相互摩擦产生的热量，使端面加热到热塑性状态，然后迅速加压而进行的一种压力焊方法。

1. 摩擦焊焊接过程

摩擦焊焊接过程如图 4-33 所示，先将两焊件夹在焊机上，使一个焊件高速旋转，另一个焊件以较大的压力压向旋转的焊件，使之摩擦加热。当加热到塑性状态时，焊件迅速停转，同时保持或加大轴向压力进行顶锻，直到焊接完成。

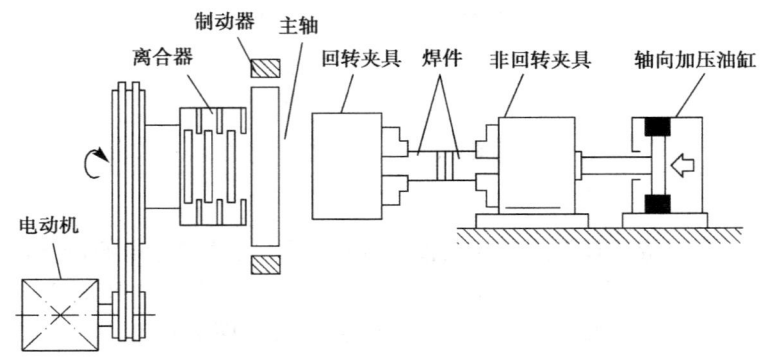

图 4-33 摩擦焊焊接示意图

2. 摩擦焊特点及应用

摩擦焊过程中，焊件接触表面的氧化膜与杂质被清除，接头不易产生气孔、夹渣等缺陷，组织致密，接头质量好。摩擦焊可焊的材料范围较广，适用于异种材料的对接，如碳素钢-不锈钢、铝-铜、铝-陶瓷等的焊接。其设备简单，耗电少，操作方便，不需焊接材料，易实现自动化，生产效率高。

摩擦焊接头一般为等断面，也可以是不等断面，但至少有一个焊件应为回转体，图 4-34 为摩擦焊可用的接头形式。

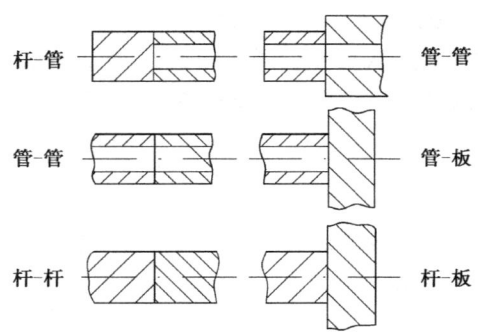

图 4-34 摩擦焊接头形式

摩擦焊广泛应用于圆形工件、棒料管子的对接。可焊各种钢材及非铁金属。

### 4.3.3 钎焊

钎焊是利用熔点低于焊件的钎料作填充金属，加热使钎料熔化，焊件不熔化，通过液态钎料填充间隙，并与母材相互扩散进行的一种焊接方法。

## 1. 钎焊的过程

将表面清理好的焊件以搭接形式装配在一起，把钎料放在接头的间隙附近或接头的间隙中，如图 4-35 所示，加热使钎料熔化并渗入到接头间隙中。为改善钎料的湿润性，去除钎料及母材表面的氧化膜、油污，钎焊时需要加入钎剂（钎料熔剂），以保证液态钎料能与焊件金属相互扩散溶解，冷凝后形成钎焊接头。

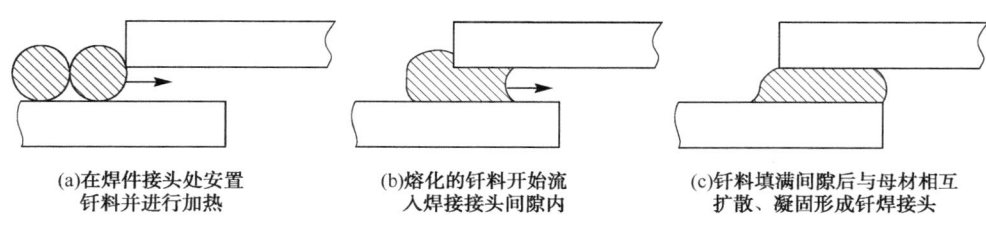

(a) 在焊件接头处安置钎料并进行加热　　(b) 熔化的钎料开始流入焊接接头间隙内　　(c) 钎料填满间隙后与母材相互扩散、凝固形成钎焊接头

图 4-35　钎焊过程示意图

## 2. 钎焊种类

钎焊按钎料熔点不同分为硬钎焊和软钎焊。

钎料熔点高于 450℃，所获焊接接头强度在 200MPa 以上的钎焊称为硬钎焊。常用钎料有镍基、铝基、银基和铜基等，钎剂有硼砂、硼酸、氟化物、氧化物等。银基钎料钎焊的接头具有较高的强度、良好的导电性和耐腐蚀性，工艺性好，应用比较广泛，但价格较高。常用于钎焊钢、铜及其合金件。镍铬合金钎料可用于钎焊耐热的高强度合金钢与不锈钢。硬钎焊主要用于受力较大的结构件、工具以及刀具的焊接。

钎料熔点低于 450℃，所获焊接接头强度较低，一般不超过 70MPa 的钎焊称为软钎焊。常用钎料是锡铅合金，所以通称锡焊。钎剂有松香、氧化锌溶液等。软钎焊主要用于受力不大的常温工作的仪表、导电元件的连接。

## 3. 钎焊的接头形式及加热方式

为保证接头有良好的承载能力，钎焊接头都是有较大的钎接面的搭接接头形式，如图 4-36 所示。

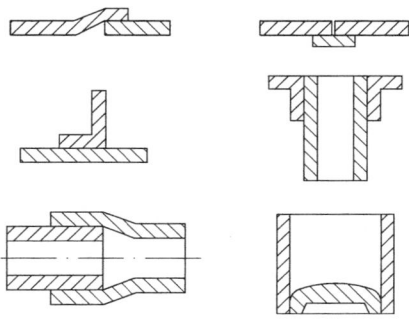

图 4-36　钎焊的接头形式

钎焊加热的方法主要有火焰加热、电阻加热、感应加热、炉内加热、盐浴加热以及烙铁加热等。具体加热方法可根据钎料种类、焊件形状、接头数量、质量要求及生产批量等综合考虑进行选择。

4. 钎焊特点及应用

钎焊时工件加热温度低,组织和力学性能变化小,变形也小。接头光滑平整,工件尺寸精确;钎焊可同时焊接多件、多接头,生产效率高;可以焊接性能差异很大的异种金属,对工件厚度的差别没有严格的限制;接头强度尤其是动载强度低,耐热性差,且焊前清理及组装要求较高。

钎焊主要用于焊接精密、微型、复杂、多焊缝、异种材料的焊件。

## 4.4 常用金属材料的焊接

### 4.4.1 碳钢的焊接

1. 低碳钢的焊接

低碳钢中碳的质量分数低于 0.25%,塑性好,一般没有淬硬倾向,对焊接热过程不敏感,焊接性良好。一般情况下,无须采取特殊的工艺措施,使用任何焊接方法均可得到优质接头。但在低温环境施焊或焊接大厚度结构时,应适当考虑焊前预热(100~150℃)。此外,低碳钢焊后不需热处理,仅电渣焊焊后需正火以细化热影响区晶粒。

2. 中、高碳钢的焊接

中碳钢中碳的质量分数为 0.25%~0.6%。随碳量增加,淬硬倾向增大,焊接性较差,焊接热影响区中易产生淬火组织及冷裂纹,焊缝金属易产生热裂纹。为保证接头质量,焊接中碳钢采取下列工艺措施。

(1) 焊前预热,焊后缓冷。可通过减小焊件焊接前后的温差,降低冷速,减小应力和防止形成淬火组织,有效地防止冷裂纹的产生。

(2) 选用碱性低氢型焊条。碱性焊条中较多的氧化钙能有效脱出硫和磷,同时氢含量很低,抗裂性能好,可防止裂纹的产生。

(3) 焊件开破口,采用细丝焊、小电流、多层焊。可通过减少碳含量高的母材金属熔入熔池来满足焊缝金属碳量低于母材的要求,从而获得良好的接头。

高碳钢中碳的质量分数超过 0.6%,焊接接头产生裂纹的倾向更大,焊接性能更差,一般不用高碳钢作为焊接结构,其焊接主要用来修复损坏的机件。

焊接高碳钢时,焊接材料选用须采用碳的质量分数低于被焊钢材的高强度低合金钢焊条,以降低焊缝金属碳的质量分数,用合金元素增加焊缝金属的强度。采用焊前对工件预热,焊接时使用小电流,焊后热处理等工艺措施,实现消除焊接应力,防止产生裂纹,改善焊接接头性能的目的。

## 4.4.2 普通低合金结构钢的焊接

普通低合金结构钢中除碳外,还加入了少量其他合金元素,它被广泛用于压力容器、锅炉、桥梁、车辆和船舶等金属结构上。因其化学成分不同,力学性能差异较大,焊接性的差异也较大。国内一般按屈服强度分级,常用手弧焊和埋弧焊进行焊接。

强度级别较低的普通低合金结构钢($\sigma_s<400$MPa),合金元素少,碳当量低($C_{当量}<0.4\%$),焊接性能接近低碳钢,焊接时不需采取复杂的工艺措施,便可获得优质的焊接接头;强度级别较高的普通低合金钢($\sigma_s>400$MPa),随合金元素含量及强度的增高,热影响区的淬硬倾向增大,焊接性能较差,焊接接头产生冷裂纹的倾向也相应增大,焊接时必须采取严格的工艺措施。

为避免热影响区的淬硬组织和接头产生裂纹的倾向,焊接普通低合金结构钢时采取如下工艺措施:

(1)强度等级较低的普通低合金结构钢,如16Mn,常温下焊接时采用的工艺与焊接低碳钢基本相同。在低温下或大刚度、大厚度结构焊接时,为防止产生淬硬组织,要适当增大焊接电流,减慢焊接速度或预热。是否预热和预热温度按工件厚度及环境温度确定。在低温下使用的容器及厚壁高压容器,焊后还需去应力退火。

(2)强度等级较高的普通低合金结构钢,焊前一般需要预热,焊接时通过调整焊接规范来严格控制焊接热影响区的冷却速度,焊后还必须及时热处理,以消除氢的影响和焊接应力。焊后如不能及时热处理可先进行消氢处理,即将焊件加热至200~350℃,保温2~6h使氢逸出,预防冷裂纹的产生。

普通低合金结构钢焊接时,焊接材料的选择主要是根据钢材的强度等级,焊缝金属的强度一般稍高于被焊金属的强度。强度等级低的普通低合金结构钢,厚度不大时,选用酸性焊条;大厚度或受力复杂的结构选用抗裂性强的碱性焊条。强度等级高的普通低合金结构钢,手工电弧焊时应尽量选用碱性焊条,埋弧自动焊时选用碱度高的焊剂配合适当焊丝,焊前烘干焊条和焊剂,清除工件表面铁锈、油污和水分等,以减少氢来源。

## 4.4.3 铸铁的焊补

铸铁碳含量高(>2.11%),塑性差,组织不均匀,焊接性能很差,不用作结构件。对在生产中有铸造缺陷的铸铁件或使用中的损坏的铸铁零件进行焊补,可提高经济效益。

**1. 铸铁的焊接特点**

铸铁焊补时熔合区易产生白口组织。铸铁焊补属局部加热,焊补区的冷速比铸造时的冷速快得多,不利于石墨的析出,同时焊补时,碳、硅等石墨化元素会烧损,致使焊补区产生白口,难于切削加工;焊缝易产生裂纹。铸铁抗拉强度低,塑性差,焊接应力一旦超过其抗拉强度,即产生裂纹,特别是形成白口组织后,裂纹倾向加剧;熔池金属易流失。铸铁的流动性好,熔池金属易流失,因此,铸铁焊补仅适用于平焊。

**2. 铸铁的焊补方法**

铸铁焊补通常采用气焊或手弧焊,根据焊前是否对工件进行预热分为热焊法和冷焊法。

(1)热焊法。焊前将工件整体或局部预热600~700℃进行焊接,焊补时温度不低于400℃,焊后缓冷。热焊法焊前预热,工件不易产生白口组织和裂纹,焊补质量好,焊补处可进行机械加工。但热焊法生产率低,成本高,劳动条件差,常用于形状复杂、焊后要求机械加工的重要铸件,如气缸体、机床导轨等。采用气焊焊补时,使用铸铁焊芯,配气焊熔剂;手弧焊焊补时,采用铸铁芯、镍基铸铁焊条或钢芯石墨化铸铁焊条。

(2) 冷焊法。这是焊前对工件不预热或低温预热(400℃以下)进行焊接的方法。焊接时,易出现白口组织,但其生产率高,成本低。冷焊法采用手弧焊进行,常用焊条有铜基铸铁焊条、高钒铸铁焊条、钢芯铸铁焊条、镍基铸铁焊条。

### 4.4.4 非铁金属的焊接

非铁金属的焊接比钢材困难,只有选择适宜的焊接方法和合理的工艺规范,才能获得优质的焊接接头。

1. 铜及铜合金的焊接

铜及铜合金的焊接性较差,焊接时易产生焊不透。铜及其合金导热系数很大,焊接时热量易散失而达不到焊接温度,填充金属与被焊金属难以与被焊金属熔合在一起,易出现焊不透缺陷;易变形开裂。铜及铜合金线膨胀系数及收缩率都较大,导热性强,如工件刚度不大,易产生较大的焊接变形;当工件刚度较大时,变形受阻,易产生较大焊接应力;易产生热裂纹。铜在高温时易氧化,生成的氧化亚铜和铜形成低熔点的共晶体分布在晶界上,易造成热裂纹;易形成气孔。铜在液态时能溶解大量的氢,凝固时溶解度急剧下降,氢来不及析出而在焊缝中形成气孔。此外,析出的氢与氧化亚铜反应生成的水蒸气增大了产生气孔的倾向。

铜及铜合金焊接采用氩弧焊、气焊、碳弧焊、钎焊等方法进行,氩弧焊是最好的焊接方法。氩弧焊时惰性气体可有效地保护熔池不氧化,不溶入气体,热量集中而能保证焊透。常用特制的紫铜焊丝或一般的紫铜焊丝配以熔剂进行焊接。黄铜常用气焊,可减少锌的蒸发(锌的熔点是907℃),以保证焊缝的强度和耐蚀性。

2. 铝及铝合金的焊接

铝及铝合金的焊接性比较差,焊接时易氧化,铝与氧的亲和力极大,易形成高熔点的氧化铝(氧化铝熔点为2050℃,铝的熔点为660℃)覆盖在熔池金属表面,阻碍金属的熔合。此外,氧化铝密度大,易造成焊缝夹渣;易变形和开裂。铝的高温强度低,塑性差,而其线膨胀系数较大,焊接应力较大,易使焊件变形和开裂;易形成气孔。铝及铝合金液态能溶解大量的氢,而固态铝几乎不能溶解氢,凝固时,析出大量的氢,易在焊缝中形成气孔;焊接操作较困难,铝及铝合金焊接时由固态转变成液态无颜色变化,焊接操作困难,易烧穿。

铝及铝合金的焊接可用氩弧焊、气焊、电阻焊及钎焊等方法进行,最常用的方法是氩弧焊。氩弧焊保护作用良好,有阴极破碎作用,可去除氧化铝膜,使合金很好地熔合,焊接质量好,常用于要求较高的结构件。其中不熔化极氩弧焊多用于薄板的焊接。熔化极氩弧焊主要用于厚度在3mm以上工件的焊接,填充金属采用与被焊金属成分相近的焊丝。气焊则用于焊接质量要求不高的纯铝和非热处理强化的铝合金构件。

用上述方法焊接时,焊前需对工件焊接处及焊丝表面的氧化膜、油污等采用化学清洗法或机械清除法进行彻底清理。

## 4.5 焊接结构设计

### 4.5.1 焊接结构材料的选择

焊接结构件选材时,总的原则是在满足使用性能的前提下,尽量选用焊接性好的材料。一般碳含量低于0.25%的低碳钢和碳当量小于0.4%的低合金钢,都具有良好的焊接性,焊接结构件应尽量选用;碳含量高于0.5%的碳钢和碳当量高于0.4%的合金钢,焊接性不好,一般不宜选用作为焊接结构件的材料。

镇静钢脱氧完全,组织致密、质量较高,重要的焊接结构应选用这种钢材。在不同部位选用不同强度和性能的钢材拼焊时,需注意两种不同钢材焊接性能的差异,一般要求接头强度不低于被焊钢材中的强度较低者。因此,设计时应对焊接材料提出要求,对焊接性差的钢材采取措施(如预热或焊后处理等);如焊接结构中选用的是新材料,则应对材料进行必要的焊接性试验以保证设计方案和工艺措施的正确性。设计焊接结构时,应尽量采用工字钢、槽钢、角钢和钢管等成形材料,以减少焊缝数量、简化焊接工艺,增加结构件的强度和刚度。对形状复杂的部分还可考虑用铸钢件、锻件或冲压件焊接而成。此外,还应综合考虑经济性等因素。

### 4.5.2 焊接方法的选择

焊接方法的选择应根据材料的焊接性、焊件厚度、焊缝长短、生产批量及产品质量等因素,并结合各种焊接方法的特点和应用范围来确定。基本原则是在保证产品质量的前提下,优先选用常用的焊接方法;生产批量较大时,要考虑提高生产率和降低成本等。

低碳钢和低合金结构钢焊接性能好,各种焊接方法均适用。如果焊件板厚为中等厚度(10~20mm),则可选用手弧焊、埋弧焊、气体保护焊。氩弧焊成本较高,一般情况下不宜选用。如果焊件为长直焊缝或圆周焊缝,生产批量也较大,可选用埋弧自动焊;如焊件为单件生产或焊缝短而处于空间不同位置时,则选用手工电弧焊为好;如果焊件是薄板轻型结构,无密封要求,则采用点焊生产效率高;如有密封要求,则可选用缝焊;如果焊件为35mm以上厚板重要结构,条件允许时应采用电渣焊;对于低碳钢构件一般不应选用氩弧焊等高成本的焊接方法。但当焊接合金钢、不锈钢等重要工件时,则应采用氩弧焊等保护条件较好的焊接方法;对于稀有金属或高熔点合金的特殊构件,焊接时可考虑采用等离子弧焊接、真空电子束焊接、脉冲氩弧焊等方法焊接,以确保焊接件的质量;对于微型箔件,则应选用微束等离子弧焊或脉冲激光点焊。

### 4.5.3 焊接接头工艺设计

**1. 焊缝的布置**

(1)焊缝位置应尽可能对称分布。焊缝对称布置可使各条焊缝产生的焊接变形互相抵消,特别是对梁、柱类结构效果明显。图4-37中(a)和(b)所示的箱形梁和T形梁,焊缝偏于截面重心一侧,会产生较大的弯曲变形;图4-37(c)~图4-37(e)中的两条焊缝对称布置,变形较小。

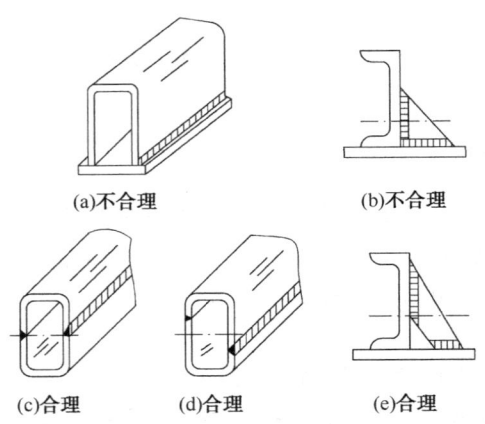

图 4-37 焊缝对称布置

(2) 焊缝应避免密集和交叉。焊缝的密集、交叉使接头处严重过热，热影响区增大，焊接应力增大，如图 4-38 所示。一般两条焊缝间距应大于板厚的 3 倍。

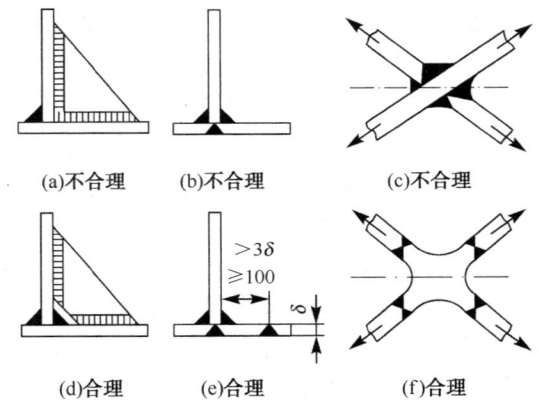

图 4-38 焊缝的分散布置设计

(3) 焊缝应尽量避开应力集中和最大应力的部位。图 4-39(a) 所示的大跨距梁，跨距中间应力最大，焊缝在中间使结构承载能力减弱。改为图 4-39(b) 所示结构，虽增加了一条焊缝，但改善了焊缝的受力情况，提高了焊缝的承载能力。压力容器，其转角处易产生应力集中，如图 4-39(c) 所示，焊缝应设计在过渡段（一般不小于 25mm）内，如图 4-39(d) 所示。

(4) 焊缝应尽量避开机械加工表面。焊接结构在某些部位有较高的精度要求，只能在加工后进行焊接，应使焊缝远离加工表面，如图 4-40 所示，以保证加工精度不受到影响。

(5) 应便于焊接操作。焊缝的布置应留有足够的操作空间，以满足焊接运条、电极的伸入、焊剂的存放等需要，如图 4-41、图 4-42 所示。

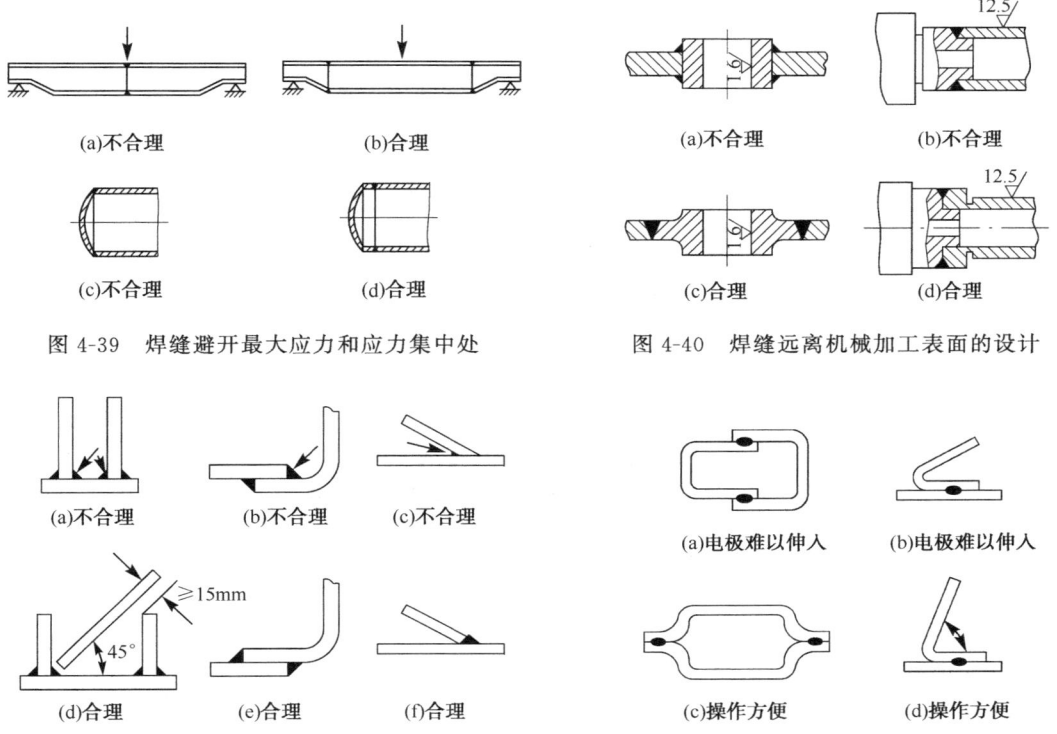

图 4-39　焊缝避开最大应力和应力集中处

图 4-40　焊缝远离机械加工表面的设计

图 4-41　焊缝位置便于手弧焊的设计

图 4-42　便于点焊及缝焊的设计

### 2. 接头形式的选择与设计

接头形式应根据结构形状、强度要求、工件厚度、焊后变形大小、焊条消耗量、坡口加工难易程度等各个方面因素综合考虑决定。根据 GB85—80《手弧焊焊接接头的基本形式与尺寸》规定，焊接碳钢和低碳钢的接头形式可分为对接接头、角接接头、丁字接头及搭接接头四种，常用接头形式基本尺寸如图 4-43 所示。

对接接头受力比较均匀，是用得最多的接头形式，重要受力焊缝应尽量选用这种接头。搭接接头因两工件不在同一平面，受力时将产生附加弯矩，而且金属消耗量也大，一般应避免采用。但搭接接头不需开坡口，装配时尺寸要求不高，对某些受力不大的平面联结与空间架构采用搭接接头可节省工时。角接接头与 T 形接头受力情况都较对接接头复杂些，但接头成直角或一定角度连接时，必须采用这类接头形式。

手弧焊板厚在 6mm 以下对接时，一般可不开坡口直接焊成。板厚较大时，为了保证焊透，接头处应根据工件厚度预制各种坡口，坡口角度和装配尺寸可按标准选用。厚度相同的工件常有几种坡口形式可供选择，Y 形和 U 形坡口两面施焊，受热均匀，变形较小，焊条消耗量较小；但因坡口形状复杂，常用机械加工准备坡口，成本较高，一般只在重要的受动载荷的厚板结构中采用。

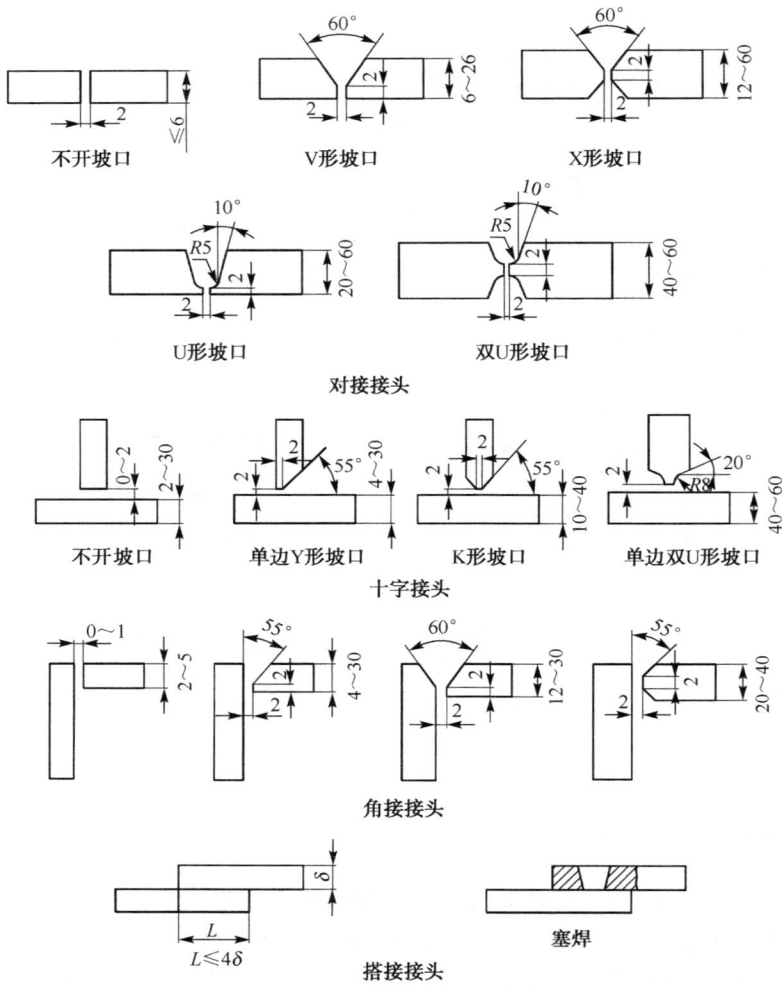

图 4-43 手工电弧焊接头及坡口形式

设计焊接结构最好采用相等厚度的金属材料,以便获得优质的焊接接头。如果采用两块厚度相差较大的金属材料进行焊接,则接头处会造成应力集中,而且接头两边受热不均匀易产生焊不透等缺陷。根据生产经验,不同厚度金属材料对接时,允许的厚度如表 4-1 所示。如果 $\delta_1-\delta$ 超过表中规定值,或者双面超过 $2(\delta_1-\delta)$ 时,应在较厚板料上加工出单面或双面斜边的过渡形式(图 4-44)。

表 4-1 不同厚度金属材料对比允许的厚度差

| 较薄板的厚度/mm | 2～5 | 6～8 | 9～11 | ≥12 |
|---|---|---|---|---|
| 允许厚度差($\delta_1-\delta$)/mm | 1 | 2 | 3 | 4 |

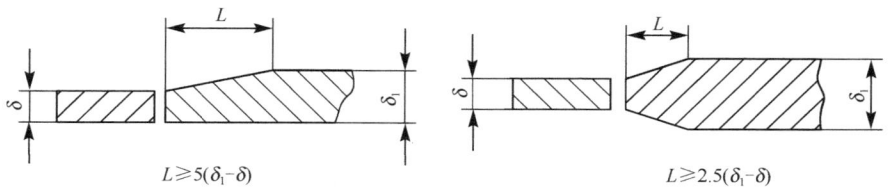

图 4-44　不同厚度金属材料对接的过渡形式

# 思考题与习题

1. 电弧分哪三个区？温度最高的区是哪个区？
2. 什么叫直流正接？什么叫直流反接？各应用于什么场合？
3. 氩弧焊分哪两种？
4. 电渣焊热源是什么？电渣焊时引入板和引出板有何作用？焊后为何需热处理？
5. 等离子弧焊接与普通手弧焊接比较有何异同？各自的应用范围如何？
6. 电子束焊和激光焊的特点和适用范围是什么？
7. 试比较电阻对焊和摩擦焊的焊接过程特点有何异同？各自的应用范围是什么？
8. 钎焊与熔化焊的过程实质有何差别？钎焊的主要适用范围是哪些？
9. 何谓焊接热影响区？低碳钢焊接热影响区中各区域组织和性能如何？
10. 焊接应力与焊接变形产生的原因是什么？消除和减少焊接应力有哪些措施？
11. 何谓焊接性？如何评定或判断材料的焊接性？
12. 分析图 4-45 所示三种焊接件焊缝分布是否合理？

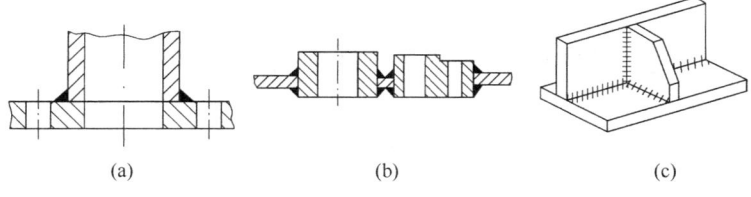

图 4-45　焊接件

# 第 5 章 非金属材料的成形

## 5.1 工程塑料成形

### 5.1.1 概述

塑料按其结构特点分为热塑性塑料和热固性塑料;按使用情况又分为通用塑料、工程塑料及特种塑料。随着应用范围的不断扩大,通用塑料和工程塑料之间的界限越来越不明显。塑料工业一般包括塑料原料的生产、塑料制品成形及塑料加工等三个部分。塑料制品的成形是指将塑料原料转变成具有一定形状和尺寸的制品或半成品的工艺过程,或改变半成品形状和尺寸的同时,不破坏其整体性能的各种工艺过程,如注射成型、挤出成形、压制成形和吹塑成形等。塑料加工是指在保持塑料制品成形的产物硬固状态不变的条件下,改变其形状和尺寸及表观性质所进行的各种加工,如机械加工、连接加工和修饰加工等。成型加工方法很多,但它们不都能适用于各种塑料。

### 5.1.2 塑料制品成形技术

1. 注射成形

注射成形又称注塑成形,主要用于热塑性塑料和部分流动性好的热固性塑料制品的成形。注射成形的设备是注射机,主要有螺杆式和柱塞式两种,其中前者用得最多。塑料制件的成形是靠注射成形模具获得。其工艺过程是将粒状或粉状热塑性塑料加入注射机料斗内,在重力和螺杆的推送下,原料进入料筒内被加热后转变成具有良好流动性的熔体,随后借助柱塞或螺杆所施加的压力将熔体快速注入预先闭合的模具型腔,熔体取得型腔的型样,经一定时间完成冷却、定型固化成形为制品,开启模具,取出制品。成形过程是一种间歇性的操作过程,如图 5-1 所示。

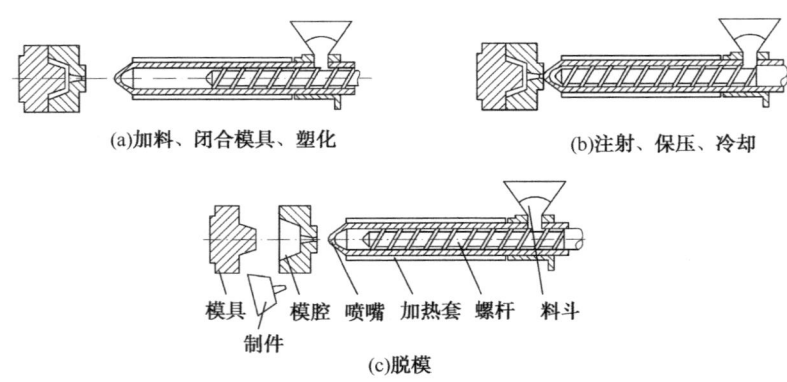

图 5-1 注射成形生产示意图

除聚四氟乙烯和超高分子聚乙烯等少数难熔塑料外,只要能够在热、压作用下熔融(物质从结晶状态变为液态的过程称为熔融)并能良好流动的大多数热塑性塑料均能采用注射成形。对于其他类型的塑料可以采取专用注射技术。

除了尺寸很大的制品外,注射能够一次成形出外形复杂、尺寸精确、可带各种金属嵌件的三维尺寸模塑制品。注射品种是其他任何塑料成形技术无法相比的。

注射成形成形物料的熔融塑化和流动造型是分别在料筒和模腔两处进行,模具可以始终处于使熔体很快冷凝或交联固化的状态,有利于成形周期的缩短;注射成形时先锁紧模具后注射塑料熔体,熔体又具有良好的流动性,对模腔的磨损小,可以采用一套模具大批量生产形状复杂、表面图案清晰及尺寸精度高的制品;注射成形过程的全部操作均可由注射机完成,注射过程易于实现自动化;由于冷却条件的限制,注射成形很难成形既无缺陷且壁厚变化又大的制品,同时注射机及模具一次性投资大,不适应小批量生产。

2. 挤出成形

挤出成形又称挤塑成形,是目前塑料制品中应用最广泛的成形技术之一,主要用于生产棒材、管材、片材、线材和薄膜等连续塑料型材。其基本工艺过程是将粒状或粉状的热塑性塑料加入到挤出机(与注射机相似)的料斗中,借助旋转的挤出机螺杆的挤压作用,塑料沿螺旋槽向前输送,同时不断地接受外加热和螺杆与物料之间、物料与物料之间以及物料与料筒之间的剪切和摩擦热,逐渐熔融呈黏流态,在挤压系统的作用下,塑料熔体通过具有一定形状的挤出机的机头模孔,连续成形为具有恒定截面的塑性连续体,再经过适当处理,使连续体失去塑性而成为固定界面的塑料型材。

挤出成形可实现自动化连续成形,生产率高,成本低;塑件几何形状简单,截面形状不变,故模具结构简单,制造维修方便;塑件内部组织均衡紧密,尺寸较稳定,适应性强;挤出成形能够成形几乎所有类别的热塑性塑料,但用量最大的是聚氯乙烯、聚乙烯、聚丙烯,其次是聚苯乙烯、ABS、聚酰胺、聚甲醛等。

3. 压制成形

压制成形是塑料加工中最传统的工艺方法,主要是依靠外压的压缩作用实现成形物料造型的一类塑料成形技术。压缩模塑、冷压烧结成形和层压成形是这类技术的代表。

压缩模塑简称模压成形,是塑料制品最早采用的成形技术之一,其基本过程是将固体成形物料放入一加热到预定温度的敞开模具的模腔内,然后闭合模具并对物料施压,在温度和压力的作用下呈熔融状态后,以一定压力充满型腔取得模腔的型样并转变为成型物,塑料的高分子结构产生由原来的线型分子结构变为网状分子结构的化学交联反应定型后脱模取出制品,图 5-2 所示为热固性塑料模压成形工艺过程示意图。模压热固性塑料时,其制品的定型主要依靠树脂的交联,故模具始终可以保持高温;模压热塑性塑料,其定型则需要将模具冷却到制品的玻璃化温度以下,交替的热冷会加速模具损坏,且能耗大,生产率低。因此模压成形技术主要适用于热固性塑料的成形。

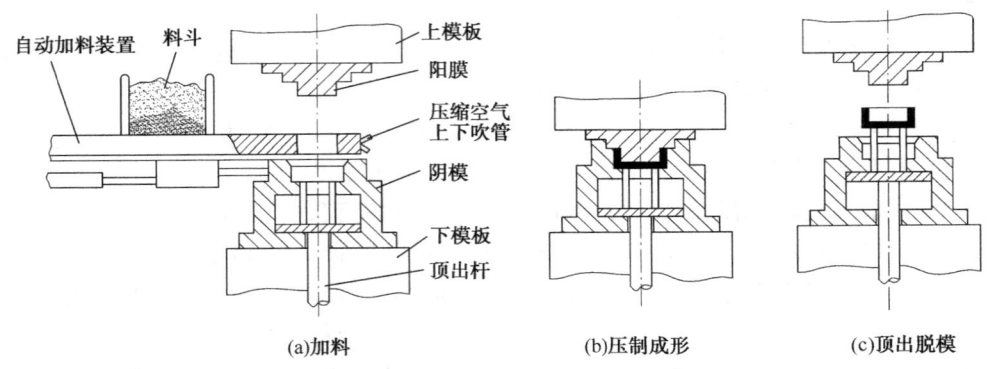

(a)加料　　　　　　　(b)压制成形　　　　　　(c)顶出脱模

图 5-2　热固性塑料模压成形工艺示意图

几乎所有的热固性塑料均可以采用模压成形,工业上生产模压制品用量最大的热固性塑料是酚醛树脂、脲醛树脂、环氧树脂等。热固性塑料模压成形设备和模具简单,有利于小批量生产;对成形物料形态的适应性强,粉粒、纤维状、团状和片状料均可;模压制品的内应力小、取向程度低,制品翘曲变形小,稳定性高;模压成形的全过程难于实现机械化、压缩变形量有限,不适合生产形状复杂的制品,生产率低。

4. 吹塑成形

吹塑成形是塑料的二次成形工艺(以一次成形产物为成形对象,经再次成形获得最终制品)之一。它是借助压缩空气将置于模具内熔融状态的塑料坯料吹胀变形而获得中空塑料制品的成形技术。坯料可以用挤出或注射方法获得,也可以采用现成管材或片材。

最常见的吹塑制品是聚乙烯、聚丙烯、聚氯乙烯和热塑性聚酯等制成的各种液状货物的包装容器,其成形过程如图 5-3 所示。将由挤出机挤出的适当大小的坯料置于分开的模具中(图 5-3(a)),然后闭合模具通入压缩空气使具有良好塑性的坯料被吹胀并紧贴于模壁成形(图 5-3(b)),保压冷却定型后,排放制品内压缩空气,打开模具得到中空制品(图 5-3(c))。

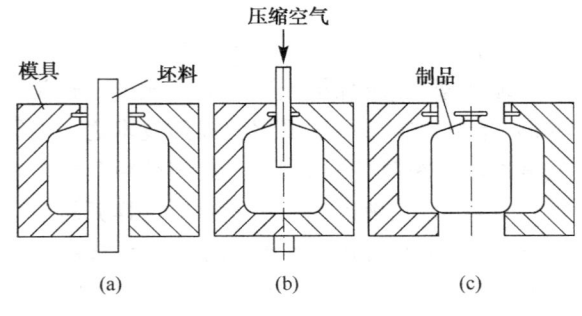

图 5-3　吹塑成形

### 5.1.3　塑料制品的加工

塑料制品成形后的再加工称为二次加工,它不仅是成形加工的补充,而且可以提高制品的性能,增加制品的使用功能。塑料制品的二次加工分为机械加工、连接加工和修饰加工。

1. 机械加工

塑料的机械加工是指采用切削金属和木材的加工方法对塑料型材和坯件等半成品进行二次加工的总称。经机械加工的塑料制品,其表面的完整性受到破坏,或一些增强纤维的连续性被破坏,使制品的力学性能明显下降,故塑料生产中应尽量减少机械加工。常用的机械加工方法有裁切、切削、激光加工等。其特点如下:

(1) 塑料导热性差,加工中产生的热量不易传导和散发,易引起局部过热,导致其变色、降解,甚至发生燃烧。

(2) 塑料的弹性模量低,加工中若对工件施力过大,会产生明显的塑性变形,影响制品的精度。

(3) 塑料具有黏弹性,加工时所产生的弹性变形,在加工中或加工后随时间的延长才逐渐恢复,使切削时产生较大的摩擦热,给制品精度的控制造成困难。

(4) 很多塑料采用无机物增强成为非均质材料,无机物与树脂基体的硬度差别很大,切削时刀具因受到高频冲击而容易变钝,而塑料工件则易产生分层和碎裂。

(5) 塑料在加工中会造成大量粉尘或放出有害气体。

2. 连接加工

常用的塑料连接方法有机械连接、焊接和粘接等。

(1) 机械连接。机械连接的主要方式是铆接和螺栓连接,与金属件连接相同。

(2) 塑料焊接。塑料件的焊接是指利用热塑性塑料受热熔化而使两个塑料件表面在热熔状态下熔接为一体的连接。可在塑料件之间直接进行焊接,也可用塑料焊条进行焊接。按加热方式的不同分为加热工具焊接、感应焊接、热风焊接、超声波焊接等,其中热风焊接在工程上得到广泛应用。热风焊接是利用塑料焊枪喷出的热气流使塑料焊条熔解在待焊塑料件的接口处使塑料件结合的方法。一般是手工操作,主要用于聚乙烯、聚丙烯、聚氯乙烯、聚甲醛等。焊条的化学成分通常与待焊的塑料相同或在主要成分上相同。断面为圆形(直径为 1.5~4.5mm)或三角形。焊枪主要由加热元件(一般采用电热)、压缩空气管道和喷嘴组成。喷出的压缩空气温度为 200~400℃,取决于所焊塑件的种类和待焊部件。

(3) 粘接。粘接是在两个被粘接表面之间涂以适当的胶黏剂形成一层胶层,靠胶层的作用将两个零件粘接在一起。粘接前,为接合可靠接合面需清理干净,无油污;为使接头具有足够的粘接面积,还应尽量使用搭接接头。绝大多数工程塑料都可以用黏合剂进行粘接,它是热固性塑料唯一的粘接方法。

3. 修饰加工

为改善塑料制品的外观,提高其商品价值而进行的各种二次加工技术统称为修饰加工。因此类技术多涉及塑料制品表面状态的改变,故又称表面加工。经过表面加工,不仅能够增加塑料制品的外观美感,而且能够赋予塑料制品一些新功能。

常用塑料制品表面加工方法有机械修整饰、涂装、印刷、箔压印、植绒和镀金属等。

## 5.1.4 塑料制品结构工艺性

塑料制品的形状、尺寸大小、精度和表面质量要求及其对成形工艺和模具结构的适应性称为塑料制品的结构工艺性。塑料制品的成形多是在熔融状态或固态下利用模具来成形,所以其结构工艺性在满足使用性能条件下还应有利于简化模具结构易于成形。

### 1. 形状

塑料制品的内外表面设计时应尽量避免侧面凸凹,因塑料制品侧壁上的凸凹部分,成形过程中通常需要采用侧向抽芯机构或滑块,使模具结构复杂。如图 5-4(a)所示的塑料制品,需要抽内侧型芯,而改为图 5-4(b)所示结构可直接脱模,避免了内侧抽芯。

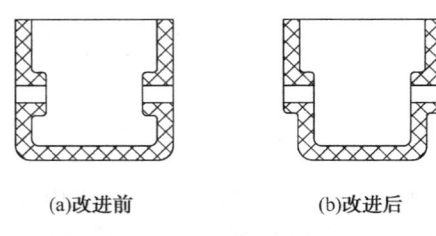

(a)改进前　　　　　(b)改进后

图 5-4　改变设计避免内侧抽芯

塑料制品的外形应避免整个底面作为支承面,如图 5-5 所示。由于塑料制品稍许的翘曲或变形都会引起地面的不平,所以应以凸出的底脚或凸边来作支承面。

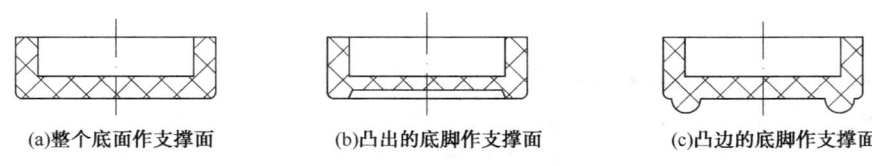

(a)整个底面作支撑面　　　(b)凸出的底脚作支撑面　　　(c)凸边的底脚作支撑面

图 5-5　用底脚或凸边作支承面

此外,紧固用的凸耳或台阶为使其有足够的强度以承受紧固时的作用力,应尽量避免台阶突然过渡和尺寸过小,如图 5-6 所示。图 5-6(b)中凸耳用加强筋增加强度更合理。

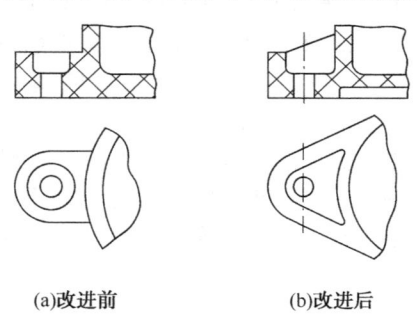

(a)改进前　　　　　(b)改进后

图 5-6　塑料制品紧固用凸耳

### 2. 脱模斜度

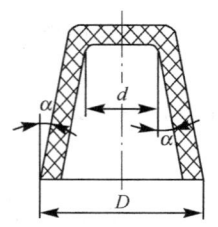

图 5-7　塑料制品侧壁斜度

塑料制品的内外表面,沿脱模方向应设计一定的脱模斜度,如图 5-7 所示,这是由于塑料的冷却收缩会使制品包紧型芯或型腔的凸出部分,造成抽芯与从模具内取出制品困难。

脱模斜度与塑料制品的种类、收缩率的大小、几何形状和壁厚、模具的结构、表面粗糙度及加工方法、模塑的工艺条件等因素有关。

一般取斜度 1°～1.5°。内斜度应略大于外斜度。当塑料制品的精度要求较高时,斜度可取小些,对形状复杂、不易脱模的制件,斜度可适当增加到 4°～5°。

3. 壁厚

塑料制品的壁厚直接影响其质量,在满足使用要求的条件下制品各部分壁厚应适当且均匀。太厚既造成原料的浪费,又增加压塑时间和内部缺陷产生的倾向;太薄增加成形困难,甚至无法成形。壁厚应力求均匀一致,否则还会由于收缩不均产生内应力,使制品翘曲变形。

4. 加强筋

加强筋的作用是在不增加制品壁厚的条件下提高制品的刚度和强度,如图 5-8 所示。在制品中适当设置加强筋,可防止制品翘曲变形,如图 5-9 所示。在布置加强筋时,应避免减少塑料局部集中,否则会产生缩孔、气泡,图 5-10 为大平面上加强筋布置情况,图 5-10(a)壁厚不均匀,图 5-10(b)设计合理。图 5-11 为典型加强筋的正确形状和比例,加强筋需有足够的斜度,筋的底部需呈圆弧过渡,加强筋之间的距离不得小于两倍的壁厚。

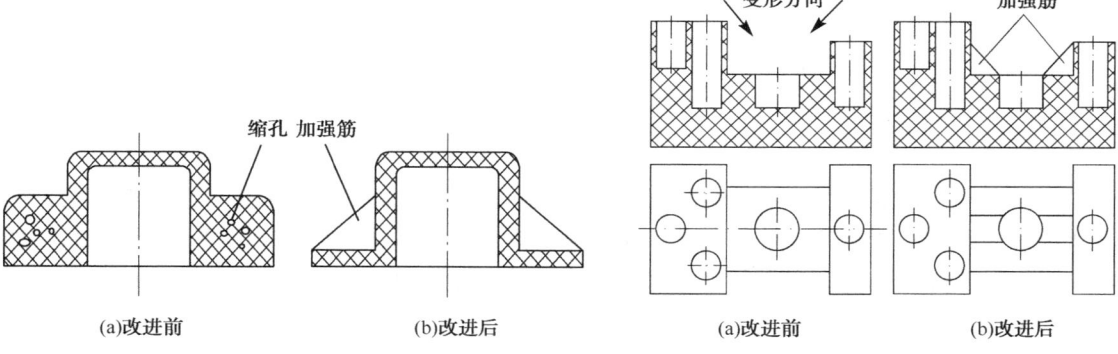

图 5-8 采用加强筋改善壁厚　　图 5-9 采用加强筋防止翘曲

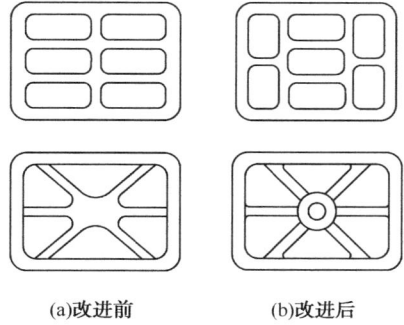

图 5-10 加强筋的连接

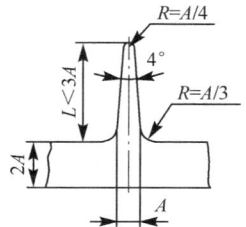

图 5-11 加强筋设计

### 5. 圆角

塑料制品两壁相连处也应采用圆角过渡。采用圆角改善了塑料熔体的充模特性，可有效地避免制件的应力集中，提高制件的强度。在设计制件圆角时应注意壁厚的一致性，如图 5-12 所示。内外圆角分别为之间壁厚的 0.5 倍和 1.5 倍。

### 6. 孔

塑料制品中常见的孔有通孔、盲孔和异型孔等，制品中的各种孔的位置应尽可能开设在不削弱制品强度的部位。孔间距、孔边距不应太小，否则在装配时孔的周围易发生破裂，如图 5-13 所示。异形孔一般在零件成形过程中一起成形。

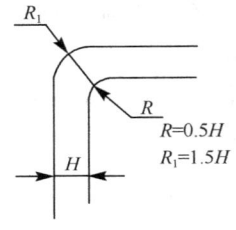
图 5-12 圆角设计

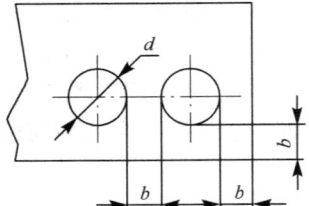
图 5-13 孔间距与孔边距

### 7. 螺纹

塑料制品上的螺纹可以在模塑时直接成形，也可以用机械加工方法获得。在塑料制件上直接成形的螺纹不能达到高精度要求。在经常装拆和受力较大的地方不易采用塑料螺纹，而应装入金属质螺纹嵌件。塑料制品的螺纹应选用较大螺距，螺纹直径不能过小，螺纹大径应不小于 4mm，小径不小于 2mm。为防止螺孔最外圈的螺纹崩裂或变形，螺孔始端应留有 0.2～0.8mm 的一个台阶孔。同样外螺纹的始端与末端也应有相应的过渡，如图 5-14 所示。

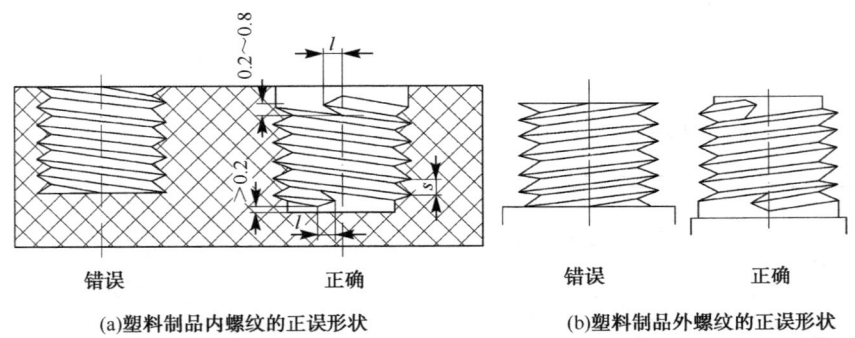

(a) 塑料制品内螺纹的正误形状　　(b) 塑料制品外螺纹的正误形状

图 5-14 塑料制品的螺纹

## 5.2 橡胶成形

### 5.2.1 概述

橡胶是高分子材料的重要品种之一,具有独特的高弹性能、优异的疲劳强度和极好的电绝缘性。橡胶制品广泛用于轮胎、减震制品、密封制品、防腐材料和电绝缘材料。

橡胶制品的成形是用生胶(天然胶、合成胶、再生胶等)和各种配合剂(硫化剂、防老剂、填充剂等)用炼胶机混炼成胶料,再按着制品要求将能保证制品形状和提高强度的各种骨架材料(天然纤维、化学纤维、玻璃纤维、钢丝等)放入所需形状的模具中,在专用或通用设备上经加压、加热(硫化处理),使橡胶分子由线型结构转变为网状结构后得到所需形状和性能的橡胶制品。

橡胶制品成形所用设备多为单层或多层平板硫化机、立式或卧式的螺杆或柱塞式注射机。平板硫化机的平板采用铸钢件,结构内部有互通的管道以保证通过蒸汽加热平板,被加热的平板再将热量传递到模具。硫化时,一般使用 0.4~0.5MPa 蒸汽压力,硫化温度控制在 140~150℃。此外,也有电阻丝加热平板。注射机有专用的,或者采用塑料注射机改装。所使用的模具同塑料成形模具类似,分为压制模具、压注模具、注射模具和挤出模具四大类。

### 5.2.2 橡胶制品成形技术

橡胶制品成形方法按着所使用的设备的不同分为平板硫化机模压成形和注射机注射成形,其中平板硫化机模压成形应用最为广泛。橡胶制品按成形方法分为压制成形、压注成形、注射成形和挤出成形。橡胶制品的成形技术与工程塑料制品的成形技术有许多类似之处。

1. 压制成形

将具有一定可塑性胶料,经预制成简单的形状后填入模具型腔,经加压、加热硫化后,获得所需形状的制品。在整个橡胶模压制品中占有较大的比例。

2. 压注成形

将混炼过的形状简单且限量一定的胶条或胶块半成品放在压注模型腔中,通过压注塞的压力挤出胶料,并使胶料通过浇注系统进入模具型腔中硫化定型。其适用于制普通模压法不易压制的薄壁、细长的制品以及形状复杂难于加料的橡胶制品,制品致密性好,质量优越。

3. 注射成形

利用注射机的压力,将预加热成塑性状态的胶料经注压模的浇注系统注入模具型腔中定型硫化。注射成形生产率高,质量稳定,可生产大型、厚壁或薄壁及几何形状复杂的制品。

4. 挤出成形

在挤出机中对胶料加热与塑化,通过螺杆的旋转,使胶料在螺杆和机筒筒壁之间受到强大的挤压力并不断地向前移送,通过安装在机头的成形模具(口模)制成各种截面形状的橡胶型材半成品,达到初步造型。经冷却定型输送到硫化罐内进行硫化或用作模压法所需的预成形半成品胶料。其主要用来制造各种截面形状的半成品。挤压成形是橡胶加工中的基础工艺。

## 5.3 陶瓷材料成形

### 5.3.1 概述

陶瓷制品主要的生产过程包括原料处理、成形、干燥、施釉、烧结及后处理等。

陶瓷制品使用的原料一般分为天然原料和化工原料两种。天然原料指天然岩石或矿物;化工原料指将天然原料通过化学或物理的方法进行加工提纯、使化学组成得以富集,达到一定的性能和纯度要求的原料。原料经过坯料制备后,陶瓷制品的坯料可以是粉料、浆料或可塑泥团。

陶瓷制品的成形就是将坯料制成具有一定形状和规格的坯体。陶瓷生坯(未经烧结的陶瓷制品称为生坯)在高温下的致密化过程称为烧结。陶瓷制品品种繁多,形状规格大小不一,所用坯料性能也有所不同,因此采用的成形方法多种多样,给成形工艺带来一定的复杂性。选用何种成形方法从以下几方面考虑:

(1)坯料的性能。可塑性较好的坯料适用于可塑法成形,可塑性较差的坯料可采用注浆法或压制法成形。

(2)制品的形状、大小和厚度。一般形状复杂、尺寸精度要求不高的制品或一些薄壁、厚壁制品可采用注浆法成形;简单的回转体形常可采用可塑法刀压成形和滚压成形。

(3)制品的产量和质量要求。生产批量小的制品采用注浆法成形;生产批量大的制品采用可塑法成形;生产批量小且质量要求不高的制品采用手工可塑法成形。

(4)其他。选用陶瓷制品成形方法还应考虑生产的技术经济指标、工人操作技能和工厂设备条件等。

### 5.3.2 陶瓷制品成形技术

陶瓷制品常用的成形方法有注浆成形、可塑成形和压制成形三大类。

1. 注浆成形

注浆成形是指把泥浆注入多孔模型内,借助模型的吸水能力使含一定水分的黏土泥浆脱水硬化、成坯的成形方法。基本注浆方法有空心注浆(单面注浆)和实心注浆(双面注浆)两种。

1)空心注浆

空心注浆的石膏模没有型芯,泥浆注满模腔经过一段时间后,石膏模腔内壁黏附一定厚度的坯体后,将多余的泥浆倒出,形成空心注件,然后待模干燥。待注件干燥收缩脱离模型后就可取出,如图5-15所示。模腔工作面的形状决定坯体的外形,坯体厚度取决于吸浆时间、模型的湿度和温度以及浆料的性质,这种方法适合于小件、薄壁制品成形。

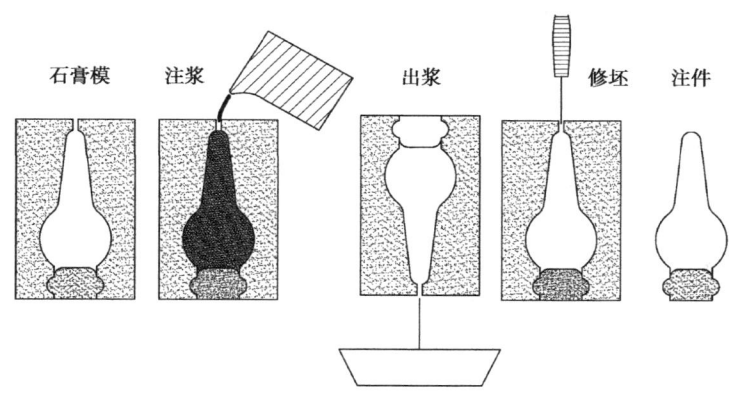

图 5-15　空心注浆法示意图

2)实心注浆

实心注浆模具由外模和型芯组成,泥浆注入外模和型芯之间,石膏模从内外两个方向同时吸水。注浆过程中泥浆不断减少,需要不断补充,直至泥浆全部硬化成坯,如图 5-16 所示。实心注浆的坯体外形表面由外模腔决定,内形由模芯决定。坯体厚度由外模与模芯之间的空腔决定。实心注浆适合于坯体的内外表面形状花纹不同、大型而壁厚的制品。

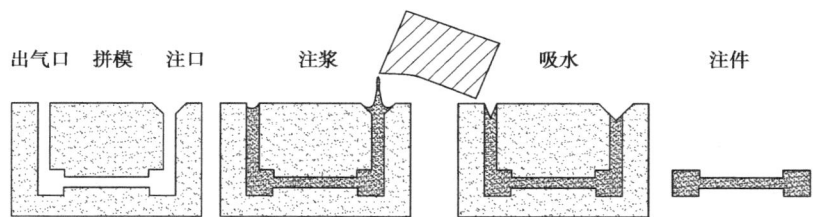

图 5-16　实心注浆法示意图

注浆成形对制品的适应性较强,得到的制品致密,强度高,但因坯件含水量较大,其干燥收缩较大,生产中要消耗较多的石膏模,占用场地较大。

为强化注浆过程,有时可采用强化注浆法,即在注浆过程中施加外力,加速注浆过程的进行,使得吸浆速度和坯体强度得到明显改善。

2. 可塑成形

可塑成形是在外力作用下,使具有一定塑性变形能力的可塑坯料发生塑性变形而制成坯体的成形方法。主要有刀压法成形、滚压成形、塑性挤压成形、注塑成形及轧模成形等。

1)刀压法成形和滚压成形

刀压法成形也称旋压法成形,如图 5-17 所示。它是利用型刀和石膏模型进行成形的一种方法。成形时,取定量的可塑泥料,投入旋转的石膏模中,然后将型刀慢慢压入泥料,型刀与旋转的模型存在相对运动,因此随着模型的旋转及型刀的压挤和刮削作用,把坯泥沿石膏模型的工作面上展开形成坯件。刀口的工作弧

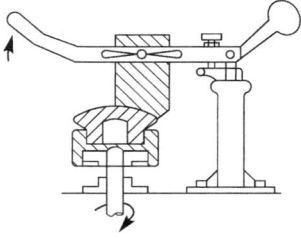

图 5-17　刀压法成形

线形状与模型工作面的距离即坯体的厚度。

滚压成形是在刀压法成形基础上发展起来的,不同之处是将扁平的型刀改为回转型的滚压头。成形时,盛放泥料的石膏模型和滚压头分别绕自己的轴线以一定的速度同方向旋转。滚压头在旋转的同时,逐渐靠近石膏模型,并对泥料进行滚压成形。滚压成形坯体致密均匀,强度较高。滚压机与其他设备配合组成流水线,生产率高。

滚压成形分为阳模滚压和阴模滚压。阳模滚压又称为外滚压,由滚压头决定坯体的外形和大小,适合成形扁平、宽口器皿。阴模滚压又称为内滚压,由滚压头决定坯体的内表面,适合成形口径较小而深的制品,如图 5-18 所示。

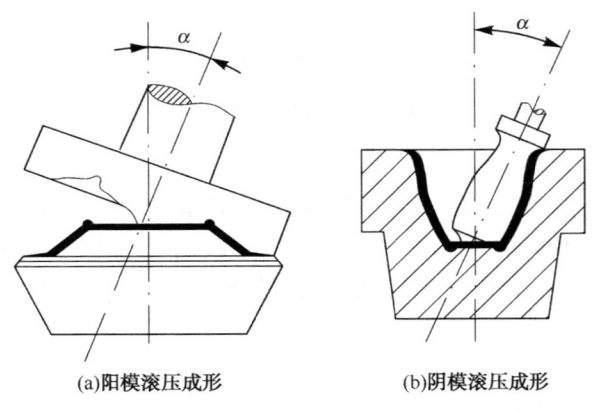

图 5-18 滚压成形

2) 塑性挤压成形

塑性挤压成形类似金属模锻,是将可塑泥料置于底模(阴模)中,在挤压力作用下成坯,底模与上模所构成的型腔决定了坯体的形状、大小和厚度。塑性挤压模由石膏模体和金属模框构成。塑性挤压成形应用较早,常用于生产瓷绝缘子等。

3. 压制成形

压制成形是将含有一定水分的粒状粉料放在模具中直接受压而成形的方法。按粉料含水率大小分为干压成形(含水率 3%~7%)、半干压成形(含水率 8%~15%)和特殊压制成形(含水率小于 3%)。成形过程中,随着压力增加,粉料颗粒产生移动和变形而逐渐靠拢,所含气体被挤压排出,模腔内松散的粉料形成致密的坯体。其加压方式有单面加压、双面同时加压和双面先后加压。成形压力是影响坯件质量的主要因素,一般成形压力为 40~100MPa,采用两三次先小后大加压的操纵方法。压制成形过程简单,坯体收缩小,致密度高,制品尺寸精确,对坯料的可塑性要求不高。但其难以成形形状复杂的制品,故多用来压制扁平状制品。陶瓷制品的压制成形类似于粉末冶金的模压成形。

陶瓷生产中使用的模具是石膏模具,它是应用最广泛的多孔模具。其气孔率为 30%~50%,气孔直径为 1~6μm,成形时坯料中的水分在毛细管力作用下迅速吸出,硬化成坯。为满足高压注浆、高温快速干燥及机械化、自动化的生产要求,采用的新型多孔模具,除具有类似石膏模具的吸水性能外,其强度和耐热性优于石膏模,如多孔塑料模、多孔金属模等。

## 5.4 复合材料成形

### 5.4.1 概述

复合材料是指将两种或两种以上不同性质的材料，用适当的方法复合成性能优于单一材料的一种新型材料。复合材料一般由增强材料（如玻璃纤维等）和基体材料（如树脂、陶瓷、金属等）两类物质组成，基体材料形成几何形状并起粘接作用；增强材料起提高强度和韧性作用。根据基体材料的不同分为树脂基、金属基和无机非金属基三大类。复合材料成形具有如下特点：

（1）复合材料性能具有可设计性。复合材料的性能主要取决于增强材料和基体材料的性能、分布和含量，以及它们之间的结合情况。

（2）复合材料制品的成形是材料生产和制品成形同时完成，复合材料的生产过程，往往就是复合材料制品的生产过程，故复合材料成形工艺水平直接影响其制品的性能。

（3）复合材料成形方便。树脂在固化前具有一定的流动性，纤维较柔软，依靠模具易成形。

（4）复合材料成形过程中若制品出现缺陷，一般不可修复，材料不能回收利用。此外，在复合材料的成形过程中有化学药剂和粉尘污染，操作者要有防护措施。

### 5.4.2 复合材料成形技术

**1. 树脂基复合材料的成形**

树脂基常用的成形方法有手糊成形、夹层成形、模压成形和缠绕成形等方法。树脂基原料中基体材料一般采用热固性树脂（环氧树脂、不饱和聚酯树脂等）和热塑性树脂（聚乙烯、尼龙等）；增强材料一般采用玻璃纤维、碳纤维、芳纶纤维等。

1）手糊成形

手糊成形又称为接触成形，是用纤维增强材料和树脂胶液在模具上铺敷成形，室温（或加热）无压（或低压）条件下固化，脱模成制品的方法。手糊法的工艺流程如下：

①配制树脂胶液，准备增强材料和模具。

②涂脱模剂。在模具上涂脱模剂。

③手糊成形。先涂表面胶，再在胶层上铺放按制品尺寸裁剪的增强材料，用刮刀、毛刷或压辊迫使树脂胶液均匀地浸入织物，并排出气泡。待增强材料被树脂胶液完全浸透之后，再铺下一层。每铺一层，刷一次树脂，反复数次过程直到所需要的层数为止。

④固化，室温或加热固化。固化是树脂的线性分子交联为体型结构的过程，需加入引发剂。引发剂是一种活性较大的共价键化合物，在一定条件下，可以分解产生游离基。游离基的活性大，能够打开其双键，进行聚合，以实现交联固化。产生游离基的最低温度一般为 60～130℃，室温下需加入促进剂以降低固化温度。

⑤脱模、修整、检验。

手糊成形是出现最早的一种复合材料成形方法，用于制造波形瓦、浴盆、储罐、汽车壳体、飞机机翼、火箭外壳等。其特点是手工操作为主，不受制品的尺寸和形状限制，适宜成形尺寸大、批量小、形状复杂的制品；制品树脂含量高，耐腐蚀性好。但生产率低，劳动强度大，劳动条件差；制品质量不易控制，性能不稳定；制品的力学性能差。

2）模压成形

模压成形是将一定量的模料放入金属模中，在一定温度和压力下固化成形。与热固性塑料成形类似，不同的是在模腔内流动的不仅是树脂而且还有增强材料，故成形压力较高。模压成形生产率较高，制品尺寸准确、精度高。可以一次成形较复杂的结构，重复性好，易于实现机械化、自动化。在各种成形工艺中，所占比例仅次于手糊成形。但模具设计、制造复杂，压机和模具投资大；制品尺寸受到模具限制，只适于大批量生产中小型制品。

3）缠绕成形

将浸过树脂胶液的连续纤维或布带，按着一定的规律缠绕在芯模上，经固化脱模成形为增强塑料制品的工艺过程称缠绕成形。缠绕成形分为环向缠绕、平面缠绕和螺旋缠绕。图 5-19 是碳纤维缠绕成形飞机翼尖示意图。其流程是装配翼肋轴芯（图 5-19(a)），把已浸环氧树脂的碳纤维束按一定轨迹缠绕（图 5-19(b)），将缠绕后的肋条固定在整体轴芯上（图 5-19(c)），以一定角度绕几层后，再在与轴成直角方向缠绕表面层（图 5-19(d)、图 5-19(e)），经热压罐固化后按安装线切开（图 5-19(f)、图 5-19(g)），取出轴芯得到制品。

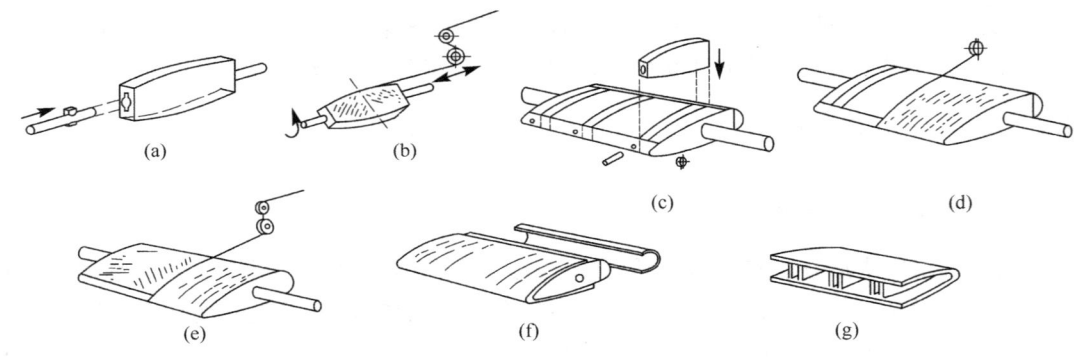

图 5-19　缠绕法制飞机翼尖

缠绕成形法在缠绕时，应注意如下工艺问题：

①缠绕张力。指缠绕中纤维所受的张紧力。由于缠绕张力的作用，后绕上的一层纤维会对先绕上的纤维产生径向压力，使其压缩变形而造成内松外紧，纤维不能同时受力，严重影响制品强度和疲劳性能。工艺上采用张力逐层递减制度后，使内外各层纤维的初始应力状态相同，以保证容器充压后，各层纤维同时承载。

②分层固化。即待前一层固化后在缠绕第二层，这样好像把一个厚壁容器变成几个紧套在一起的薄壁组合体，对容器的强度等性能有利。

缠绕成形获得的复合材料制品比强度高，是钛合金的三倍、钢的四倍；制品呈各向异性，强度的方向性比较明显，可以按着承载要求确定纤维排布、方向、层次，以实现制品的强度及结构设计；纤维按着规定方向排列，制品精度高、质量好，易于生产自动化；缠绕机、高质量芯模和专用固化炉等缠绕设备，投资大。

缠绕成形主要用于缠绕圆柱体、球体及某些回转体制品，对非回转体制品较难缠绕。

### 2. 金属基复合材料的成形

金属基复合材料的基体一般是铝合金、镁合金和钛合金,增强材料一般是硼纤维、碳纤维、碳化硅纤维和氧化铝纤维等。主要优点是耐高温性能优异,树脂基的使用温度一般不超过200℃,铝基、镁基可在400℃长期使用,钛基的使用温度为600~700℃,金属间化合物和镍基高温合金使用温度可达1000~1500℃。但其制造与成形困难。因增强材料(纤维或晶须)向金属中渗入困难,复合工艺温度高(在金属基熔点附近),一般要采用真空或高压,复合过程中,金属基和增强材料之间发生复杂的物理、化学变化,难于形成理想的界面;加工困难,切削时对刀具磨损严重,制造成本高。目前还未形成工业化批量生产。成形常用方法如下:

(1)熔融金属浸渗成形法。在真空和惰性气体介质中,通过加压或一端减压使熔融状态的金属渗透到排列整齐的纤维素、晶须或颗粒预制块中的缝隙,熔融金属冷却后即获得复合材料制品。铝、镁、铅、锌等低熔点金属基复合材料适宜采用此类方法成形。该方法常用于连续制取圆棒、管子和其他截面形状的棒材、型材,加工成本低。

(2)扩散结合成形法。在低于金属基体熔点70~200℃的温度下施加静压力,使预复合丝、预复合片长时间接触并扩散结合制成复合材料,常用于生产各种板材。

### 3. 无机非金属基复合材料的成形

无机非金属基复合材料,通常是指各类纤维或晶须为增强材料,以水泥、玻璃、陶瓷、石膏等无机非金属材料为基体复合而成的新型固相材料。

纤维增强水泥基复合材料的成形工艺是借助已成熟的玻璃钢、石棉水泥等成形工艺及设备发展而来,如喷射法、注射法、缠绕法、离心法等。

陶瓷基的成形方法是在陶瓷和粉末冶金技术的基础上发展起来的,有些还吸收了高分子材料的成形技术。常用方法有注浆法、热压法、化学汽相沉积等。其基本工艺也是粉末制备、坯块成形和烧结,目前尚未形成大规模工业化生产。

## 思考题与习题

1. 简述塑料成形方法有哪些?适合加工哪些制品?
2. 注射成形方法适用什么塑料?成形设备是什么?
3. 简述塑料制品的结构对成形有何影响?
4. 陶瓷成形的坯料有哪几类?陶瓷成形有哪些方法?如何选择?
5. 什么叫烧结?它对陶瓷的质量有何影响?
6. 橡胶成形有何特点?有哪些成形方法?其成形设备是什么?
7. 何谓复合材料?复合材料原材料、成形工艺和制品性能之间存在什么关系?

# 中篇 机械加工基础

# 第6章 金属切削的基础知识

## 6.1 金属切削基本原理

金属切削加工的方法很多,尽管它们的形式有所不同,但是却有着许多共同的规律和现象。掌握这些规律和现象,对正确应用各种金属切削加工方法有着重要的意义。

金属切削加工是指在机床上通过刀具与工件按一定的规律做相对运动,从工件上切除多余的金属,从而获得所需要的尺寸、外形及加工精度的一种加工方法。研究金属切削的基本原理,掌握切削过程中出现的切削力、切削变形、切削热与切削温度、刀具磨损等现象及其规律,有利于控制和改善金属的切削过程。

本节主要介绍切削加工过程的切削运动、切削刀具以及切削过程的基本规律等金属切削加工基础知识。在学习切削原理基本知识时,应该重点弄清楚它们对切削加工的影响以及如何减少其不利影响。

### 6.1.1 切削运动

金属切削加工时刀具和工件之间的相对运动,称为切削运动。切削运动按其所起的作用可分为主运动和进给运动。图 6-1 表示车削外圆时车刀与工件的相互运动过程,整个切削运动由工件的旋转运动和车刀的连续轴向直线进给运动组成。

在介绍切削运动之前先来掌握几个术语。

切削加工过程中,在切削运动的作用下,工件表面一层金属不断地被切下来变为切屑,从而加工出所需要的新的表面。在新表面形成的过程中,工件上有三个依次变化着的表面、它们分别是待加工表面,切削表面和已加工表面,如图 6-1 和图 6-2 所示。其含义如下:

(1)待加工表面,即将被切去金属层的表面。
(2)切削表面,切削刃正在切削而形成的表面,又称加工表面或过渡表面。
(3)已加工表面,已经切去多余金属层而形成的新表面。

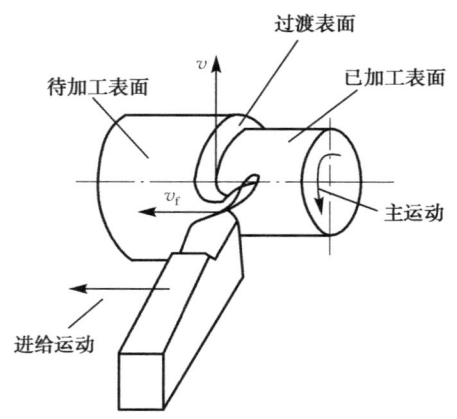

图 6-1 车削运动和工件上的表面

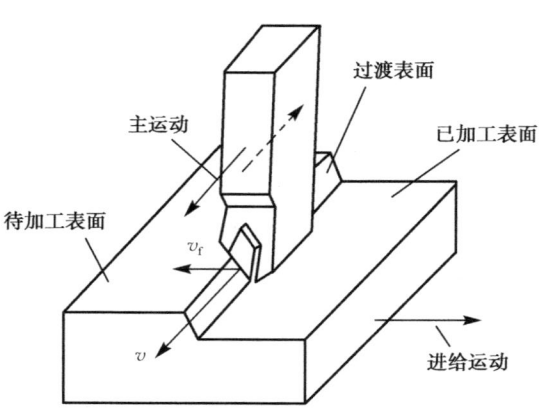

图 6-2 刨削运动和工件上的表面

## 1. 主运动($v_c$)

主运动是由机床或人力提供的运动，它使刀具与工件之间产生主要的相对运动。主运动的特点是速度最高，消耗功率最大。车削时，主运动是工件的回转运动，如图 6-1 所示；牛头刨床刨削时，主运动是刀具的往复直线运动，如图 6-2 所示。主运动的运动形式可以是旋转运动，也可以是直线运动；主运动可以由工件完成，也可以由刀具完成。主运动通常只有一个。

## 2. 进给运动($v_f$)

进给运动是由机床或人力提供的运动，它使刀具与工件间产生附加的相对运动，进给运动将使被切金属层不断地投入切削，以加工出具有所需几何特性的已加工表面。进给运动的特点是速度较低，消耗功率小，是形成已加工表面的辅助运动。车削外圆时，进给运动是刀具的纵向运动；车削端面时，进给运动是刀具的横向运动。牛头刨床刨削时，进给运动是工作台的移动。主运动和进给运动可以同时进行，也可以间歇进行，而进给运动的数目可以有一个或几个。

## 3. 合成切削运动($\boldsymbol{v}_e$)

当主运动和进给运动同时进行时，切削刃上某一点相对于工件的运动为合成切削运动，常用合成速度向量$\boldsymbol{v}_e$来表示，如图 6-3 所示。

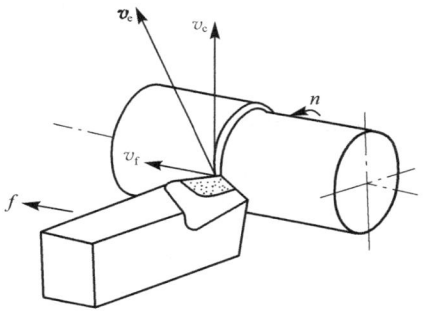

图 6-3 合成速度

### 6.1.2 切削要素

切削要素包括切削用量要素和切削层参数。

#### 1. 切削用量三要素

切削用量是用来表示切削加工中主运动和进给运动参数的数量。切削用量包括切削速度、进给量、背吃刀量三个要素。

1) 切削速度 $v_c$

在切削加工时，切削刃选定点相对于工件主运动的瞬时速度称为切削速度，用$v_c$表示，单位为 m/min 或 m/s，它表示在单位时间内工件和刀具沿主运动方向相对移动的距离。

主运动为旋转运动时，切削速度$v_c$计算公式为

$$v_c = \frac{\pi d n}{1000} (\text{m/min 或 m/s}) \tag{6-1}$$

式中，$d$ 为工件或刀具直径(mm)；$n$ 为工件或刀具每分(秒)钟转数(r/min 或 r/s)。

主运动为往复运动时，平均切削速度为

$$v_c = \frac{2Ln_r}{1000} (\text{m/min 或 m/s}) \tag{6-2}$$

式中，$L$ 为往复运动行程长度(mm)；$n_r$ 为主运动每分钟的往复次数(往复次数/min)。

2) 进给量 $f$

进给量是刀具在进给运动方向上相对工件的位移量，可用刀具或工件每转或每行程的位

移量来表述或度量,用 $f$ 表示,单位为 mm/r 或 mm/双行程。车削时进给量的单位是 mm/r,即工件每转一圈,刀具沿进给运动方向移动的距离。刨削等主运动为往复直线运动,其间歇进给的进给量为 mm/双行程,即每个往复行程刀具与工件之间的相对横向移动距离。

单位时间的进给量,称为进给速度,车削时的进给速度 $v_f$ 计算公式为

$$v_f = nf \text{(mm/min 或 mm/s)} \tag{6-3}$$

铣削时,由于铣刀是多齿刀具,进给量单位除 mm/r 外,还规定了每齿进给量,用 $a_f$ 表示,单位是(mm/z)。$v_f$、$f$、$a_f$ 三者之间的关系为

$$v_f = nf = na_f z \tag{6-4}$$

式中,$z$ 为刀具的齿数;$n$ 为工件或刀具每分(秒)钟转数(r/min 或 r/s)。

3)背吃刀量(切削深度)$a_p$

背吃刀量 $a_p$ 是指主刀刃工作长度(在基面上的投影)沿垂直于进给运动方向上的投影值,用 $a_p$ 表示,单位为 mm。对于外圆车削,背吃刀量 $a_p$ 等于工件已加工表面和待加工表面之间的垂直距离(图 6-1)。即

$$a_p = \frac{d_w - d_m}{2} \tag{6-5}$$

式中,$d_w$ 为待加工表面直径(mm);$d_m$ 为已加工表面直径(mm)。

**2. 切削层参数**

刀具切削刃在一次进给中,从工件待加工表面上切下的金属层称为切削层。切削层参数就是指这个切削层的截面尺寸。为了简化计算,切削层形状、尺寸规定在刀具的基面中度量,切削层的形状和尺寸将直接影响刀具切削部分所承受的负荷和切屑的尺寸大小,还影响切削力、刀具磨损、表面质量和生产效率。

如图 6-4 所示,车外圆时,当主、副切削刃为直线,且 $\lambda_s = 0$,切削层就是车刀由位置Ⅰ移动到位置Ⅱ,即一个 $f$ 距离,刀具正在切削的那层金属层。图 6-4(a)中的阴影部分即切削层。可见,切削层的形状是平行四边形。切削层参数通常在基面内测量(图 6-4(b))。

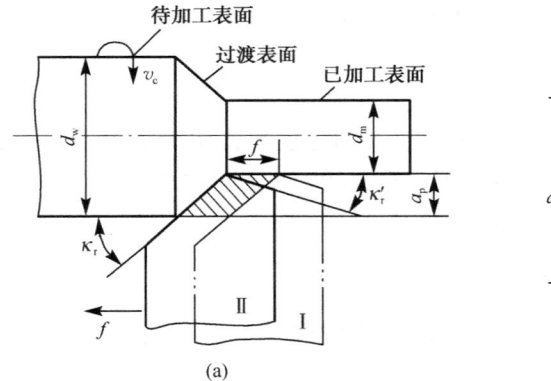
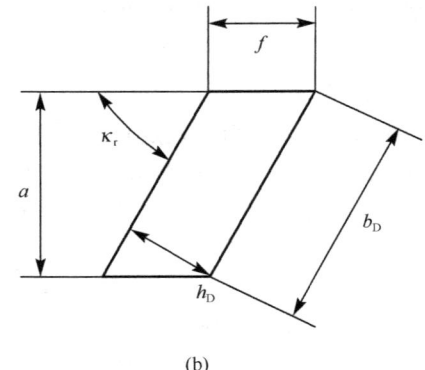

图 6-4 切削层参数

1)切削层公称厚度 $h_D$

简称切削厚度,是垂直于切削表面度量的切削层尺寸,单位为 mm,其计算公式为

$$h_D = f \sin \kappa_r \tag{6-6}$$

从式(6-6)中可以看出，$h_D$ 随 $f$、$\kappa_r$ 的增大而增大。

2) 切削层公称宽度 $b_D$

简称切削宽度，是沿切削表面度量的切削层尺寸，单位为 mm，其计算公式为

$$b_D = a_p / \sin\kappa_r \tag{6-7}$$

从式(6-7)中可以看出，$a_p$ 越大，$b_D$ 越宽。

3) 切削层公称横截面积 $A_D$

指在基面内测量的面积，单位为 $mm^2$，其计算公式为

$$A_D = h_D b_D = f a_p \tag{6-8}$$

## 6.2 金属切削刀具

切削刀具种类很多，如车刀、刨刀、铣刀和钻头等。它们几何形状各异，复杂程度不等，但它们切削部分的结构和几何角度都具有许多共同的特征，其中车刀是最常用、最简单和最基本的切削工具，因而最具有代表性。其他刀具都可以看成车刀的组合或变形。因此，研究金属切削工具时，通常以车刀为例进行研究和分析。

### 6.2.1 刀具的结构几何参数(车刀)

车刀由刀柄和切削部分组成(图 6-5)，刀具中起切削作用的部分称为切削部分，支持部分称为刀柄。其切削部分的构造要素的名称也可用于其他金属切削刀具。

**1. 刀具的基本结构(一尖、两刃、三面)**

1) 刀面(三面)

(1) 前刀面：刀具上切屑流过的表面。

(2) 后刀面：与工件上切削表面相对的刀面。

(3) 副后刀面：与已加工表面相对的刀面。

2) 切削刃(两刃)

(1) 主切削刃：前刀面与后刀面的交线，承担主要的切削工作。

(2) 副切削刃：前刀面与副后刀面的交线，承担少量的切削工作。

3) 刀尖(一尖)

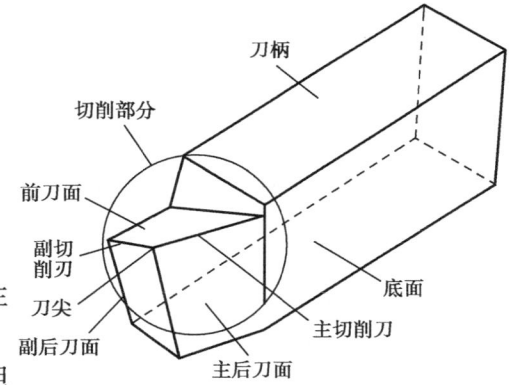

图 6-5 车刀的组成

刀尖是主、副切削刃相交的一点，实际上该点不可能磨得很尖，而是由一段折线或微小圆弧组成，微小圆弧的半径称为刀尖圆弧半径。

**2. 刀具静止参考系(辅助平面)**

要确定刀面和刀刃的空间位置，可用刀具的几何角度来表示，而要定义这些参数则需参照平面，由这些平面组成的平面系称为参考系。用于确定刀具角度的参考坐标系分为静态参考系和动态参考系。静态参考系是定义刀具标注角度的参考系，而动态参考系是确定刀具在运动中角度的基准，是定义刀具工作角度的参考系。

这里主要介绍车刀在静止参考系的平面内(图 6-6)的各种角度。

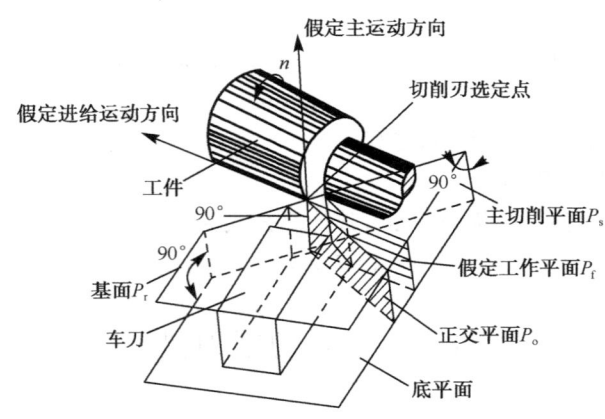

图 6-6　刀具静止参考系的平面

1) 基面 $P_r$

通过切削刃上某选定点，与主运动假定方向垂直的平面。基面是刀具制造、刃磨、测量时的定位基准，用 $P_r$ 表示。

2) 切削平面 $P_s$

通过切削刃上某选定点，与刀刃相切并垂直于基面 $P_r$ 的平面，用 $P_s$ 表示。

3) 正交平面 $P_o$

通过切削刃上某选定点，同时垂直于基面与切削平面的平面，用 $P_o$ 表示。

4) 假定工作平面 $P_f$

过切削刃选定点，垂直于基面并平行于假定进给运动方向的平面，用 $P_f$ 表示。

由此可知，正交平面垂直于主切削刃在基面上的投影。正交平面参考系是由 $P_r$、$P_s$、$P_o$ 三平面相互正交，又称为正交剖面系。

### 3. 刀具的主要角度(标注角度)

刀具标注角度是刀具的重要几何参数，直接关系到刀具的性能、强度和耐用度等。建立了正交平面参考坐标系，刀具的各个刀面与坐标系平面之间就产生了交角，这样可以用它们来表示各个刀面的倾斜程度，从而改变刀具的锋利与强弱，设计、刃磨和测量刀具的几何形状，对外圆车刀来说，刀面主要有三个，每个刀面按一面两角分析法需要两个角度来确定其空间位置，因此总共需要六个角度来确定外圆车刀的几何形状，这六个角度称为外圆车刀的独立角度，如图 6-7 所示。

(1) 前角 $\gamma_o$。在正交平面内测量的前刀面与基面之间的夹角，记为 $\gamma_o$。前角大小决定了刀具的锋利程度，前角越大刀具越锋利。根据前刀面与基面相对位置的不同，又分别规定：基面处于刀具实体之外时，为正前角；基面与前刀面重合时，为零度角；当基面处于实体之外时，为负前角(图 6-7(a))。

第 6 章 金属切削的基础知识

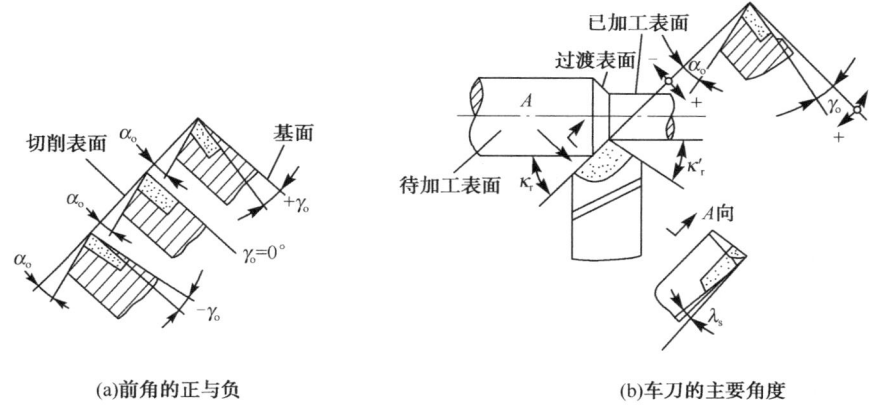

(a)前角的正与负　　　　(b)车刀的主要角度

图 6-7　车刀在正交平面参考系中的标准角度

(2)主后角 $\alpha_o$。在正交平面内测量的主后刀面与切削平面之间的夹角,记为 $\alpha_o$。后角大小决定了刀刃的强度,后角越小,强度越高,切削刃越不锋利,刀具后面与工件的摩擦越剧烈。当切削平面处于刀具实体之外时,主后角为正值;当切削平面与后刀面重合,为零度角;当切削平面处于刀具实体之内时,主后角为负值(图 6-7(b))。

(3)副后角 $\alpha_o'$。在副切削刃的正交平面内测量的副后刀面与切削平面之间的夹角,记为 $\alpha_o'$。其作用与主后角相似,一般为正值。

(4)主偏角 $\kappa_r$。在基面内测量的主切削刃在基面上的投影与进给运动方向的夹角,记为 $\kappa_r$。主偏角大小影响切削层的形状及切削分力的变化。主偏角一般为正值(图 6-7(b))。

(5)副偏角 $\kappa_r'$。在基面内测量的副切削刃在基面上的投影与进给运动反方向的夹角,记为 $\kappa_r'$。它和主偏角一起影响已加工表面的粗糙度,副偏角越大,副后刀面与已加工表面的摩擦越小。副偏角一般为正值(图 6-7(b))。

(6)刃倾角 $\lambda_s$。在切削平面内测量的主切削刃与基面之间的夹角。刃倾角的大小主要影响刀尖的强度和切屑流出的方向。当刀尖位于切削刃上最高点时,刃倾角为正,切屑流向待加工表面;当主切削刃在基面上时,刃倾角为零度角,切屑近似地沿切削刃法线方向流出;当刀尖位于是切削刃上的最低点时,刃倾角为负,切屑流向已加工表面。刀具前、后角及刃倾角的正、负判断法,如图 6-8 所示。

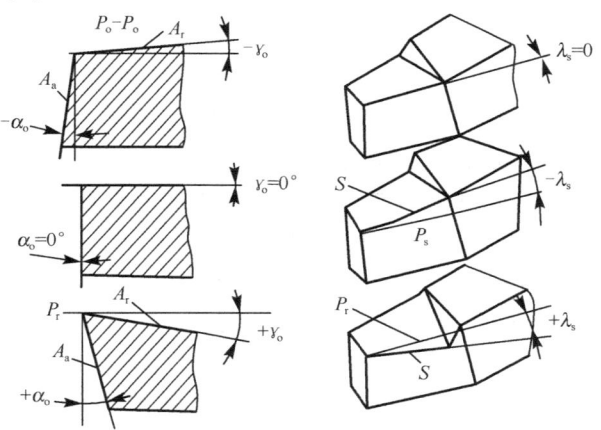

图 6-8　刀具前、后角及刃倾角的正、负判断

## 4. 刀具的工作角度

刀具工作角度是刀具在工作参考系中定义的一组角度,工作角度反映了刀具的实际工作状态。在切削过程中,由于刀具安装位置和进给因素的影响,使刀具在工作角度(即刀具的实际切削角度)不同于其在静止参考系中的角度。

### 6.2.2 刀具材料

#### 1. 刀具材料应当具备的性能

金属切削过程中,刀具切削部分在高温下承受着很大压力与剧烈摩擦,切削工作时,还伴随着切削力、冲击和振动,因此,刀具切削部分材料应具备以下几个基本性能:

(1) 高硬度。刀具材料的硬度必须高于被加工件材料的硬度,常温硬度应在 HRC60 以上。

(2) 耐磨性。耐磨性表示刀具抵抗磨损的能力,通常刀具材料硬度越高,耐磨性越好,材料中硬质点的硬度越高,数量越多,颗粒越小,分布越均匀,则耐磨性越好。

(3) 足够的强度和韧性。为了承受切削力、冲击和振动,刀具材料应具有足够的强度和韧性。一般用抗弯强度($\sigma_b$)冲击韧性($\alpha_k$)表示。

(4) 高耐热性。高耐热性是指在高温下仍能维持刀具切削性能的一种特性,通常用高温硬度或红硬性来衡量。它是影响刀具材料切削性能的重要指标。耐热性越好的材料允许的切削速度越高。

(5) 良好的工艺性和经济性。为了便于刀具制造,要求刀具材料有较好的可加工性,包括锻、轧、焊接、切削加工、可磨削性和热处理特性等。此外,在选用刀具材料时,还要考虑经济性。经济性差的刀具材料难以推广使用。

选择刀具材料时,很难找到各方面的性能都是最佳的材料,因为材料性能之间有的是相互制约的,只能根据工艺需要保证主要需求的性能。例如,粗加工锻件毛坯,需保持有较高的强度与韧性,而加工硬材料需有较高的硬度等。

#### 2. 常用刀具材料

当前常用的刀具材料分为碳素工具钢、合金工具钢、高速钢和硬质合金四大类。一般机加工使用最多的是高速钢与硬质合金。

(1) 碳素工具钢(carbon tool steel):碳含量较高的优质钢(碳含量为 0.7%～1.2%,如 T10A 等),淬火后硬度较高、价廉,但耐热性较差。

(2) 合金工具钢(alloy tool steel):在碳素工具钢中加入少量的铬、钨、锰、硅等元素形成(如 9SiCr 等),可适当减少热处理变形和提高耐热性。

(3) 高速钢(highspeed steel):它是含钨、铬、钒等合金元素较多的合金工具钢,俗称白钢、风钢,高速钢按照切削性能可分为普通高速钢和高性能高速钢;按制造工艺方法可分为粉末高速钢和熔炼高速钢。

(4) 硬质合金(carbides):它是以高硬度、高熔点的金属碳化物(WC、TiC 等)作为基体,以金属钴等作黏结剂,用粉末冶金的方法制成的一种合金。它的硬度高、耐磨性好、耐热性高,允许的切削速度比高速钢高数倍,但其强度和韧度均较高速钢低,工艺性也不如高速钢。因此常制成各种形式的刀片,焊接或机械夹固在车刀、刨刀、端铣刀等的刀柄(刀体)上使用。

碳素工具钢和合金工具钢的耐热性较低,常用来制造一些切削速度不高的手工工具,如锉刀、锯条、铰刀等,较少用于制造其他刀具。

3. 新型刀具材料

(1) 涂层(coated)刀具材料:是指通过气相沉积或其他技术方法,在硬质合金或高速钢的基体上涂覆一薄层高硬度、高耐磨性的难熔金属或非金属化合物而构成的刀具材料。涂层硬质合金刀具的寿命比不涂层刀具的寿命提高1～3倍,涂层高速钢刀具寿命比不涂层的刀具寿命提高2～10倍。

(2) 陶瓷刀具材料:分为氧化铝($Al_2O_3$)基和氮化硅($Si_3N_4$)基两类。是以氧化铝或以氮化硅为基体再添加少量金属,在高温下烧结而成的一种刀具材料。可用于钢、铸铁类零件的车削、铣削加工。

(3) 超硬(superhard)刀具材料:包括天然金刚石、聚晶金刚石和聚晶立方氮化硼3种。

## 6.3 金属切削过程

金属切削过程是指通过切削运动,刀具从工件上切除多余的金属层,形成切屑和已加工表面,得到合格的零件几何形状的过程。在这一过程中,切削层经切削变形形成切屑产生切削力、切削热与切削温度、刀具磨损等许多现象,对这些现象进行研究揭示其机理,探索和掌握金属切削过程的基本规律,从而主动地加以有效的控制,对保证加工精度和表面质量,提高切削效率,降低生产成本和劳动强度具有十分重大的意义。

### 6.3.1 切屑的形成与种类

1. 切屑的形成

大量的实验和理论分析证明,塑性金属切削过程中切屑的形成过程就是切削层金属的变形过程,切削层在刀具与工件间相对运动的作用下,产生压缩变形,进而产生整体弹塑性变形进而产生剪切滑移,形成切屑。在切削过程中,变形程度越大,工件的表面质量越差,切削过程中消耗的能量越多。

2. 切屑的种类与控制

由于工件材料、切削条件的不同,产生的切屑种类也不同,常见的切屑有以下四类(图6-9):

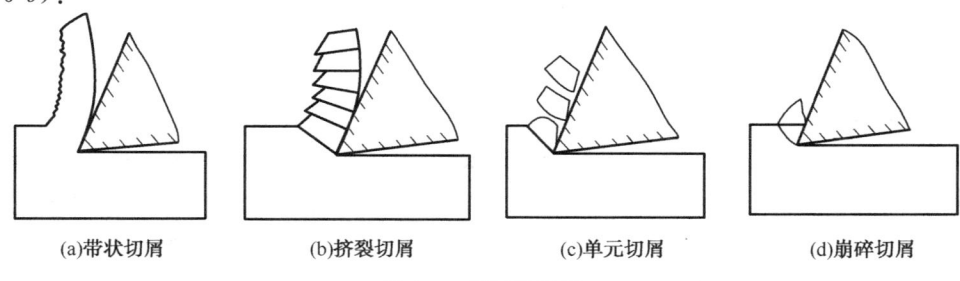

图6-9 切屑的种类

(1)带状切屑。在切削过程中,切削层变形终了时,如其金属的内应力还没有达到强度极限时,就会形成连绵不断的切屑,在切屑靠近前刀面的一面很光滑,另一面略呈毛茸状,这就是带状切屑。当切削塑性较大的金属材料如碳素钢、合金钢、铜和铝合金,或刀具前角较大,切削速度较高时,经常出现这类切屑。

(2)挤裂切屑(又称节状切屑)。在切屑形成过程中,如变形较大,其剪切面上局部所受到的剪应力达到材料的强度极限时,则剪切面上的局部材料就会破裂成节状,但与前刀面接触的一面常互相连接而未被折断,这就是挤裂切屑。工件材料塑性越差或用较大进给量低速切削钢材时,较容易得到这类切屑。

(3)单元切屑(又称粒状切屑)。在切屑形成过程中,如其整个剪切面上所受到的剪应力均超过材料的破裂强度时,切屑就成为单元切屑,形状似梯形。

(4)崩碎切屑。切削铸铁、黄铜等脆性材料时,切削层几乎不经过塑性变形阶段就产生崩裂,得到的切屑呈现不规则的粒状,工件加工后的表面也极为粗糙。

前三种切屑是切削塑性金属时得到的,形成带状切屑时切削过程最平稳,切削力波动较小,已加工表面粗糙度较小,但带状切屑不易折断,常缠在工件上,损坏已加工表面,影响生产,甚至伤人。因此要采取断屑措施,如在前刀面上磨出卷屑槽等。形成单元切屑时,切削力波动最大。在生产中一般常见的是带状切屑,当进给量增大,切削速度降低,则可由带状切屑转化为挤裂切屑。在形成挤裂切屑的情况下,如果进一步减小前角,或加大进给量降低切削速度,就可以得到单元切屑,反之,如果加大前角,减小进给量,提高切削速度,变形较小则可得到带状切屑,这说明切屑的形态是可以随切削条件而转化的。

### 6.3.2 积屑瘤

1.积屑瘤定义及产生的原因

加工一般钢料或其他塑性材料时,在切削速度不高而又能形成连续性切屑的情况下,常常在刀具前刀面切削处粘着一块剖面呈三角状的硬块,如图 6-10 所示,这块冷焊在前刀面上的金属就称为积屑瘤。

切削加工时,在切屑流经前刀面过程中,由于极大的变形形成的高温和极大的压力使切屑在前刀面上形成了滞流,当滞流层冷却后,形成了能抵抗切削力作用而不从前刀面脱落的刀瘤核,在刀瘤核的外侧继续产生滞流层及冷却,这样一来在刀瘤核上黏结物不断地堆积,形成了刀瘤。刀瘤长到一定高度时,由于积屑改变了前刀面的实际形状,使切屑与前刀面的接触条件和受力状况发生变化,积屑瘤不再继续生长,一个完整的积屑瘤便形成了。长高的积屑瘤在外力或振动作用下会发生局部的破裂和脱落,继而重复生长与脱落。

2.积屑瘤的影响

积屑瘤的硬度很高,通常是工件材料的 2~3 倍,当它处于比较稳定的状态时,能够代替切削刃进行切削,起到了保护刀具的作用,而且增大了实际前角,可减少切屑变形和切削力,但是会引起过量切削(图 6-10 中的 $\Delta h_D$),降低加工精度,当积屑瘤脱落时,其残片会黏附在已加工表面上,恶化表面粗糙度,如果残片黏附在切屑底层会划伤刀具表面,因此在粗加工时可以利用积屑瘤的有利之处,而精加工时应避免产生积屑瘤。

### 3. 积屑瘤的控制

影响积屑瘤产生的主要因素是工件材料和切削速度。工件材料塑性越好，越易生成积屑瘤。实践证明，切削速度很高或很低时，很少生成积屑瘤。在某一速度范围内，积屑瘤容易生成，图 6-11 是切削速度与积屑瘤高度 $H_b$ 的关系曲线。从图 6-11 可知，控制积屑瘤的有效办法是控制切削速度的大小。一般选用中速以上的切削速度进行加工，同时选用小进给量和大的前角，使切屑与前刀面的摩擦减小，切削温度低而抑制积屑瘤的产生，另外还可以利用切削液冷却。

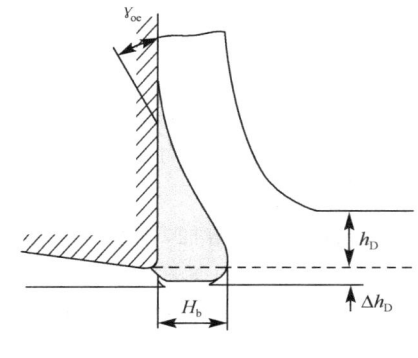

图 6-10　积屑瘤

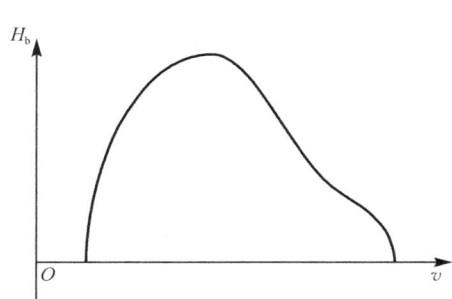

图 6-11　切削速度 $v$ 与积屑瘤高度 $H_b$ 的关系

## 6.3.3　切削力与切削功率

金属切削时，刀具切入工件使被切金属层发生变形成为切屑所需要的力称为切削力。研究切削力对刀具、机床、夹具的设计和使用都具有很重要的意义。

### 1. 切削力

1) 切削力的来源

金属切削时，切削力来源于两个方面，一是克服在切屑形成过程中工件材料对弹性变形和塑性变形的变形抗力；二是克服切屑与前刀面和后刀面的摩擦阻力。变形力和摩擦力形成了作用在刀具上的合力 $F$。在切削时合力 $F$ 作用在切削刃空间某个方向，由于大小与方向都不易确定，因此为了便于测量、计算和反映实际作用的需要，常将合力 $F$ 分解为互相垂直的三个分力 $F_c$、$F_f$ 和 $F_p$，如图 6-12 所示。

(1) 切削力 $F_c$（主切削力 $F_z$）。在主运动方向上的分力，它切于加工表面，并与基面垂直。$F_c$ 用于计算刀具强度，设计机床零件，确定机床功率等。

(2) 进给力 $F_f$（进给抗力 $F_x$）。在进给运动方向上的分力，它处于基面内与进给方向相反。$F_f$ 用于设计机床进给机构和确定进给功率等。

(3) 背向力 $F_p$（切深抗力 $F_y$）。在垂直于工作平面上分力，它处于基面内并垂直于进给方向。$F_p$ 用来计算工艺系统刚度等。它也是使工件在切削过程中产生振动的力。

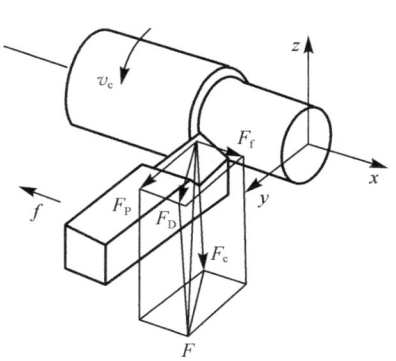

图 6-12　切削合力及其分力

由图 6-12 可以看出，进给力 $F_f$ 和背向力 $F_p$ 的合力 $F_D$ 作用在基面上且垂直于主切削刃。$F$、$F_D$、$F_f$、$F_p$ 之间的关系为

$$\begin{cases} F = \sqrt{F_D^2 + F_c^2} = \sqrt{F_c^2 + F_p^2 + F_f^2} \\ F_p = F_D \cos\kappa_r, F_f = F_D \sin\kappa_r \end{cases} \quad (6\text{-}9)$$

式(6-9)表明，当 $\kappa_r = 0°$ 时，$F_p = F_D$，$F_f = 0$；当 $\kappa_r = 90°$ 时，$F_p = 0$，$F_f = F_D$，各分力的大小对切削过程会产生明显不同的作用。

实验可得，当 $\kappa_r = 45°$，$\gamma_o = 15°$，$\lambda_S = 0°$ 时，各分力间近似关系为

$$F_c : F_p : F_f = 1 : (0.4 \sim 0.5) : (0.3 \sim 0.4)$$

一般情况下主切削力 $F_c$ 最大。

2) 影响切削力的主要因素

(1) 工件材料。工件材料的强度、硬度越高，剪切屈服强度 $\tau_s$ 越高，切削时产生的切削力越大。例如，加工 60 钢的切削力 $F_c$ 比 45 钢增大 4%，加工 35 钢的切削力 $F_c$ 比 45 钢减小 13%。

工件材料的塑性、冲击韧度越高，切削变形越大，切屑与刀具间摩擦增加，则切削力越大。例如，不锈钢 1Cr18Ni9Ti 的延伸率是 45 钢的 4 倍，所以切削时变形大，切屑不易折断，加工硬化严重，产生的切削力比 45 钢增大 25%。加工脆性材料时，因塑性变形小，切屑与刀具间摩擦小，切削力较小。

(2) 刀具几何参数。刀具几何参数中，前角对切削力的影响较大。前角 $\gamma_o$ 增大，切削变形减小，故切削力减小。主偏角对切削力 $F_c$ 的影响较小，而对进给力 $F_f$ 和背向力 $F_p$ 影响较大。

实践证明，刃倾角 $\lambda_s$ 在很大范围 ($-40° \sim +40°$) 内变化时，对 $F_c$ 没有什么影响，但 $\lambda_s$ 增大时，$F_f$ 增大，$F_p$ 减小。

(3) 切削用量。切削用量中，对切削力影响较大的主要是背吃刀量和进给量。当它们增加时，使切削面积 $A_D$ 成正比增加，变形抗力和摩擦力加大，因而切削力随之增大。当背吃刀量增大一倍时，切削力近似成正比增加。进给量 $f$ 增大一倍时，切削面积 $A_D$ 也成正比增加，但变形程度减小，使切削层单位面积切削力减小。

(4) 其他因素。刀具材料与工件材料之间的摩擦系数 $\mu$ 会直接影响到切削力的大小。一般按立方碳化硼刀具、陶瓷刀具、涂层刀具、硬质合金刀具、高速钢刀具的顺序，切削力依次增大。

切削液有润滑作用，使切削力降低。切削液的润滑作用越好，切削力的降低越显著。在较低的切削速度下，切削液的润滑作用更为突出。

3) 切削力计算的经验公式

为了计算切削力，人们进行了大量的试验和研究，但所得到的一些理论公式还是不能比较精确地进行切削力的计算。所以，目前生产实际中采用的计算公式都是通过大量的试验经数据处理后而得到的经验公式。

切削力经验公式应用比较广泛，其形式如下：

$$\begin{cases} F_c = C_{F_c} a_p^{X_{F_c}} f^{Y_{F_c}} v_c^{n_{F_c}} K_{F_c} \\ F_f = C_{F_f} a_p^{X_{F_f}} f^{Y_{F_f}} v_c^{n_{F_f}} K_{F_f} \\ F_p = C_{F_p} a_p^{X_{F_p}} f^{Y_{F_p}} v_c^{n_{F_p}} K_{F_p} \end{cases} \quad (6\text{-}10)$$

式中，$C_{F_c}$、$C_{F_f}$、$C_{F_p}$ 为取决于工件材料和切削条件的系数；$X_{F_c}$、$Y_{F_c}$、$n_{F_c}$ 为切削力分力 $F_c$ 公式中背吃刀量 $a_p$、进给量 $f$ 的指数；$X_{F_f}$、$Y_{F_f}$、$n_{F_f}$ 为切削力分力 $F_f$ 公式中背吃刀量 $a_p$、进给量 $f$ 的指数；$X_{F_p}$、$Y_{F_p}$、$n_{F_p}$ 为切削力分力 $F_p$ 公式中背吃刀量 $a_p$、进给量 $f$ 的指数；$K_{F_c}$、$K_{F_f}$、$K_{F_p}$ 为当实际加工条件与求得经验公式的试验条件不符时，各种因素对各切削分力影响的修正系数。

式(6-10)中各种系数和指数和修正系数都可以在切削用量手册中查到。

2. 切削功率

消耗在切削过程中的功率称为切削功率，记为 $P_m$，单位为 kW。切削功率是三个切削分力消耗功率的总和，由于在 $F_p$ 方向位移极小，可以近似认为 $F_p$ 不做功。在切削加工过程中，所需的切削功率可以按下式计算：

$$P_m = \left(F_c v_c + F_p v_p + \frac{F_f v_f}{1000}\right) \times 10^{-3} \text{(kW)} \tag{6-11}$$

式中，$F_c$、$F_p$、$F_f$ 为主切削力、背向力和进给力(N)；$v_c$ 为切削速度(m/s)；$v_f$ 为进给速度(mm/s)。

外圆车削时，$v_p$ 等于零，$F_f$ 小于 $F_c$，且 $F_f$ 方向的速度很小，因此 $F_f$ 所消耗的功率远小于 $F_c$，可以忽略不计。切削功率计算式可简化为

$$P_m = F_c v_c \times 10^{-3} \text{(kW)} \tag{6-12}$$

根据式(6-12)求出切削功率，可按下式计算机床电动机功率 $P_E$：

$$P_E = \frac{P_m}{\eta} \tag{6-13}$$

式中，$\eta_c$ 为机床传动效率，一般取 $\eta_c = 0.75 \sim 0.85$。

式(6-13)是校验和选用机床主电动机功率的计算式。

### 6.3.4 切削热与切削温度

切削热是切削过程的重要物理现象之一。切削热和由它产生的切削温度影响工件材料的性能、前刀面上的摩擦系数和切削力的大小；影响刀具磨损和刀具寿命；影响积屑瘤的产生和加工表面质量；影响工艺系统的热变形和加工精度。因此，研究切削热和切削温度具有重要的实际意义。

1. 切削热的产生和传出

在切削加工中，由于切削变形和摩擦而产生热量。其中在剪切面上塑性变形热占的比例最大。切削区域产生的切削热，在切削过程中分别由切屑、工件、刀具和周围介质向外传导出去。例如，在空气冷却条件下车削时，切削热 50%～86% 由切屑带走，40%～10% 传入工件，9%～3% 传入刀具，1% 左右通过辐射传入空气。热量传散的比例与切削速度有关，切削速度增加时，由摩擦生成的热量增多，但切削带走的热量也增加，在刀具中热量减少，在工件中热量更少。

2. 切削温度及其分布

切削温度是指前刀面与切屑接触区内的平均温度，它是由切削热的产生与传出的平衡条件所决定的。产生的切削热越多，传出的越慢，切削温度越高。反之，切削温度就越低。凡是增大切削力和切削功率的因素都会使切削温度上升。而有利于切削热传出的因素都会降低切削温度。

在切削过程中,切屑、刀具和工件上不同部位的切削温度分布是不均匀的。在前刀面和后刀面上,最高温度点都不在切削刃上,而是在离切削刃有一定距离的地方。这是摩擦热沿前刀面不断增加的缘故。在靠近前刀面的切屑底层上,温度变化很大,说明前刀面上的摩擦热集中在切屑底层。在已加工表面上,较高温度仅存在切削刃附近的一个很小的范围,说明温度的升降是在极短的时间内完成的。

**3. 影响切削温度的主要因素**

切削温度高低决定于产生热量多少和传散热量的快慢两方面因素。如果生热少、散热快,则切削温度低,或者上述之一占主导作用,也会降低切削温度。

在切削时影响产生热量和传散热量的因素有切削用量、刀具几何参数、工件材料的力学与物理性能和切削液等。

(1) 切削用量。实验表明,对切削温度影响最大的切削用量是切削速度,其次是进给量,而背吃刀量的影响最小。其中,切削速度增加一倍,切削温度约增加 32%;进给量增加一倍,切削温度增加约为 18%;背吃刀量增加一倍,切削温度增加约 7%。

(2) 刀具几何参数。前角的大小直接影响切削过程中的变形和摩擦,对切削温度有明显的影响,前角增大,切削层变形小,产生的热量少,切削温度降低;但过大的前角会减少散热体积,当前角大于 20°~25°时,前角对切削温度的影响减少。反之,前角减小,切削温度升高。主偏角增大,切削刃的工作长度缩短,切削温度升高,反之,主偏角减小,使切削宽度增大,散热面积增加,切削温度下降。同时,刀具磨损对切削温度也有影响,刀具磨损后,切削刃变钝,同时刀具后刀面与工件的摩擦加剧,所以,刀具磨损后切削温度升高。

(3) 工件材料。工件材料的强度、硬度越高,切削时消耗的功就越多,产生的切削热越多,切削温度就越高。工件材料的热导率越大,通过切屑和工件传出的热量越多,切削温度越低。

(4) 切削液。浇注切削液对降低切削温度、减少刀具磨损和提高已加工表面质量有明显的效果。切削液的润滑作用可以减少摩擦,减小切削热的产生,同时起冷却作用,能带走大量的切削热,使切削温度降低。

### 6.3.5 刀具磨损与刀具耐用度

**1. 刀具磨损的形式**

进行金属切削加工时,刀具一方面将切屑切离工件,另一方面自身也要发生磨损或破损。

刀具磨损是指切削时刀具在高温条件下,受到工件、切屑的摩擦作用,刀具材料逐渐被磨耗或出现其他形式的损坏。刀具磨损的形式可分为正常磨损和非正常磨损两类。

(1) 正常磨损:是指随着切削时间的增加,逐渐扩大的磨损,它包括前刀面磨损、后刀面磨损和副后刀面磨损。

(2) 非正常磨损:也称破损,常见的有塑性变形、切削刃崩刃、剥落、热裂等,其原因很复杂,如刀具韧性或硬度太低、刀具的几何参数不合理、切削用量选的过大造成切削力过大等都会导致非正常磨损。

这里仅分析刀具的正常磨损。刀具的磨损形式有以下三种,如图 6-13 所示。在常规条件下,加工塑性金属常常出现如图 6-13 所示的前后刀面同时的磨损情况。

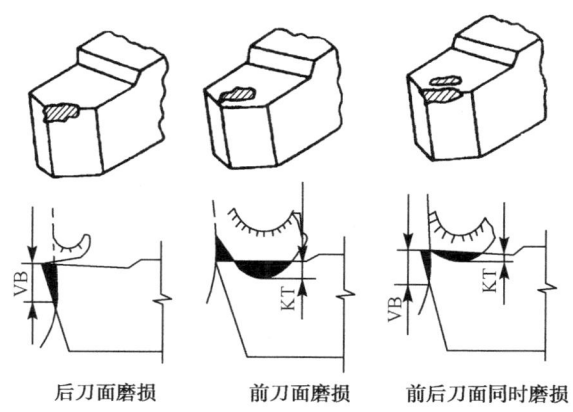

| 后刀面磨损 | 前刀面磨损 | 前后刀面同时磨损 |

图 6-13 刀具的磨损形式

**2. 磨损过程和磨钝标准**

1) 刀具的磨损过程

刀具的磨损一般分为三个阶段,以后刀面磨损为例,它的磨损量 VB 和切削时间的关系可用图 6-14 来表示。

(1) 初期磨损阶段(图 6-14 中Ⅰ区):由于刀面上表面粗糙度值大,表面组织不耐磨,磨损较快。

(2) 正常磨损阶段(图 6-14 中Ⅱ区):随着切削时间增加,磨损量 VB 逐渐加大,这是刀具工作的有效时间。

(3) 急剧磨损阶段(图 6-14 中Ⅲ区):磨损量 VB 到了一定数值后,磨损急剧增大,引起切削力增大,切削温度急剧升高,如果继续使用,则刀具切削刃将产生破坏。

2) 刀具的磨钝标准

磨钝标准亦称磨损判据,是指刀具从开始切削到不能继续使用为止在刀面上的那段磨损量。这个磨损量也叫磨损极限。

刀具磨损到一定限度后就不能继续使用,应该重磨或更换切削刃。由于多数切削情况下均可能出现后刀面的均匀磨损量,此外,磨损量 VB 比较容易测量和控制,因此常用 VB 来研究磨损过程,作为衡量刀具的磨钝标准。自动化生产中的精加工刀具,常以沿工件径向的刀具磨损尺寸作为刀具的磨钝标准,称为径向磨损量 NB。ISO 标准统一规定以 1/2 背吃刀量处的后刀面上测定的磨损带宽度 VB 作为刀具的磨钝标准。

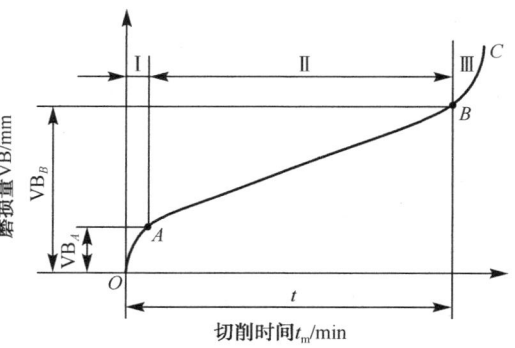

图 6-14 刀具磨损的典型曲线

**3. 刀具使用耐用度(刀具寿命)**

1) 刀具寿命

在实际生产中,为了更加方便、快速、准确地判断刀具的磨损情况,一般以刀具寿命来间接地反映刀具的磨钝标准。

刀具寿命 T 的定义为,刀具由刃磨后开始切削,一直到磨损量达到刀具的磨钝标准所经过的总切削时间(单位为 min)。通常所说的磨钝标准,是指后刀面磨损带中间平均磨损量允许达到的最大值,以符号 VB 表示。

刀具寿命反映了刀具磨损的快慢程度。刀具寿命长表明刀具磨损速度慢;反之表明刀具磨损速度快。影响切削温度和刀具磨损的因素都同样影响刀具寿命。切削用量对刀具寿命的影响较为明显,通过切削实验,可以得出 $v_c$、$f$、$a_p$ 对刀具寿命 T 的影响关系式

$$T = \frac{C_T}{v_c^X f^Y a_p^Z} \tag{6-14}$$

式中,$C_T$ 为与工件材料、刀具材料及切削条件有关的系数。X、Y、Z 为切削速度、进给量、背吃刀量对刀具寿命的影响指数。

用 YT5 硬质合金车刀切削 $\sigma_b = 0.637$GPa(进给量 $f > 0.7$mm/r)的碳钢时,切削用量与刀具寿命的关系为

$$T = \frac{C_T}{v_c^5 f^{2.25} a_p^{0.75}}$$

由上式可以看出,切削速度对刀具寿命影响最大,进给量次之,背吃刀量最小。这与三者对切削温度的影响顺序完全一致。反映出切削温度对刀具寿命有重要的影响。

刀具寿命是一个具有多种用途的重要参数,如用来确定换刀时间;衡量工件材料切削加工性和刀具材料切削性能优劣;判定刀具几何参数及切削用量的选择是否合理等,都可用它来表示和说明。

2)影响刀具耐用度的因素

(1)切削速度对刀具耐用度的影响。提高切削速度 $v_c$,使切削温度增高,磨损加剧,而使刀具寿命 T 降低。

(2)进给量与背吃刀量的影响。进给量 $f$ 和背吃刀量 $a_p$ 增大,均使刀具耐用度 T 降低,但 $f$ 增大后,使切削温度升高较多,故对 T 影响较大;而 $a_p$ 增大,使切削温度升高较少,故对刀具耐用度影响较小。

(3)刀具几何参数。合理选择刀具几何参数能提高刀具耐用度。增大前角 $\gamma_o$,切削温度降低,刀具耐用度提高,但前角太大,强度低、散热差,刀具耐用度反而会降低,因此,刀具前角有一个最佳值,该值可通过切削实验求得。适当减小主偏角 $\kappa_r$、副偏角 $\kappa_r'$ 和增大刀尖圆弧半径 $\gamma_\varepsilon$,可提高刀具强度和降低切削温度,均能提高刀具耐用度。

(4)工件材料。加工材料的强度、硬度越高和韧性越高、延伸率越小,切削时均能使切削温度升高,刀具耐用度较低。

(5)刀具材料。刀具材料是影响刀具耐用度的重要因素,合理选用刀具材料、采用涂层刀具材料和使用新型刀具材料,是提高刀具耐用度的有效途径。

## 6.4 工程材料的切削加工性

### 6.4.1 工程材料的切削加工性

1.定义

工程材料的切削加工性是指对其进行切削加工的难易程度。它具有一定的相对性。某种材料切削加工的难易,不仅取决于材料本身,还取决于具体的加工要求及切削条件。

### 2. 衡量材料切削加工性的指标

加工要求和生产条件不同,评定材料切削加工性的指标也不相同。常用的评定指标有下面几种。

(1) 刀具寿命 $T$。在相同的切削条件下,使刀具寿命高的工件材料,其切削加工性好。或者在一定刀具寿命($T$)下,所允许的最大切削速度($v_T$)高的工件材料,其切削加工性就好。

(2) 相对加工性 $K_r$。由于材料的切削加工性概念具有相对性,所以人们经常以抗拉强度 $\sigma_b=0.637$GPa 的 45 钢的 $V_{60}$ 作为基准,写作$(V_{60})_j$,而把其他被切削材料的 $V_{60}$ 与之相比,可得到该材料的相对切削加工性 $K_r$,即

$$K_r = \frac{v_{60}}{(v_{60})_j} \tag{6-15}$$

凡是 $K_r>1$ 的材料,比 45 钢容易切削;凡是 $K_r<1$ 的材料,比 45 钢难切削。

(3) 已加工表面质量。以常用材料是否容易获得所要求的已加工表面质量,作为评定材料切削加工性的指标。凡较容易获得好的加工表面质量的材料,其切削加工性较好;反之,则较差。一般精加工的零件可用表面粗糙度值来评定材料的切削加工性。对某些有特殊要求的零件,在评定材料切削加工性时,不仅用表面粗糙度值指标,还要用表面层材质的变化指标来全面评定。

(4) 切削力或切削温度。在相同的切削条件下,凡使切削力加大、切削温度增高的工件材料,其切削加工性就差;反之,其切削加工性就好,在粗加工或机床动力不足时,常以此指标来评定材料的切削加工性。

(5) 切屑控制或断屑的难易。在自动机床或自动生产线上,常用切屑控制的难易程度来评定材料的切削加工性。凡切屑容易被控制或折断的材料,其切削加工性就好,反之,则差。

一种工件材料很难在各方面都能获得较好的切削加工性指标,只能根据需要选择一项或几项作为衡量其切削加工性的指标。在一般的生产中,常以保证一定的刀具寿命所允许的切削速度作为评定材料切削加工性的指标。

### 3. 影响工程材料切削加工性的因素

(1) 材料的物理力学性能。材料的物理力学性能中,对其切削加工性影响较大的是硬度、强度、塑性和热导率。硬度、强度高,塑性太大、塑性太小的材料,加工性都不好。热导率是通过对切削温度的影响而影响材料的切削加工性的,热导率大的材料,由切屑和工件带走的热量多,有利于降低切削温度,所以加工性好。

(2) 材料的化学成分。主要是通过其对材料物理力学性能的影响来影响切削加工性。在碳素钢中,低碳钢的塑性太大,高碳钢的塑性太小,中碳钢的加工性最好。另外,在钢中添加少量的硫、磷,能改善其切削加工性。

(3) 材料的金相组织。钢铁材料中不同的金相组织具有不同的力学性能,因此,工件材料中金相组织及其含量不同时,其加工性也不同。

## 6.4.2 改善工程材料切削加工性的主要途径

改善材料切削加工性的途径主要有以下三个方面:

### 1. 调整材料的化学成分

材料的化学成分和金相组织对于其切削加工性有着重要的影响。在满足使用要求的前提下，调整工件材料的化学成分，可使其切削加工性能得以改善。例如，目前生产上使用的易切钢，就是在钢中加入适量的易切元素硫、磷等制成的。

### 2. 对工件材料进行适当的热处理

通过热处理的方法，改变材料中的金相组织，以达到改善材料切削加工性的目的。例如，高碳钢通过球化退火处理，使片状渗碳体组织转变为球形，降低了材料的硬度，从而可改善其切削加工性。

### 3. 改变切削条件

当工件材料选定不能更改时，只能通过改变切削条件来改变其切削加工性，这些切削条件的改变包括刀具几何参数和刀具的寿命、切削用量及切削过程的冷却润滑等。

1）刀具几何参数的选择

刀具的几何参数，对切削过程中的金属切削变形、切削力、切削温度、工件的加工质量及刀具的磨损都有显著的影响。选择合理的刀具几何参数，可使刀具潜在的切削能力得到充分发挥，降低生产成本，提高切削效率。

刀具几何参数包含切削刃的形状、切削区的剖面形式、刀面形式和刀具几何角度四个方面，这里主要讨论刀具几何角度的合理选择，即前角、后角、主偏角、副偏角、刃倾角及副后角的合理选择。

（1）前角的选择。

前角的大小将影响切削过程中的切削变形和切削力，同时也影响工件表面粗糙度和刀具的强度与寿命。增大刀具前角，可以减小前刀面挤压被切削层的塑性变形，减小了切削力和表面粗糙度，但刀具前角增大，会降低切削刃和刀头的强度，刀头散热条件变差，切削时刀头容易崩刃，因此合理前角的选择既要切削刃锐利，又要有一定的强度和一定的散热体积。

（2）后角、副后角的选择。

后角的大小将影响刀具后刀面与已加工表面之间的摩擦。后角增大可减小后刀面与加工表面之间的摩擦，后角越大，切削刃越锋利，但是切削刃和刀头的强度削弱，散热体积减小。

粗加工、强力切削及承受冲击载荷的刀具，为增加刀具强度，后角应取小些；精加工时，增大后角可提高刀具寿命和加工表面的质量。

工件材料的硬度与强度高，取较小的后角，以保证刀头强度；工件材料的硬度与强度低，塑性大，易产生加工硬化，为了防止刀具后刀面磨损，后角应适当加大。加工脆性材料时，切削力集中在刃口附近，宜取较小的后角。若采用负前角时，应取较大的后角，以保证切削刃锋利。

为了制造、刃磨的方便，一般刀具的副后角等于后角。但切断刀、车槽刀、锯片铣刀的副后角，受刀头强度的限制，只能取很小的数值。

（3）主偏角、副偏角的选择。

主偏角和副偏角越小，刀头的强度高，散热面积大，刀具寿命长。此外，主偏角和副偏角小时，工件加工后的表面粗糙度小。但是，主偏角和副偏角减小时，会加大切削过程中的背向力，容易引起工艺系统的弹性变形和振动。

(4)刃倾角的选择。

刃倾角的正负主要影响切屑的排出方向,如图 6-15 所示。

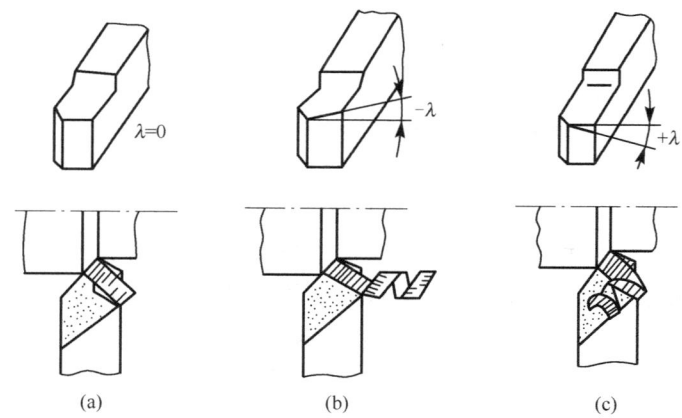

图 6-15　刃倾角的正负对切屑的排出方向的影响

精车和半精车时刃倾角宜选用正值,使切屑流向待加工表面,防止划伤已加工表面。

增大刃倾角的绝对值,使切削刃变得锋利,可以切下很薄的金属层。例如,微量精车、精刨时,刃倾角可取 45°~75°。大刃倾角刀具,使切削刃加长,切削平稳,排屑顺利,生产效率高,加工表面质量好。但工艺系统刚性差,切削时不宜选用负刃倾角。

2)刀具寿命的选择

刀具寿命对切削加工的生产率和生产成本有较大的影响。如果将刀具寿命度定得过高,必然要降低切削用量,使机加工时间增加,生产率降低,成本提高;如果将刀具寿命定得过低,虽然可采用较大的切削用量,但会增加换刀和磨刀的次数与时间,辅助时间延长,同样会降低生产率,增加成本。因此,应根据具体的生产条件制定出合理的刀具寿命。

确定合理的刀具寿命的方法有以下三种:

(1)根据单件平均生产时间最短的指标计算出来的最大生产率刀具寿命。

(2)根据单件平均加工成本最低的指标计算出来的最低成本刀具寿命。

(3)根据平均利润率最大的指标计算出来的最大利润刀具寿命。

3)切削用量的选择

合理的选择切削用量,能够保证工件加工质量,提高切削效率,延长刀具使用寿命和降低加工成本。所谓合理的切削用量,是指在保证加工质量的前提下,能取得较高的生产效率和较低成本所采用的量。

根据不同加工性质对切削加工的要求,切削用量会选得不一样。粗加工时,应尽量保证较高的金属切除率和必要的刀具寿命,一般优先选择大的背吃刀量,其次选择较大的进给量,最后根据刀具寿命,确定合适的切削速度。精加工时,应保证工件的加工质量,一般选用较小的进给量和背吃刀量,尽可能选用较高的切削速度。

(1)背吃刀量的选择。粗加工的背吃刀量应根据工件的加工余量确定,应尽量用一次走刀就切除全部加工余量。当加工余量过大、机床功率不足、工艺系统刚度较低、刀具强度不够以及断续切削或冲击振动较大时,可分几次走刀。对切削表面层有硬皮的铸、锻件,应尽量使背吃刀量大于硬皮层的厚度,以保护刀尖。半精加工和精加工的加工余量一般较小,可一次切除。有时为了保证工件的加工质量,也可二次走刀。多次走刀时,第一次走刀的背吃刀量取得比较大,一般为总加工余量的 2/3～3/4。

(2)进给量的选择。粗加工时,进给量的选择主要受切削力的限制。在工艺系统的刚度和强度良好的情况下,可选用较大的进给量。半精加工和精加工时,由于进给量对工件的已加工表面粗糙度值影响很大,进给量一般取得较小。通常按照工件加工表面粗糙度值的要求,根据工件材料、刀尖圆弧半径、切削速度等条件来选择合理的进给量。当切削速度提高,刀尖圆弧半径增大,或刀具磨有修光刃时,可以选择较大的进给量,以提高生产率。粗车时进给量的参考值和精车时进给量的参考值都可以在切削用量手册中查到。

(3)切削速度的选择。在背吃刀量和进给量选定以后,可在保证刀具合理寿命的条件下,确定合适的切削速度。粗加工时,背吃刀量和进给量都较大,切削速度受刀具寿命和机床功率的限制,一般较低。精加工时,背吃刀量和进给量都取得较小,切削速度主要受工件加工质量和刀具寿命的限制,一般取得较高。选择切削速度时,还应考虑工件材料的切削加工性等因素。例如,加工合金钢、高锰钢、不锈钢、铸铁等的切削速度应比加工普通中碳钢的切削速度低 20%～30%,加工有色金属时,则应提高 1～3 倍。在断续切削和加工大件、细长件、薄壁件时,应选用较低的切削速度。切削速度的参考值可以在切削用量手册中查到。

4)切削液的选择

(1)切削液的作用。切削液进入切削区,可以改善切削条件,提高工件加工质量和切削效率。与切削液有相似功效的还有某些气体和固体,如压缩空气、二硫化铝和石墨等。切削液的主要作用如下:

①冷却作用。切削液能从切削区域带走大量切削热,从而降低切削温度。切削液的冷却性能的好坏,取决于它的导热系数、比热、汽化热、汽化速度、流量和流速等。

②润滑作用。切削液能渗入刀具与切屑和加工表面之间,形成一层润滑膜或化学吸附膜,减小它们之间的摩擦。切削液润滑的效果主要取决于切削液的渗透能力、吸附成膜的能力和润滑膜的强度等。

③清洗作用。切削液大量的流动,可以冲走切削区域和机床上的细碎切屑和脱落的磨粒。清洗性能的好坏,主要取决于切削液的流动性、使用压力和切削液的油性。

④防锈作用。在切削液中加入防锈剂,可在金属表面形成一层保护膜,对工件、机床、刀具和夹具等都能起到防锈作用。防锈作用的强弱,取决于切削液本身的成分和添加剂的作用。

(2)切削液添加剂。为改善切削液的各种性能常在其中加入添加剂。常用的添加剂有以下几种:

①油性添加剂:它含有极性分子,能在金属表面形成牢固的吸附膜,在较低的切削速度下起到较好的润滑作用。

②极压添加剂:它是含有硫、磷、氯、碘等元素的有机化合物,在高温下与金属表面起化学反应,形成耐较高温度和压力的化学吸附膜,能防止金属界面直接接触,从而减小摩擦。

③表面活性剂:它是使矿物油和水乳化,形成稳定乳化液的添加剂。

④防锈添加剂:它是一种极性很强的化合物,与金属表面有很强的附着力,吸附在金属表面上形成保护膜,或与金属表面化合形成钝化膜,起到防锈作用。

(3)常用切削液的种类与选用。

①水溶液:它的主要成分是水,其中加入了少量的有防锈和润滑作用的添加剂。水溶液的

冷却效果良好,多用于普通磨削和其他粗加工。

②乳化液:它是将乳化油(由矿物油、表面活性剂和其他添加剂配成)用水稀释而成,用途广泛。低浓度的乳化液冷却效果较好,主要用于磨削、粗车、钻孔加工等。高浓度的乳化液润滑效果较好,主要用于精车、攻丝、铰孔、插齿加工等。

③切削油:主要是矿物油(如机械油、轻柴油、煤油等),少数采用动植物油或复合油。普通车削、攻丝时,可选用机油。精加工有色金属或铸铁时,可选用煤油。加工螺纹时,可选用植物油。在矿物油中加入一定量的油性添加剂和极压添加剂,能提高其高温、高压下的润滑性能,可用于精铣、铰孔、攻丝及齿轮加工。

## 思考题与习题

1. 作为刀具切削部分的材料应具备哪些特点?
2. 试分析刀具为什么前角越大,刀具越锋利?
3. 影响切削力的主要因素有哪些?
4. 试述如何判断刀具前角、后角及刃倾角的正负。
5. 切屑是如何形成的?如何有效地控制切屑?
6. 试述切削液在切削加工中的作用。
7. 为了有效控制切削温度,如何合理选择切削用量三要素?
8. 试分析如何通过改变切削条件来改善工程材料的切削加工性。
9. 什么是工程材料的切削加工性?影响工程材料的切削加工性的因素有哪些?
10. 如何提高刀具的耐用性?
11. 试分析切削用量对切削温度的影响。
12. 试分析刀具几何参数对切削温度的影响。
13. 试分析切削用量对切削力的影响。
14. 试分析刀具几何参数对切削力的影响。
15. 分析积屑瘤对切削过程的影响。
16. 试述积屑瘤的形成过程。
17. 如何有效地控制切屑?

# 第 7 章　金属切削机床及其运动

金属切削机床是用切削的方法将金属毛坯加工成具有一定几何形状、尺寸精度和表面质量的机器零件的一种机器,由于它是用来制造机器的,也是唯一能制造机床自身的机器,故又称为"工作母机"或"工具机",习惯上简称为机床。

机床是机械制造业的基本加工装备,它的品种、性能、质量和技术水平直接影响着其他机电产品的性能、质量、生产技术和企业的经济效益。机械工业为国民经济各部门提供技术装备的能力和水平,在很大程度上取决于机床的水平,所以机床属于基础机械装备。

实际生产中需要加工的工件种类繁多,其形状、结构、尺寸、精度、表面质量和数量等各不相同,为了满足不同加工的需要,机床的品种和规格也应多种多样。尽管机床的品种很多,各有特点,但它们在结构、传动及自动化等方面有许多类似之处,也有着共同的原理及规律。

## 7.1　机床的分类

目前金属切削机床的品种和规格繁多,为便于区别、使用和管理,需对机床进行分类。

根据国家标准 GB/T15375—94,按加工性质和所用刀具的不同,机床可分为 12 大类:车床、钻床、镗床、磨床、齿轮加工机床、螺纹加工机床、铣床、刨插床、拉床、特种加工机床、锯床(切断机床)和其他机床。

除了上述基本分类方法之外,根据机床的其他特征,还有下面几种分类方法。

(1) 按机床通用性程度,可分为通用机床(或称万能机床)、专门化机床和专用机床三类。通用机床适用于单件小批量生产,加工范围较广,可以加工多种零件的不同工序,但结构比较复杂,如普通车床、卧式镗床、万能升降台铣床等;专门化机床用于大批量生产中,加工范围较窄,可加工不同尺寸的一类或几类零件的某一种(或几种)特定工序,如精密丝杠车床、曲轴轴颈车床等;专用机床通常应用于成批及大量生产中,这类机床是根据工艺要求专门设计制造的,专门用于加工某一种(或几种)零件的某一特定工序的,如加工车床导轨的专用磨床、加工车床主轴箱的专用镗床等。同类型机床中,按加工精度的不同,可分为普通精度级、精密级和高精度级机床。

(2) 按机床的质量和尺寸不同,可分为仪表机床、中型(一般)机床、大型机床(质量达 10t 以上)、重型机床(质量 30t 以上)、超重型机床(质量在 100t 以上)。

(3) 按机床自动化程度,可分为手动机床、机动机床、半自动机床和自动机床。

此外,机床还可以按主要工作部件的数目进行分类,如单刀机床、多刀机床、单轴机床、多轴机床等。

现代机床正在向数控化方向发展,而且其功能也在不断增加,除了数控加工功能,还增加了自动换刀、自动装卸工件等功能。因此也可按机床具有的数控功能分一般数控机床、加工中心、柔性制造单元等。

随着新品种机床不断出现,机床的分类也会更加丰富。

## 7.2 机床型号的编制方法

机床型号是机床产品的代号,用以简明的表示机床的类型、通用和结构特性、主要技术参数等。中国的机床型号是按1994年颁布的标准GB/T15375—94《金属切削机床型号编制方法》编制的,此标准规定,机床型号由大写汉语拼音字母和数字按一定的规律组合而成,它适用于新设计的各类通用机床、专用机床和回转体加工自动线(不包括组合机床、特种加工机床)。这里主要介绍各类通用机床型号的编制方法。

### 7.2.1 型号表示方法

通用机床的型号由基本部分和辅助部分组成,中间用"/"隔开,读作"之"。基本部分需统一管理,辅助部分纳入型号与否由生产厂家自定,型号的构成如图7-1所示。

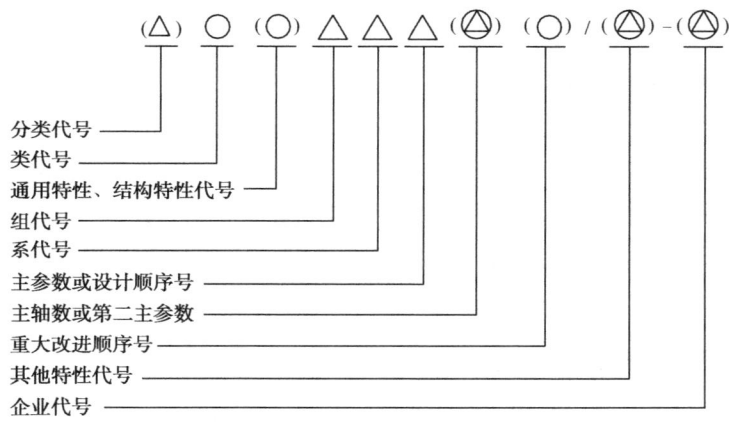

图7-1 机床型号的构成

图7-2中,△表示阿拉伯数字;○表示大写汉语拼音字母;()表示可选项,无内容时,不表示,有内容时则不带括号;◎表示大写汉语拼音字母或阿拉伯数字,或者两者兼有之。

### 7.2.2 机床分类及类代号

分类代号作为型号的首位,用阿拉伯数字表示,第一分类代号前的"1"省略,第"2""3"分类代号则应予以表示。机床的类代号,用大写的汉语拼音字母表示,必要时每类可分为若干分类。机床的类代号按其相应的汉字字义读音。例如,铣床类代号"X"读作"铣"。机床的类和分类代号如表7-1所示。

表7-1 普通机床类别代号

| 类别 | 车床 | 钻床 | 镗床 | 磨床 | | | 齿轮加工机床 | 螺纹加工机床 | 铣床 | 刨插床 | 拉床 | 锯床 | 其他机床 |
|---|---|---|---|---|---|---|---|---|---|---|---|---|---|
| 代号 | C | Z | T | M | 2M | 3M | Y | S | X | B | L | G | Q |
| 读音 | 车 | 钻 | 镗 | 磨 | 二磨 | 三磨 | 牙 | 丝 | 铣 | 刨 | 拉 | 割 | 其他 |

### 7.2.3 机床的通用特性代号、结构特性代号

通用特性代号用大写汉语拼音字母表示,位于类代号之后,各类机床的通用特性代号及划分如表 7-2 所示。对主参数值相同而结构性能不同的机床,在型号中加结构特性代号予以区分,它在型号中没有统一的含义。当型号中有通用特性代号,结构特性代号应排在通用特性代号之后。结构特性代号用大写汉语拼音字母表示,当单个字母不够用时,可将两个字母组合起来使用。

表 7-2 通用特性代号及划分

| 通用特性 | 高精度 | 精密 | 自动 | 半自动 | 数控 | 加工中心（自动换刀） | 仿形 | 轻型 | 加重型 | 简式或经济型 | 柔性加工单元 | 数显 | 高速 |
|---|---|---|---|---|---|---|---|---|---|---|---|---|---|
| 代号 | G | M | Z | B | K | H | F | Q | C | J | R | X | S |
| 读音 | 高 | 密 | 自 | 半 | 控 | 换 | 仿 | 轻 | 重 | 简 | 柔 | 显 | 速 |

### 7.2.4 机床的组别、系列代号

每类机床划分为 10 个组,每组又划分为 10 个系(系列),都用一位阿拉伯数字表示。在同类机床中,主要布局或使用范围基本相同的机床,为同一组;在同一组机床中,其主参数相同,主要结构及布局形式相同的机床,为同一系。可参阅有关手册。机床的组用一位阿拉伯数字表示,位于类代号或通用特性代号、机构特性代号之后。机床的系也用一位阿拉伯数字表示,位于组代号之后。

### 7.2.5 机床主参数、主轴数和第二主参数

机床主参数代表机床规格大小,用折算值表示,位于系代号之后。某些通用机床,当无法用一个主参数表示时,则在型号中用设计顺序号表示。机床的主轴数应以实际数值列入型号,置于主参数之后,用乘号("×")分开。第二主参数(多轴机床的主轴数除外)一般不予表示,它是指最大模数、最大跨距、最大工件长度等,在型号中表示第二主参数,一般折算两位数为宜。

### 7.2.6 机床的重大改进顺序号

当机床的结构、性能有更高的要求,需按新产品重新设计、试制和鉴定时,按改进的先后顺序选用 A、B、C、…,汉语拼音字母加在基本部分的尾部,以区别原机床型号。

**例 7-1** 某机床厂生产的最大磨削直径为 320mm 的半自动高精度外圆磨床,其型号为 MBG1432A,其表示意义如图 7-2 所示。

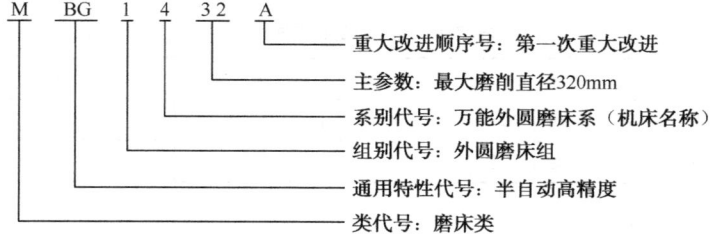

图 7-2 外圆磨床型号的意义

### 7.2.7 其他特性代号

其他特性代号位于辅助部分之首,用大写汉语拼音字母表示,当一个字母不够用时,可将两个字母组合起来使用。也可用阿拉伯数字表示,还可以用阿拉伯数字和大写汉语拼音字母组合表示。其他特性代号主要用来反映各类机床的特性。如对于一般机床,可以反映同一型号机床的变型等。

### 7.2.8 企业代号

企业代号位于辅助部分之尾,用"—"隔开,读作"至",若在辅助部分仅有企业代号,则不加"—"。企业代号包括机床生产厂及机床研究单位代号。其型号编制方法见 GB/T15375—1994。

## 7.3 机床的组成

现代金属切削机床依靠大量的机械、电气、电子、液压、气动装置来实现运动和循环,由传动装置、动力装置、执行机构、辅助机构和控制系统联合在一起,形成统一的工艺综合体。它包括以下几部分:

(1)支承及定位部分。连接机床上各部件并使刀具与工件保持正确相对位置。床身、底座、立柱、横梁等都属支承部件;导轨、工作台、刀具和夹具的定位元件属定位部分。

(2)运动部分。为加工过程提供所需的切削运动和进给运动。包括主运动传动系统、进给传动系统以及液压进给系统等,以保证工艺参数所需的切削速度、进给量的实现。例如,车床主轴箱内主传动系统带动主轴实现主运动,进给箱内进给系统的运动传给溜板箱带动刀架运动。

(3)动力部分。即加工过程和辅助过程的动力源,如带动机械部分运动的电动机和为液压、润滑系统工作提供能源的液压泵等。

(4)控制部分。用来启动和停止机床的工作,完成为实现给定的工艺过程所要求的刀具和工件的运动,包括机床的各种操纵机构、电气电路、调整机构、检测装置等。

图 7-3 是 CA6132 车床的外形图。

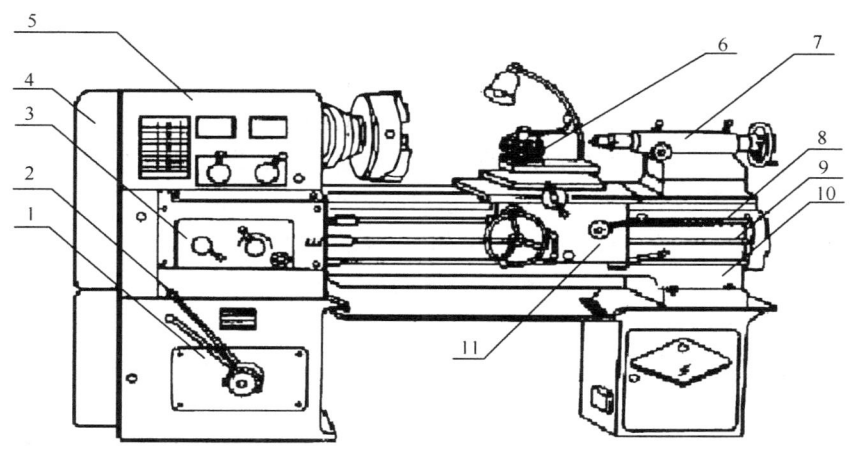

图 7-3  CA6132 普通车床外形

1-变速箱;2-变速手柄;3-进给箱;4-交换齿轮箱;5-主轴箱;6-刀架;7-尾座;8-丝杠;9-光杠;10-床身;11-溜板箱

## 7.4 机床的运动

### 7.4.1 零件表面的切削加工成形方法

在切削加工过程中,机床上的刀具和工件按一定的规律做相对运动,通过刀具对工件毛坯的切削作用,切除毛坯上多余金属,从而得到所要求的零件表面形状。机械零件的任何表面都可以看成一条线(称为母线)沿另一条线(称为导线)运动的轨迹。平面是由一条直线(母线)沿另一条直线(导线)运动而形成的;圆柱面和圆锥面是由一条直线(母线)沿着一个圆(导线)运动而形成的;普通螺纹的螺旋面是由"∧"形线(母线)沿螺旋线(导线)运动而形成的;直齿圆柱齿轮的渐开线齿廓表面是渐开线(母线)沿直线(导线)运动而形成的等。

母线和导线统称为发生线。切削加工中发生线是由刀具的切削刃与工件间的相对运动得到的。一般情况下,由切削刃本身或与工件相对运动配合形成一条发生线(一般是母线),而另一条发生线则完全是由刀具和工件之间的相对运动得到的。这里,刀具和工件之间的相对运动都是由机床来提供。

### 7.4.2 机床的运动

机床在加工过程中,必须形成一定形状的发生线(母线和导线),才能获取所需的工件表面形状。因此,机床必须完成一定的运动,这种运动称为表面成形运动。此外,还有多种辅助运动。

(1) 表面成形运动:按其组成情况不同,表面成形运动可分为简单成形运动和复合成形运动。

如果一个独立的成形运动是单独的旋转运动或直线运动构成的,则此成形运动称为简单成形运动。例如,用车刀车削外圆柱面时(图7-4(a))工件的旋转运动 $B_1$ 产生圆导线,刀具纵向直线运动 $A_2$ 产生直线母线,即加工出圆柱面。运动 $B_1$ 和 $A_2$ 是两个相互独立的表面成形运动,因此,用车刀车削外圆柱时属于简单成形运动。

如果一个独立的成形运动是由两个以上的旋转运动或(和)直线运动按某种确定的运动关系组合而成,则此成形运动称为复合成形运动。例如,用螺纹车刀车削螺纹表面时(图7-4(b)),工件的旋转运动 $B_{11}$ 和车刀的直线运动 $A_{12}$ 按规定做相对运动,形成螺旋线导线,三角形母线(由刀刃形成,不需成形运动)沿螺旋线运动,形成了螺旋面。形成螺旋线导线的两个简单运动 $B_{11}$ 和 $A_{12}$,由于螺纹导程限定而不能彼此独立,它们必须保持严格的运动关系,从而 $B_{11}$ 和 $A_{12}$ 这两个简单运动组成了一个复合成形运动。又如,用齿轮滚刀加工直齿圆柱齿轮时(图7-4(c))它需要一个复合成形运动 $B_{11}$、$B_{12}$(范成运动)形成渐开线母线,又需要一个简单直线成形运动 $A_2$,才能得到整个渐开线齿面。

成形运动中各单元运动根据其在切削中所起的作用不同,又可为主运动和进给运动(其相关知识见下篇第10章)。

(2) 辅助运动:机床在加工过程中还需一系列辅助运动,其功能是实现机床的各种辅助动作,为表面成形运动创造条件。它的种类很多,如进给运动前后的快进和快退,调整刀具和工件之间正确相对位置的调位运动,切入运动,分度运动,工件夹紧、松开等操纵控制运动。

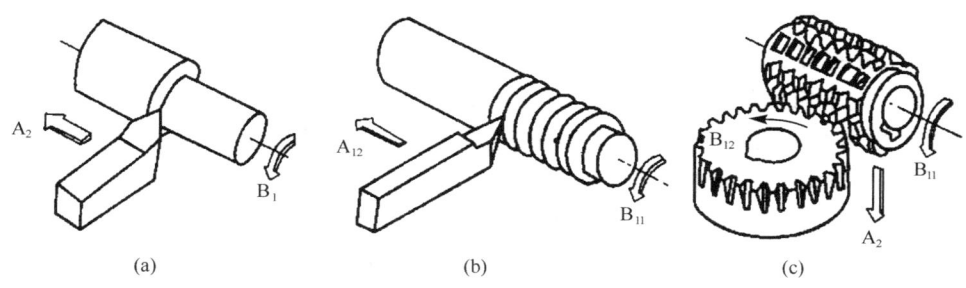

图 7-4 成形运动的组成

## 7.5 机床的传动

### 7.5.1 机床传动的基本组成部分

机床的传动必须具备以下的三个基本部分：

(1) 动力源。为机床提供动力和运动的装置，是执行装置的运动动力来源。通常为电动机，如交流异步电动机、直流电动机、直流和交流伺服电动机、步进电动机、交流变频调速电动机等。

(2) 传动装置。传递动力和运动的装置，如齿轮、链轮、带轮、丝杠、螺母等，除机械传动外，还有液压传动、气压传动和电气传动等传动形式。

(3) 执行装置。机床执行运动的部件。常用执行装置有主轴、刀架、工作台等，是传递运动的末端件。

### 7.5.2 机床的传动链

为了在机床上得到所需要的运动，必须通过一系列传动装置把动力源和执行装置，或把执行装置与执行装置联系起来，以构成传动联系。构成一个传动联系的一系列传动件称为传动链。根据传动链的性质，传动链可分为两类。

(1) 外联系传动链。联系运动源与执行件的传动链，称为外联系传动链。它的作用是使执行件得到预定速度的运动，并传递一定的动力。此外，还起执行件变速、换向等作用。外联系传动链传动比的变化，只影响生产率或表面粗糙度，不影响加工表面的形状。因此，外联系传动链不要求两末端件之间有严格的传动关系。例如，卧式车床中，从主电动机到主轴之间的传动链，就是典型的外联系传动链。

(2) 内联系传动链。联系两个执行件以形成复合成形运动的传动链，称为内联系传动链。它的作用是保证两个末端件之间的相对速度或相对位移保持严格的比例关系，以保证被加工表面的性质。例如，在卧式车床上车螺纹时，连接主轴和刀具之间的传动链就属于内联系传动链。此时，必须保证主轴（工件）每转一转，车刀移动工件螺纹一个导程，才能得到要求的螺纹导程。又如，滚齿机的范成运动传动链也属于内联系传动链。

### 7.5.3 机床传动原理图

在机床的运动分析中，为了便于分析机床运动和传动联系，常用一些简明的符号来表示动力源与执行装置、执行装置与执行装置之间的传动联系,这就是传动原理图。图 7-5 为传动原理图常用的部分符号。

下面以卧式车床的传动原理图为例,说明传动原理图的画法和所表示的内容。如图 7-6 所示,从电动机至主轴之间的传动属于外联系传动链,它是为主轴提供运动和动力的。即电动机—1—2—$u_v$—3—4—主轴。这条传动链亦称主运动传动链,其中 1—2 段和 3—4 段为传动比固定不变的定比传动结构,2—3 段是传动比可变的换置机构 $u_v$,调整 $u_v$ 可改变主轴的转速。主轴—4—5—$u_f$—6—7—丝杠—刀具,可得到刀具和工件间的复合成形运动(螺旋运动)。这是一条内联系传动链,其中 4—5 段和 6—7 段为定比传动机构,5—6 段是换置机构 $u_f$,调整 $u_f$ 可得到不同的螺纹导程。在车削外圆面或端面时,主轴和刀具之间的传动联系无严格的传动比要求,二者的运动是两个独立的简单成形运动,因此,除了从电动机到主轴的主传动链外,另一条传动链可视为电动机—1—2—$u_v$—3—5—$u_f$—6—7—刀具(通过光杠),此时这条传动链是一条外联系传动链。

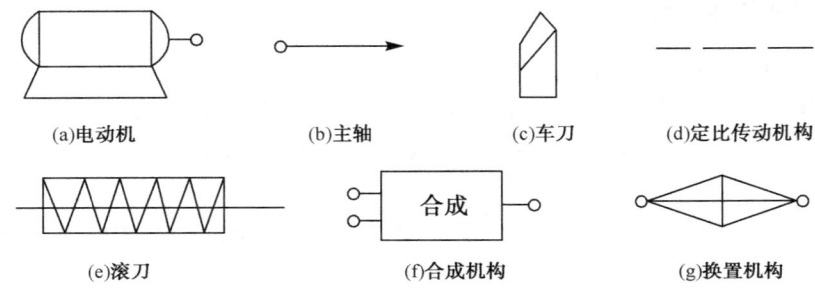

(a)电动机  (b)主轴  (c)车刀  (d)定比传动机构

(e)滚刀  (f)合成机构  (g)换置机构

图 7-5  传动原理常使用的部分符号

传动原理图表示了机床传动的最基本特征。因此,用它来分析、研究机床运动时,最容易找出两种不同类型机床的最根本区别,对于同一类型机床来说,不管它们具体结构有何明显的差异,它们的传动原理图是完全相同的。

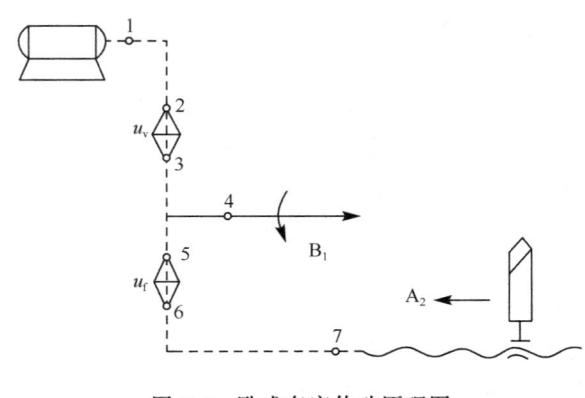

图 7-6  卧式车床传动原理图

### 7.5.4  机床传动系统图和运动计算

1. 机床传动系统图

机床的传动系统图是表示机床全部运动传动关系的示意图。它比传动原理图更准确、更清楚、更全面地反映了机床的传动关系。在图中用简单的规定符号代表各种传动元件(中国的机床传动系统图规定符号详见国家标准 GB4460—84《机械制图机械运动简图符号》及 GB138—74《机械制图——机动示意图中的规定符号》)。

机床的传动系统画在一个能反映机床外形和各主要部件相互位置的投影面上,并尽可能绘制在机床外形的轮廓线内。图 7-6 中的各传动元件是按照运动传递的先后顺序,以展开图的形式画出来的。该图只表示传动关系,并不代表各传动元件的实际尺寸和空间位置。在图中通常注明齿轮及蜗轮的齿数、带轮直径、丝杠的导程和头数、电动机功率和转数、传动轴的编号等。传动轴的编号,通常从运动源(电动机)开始,按运动传递顺序,依次用罗马数字Ⅰ,Ⅱ,Ⅲ,Ⅳ,…表示。图 7-7 是一台中型卧式车床的主传动系统图。

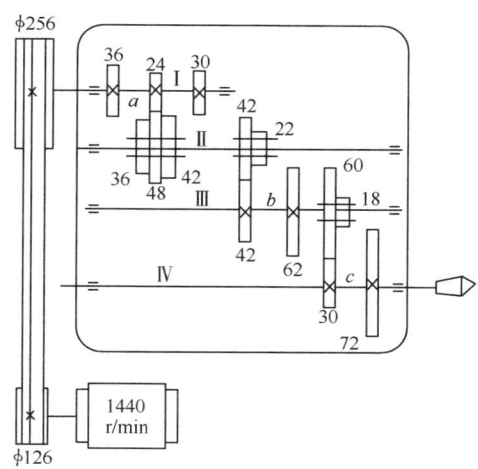

图 7-7　12 级变速车床主传动系统图

**2. 传动路线表达式**

为便于说明及了解机床的传动路线,通常把传动系统图数字化,用传动路线表达式(传动结构式)来表达机床的传动路线。图 7-7 车床主传动路线表达式如下:

$$\text{电动机}(1440\text{r/min}) - \frac{\phi 126}{\phi 256} - \text{I} - \begin{bmatrix} \frac{36}{36} \\ \frac{24}{48} \\ \frac{30}{42} \end{bmatrix} - \text{II} - \begin{bmatrix} \frac{42}{42} \\ \frac{22}{62} \end{bmatrix} - \text{III} - \begin{bmatrix} \frac{60}{30} \\ \frac{18}{72} \end{bmatrix} - \text{IV}(\text{主轴})$$

**3. 主轴转数级数计算**

根据前述主传动路线表达式可知,主轴正转时,利用各滑移齿轮组齿轮轴向位置的各种不同组合,主轴可得 3×2×2＝12 级正转转速。同理,当电机反转时主轴可得 12 级反转转速。

**4. 运动计算**

机床运动计算通常有两种情况:
(1)根据传动路线表达式提供的有关数据,确定某些执行件的运动速度或位移量。
(2)根据执行件所需的运动速度、位移量,或有关执行件之间需要保持的运动关系,确定相应传动链中换置机构的传动比,以便进行调整。

## 思考题与习题

1. 机床主要由哪些部分组成？
2. 机床传动的基本组成部分有哪些？
3. 某机床型号为 CKM1116/NG，试描述其含义。
4. 什么是简单成形运动？什么是复合成形运动？它们的区别是什么？
5. 试述外联系传动链和内联系传动链的作用。

# 第 8 章 常用加工方法及装备

## 8.1 车削加工

车削加工是外圆表面最经济有效的加工方法。按加工阶段来分,车削加工有粗车、半精车和精车。粗车的主要目的是高效地从毛坯上切除多余的金属,因此通常采用尽可能大地背吃刀量和进给量,半精车为粗车和精车的过渡阶段;精车的主要任务是保证零件所要求的加工精度和表面质量要求;加工精度可达 IT8 和 IT7,表面粗糙度为 Ra1.6～0.8μm。但就其经济精度来说,一般适于作为外圆表面粗加工和半精加工方法。

### 8.1.1 车削加工的工艺特点及适用范围

在零件的组成表面中,回转面用得最多,特别是轴套类零件表面的加工,主要在车床上进行加工,车削加工工艺特点如下:

(1)车削生产率高,加工过程平稳。
(2)易于保证轴、盘、套等类零件各表面的位置精度。
(3)适用于有色金属零件的精加工。
(4)刀具简单,成本低。

车刀是金属刀具中结构最简单的一种,制造、刃磨和安装都很方便。如图 8-1 所示的在车床上使用不同的车刀或其他刀具,可以加工各种回转表面,如内外圆柱面、内外圆锥圆、螺纹、沟槽、端面和成形面等。

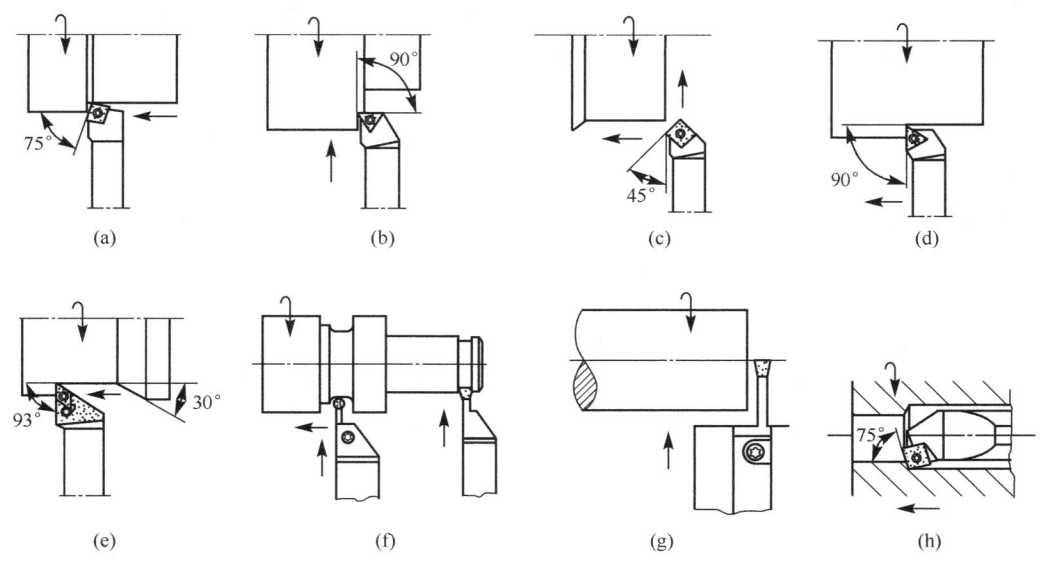

图 8-1　车削加工应用

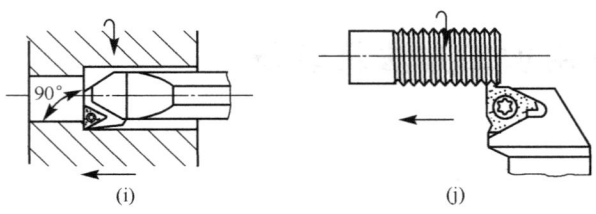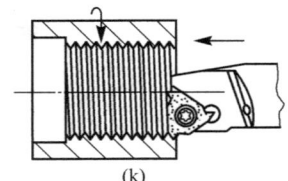

(i)　　　　　　　　　(j)　　　　　　　　　(k)

图 8-1　车削加工应用(续)

### 8.1.2　车床的分类、组成及车床的运动分析

在一般机器制造厂中,车床占金属切削机床总台数的 20%～35%,主要用于加工内外圆柱面、圆锥面、端面、成形回转表面以及内外螺纹面等。车床加工所使用的刀具主要是车刀,还可用钻头、扩孔钻、铰刀等孔加工刀具。

**1. 分类**

车床的种类很多,按用途和结构的不同有卧式车床、立式车床、转塔车床、自动和半自动车床以及各种专门化车床等,其中卧式车床是应用最广泛的一种。卧式车床的经济加工精度一般可达 IT8 左右,精车的表面粗糙度可达 $Ra1.25\sim 2.5\mu m$。

(1)卧式车床。卧式车床主轴的回转中心线是平行于水平面的。卧式车床的万能性好,加工范围较广,适合于中小型的各种轴类和盘套类零件的加工,还可以进行钻孔、扩孔、铰孔、滚花和抛光等工作。

(2)立式车床。立式车床主轴的回转中心线是垂直于水平面的。立式车床适于加工直径大而高度小于直径的大型工件,按其结构形式可分为单柱式和双柱式两种。立式车床的主参数用最大车削直径的 1/100 表示。例如,C5112A 型单柱立式车床的最大车削直径为 1200mm。由于立式车床的工作台处于水平位置,因此,对笨重工件的装卸和找正都比较方便,工件和工作台的质量比较均匀地分布在导轨面和推力轴承上,有利于保持机床的工作精度和提高生产率。

(3)转塔车床。与卧式车床相比,转塔车床在结构上的明显特点是没有尾座和丝杠。卧式车床的尾座由转塔车床的转塔刀架所代替。在转塔车床上,根据工件的加工工艺情况,预先将所用的全部刀具安装在机床上,并调整好,每组刀具的行程终点位置由可调整的挡块加以控制。加工时用这些刀具轮流进行切削。机床调整好后,加工每个工件时不必再反复地装卸刀具及测量工件尺寸,因此,在成批加工复杂工件时,转塔车床的生产率比卧式车床高。

CA6140 型卧式车床,其结构具有典型的卧式车床布局,它的通用性程度较高,工艺范围很广,能适用于各种回转表面的加工,还可以进行钻孔、扩孔、铰孔、滚花、攻螺纹和套螺纹等工作。因此仅以 CA6140 型卧式车床为例,介绍普通车床的结构和传动。CA6140 型卧式车床的布局及组成如图 8-2 所示。

**2. 车床运动分析**

机床的主轴箱里是从主电动机到车床主轴的主运动传动链。传达链中的滑移齿轮变速机构,可使主轴得到不同的转速;片式摩擦离合器换向机构,可使主轴得到正、反向转速。从主轴箱中下半部分传动件,到左外侧的挂轮机构、进给箱中的传动件、丝杠或光杠以及溜板箱中的传动件,构成了从主轴到刀架的进给传动链。进给换向机构位于主轴箱下部,用于切削左旋或右旋螺纹,挂轮或进给箱中的变换机构,用来决定将运动传给丝杠还是光杠。若传给丝杠,则经过丝杠和溜板箱中的开合螺母,把运动传给刀架,实现切削螺纹传动链;若传给光杠,则通过光杠和溜板箱中的转换机构传给刀架,形成机动进给传动链。溜板箱中的转换机构用来确定是纵向进给或是横向进给。

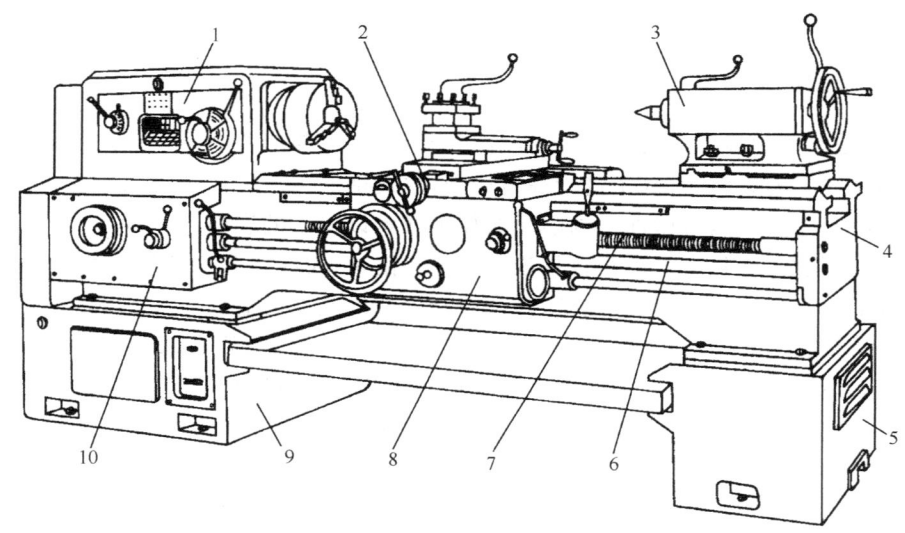

图 8-2 CA6140 型卧式车床

1-主轴箱;2-刀架;3-尾架;4-床身;5-右床腿;6-光杠;7-丝杠;8-溜板箱;9-左床腿;10-进给箱

### 8.1.3 车刀

车刀是切削加工中应用最广的一种刀具。车刀的种类很多,按结构不同可分为整体式、焊接式、机夹重磨式和机夹可转位式等几种。按用途不同可分为外圆车刀、内孔车刀、端面车刀、切断车刀、螺纹车刀等,常用车刀的种类如图 8-3 所示。

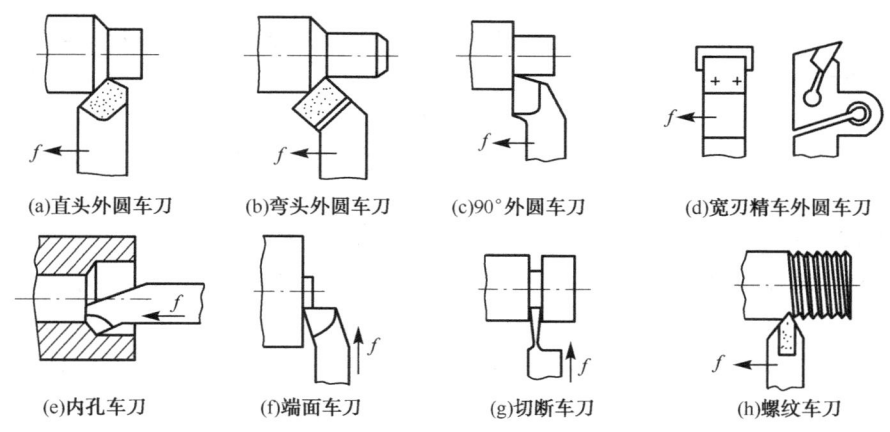

图 8-3 常用车刀的种类

## 8.2 铣削加工

铣削加工是机械加工中广泛应用的切削加工方法之一。铣削加工时,由于切削速度高,同时工作的齿数多,且刀齿能连续的依次进行切削,故生产率高。铣削加工一般尺寸精度可达IT9～IT7,表面粗糙度可达 Ra6.3～1.6$\mu$m。

### 8.2.1 铣削加工的工艺特点及适用范围

(1) 铣刀是典型的多刃刀具,加工过程有几个刀齿同时参加切削,总的切削宽度较大;铣削时的主运动是铣刀的旋转,有利于进行高速切削,故铣削的生产率高于刨削加工。

(2) 铣削加工范围广,可以加工刨削无法加工或难以加工的表面。

(3) 铣削过程中,就每个刀齿而言是依次参加切削,刀齿在离开工件的一段时间内,可以得到一定程度的冷却。因此,刀齿散热条件好,有利于减少铣刀的磨损,延长了使用寿命。

(4) 由于是断续切削,刀齿在切入和切出工件时会产生冲击,而且每个刀齿的切削厚度也时刻在变化,这就引起切削面积和切削力的变化。因此,铣削过程不平稳,容易产生振动。

(5) 铣床、铣刀比刨床、刨刀结构复杂,铣刀的制造与刃磨比刨刀困难,所以铣削成本比刨削高。

(6) 铣削与刨削的加工质量大致相当,经粗、精加工后都可达到中等精度。但在加工大平面时,刨削后无明显接刀痕,而用直径小于工件宽度的端铣刀铣削时,各次走刀间有明显的接刀痕,影响表面质量。

铣削加工的适用范围很广,几乎没有一种刀具有铣刀那么多的类型和形状,其可完成的表面加工如图8-4所示。铣削加工适用于单件小批量生产,也适用于大批量生产。

### 8.2.2 铣床的种类

铣床是用铣刀进行切削加工的机床,它的用途极为广泛。在铣床上采用不同类型的铣刀,配备万能分度头、回转工作台等附件,可以完成如图8-4所示的各种典型表面加工。

铣床工作时的主运动是主轴部件带动铣刀的旋转运动,进给运动是由工作台在三个互相垂直方向的直线运动来实现的。由于铣床上使用的是多齿刀具,切削过程中存在冲击和振动,这就要求铣床在结构上应具有较高的静刚度和动刚度。

铣床的类型很多,主要类型有卧式升降台铣床、立式升降台铣床、工作台不升降铣床、龙门铣床、工具铣床;此外,还有仿形铣床、仪表铣床和各种专门化铣床(如键槽铣床、曲轴铣床)等。随着机床数控技术的发展,数控铣床、镗铣加工中心的应用也越来越普遍。

图8-5是一种应用最为广泛的万能卧式升降台铣床外形图。加工时,铣刀装夹在刀杆上,刀杆一端安装在主轴3的锥孔中,另一端由悬梁4右端的刀杆支架5支承,以提高其刚度。驱动铣刀做旋转主运动的主轴变速机构1安装在床身2内。工作台6可沿回转盘7上的燕尾导轨做纵向运动,回转盘7可相对于床鞍8绕垂直轴线调整至一定角度($\pm 45°$),以便加工螺旋槽等表面。床鞍8可沿升降台9上的导轨做平行于主轴轴线的横向运动,升降台9则可沿床身2侧面导轨做垂直运动。进给变速机构10及其操纵机构都置于升降台内。这样,用螺栓、压板或机床用平口虎钳或专用夹具装夹在工作台6上的工件,便可以随工作台一起在三个方

向实现任一方向的位置调整或进给运动。

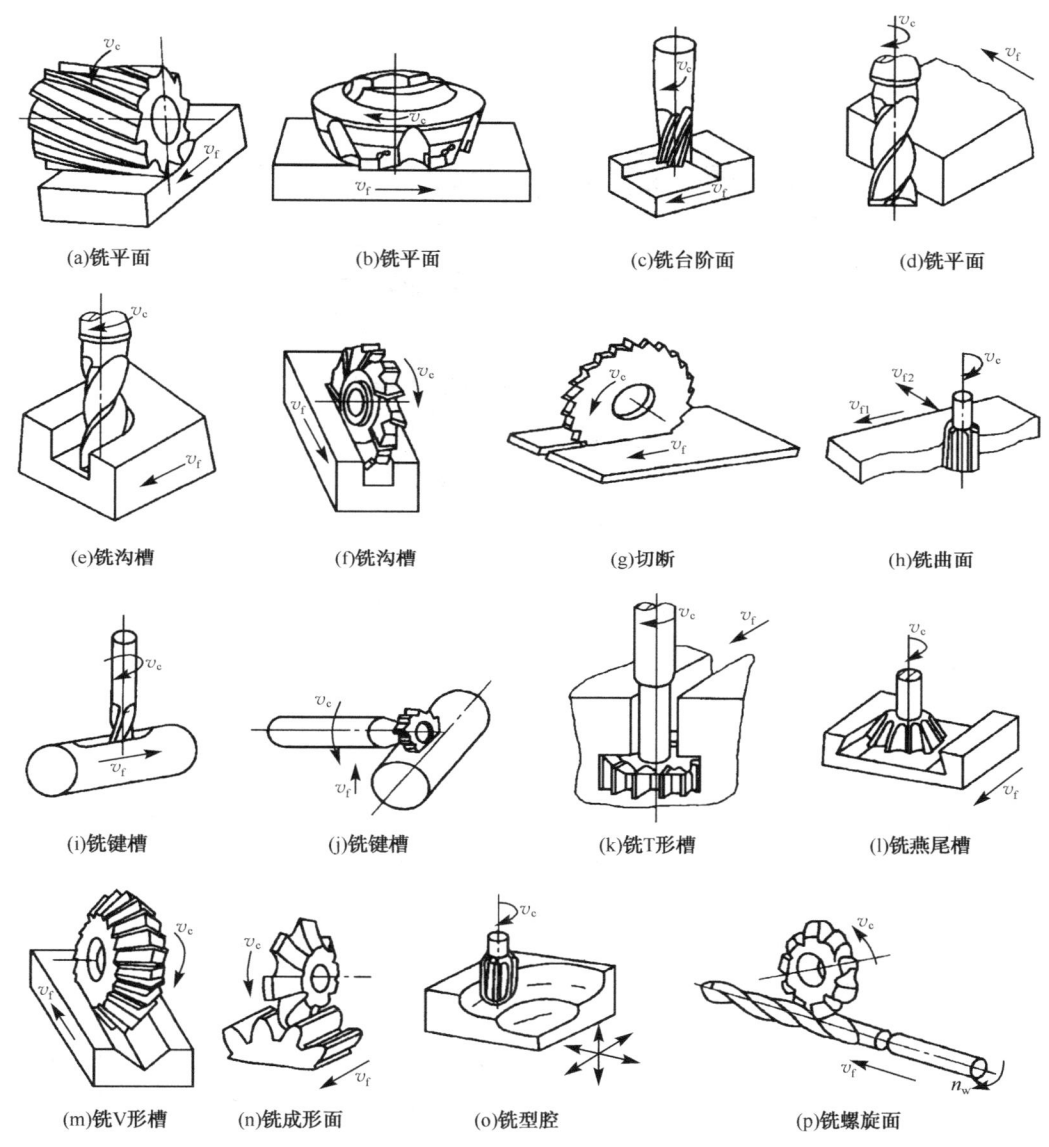

图 8-4 铣削的典型加工方法

卧式升降台铣床结构与万能卧式升降台铣床基本相同,但卧式升降台铣床在工作台和床鞍之间没有回转盘,因此工作台不能在水平面内调整角度。这种铣床除了不能铣削螺旋槽外,可以完成和万能卧式升降台铣床一样的各种铣削加工。万能卧式升降台铣床及卧式升降台铣床的主参数是工作台面宽度。它们主要用于中、小零件的加工。

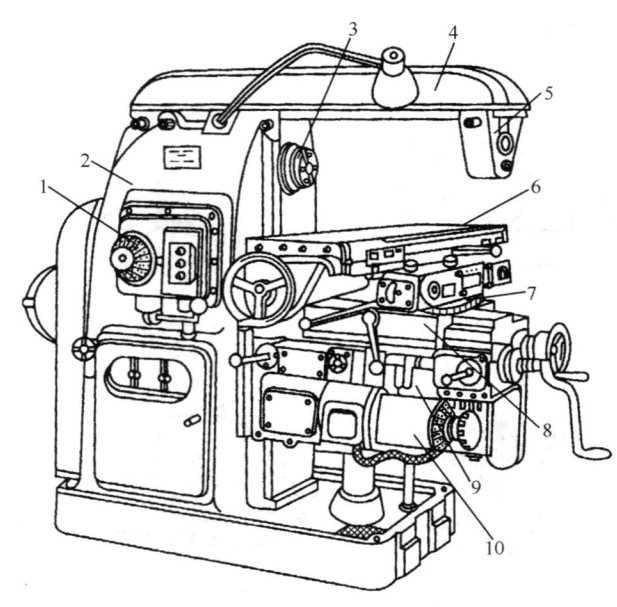

图 8-5 万能卧式升降台铣床

1-主轴变速机构；2-床身；3-主轴；4-悬梁；5-刀杆支架；6-工作台；7-回转盘；8-床鞍；9-升降台；10-进给变速机构

## 8.2.3 铣刀

**1. 铣刀的类型及应用**

铣刀为多齿回转刀具，其每一个刀齿都相当于一把车刀固定在铣刀的回转面上。铣刀刀齿的几何角度和切削过程都与车刀或刨刀基本相同。铣刀的类型很多，结构不一，应用范围很广，是金属切削刀具中种类最多的刀具之一。铣刀按其用途可分为加工平面用铣刀、加工沟槽用铣刀、加工成形面用铣刀等类型。通用规格的铣刀已标准化，一般均由专业工具厂制造。以下介绍几种常用铣刀的特点及适用范围。

1）圆柱铣刀

如图 8-4(a) 所示，刀齿排列在刀体圆周上的铣刀称为圆柱铣刀，圆柱铣刀一般都是用高速钢整体制造，直线或螺旋线切削刃分布在圆周表面上，没有副切削刃。螺旋形的刀齿切削时是逐渐切入和脱离工件的，所以切削过程较平稳。

2）面铣刀（端铣刀）

如图 8-4(b) 所示，面铣刀的刀齿排列在刀体端面上。用面铣刀加工平面，同时参加切削刀齿较多，又有副切削刃的修光作用，使加工表面粗糙度值小。硬质合金镶齿面铣刀可实现高速切削（100～150m/min），生产效率高，应用广泛。

3）立铣刀

如图 8-4(c)～图 8-4(e)、图 8-4(h) 所示，立铣刀一般有 3、4 个刀齿组成，圆柱面上的切削刃是主切削刃，端面上分布着副切削刃，工作时只能沿着刀具的径向进给，不能沿着铣刀轴线方向做进给运动。

4）三面刃铣刀

三面刃铣刀可分为直齿三面刃和错齿三面刃，它主要用在卧式铣床上铣削台阶面和凹槽。如图 8-4(f)所示，三面刃铣刀除圆周具有主切削刃外，两侧面也有副切削刃，从而改善了两端面切削条件，提高了切削效率，减小了表面粗糙度值。错齿三面刃铣刀，圆周上刀齿呈左右交错分布，和直齿三面刃铣刀相比，它切削较平稳、切削力小、排屑容易，故应用较广。

5）锯片铣刀

如图 8-4(g)所示，锯片铣刀很薄，只有圆周上有刀齿，侧面无切削刃，用于铣削窄槽和切断工件。为了减小摩擦和避免夹刀，其厚度由边缘向中心减薄，使两侧面形成副偏角。

6）键槽铣刀

如图 8-4(i)、(j)所示，它的外形与立铣刀相似，不同的是它在圆周上只有两个螺旋刀齿，其端面刀齿的刀刃延伸至中心，因此在铣两端不通的键槽时，可做适量的轴向进给。

如图 8-4 所示，其他还有角度铣刀(图 8-4(m))、成形铣刀(图 8-4(n)、图 8-4(p))、T 形槽铣刀(图 8-4(k))、燕尾槽铣刀(图 8-4(l))及头部形状根据加工需要可以是圆锥形、圆柱形球头和圆锥形球头的模具铣刀(图 8-4(o))等。

2．铣削方式

铣平面有端铣和周铣两种方式。

1）周铣

用圆柱铣刀的圆周齿进行铣削的方式称为周铣。周铣有逆铣和顺铣之分。

如图 8-6(a)所示，铣削时，铣刀每一刀齿在工件切入处的速度方向与工件进给方向相反，这种铣削方式称为逆铣。逆铣时，刀齿的切削厚度从零逐渐增大至最大值。由于铣床工作台纵向进给运动是用丝杠螺母副来实现的，螺母固定，丝杠带动工作台移动，由图 8-6(a)可见，逆铣时，铣削力 $F$ 的水平铣削分力 $F_x$ 与驱动工作台移动的纵向力方向相反，这样使得工作台丝杠螺纹的左侧与螺母齿槽左侧始终保持良好接触，工作台不会发生窜动现象，铣削过程平稳。但在刀齿切离工件的瞬时，铣削力 $F$ 的垂直铣削分力 $F_z$ 是向上的，对工件夹紧不利，易引起振动。

如图 8-6(b)所示，铣削时，铣刀每一刀齿在工件切出处的速度方向与工件进给方向相同，这种切削方式称为顺铣。顺铣时，刀齿的切削厚度从最大逐步递减至零，铣刀的耐用度比逆铣高。同时铣削力 $F$ 的垂直分力 $F_z$ 始终压向工作台，避免了工件的振动。

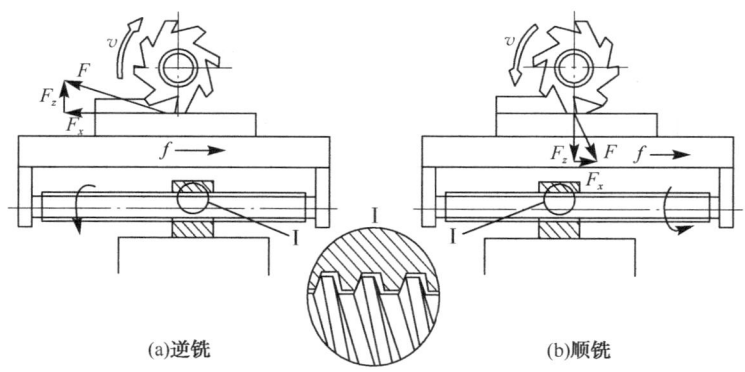

图 8-6　周铣方式

### 2）端铣

用端铣刀的端面齿进行铣削的方式称为端铣。如图8-7所示,铣削加工时,根据铣刀与工件相对位置的不同,端铣分为对称铣和不对称铣两种。不对称铣又分为不对称逆铣和不对称顺铣。

上述的周铣和端铣,是由于在铣削过程中采用不同类型的铣刀而产生的不同铣削方式,两种铣削方式相比,端铣具有铣削较平稳,加工质量及刀具耐用度均较高的特点,且端铣用的面铣刀易镶硬质合金刀齿,可采用大的切削用量,实现高速切削,生产率高。但端铣适应性差,主要用于平面铣削。周铣的铣削性能虽然不如端铣,但周铣能用多种铣刀,铣平面、沟槽、齿形和成形表面等,适应范围广,因此生产中应用较多。

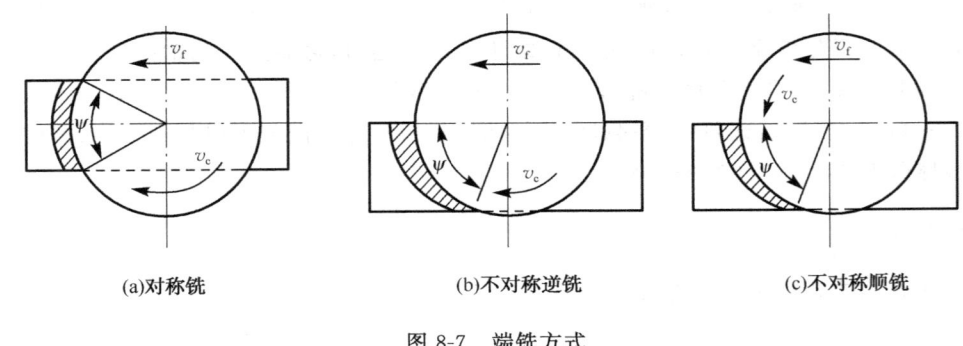

(a)对称铣　　　　　(b)不对称逆铣　　　　　(c)不对称顺铣

图8-7　端铣方式

## 8.3　刨、插、拉、削加工

### 8.3.1　刨削加工的工艺特点及适用范围

刨削是平面加工的主要方法之一。在刨床上使用刨刀对工件进行切削加工,称为刨削加工。刨削加工是一种直线形加工,尺寸精度可达 IT9～IT6,表面粗糙度可达 $Ra6.3\sim1.6\mu m$。直线度可达 $0.04\sim0.08mm/m$。但刨削加工是单程切削加工,返程时为空行程,因此生产率较低。

刨削加工的工艺特点如下:

(1)生产成本低。刨床结构简单,调整、操作方便;刨刀制造、刃磨、安装容易,加工费用低。

(2)生产率较低。刨削加工切削速度低,加之空行程所造成的损失,生产率一般较低。但在加窄长面和进行多件或多刀加工时,刨削的生产率并不比铣削低。

刨削加工主要用于加工各种平面(如水平面、垂直面和斜面等)和沟槽(如 T 形槽、燕尾槽、V 形槽等)。刨削加工的典型表面如图8-8所示(图中的切削运动是按牛头刨床加工时标注的)。刨削特别适宜加工尺寸较大的 T 形槽、燕尾槽及窄长的平面。

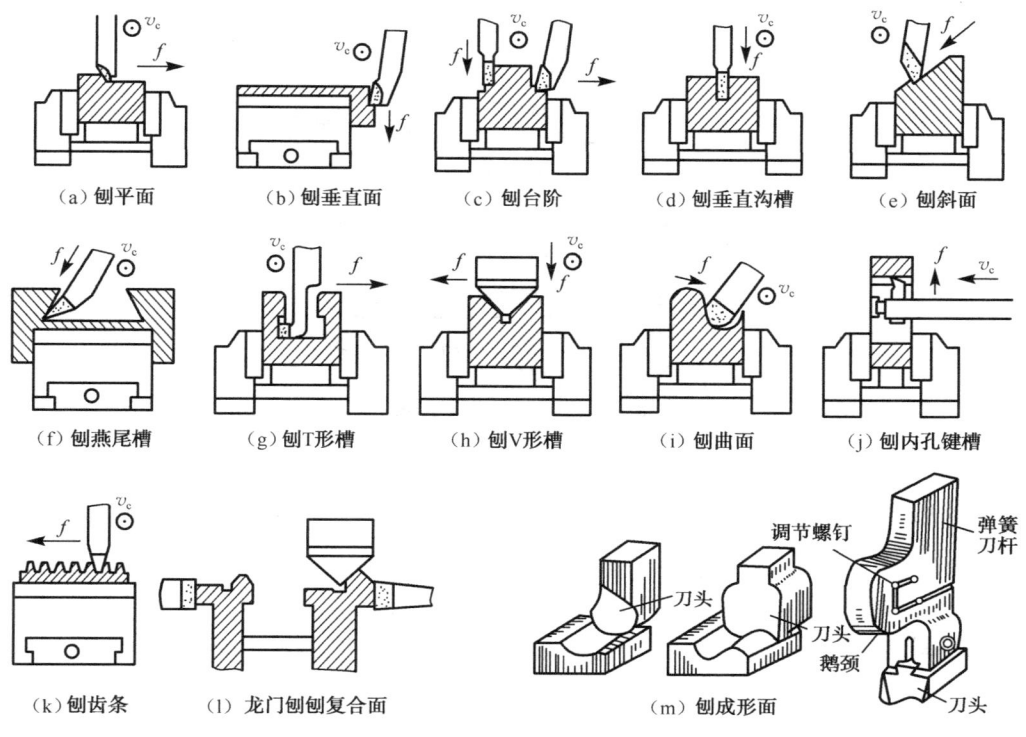

图 8-8 刨削加工典型表面

## 8.3.2 刨床的种类

刨削加工常用的机床有牛头刨床、龙门刨床和插床。

### 1. 牛头刨床

如图 8-9 所示,牛头刨床主要由床身、横梁、工作台、滑枕、刀架等组成,因其滑枕和刀架形似"牛头"而得名。牛头刨床工作时,装有刀架 1 的滑枕 3 由床身 4 内部的摆杆带动,沿床身顶部的导轨做直线往复运动,由刀具实现切削过程的主运动。夹具或工件则安装在工作台 6 上,加工时,工作台 6 带动工件沿横梁 5 上导轨做间歇横向进给运动。横梁 5 可沿床身的垂直导轨上下移动,以调整工件与刨刀的相对位置。刀架 1 还可以沿刀架座上的导轨上下移动(一般为手动),以调整刨削深度,以及在加工垂直平面和斜面做进给运动时。调整转盘 2,可以使刀架左右回旋,以便加工斜面和斜槽。

牛头刨床的刀具只在一个运动方向上进行切削,刀具在返回时不进行切削,空行程损失大,此外,滑枕在换向的瞬间,有较大的冲击惯性,因此主运动速度不能太高;加工时通常只能单刀加工,所以它的生产率比较低。牛头刨床的主参数是最大刨削长度。它适用于单件小批量生产或机修车间,用来加工中、小型工件的平面或沟槽。

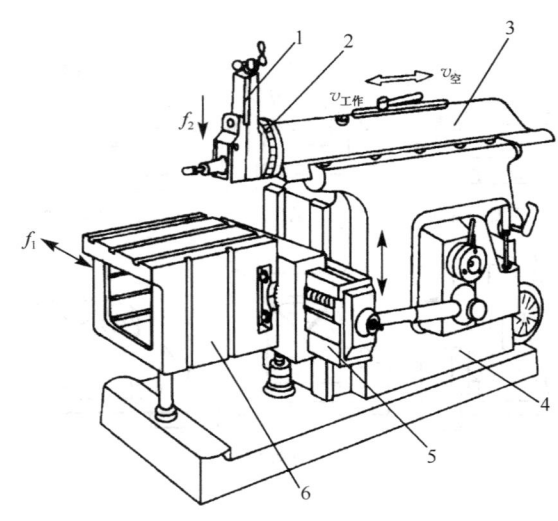

图 8-9  牛头刨床
1-刀架;2-转盘;3-滑枕;4-床身;5-横梁;6-工作台

**2. 龙门刨床**

龙门刨床因具有一个"龙门"式框架而得名。与牛头刨床相比,龙门刨床具有形体大、动力大、结构复杂、刚性好、工作稳定、工作行程长、适应性强和加工精度高等特点。龙门刨床的主参数是最大刨削宽度。它主要用来加工大型零件的平面,尤其是窄而长的平面,也可加工沟槽或在一次装夹中同时加工数个中、小型工件的平面。

**3. 刨刀**

刨刀的结构与车刀相似,其几何角度的选取原则也与车刀基本相同。但因刨削过程中有冲击,所以刨刀的前角比车刀小 5°～6°;而且刨刀的刃倾角也应取较大的负值,以使刨刀切入工件时产生的冲击力作用在离刀尖稍远的切削刃上。

### 8.3.3 插削加工

插削和刨削的切削方式基本相同,只是插削是在竖直方向进行切削。因此,可以认为插床是一种立式的刨床。

插床的主参数是最大插削长度。插削主要用于单件、小批量生产中加工工件的内表面,如方孔、多边形孔和键槽等。在插床上加工内表面,比刨床方便,但插刀刀杆刚性差,为防止"扎刀",前角不宜过大,因此加工精度比刨削低。

### 8.3.4 拉削的工艺特点

在拉床上用拉刀加工工件的工艺过程,称为拉削加工。拉削加工是一种只有主运动而没有进给运动的加工方式。进给运动是靠刀齿的齿升量来完成的。拉削加工精度可达 IT9～IT7,表面粗糙度可达 Ra6.3～1.6μm。拉削工艺范围广,不但可以加工各种形状的通孔,还可以拉削平面及各种组合成形表面。

拉刀是一种高精度的多齿刀具,由于拉刀从头部向尾部方向其刀齿高度逐齿递增,拉削过程中,通过拉刀与工件之间的相对运动,分别逐层从工件孔壁上切除金属(图 8-10),从而形成与拉刀的最后刀齿同形状的孔。

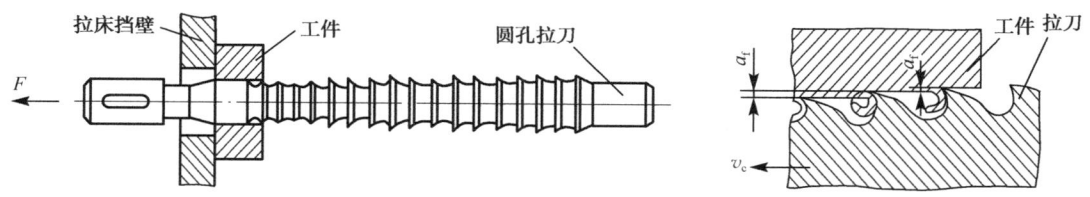

图 8-10　拉刀拉孔过程

拉孔与其他孔加工方法相比,具有以下特点:

(1)生产效率高。拉削时,拉刀同时工作的刀齿数多、切削刃总长度长,在一次工作行程中就能完成粗、半精及精加工,因此生产率很高。

(2)可以获得较高的加工质量。拉刀为定尺寸刀具,有校准齿对孔壁进行校准、修光;拉孔切削速度低($v_c$＝2～8m/min),拉削过程平稳,因此可获得较高的加工质量。

(3)拉刀使用寿命长。由于拉削速度低,切削厚度小,每次拉削过程中,每个刀齿工作时间短,拉刀磨损慢,因此拉刀耐用度高,使用寿命长。

(4)拉削运动简单。拉削的主运动是拉刀的轴向移动,而进给运动是由拉刀各刀齿的齿升量 $a_f$(图 8-10)来完成的。因此,拉床只有主运动,没有进给运动,拉床结构简单,操作方便。但拉刀结构较复杂,制造成本高。拉削多用于大批大量或成批生产中。

### 8.3.5　拉床

常用拉床按加工表面的不同可分为内拉床及外拉床,按机床布局可分为卧式和立式。其中,以卧式内拉床应用普遍。

图 8-11 为卧式内拉床的外形结构。液压缸 1 固定于床身内,工作时,液压泵供给压力油驱动活塞,活塞带动拉刀 4,连同拉刀尾部活动支承 5 一起沿水平方向左移,装在固定支承上的工件 3 即被拉制出符合精度要求的内孔。其拉力通过压力表 2 显示。

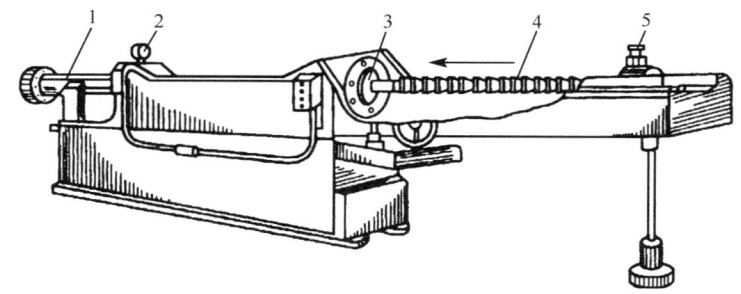

图 8-11　卧式内拉床
1-液压缸;2-压力表;3-工件;4-拉刀;5-活动支承

### 8.3.6 拉刀

拉刀的种类很多。据加工表面位置的不同,拉刀可分为内拉刀和外拉刀。据受力方式的不同,拉刀分为拉刀和推刀。拉刀虽有很多种,但它们的组成部分基本相同。下面以常用的圆孔拉刀(图 8-12)为例说明其各组成部分及作用。

(1) 前柄:拉床夹头用以夹持拉刀,带动拉刀进行拉削。

(2) 颈部:前柄与过渡锥的连接部分,可在此处打标记。

(3) 过渡锥:起对准中心的作用,使拉刀顺利进入工件预制孔中。

(4) 前导部:起导向和定心作用,防止拉刀歪斜,并可检查拉削前的孔径尺寸是否过小,以免拉刀第一个切削齿载荷太重而损坏。

(5) 切削部:承担全部余量的切除工作,由粗切齿、过渡齿和精切齿组成。

(6) 校准部:用以校正孔径,修光孔壁,并作为精切齿的后备齿,各齿形状及尺寸完全一致。

(7) 后导部:用以保持拉刀最后正确位置,防止拉刀在即将离开工件时,工件下垂而损坏已加工表面或刀齿。

(8) 后柄:用做直径大于 60mm 既长又重拉刀的后支承,防止拉刀下垂。直径较小的拉刀可不设后柄。

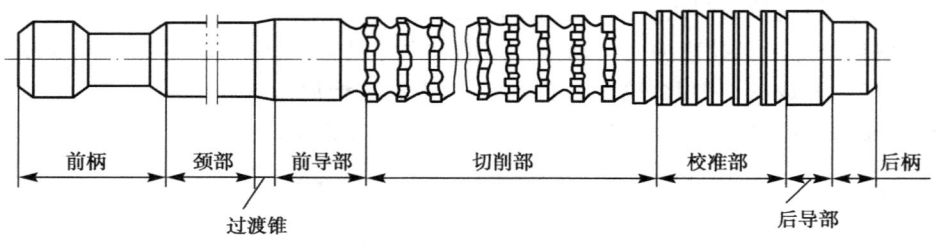

图 8-12 圆孔拉刀的结构

## 8.4 钻削与镗削加工

孔是组成零件的基本表面之一,与外圆表面加工相比,加工孔要比加工外圆困难得多。机械加工中的孔分为两类:一类是在实体工件上加工出孔;另一类是对工件上已有孔进行再加工。其中第一类常用的加工方法是钻孔,第二类常用的加工方法是扩孔、铰孔和镗孔。

### 8.4.1 钻削加工

用钻头在实体材料上加工孔的方法称为钻孔;用扩孔钻对已有孔进行扩大再加工方法称为扩孔,另外还包括铰孔,螺纹等其他加工方法。它们统称为钻削加工。

钻削加工主要在钻床上进行。钻削加工操作简便,适应性强,应用很广。钻削的精度较低,表面较粗糙,一般加工精度在 IT10 以下,表面粗糙度大于 12.5μm,生产效率也比较低。

1. 钻孔

钻孔是在实心材料上加工孔的第一道工序,钻孔直径一般小于 80mm,钻孔有两种方式,一种是钻头旋转,如在钻床上钻孔;另一种是工件旋转,如在车床上钻孔;常用的钻孔刀具有麻花钻、中心钻、深孔钻等。其中麻花钻是钻孔最常用的刀具,用麻花钻钻孔的尺寸精度为 IT13~IT11,表面粗糙度 Ra 为 50~12.5μm,属于粗加工。钻孔主要用于质量要求不高的孔的终加工,如螺栓孔、油孔等,也可作为质量要求较高孔的预加工。图 8-13 所示为麻花钻的结构,各组成部分名称及功能如下。

(1)装夹部分。装夹部分用于与机床的连接并传递动力,包括钻柄与颈部。

(2)工作部分。工作部分包括导向部分与切削部分。导向部分用于导向、排屑,也是切削部分的后备部分。切削部分是指钻头前端有切削刃的部分。切削部分结构如图 8-13所示。麻花钻在制造中控制的尺寸与角度叫做麻花钻的结构参数,它们都是确定麻花钻几何形状的独立参数。包括以下几项:

①直径 $d$,指在切削部分测量的两刃带间距离;

②直径倒锥,远离切削部分的直径逐渐减小,形成倒锥,以减小刃带与孔壁的摩擦,相当于副偏角;

③钻心直径 $d_0$,指与两刃沟底相切圆的直径。

钻削加工的主要设备是钻床。钻床主要是用钻头钻削直径不大,精度要求较低的孔,此外还可以进行扩孔、铰孔、攻螺纹等加工。加工时,工件固定不动,刀具旋转形成主运动,同时沿轴向移动完成进给运动。

钻床的主要类型有台式钻床、立式钻床、摇臂钻床以及深孔钻床等。

(1)立式钻床。立式钻床是应用较广的一种机床,其主参数是最大钻孔直径,常用的有 25mm、35mm、40mm 和 50mm 等几种。

立式钻床的特点是主轴轴线是垂直布置,而且位置是固定的。加工时,为使刀具旋转中心线与被加工孔的中心线重合,必须移动工件,因此立式钻床只适用于加工中小工件上直径 $d \leqslant 50$mm 的孔。

(2)摇臂钻床。摇臂钻床广泛地用于大、中型零件上直径 $d \leqslant 80$mm 孔的加工。

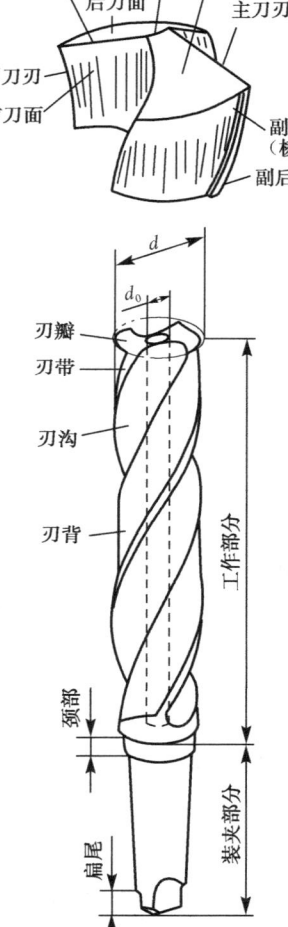

图 8-13 麻花钻的结构

(3)其他钻床。台钻是一种加工小型工件上孔径 $d=0.1$~13mm 的立式钻床;多轴钻床可同时加工工件上的很多孔,生产率高,广泛用于大批大量生产;中心孔钻床用来加工轴类零件两端面上中心孔;深孔钻床用于加工孔深与直径比 $l/d > 5$ 深孔。

2. 扩孔

扩孔是用于扩大孔径、提高孔质量的一种孔加工方法。扩孔是用扩孔钻对工件上已钻出、铸出或锻出的孔进行扩大加工。扩孔可在一定程度上校正原孔轴线的偏斜,扩孔的精度可达

IT10 和 IT9,表面粗糙度可达 Ra6.3～3.2μm,属于半精加工。扩孔常用作铰孔前的预加工,对于质量要求不高的孔,扩孔也可作为孔加工的最终工序。它可用于孔的最终加工或铰孔、磨孔前的预加工。如图 8-14 所示,扩孔钻与麻花钻相似,但齿数较多,一般有 3、4 个齿,因而导向性好。

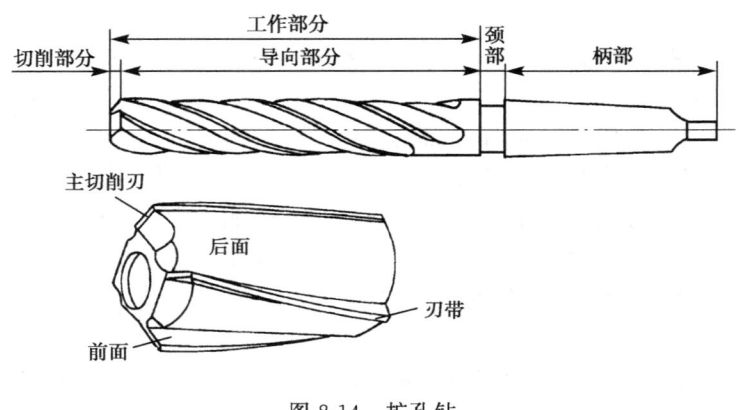

图 8-14 扩孔钻

3. 铰孔

铰孔用铰刀从被加工孔的孔壁上切除微量金属,使孔的精度和表面质量得到提高的加工方法,称为铰孔。铰孔是应用较普遍的对中、小直径孔进行精加工的方法之一,它是在扩孔或半精镗孔的基础上进行的。根据铰刀的结构不同,铰孔可以加工圆柱孔、圆锥孔;可以用于手工操作,也可以在机床上进行。铰孔后孔的精度可达 IT9～IT7,表面粗糙度达 Ra1.6～0.4μm。

铰孔用于中、小直径孔的半精加工和精加工。铰刀加工时加工余量小,刀具齿数多、刚性和导向性好,铰孔的加工精度可达 IT7 级和 IT6 级,甚至 IT5 级。表面粗糙度可达 Ra1.6～0.4μm,所以得到广泛应用。

### 8.4.2 镗削加工

1. 镗削加工的工艺特点及应用范围

镗孔是用镗刀在已加工孔的工件上使孔径扩大并达到精度和表面粗糙度要求的加工方法。

镗孔是常用的孔加工方法之一,其加工范围广泛。一般镗孔的精度可达 IT8 和 IT7,表面粗糙度可达 Ra1.6～0.8μm;精细镗时,精度可达 IT7 和 IT6,表面粗糙度为 Ra0.8～0.1μm。镗孔不但能校正原有孔轴线偏斜,而且能保证孔的位置精度,所以镗削加工适用于加工机座、箱体、支架等外形复杂的大型零件上的孔径较大、尺寸精度要求较高、有位置要求的孔和孔系。

利用钻、扩、铰及车床上镗等方法加工孔只能保证孔本身的形状尺寸精度。而对于一些复杂工件(如箱体、支架等)上有若干同轴度、平行度及垂直度等位置精度要求的孔(称为孔系),上述加工方法难以完成,必须在镗床上加工。镗床可保证孔系的形状、尺寸和位置精度。

### 2. 镗床

在镗床上除可进行一般孔的钻、扩、铰、镗外,还可以车端面、车外圆、车螺纹、车沟槽、铣平面等。对于较大的复杂箱体类零件,镗床能在一次装夹中完成各种孔和箱体表面的加工,并能较好地保证其尺寸精度和形状位置精度,这是其他机床难以胜任的。

镗床主要用于加工尺寸较大且精度要求较高的孔,特别是分布在不同表面上、孔距和位置精度要求很严格的孔系,如箱体、汽车发动机缸体等零件上的孔系加工。镗床工作时,由刀具做旋转主运动,进给运动则根据机床类型和加工条件的不同或者由刀具完成,或者由工件完成。镗床主要类型有卧式镗床、坐标镗床以及金刚镗床等。

### 3. 镗刀

镗削加工所用刀具为镗刀,镗刀分单刃镗刀和双刃镗刀两种结构形式。

## 8.5 磨削加工

用磨具以较高的线速度对工件表面进行加工的方法称为磨削。磨削加工是一种多刀多刃的高速切削方法,它适用于零件精加工和硬表面的加工。其加工精度可达 IT6 和 IT5,表面粗糙度 Ra 达 $1.25 \sim 0.01 \mu m$。

### 8.5.1 磨削加工的工艺特点与适用范围

#### 1. 磨削加工的工艺特点

磨削速度快、温度高。一般磨削速度为 35m/s 左右,高速磨削时可达 60m/s,目前甚至已经发展到 120m/s。磨削过程中会产生大量的切削热,使得磨削区域瞬时温度可达 1000℃左右。

加工精度高。磨削是精加工工序,切除极薄极细的切屑,余量一般为 $0.1 \sim 0.3mm$。因而加工精度高,表面粗糙度小。

砂轮具有自锐性。在磨削过程中,砂轮的磨粒的棱角变钝后,往往因切削力的作用而自行破碎或脱落。露出下层磨粒的锋利刃口,继续切削,这就是砂轮的自锐性。它能使砂轮保持良好的切削性能。

径向磨削分力大。磨削时由于同时参加磨削的磨粒多,磨粒又以负前角切削,所以径向磨削分力很大。一般为切向分力的 1.5~3 倍。

#### 2. 适用范围

磨削适于加工各种表面,包括外圆、内孔、平面、花键、螺纹和齿形磨削。

### 8.5.2 磨床与磨具

#### 1. 磨床

磨床的种类很多,主要有平面磨床、外圆磨床和内圆磨床。

2. 砂轮

砂轮是磨削加工中使用的切削刀具。砂轮是在磨料中加入结合剂,经压坯、干燥和焙烧而制成的多孔体。由于磨料、结合剂及制造工艺等不同,砂轮的特性差别很大,因此对磨削的加工质量、生产率和经济性有着重要影响。砂轮的特性主要是由磨料、粒度、结合剂、硬度、组织五个参数决定的。此外还和形状、尺寸等因素有关。

1) 磨料

磨料是砂轮的主要组成成分,它应具有很高的硬度、耐磨性、耐热性和一定的韧性,以承受磨削时的切削热和切削力,同时还应具备锋利的尖角,以利磨削金属。常用磨料代号、特点及应用范围如表 8-1 所示。

表 8-1 常用磨料代号、特性及适用范围

| 名称 | 代号 | 主要成分 | 显微硬度(HV) | 颜色 | 特性 | 适用范围 |
|------|------|----------|--------------|------|------|----------|
| 棕刚玉 | A | 氧化铝 91%~96% | 2200~2280 | 棕褐色 | 硬度高,韧性好,价格便宜 | 磨削碳钢、合金钢、可锻铸铁、硬青铜 |
| 白刚玉 | WA | 氧化铝 97%~99% | 2200~2300 | 白色 | 硬度高于棕刚玉,磨粒锋利,韧性差 | 磨削淬硬的碳钢、高速钢 |
| 黑碳化硅 | C | 碳化硅>95% | 2840~3320 | 黑色带光泽 | 硬度高于刚玉,性脆而锋利,有良好的导热性和导电性 | 磨削铸铁、黄铜、铝及非金属 |
| 绿碳化硅 | GC | 碳化硅>99% | 3280~3400 | 绿色带光泽 | 硬度和脆性高于黑碳化硅,有良好的导热性和导电性 | 磨削硬质合金、宝石、陶瓷、光学玻璃、不锈钢 |
| 立方氮化硼 | CBN | 立方氮化硼 | 8000~9000 | 黑色 | 硬度仅次于金刚石,耐磨性和导电性好,发热量小 | 磨削硬质合金、不锈钢、高合金钢等难加工材料 |
| 人造金刚石 | D | 碳结晶体 | 10000 | 乳白色 | 硬度极高,韧性很差,价格昂贵 | 磨削硬质合金、宝石、陶瓷等高硬度材料 |

2) 粒度

粒度是指磨料颗粒尺寸的大小。粒度分为磨粒和微粉两类。颗粒尺寸大于 $40\mu m$ 的磨料称为磨粒。用筛选法分级,粒度号以磨粒通过的筛网上每英寸长度内的孔眼数表示。例如,60♯的磨粒表示其大小刚好能通过每英寸长度上有 60 孔眼的筛网。粒度号越大,磨粒尺寸越小。颗粒尺寸小于 $40\mu m$ 的磨料,称为微粉。用显微测量法分级,用 W 和后面的数字表示粒度号,W 后的数值代表微粉的实际尺寸。例如,W20 表示微粉实际尺寸为 $20\mu m$。粒度号越小,则微粉的颗粒越细。

砂轮的粒度对磨削表面的粗糙度和磨削效率影响很大。磨粒粗,磨削深度大,生产率高,但表面粗糙度大。反之,则磨削深度均匀,表面粗糙度小。所以粗磨时,一般选粗粒度,精磨时选细粒度。磨软金属时,多选用粗磨粒,磨削脆而硬材料时,则选用较细的磨粒。粒度的选用

如表 8-2 所示。表 8-2 中左侧为磨粒,右侧为微粉。

表 8-2 磨料粒度的选用

| 粒度号 | 颗粒尺寸范围/μm | 适用范围 | 粒度号 | 颗粒尺寸范围/μm | 适用范围 |
|---|---|---|---|---|---|
| 12#～36# | 2000～1600<br>500～400 | 粗磨、荒磨、切断钢坯、打磨毛刺 | W40～W20 | 40～28<br>20～14 | 精磨、超精磨、螺纹磨、珩磨 |
| 46#～80# | 400～315<br>200～160 | 粗磨、半精磨、精磨 | W14～W10 | 14～10<br>10～7 | 精磨、精细磨、超精磨、镜面磨 |
| 100#～280# | 165～125<br>50～40 | 精磨、成形磨、刀具刃磨、珩磨 | W7～W3.5 | 7～5<br>3.5～2.5 | 超精磨、镜面磨、制作研磨剂等 |

3) 结合剂

结合剂是把磨粒黏结在一起组成磨具的材料。砂轮的强度、抗冲击性、耐热性及耐腐蚀性,主要取决于结合剂的种类和性质。常用结合剂的种类、性能及适用范围如表 8-3 所示。

表 8-3 常用结合剂的种类、性能及适用范围

| 种类 | 代号 | 性能 | 用途 |
|---|---|---|---|
| 陶瓷 | V | 耐热性、耐腐蚀性好、气孔率大、易保持轮廓、弹性差 | 应用最广,适用于 $v<35\mathrm{m/s}$ 的各种成形磨削、磨齿轮、磨螺纹等 |
| 树脂 | B | 强度高、弹性大、耐冲击、坚固性和耐热性差、气孔率小 | 适用于 $v>50\mathrm{m/s}$ 的高速磨削,可制成薄片砂轮,用于磨槽、切割等 |
| 橡胶 | R | 强度和弹性更高、气孔率小、耐热性差、磨粒易脱落 | 适用于无心磨的砂轮和导轮、开槽和切割的薄片砂轮、抛光砂轮等 |
| 金属 | M | 韧性和成形性好、强度大、自锐性差 | 可制造各种金刚石磨具 |

4) 硬度

砂轮硬度是指砂轮工作时,磨粒在外力作用下脱落的难易程度。砂轮硬,表示磨粒难以脱落;砂轮软,表示磨粒容易脱落。砂轮的硬度等级如表 8-4 所示。

表 8-4 砂轮的硬度等级及代号

| 大级 | 超软 | 软 | | | 中软 | | 中 | | 中硬 | | | 硬 | | 超硬 |
|---|---|---|---|---|---|---|---|---|---|---|---|---|---|---|
| 小级 | 超软 | 软1 | 软2 | 软3 | 中软1 | 中软2 | 中1 | 中2 | 中硬1 | 中硬2 | 中硬3 | 硬1 | 硬2 | 超硬 |
| 代号 | D | E | F | G | H | J | K | L | M | N | P | Q | R | S | T | Y |

砂轮硬度的选用原则如下:工件材料硬,砂轮硬度应选用软一些,以便砂轮磨钝磨粒及时脱落,露出锋利的新磨粒继续正常磨削;工件材料软,因易于磨削,磨粒不易磨钝,砂轮应选硬一些。但对于有色金属、橡胶、树脂等软材料磨削时,由于切屑容易堵塞砂轮,应选用较软砂轮。粗磨时,应选用较软砂轮;而精磨、成形磨削时,应选用硬一些砂轮,以保持砂轮的必要形状精度。机械加工中常用砂轮硬度等级为 H～N(软2～中2)。

5)组织

砂轮的组织是指组成砂轮的磨粒、结合剂、气孔三部分体积的比例关系。通常以磨粒所占砂轮体积的百分比来分级。砂轮有三种组织状态:紧密、中等、疏松;细分成0～14,共15级。组织号越小,磨粒所占比例越大,砂轮越紧密;反之,组织号越大,磨粒比例越小。砂轮越疏松。如表8-5所示。

表8-5 砂轮组织分类

| 组织号 | 0 | 1 | 2 | 3 | 4 | 5 | 6 | 7 | 8 | 9 | 10 | 11 | 12 | 13 | 14 |
|---|---|---|---|---|---|---|---|---|---|---|---|---|---|---|---|
| 磨粒率/% | 62 | 60 | 58 | 56 | 54 | 52 | 50 | 48 | 46 | 44 | 42 | 40 | 38 | 36 | 34 |
| 类别 | 紧密 | | | | 中等 | | | | 疏松 | | | | | | |
| 应用范围 | 精磨、成形磨 | | | | 淬火工件、刀具 | | | | 韧性大和硬度低的金属 | | | | | | |

6)形状与尺寸

砂轮的形状和尺寸是根据磨床类型、加工方法及工件的加工要求来确定的。常用砂轮名称、形状简图、代号和主要用途如表8-6所示。

表8-6 常用砂轮名称、形状简图、代号和主要用途

| 砂轮名称 | 代号 | 简图 | 主要用途 |
|---|---|---|---|
| 平行砂轮 | 1 | | 磨内孔、外圆、工具、无心磨 |
| 薄片砂轮 | 41 | | 切断及切槽 |
| 筒形砂轮 | 2 | | 端磨平面 |
| 碗形砂轮 | 11 | | 刃磨刀具、磨导轨 |
| 蝶形1#砂轮 | 12a | | 磨铣刀、铰刀、拉刀,磨齿轮齿面 |
| 双斜边砂轮 | 4 | | 磨齿轮齿面及螺纹 |
| 杯形砂轮 | 6 | | 磨平面、内圆,刃磨刀具 |

砂轮的特性均标记在砂轮的侧面上,其顺序如下:形状代号、尺寸、磨料代号、粒度号、硬度代号、组织号、结合剂代号、最高工作线速度。例如,外径300mm,厚度50mm,孔径75mm,棕刚玉,粒度60#,硬度L,5#组织,陶瓷结合剂,最高工作线速度35m/s的平行砂轮,其标记为:砂轮1-300×55×75-A60L5V-35m/s(GB/T2484-94)。

## 8.6 典型表面加工

### 8.6.1 齿形加工方法

齿轮的加工主要是齿形加工,用切削加工的方法加工齿轮齿形,按加工原理可分为两类:①成形法,即用与被切齿轮的齿槽形状相同或非常近似的刀具切出齿形的方法,如铣齿、拉齿、成形法磨齿等;②展成法(也称范成法),即用齿轮刀具与被切齿轮的啮合运动切出齿形的方法,如滚齿、插齿、剃齿、珩齿和磨齿等。

1. 圆柱齿轮齿形加工方案的选择

齿形加工方法的选择,主要取决于齿轮精度、齿轮结构、热处理情况、生产批量及工厂的具体生产条件。常用的齿形加工方案如表 8-7 所示。

表 8-7 齿形加工方案及应用

| 齿形加工方案 | 精度等级 | 齿面粗糙度 Ra/μm | 适用范围 |
| --- | --- | --- | --- |
| 铣齿 | 9 级以下 | 6.3~3.2 | 单件小批、修配低速的齿轮 |
| 滚齿 | 8、7 | 3.2~1.6 | 各种批量生产中的直齿和螺旋齿轮及蜗轮 |
| 插齿 | 8、7 | 1.6 | 各种批量的直齿轮、内齿轮和双联齿轮,大批量小型齿条 |
| 滚(或插)齿—淬火—珩齿 | 8、7 | 0.8~0.4 | 各种批量生产的表面淬火的齿轮 |
| 滚齿—剃齿 | 7、6 | 0.8~0.4 | 各种批量生产的不淬火齿轮的精加工 |
| 滚齿—剃齿—淬火—珩齿 | 7、6 | 0.4~0.2 | 各种批量生产的淬火齿轮的精加工 |
| 滚(插)齿—磨齿 | 6~3 | 0.4~0.2 | 淬硬后的高精度齿轮的精加工 |
| 滚(插)齿—淬火—磨齿 | 6~3 | 0.4~0.2 | |

2. 齿轮加工机床

在金属切削机床中,用来加工齿轮轮齿的机床称为齿轮加工机床。

按照被加工齿轮种类的不同,齿轮加工机床可分为以下两种:

(1)圆柱齿轮加工机床,主要有滚齿机、插齿机等。

(2)圆锥齿轮加工机床,有加工直齿锥齿齿轮的刨齿机、铣齿机、拉齿机和加工弧齿、锥齿齿轮的铣齿机等。

3. 齿轮加工刀具

齿轮刀具是用于切削齿轮齿形的刀具。齿轮刀具结构复杂,种类繁多。按其工作原理,可分为两大类。

(1)成形法齿轮刀具。这类刀具切削刃的廓形与被切齿轮齿槽的廓形相同或相似。常用的成形法齿轮刀具有盘形齿轮铣刀、指状齿轮铣刀等。

(2)展成法齿轮刀具。这类刀具是利用齿轮的啮合原理来加工齿轮的。加工时,刀具本身就相当于一个齿轮,它与被切齿轮无侧隙啮合,工件齿形由刀具切削刃在展成过程中逐渐切削包络而成。常用的展成法齿轮刀具有齿轮滚轮刀、插齿刀、剃齿刀等。

### 8.6.2 螺纹加工

螺纹加工方法主要有切削加工和滚压加工两类。切削一般指用成形刀具或磨具在工件上加工螺纹的方法,主要有车削、铣削、攻丝、套丝、磨削、研磨和旋风切削等。滚压是用成形滚压模具使工件产生塑性变形以获得螺纹的加工方法。

**1. 螺纹切削**

车削、铣削和磨削螺纹时,工件每转一转,机床的传动链保证车刀、铣刀或砂轮沿工件轴向准确而均匀地移动一个导程。在攻丝或套丝时,刀具(丝锥或板牙)与工件做相对旋转运动,并由先形成的螺纹沟槽引导着刀具(或工件)做轴向移动。

**2. 螺纹滚压**

螺纹滚压是用成形滚压模具使工件产生塑性变形以获得螺纹的加工方法。螺纹滚压一般在滚丝机、搓丝机或在附装自动开合螺纹滚压头的自动车床上进行,适用于大批量生产标准紧固件和其他螺纹连接件的外螺纹。滚压螺纹的外径一般不超过25mm,长度不大于100mm,所有坯件的直径大致与被加工螺纹的中径相等。

螺纹滚压的优点是,表面粗糙度小于车削、铣削和磨削;滚压后的螺纹表面因冷作硬化而能提高强度和硬度;材料利用率高;生产率比切削加工成倍增长,且易于实现自动化;滚压模具寿命很长。但滚压螺纹要求工件材料的硬度不超过HRC40;对毛坯尺寸精度要求较高;对滚压模具的精度和硬度要求也高,制造模具比较困难;不适于滚压牙形不对称的螺纹。

### 8.6.3 成型面加工

在机械加工中,除了人们常见的外圆、内孔表面和平面加工外,还有许多复杂曲面,如螺旋桨的表面、飞机和汽车的外形表面等成形面的加工。这一类成形表面的加工方法主要有车削、铣削、刨削、拉削和磨削等。

**1. 用成形刀具加工**

即用切削刃形状与工件轮廓相符合的刀具,直接加工出成形面。用成形刀具加工成形面的特点如下:

(1)机床的运动和结构比较简单,操作也简便。
(2)刀具的制造和刃磨比较复杂(特别是成形铣刀和拉刀),成本较高。
(3)不宜用于加工刚性差而成型面较宽的工件。

**2. 利用刀具和工件做特定的相对运动加工**

用靠模装置、手动、液压仿形装置或数控装置等来控制刀具与工件之间特定的相对运动其加工特点如下:

(1)刀具比较简单,并且加工成形面的尺寸范围较大。
(2)机床的运动和结构都较复杂,成本也高。

## 思考题与习题

1. 常用平面的加工方法有哪些？分析各种加工方法的工艺特点。
2. 孔的加工方法有哪些？分析各种加工方法的工艺特点。
3. 铣削方式主要有哪些？其特点是什么？
4. 分析牛头刨床生产率低的原因。
5. 试述拉孔的工艺特点。
6. 砂轮的特性主要由哪些因素决定的？
7. 什么是砂轮的硬度？

# 第 9 章 现代加工方法

随着生产和科学技术的发展,许多工业部门,尤其是国防、航天、电子等工业要求产品向高精度、高速度、大功率、耐高温、耐高压、小型化等方面发展,机械制造面临着一系列严峻的任务:

(1)解决各种难切削材料的加工问题。
(2)解决各种特殊复杂型面的加工问题。
(3)解决各种超精密、光整零件的加工问题。
(4)特殊零件的加工问题。

因此,人们创造和发展了很多新的加工方法。

## 9.1 精密加工

精密加工是进一步提高零件加工精度和减少表面粗糙度的方法,必须在精车、精铣、精镗和精磨的基础上进行,精密加工分为精整加工和光整加工。

精整加工是生产中常用的精密加工,它是指精加工后从工件上切除很薄的材料层,以提高工件精度和减小表面粗糙度为目的的加工方法,如研磨和珩磨等。光整加工是指不切除或从工件上切除极薄材料层,以减小工件表面粗糙度为目的的加工方法,如超级光磨和抛光等。

### 9.1.1 研磨

研磨是研具与工件之间置以研磨剂,对工件表面进行精整加工的方法。研磨时,研具在一定压力作用下,与工件表面之间做复杂的相对运动,通过研磨剂的机械及化学作用,从工件表面上切除一层很薄的材料,从而达到很高的精度和很小的表面粗糙度。

研磨方法分为手工研磨和机械研磨两种,手工研磨是人手持研具或工件进行研磨。机械研磨在研磨机上进行。研磨的主要特点如下:

(1)研具较简单,不要求具有极高的精度。
(2)可获得很高的尺寸精度、形状精度和很低的表面粗糙度,表面质量好。
(3)适用范围广。

### 9.1.2 珩磨

珩磨是利用带有油石的珩磨头对孔进行精整加工的方法。珩磨时,珩磨头上的油石以一定的压力压在被加工表面上,由机床主轴带动珩磨头旋转,并沿轴向做往复运动,在相对运动的过程中,油石从工件表面切除一层极薄的金属,所以可获得很高的精度和很小的表面粗糙度。为了及时排除切屑和切削热,降低切削温度和表面粗糙度,珩磨时要浇注充分的珩磨液。

珩磨的主要特点如下:

(1)操作简单,对机床的要求低,且结构简单。
(2)表面质量好,加工精度高。
(3)珩磨对前道工序所产生的形状误差有一定程度的修正作用。

(4) 切削效率高。切削效率比研磨高3～8倍。
(5) 加工范围广。珩磨不仅在大批量生产中应用很普遍,而且在单件小批生产中应用也较广泛。

### 9.1.3 超级光磨

超级光磨是用装有细磨粒、低硬度油石的磨头,在一定压力下对工件表面进行光整加工的方法。加工时工件旋转,油石以恒定的力轻压于工件表面,做轴向进给运动,同时,还做轴向微小振动,从而对工件微观不平的表面进行光磨。

### 9.1.4 抛光

抛光是在布轮、布盘或砂带等软的研具上涂以抛光膏来加工工件的。抛光器具高速旋转,由抛光膏的机械刮擦和化学作用将粗糙表面的峰顶去掉,从而使表面获得光泽镜面。

综上所述,抛光仅能提高工件表面的光亮程度,而对工件表面粗糙度的改善并无益处。超级光磨仅能减小工件表面的粗糙度,而不能提高其尺寸和形状精度。研磨和珩磨不但可以减小工件表面的粗糙度,还可以在一定程度上提高其尺寸和形状精度。实际生产中,常根据工件的形状、尺寸和表面的要求,以及批量的大小和生产条件等来选用合适的精整和光整加工方法。

## 9.2 超精密加工

加工精度在 $0.1\sim1\mu m$,表面粗糙度为 $Ra0.02\sim0.1\mu m$ 的加工称为精密加工;加工精度高于 $0.1\mu m$,表面粗糙度小于 $0.01\mu m$ 的加工称为超精密加工。

超精密加工的难点如下:精度难以控制;刚度和热变形影响;去除层薄,切应力大;犹如对不连续体进行切削。

根据加工所用的工具不同,超精密加工可分为超精密切削、超精密磨削和超精密研磨等。

超精密切削是指用单晶金刚石刀具进行的超精密加工。

超精密磨削是指精细修整过的砂轮和沙带进行的超精密加工。它是利用大量等高的磨粒微刃,从工件表面切除一层极微薄的材料来达到超精密加工的。它的生产率比一般超精密切削高。

超精密研磨一般是指在恒温的研磨液中进行研磨的方法。由于抑制了研具和工件的热变形,并防止了尘埃和大颗粒磨料混入研磨区,所以可以达到很高的精度和很小的表面粗糙度。

## 9.3 特 种 加 工

特种加工(non-traditional machining,NTM)是指利用机、光、电、声、热、化学、磁、原子能等能源来进行加工的非传统加工方法,它们与传统切削加工的不同点主要有以下几个:
(1) 主要不是依靠机械能。
(2) 刀具的硬度可以低于被加工工件材料的硬度。
(3) 在加工过程中,工具和工件之间不存在显著的机械切削力作用。

目前在生产中应用的特种加工工艺主要有电火花加工(EDM)、电化学加工(ECMM)、超声波加工(USM)、激光束加工(LBM)、离子束加工(IBM)、电子束加工(EBM)等。

### 9.3.1 电火花加工

电火花加工(electrical discharge machining, EDM)是利用工具电极和工件电极间瞬时火花放电所产生的高温熔蚀工件表面材料来实现加工的，又称放电加工。这与金属切削的加工原理完全不同，工件和工具之间并不接触，它们之间靠电火花放电来完成加工过程。

**1. 电火花加工的原理**

电火花成形加工是与机械加工完全不同的一种新工艺。其基本原理如图9-1所示。被加工的工件作为件电极，石墨或者紫铜作为工具电极。脉冲电源发出一连串脉冲电压，加到工件电极和工具电极上，此时工具电极和工件均淹没于具有一定绝缘性能的工作液中。在自动进给调节装置的控制下，当工具电极与工件的距离小到一定程度时，在脉冲电压的作用下，两极间最近处的工作液被击穿，工具电极与工件之间形成瞬时放电通道，产生瞬时高温，使金属局部熔化甚至汽化而被蚀除下来，形成局部的电蚀凹坑。这样随着相当高的频率，连续不断地重复放电，工具电极不断地向工件进给，就可以将工具电极的形状复制到工件上，加工出所需要的和工具形状阴阳相反的零件。

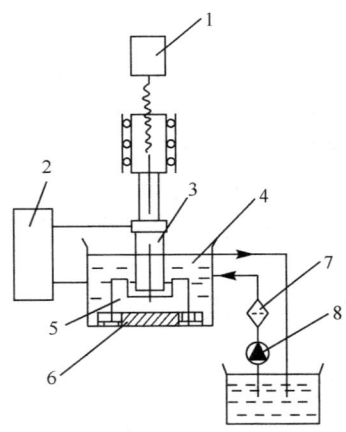

图 9-1 电火花加工原理示意图

1-自动进给调节装置；2-脉冲电源；3-工具电极；4-工作液；5-工件；6-工作台；7-过滤器；8-工作液泵

**2. 电火花加工的特点**

(1) 脉冲放电的能量密度高，便于加工特殊材料和复杂形状的工件。不受材料的硬度的影响，不受热处理状况的影响。

(2) 脉冲放电时间极短，放电时产生的热量传导范围小，材料受热处理影响范围小。

(3) 加工时，工具电极和材料不接触，两者之间宏观作用力极小。工具电极材料不需要比工件材料硬度高。

(4) 直接利用电能加工，便于实现加工过程的自动化及实现无人化操作。

电火花加工同时也具有一定的局限性，具体如下：

(1) 只能加工金属等导电材料。但最近研究表明,在一定条件下也可以加工半导体和聚晶金刚石等非导体超硬材料。

(2) 加工速度一般较慢。

(3) 存在电极损耗。由于电火花加工靠电、热来蚀除金属,电极也会在受损耗,影响加工精度。

(4) 最小角部半径有限制。

3. 电火花加工的基本条件

(1) 实现工具电极和工件电极之间必须维持合理的距离,即相应于脉冲电压和相应于介质的绝缘强度的距离。若两电极距离过大,则脉冲电压不能击穿介质,不能产生火花放电,若两极短路,则在两电极间没有脉冲能量消耗,也不能实现电腐蚀加工。

(2) 两极间必须加入介质。电火花成形加工通常使用煤油或去离子水作为工作液。

(3) 输送到两极间的脉冲能量密度应足够大。一般为 $105\sim106A/cm^2$。能量密度足够大,才可以使被加工材料局部熔化或者气化,被加工材料表面形成一个腐蚀痕,从而实现电火花加工。

(4) 放电必须是短时间的脉冲放电。一般放电时间为 0.001～1ms。这样才能使放电时产生的热量来不及在被加工材料内部扩散,从而把能量作用局限在很小的范围内,保持火花放电的冷极特性。

(5) 脉冲放电须重复多次进行,并且多次脉冲放电在时间和空间是分散的。

(6) 脉冲放电后的电蚀产物应能及时排放至放电间隙之外,使重复性放电顺利进行。

4. 电火花线切割加工

电火花线切割加工(wire cut EDM,WCEDM)是在电火花成形加工基础上发展起来的,是用线状电极依靠火花放电对工件进行切割加工,故称为电火花线切割。与电火花成形加工一样都是直接利用电能对金属材料进行加工的,其加工原理相似,只是加工方式不同。电火花线切割加工弥补了电火花成形加工的不足,不需要制造特定形状的电极就能实现微细加工,而且设备操作更为方便,效率更高。

电火花线切割加工是利用不断运动的电极丝与工件之间产生火花放电,从而将金属蚀除下来,实现轮廓切割的。

与电火花成形加工相比,电火花线切割加工有如下特点：

(1) 不需要单独制造电极。

(2) 不需考虑电极损耗。

(3) 能加工精密细小、形状复杂的通孔零件或零件外形。

(4) 不能加工盲孔。

## 9.3.2 电化学加工

以电化学反应为基础的加工方法称为电化学加工(electrochemical machining,ECM)。它是特种加工的一个重要分支,目前已成为一种较为成熟的特种加工工艺。

## 1. 电化学加工的原理

将两金属片(铁与铜)插入导电的溶液中,直流电源的正负极分别接到两金属片上,形成导电通路,在外电场的作用下,溶液中的正离子向阴极移动,在阴极上得到电子而发生还原反应;负离子向阳极移动,在阳极表面失去电子而发生氧化反应。在阴阳两极发生得失电子的化学反应称为电化学反应。利用这种电化学反应作用加工金属的方法就是电化学加工。

## 2. 电化学加工的分类

电化学加工的主要类型有电解加工和电化学抛光、电镀和电铸成形加工、电解磨削和电化学机械加工等。

### 1) 电解加工

电解加工是利用金属在电解液中产生阳极溶解的电化学原理对工件进行成形加工的一种方法,属于减材加工。(电化学抛光也属于此类)。加工时,工件接直流电源正极,工具接负极,两极之间保持狭小间隙($0.1\sim0.8$ mm)。具有一定压力的电解液从两极间的间隙中高速($15\sim60$ m/s)流过。当工具阴极向工件不断进给时,在面对阴极的工件表面上,金属材料按阴极型面的形状不断溶解,电解产物被高速电解液带走,于是工具型面的形状就相应地"复印"在工件上。

电解加工的特点如下:

(1) 加工范围广。

(2) 生产率高。能以简单的进给运动一次加工出形状复杂的型面和型腔,进给速度可快达$0.3\sim15$ mm/min,为电火花加工的$5\sim10$倍,在某些情况下比切削加工的生产率还高。

(3) 加工表面质量好。加工中无切削力和切削热的作用,所以不产生由此引起的变形和残余应力、加工硬化、毛刺、飞边、刀痕等,可以达到较低的表面粗糙度($Ra1.25\sim0.2\mu m$)和$\pm0.1$ mm左右的平均加工精度。

(4) 加工过程中工具电极理论上无损耗,可长期使用。

电解加工缺点如下:

(1) 电解加工影响因素多,技术难度高,不易实现稳定加工和保证较高的加工精度。

(2) 工具电极的设计、制造和修正较麻烦,因而很难适用于单件小批量生产。

(3) 电解液对设备、工装有腐蚀作用,电解产物的处理和回收困难。

### 2) 电铸加工

电铸加工是利用电化学反应中的阴极沉积来实现的加工,也就是在母模上通过电化学方法沉积金属,然后分离以制造或复制金属制品,属于增材加工。电铸原理与电镀基本相同,区别仅在于电镀时要求得到的是与基本体结合牢固的金属镀层,以达到防护、装饰的目的;而电铸则要求电铸层最终与原模分离,其厚度也远远大于电镀层。电铸加工原理如图9-2所示。

电铸加工特点及应用如下:

(1) 复制精度高。复制时与母模的尺寸误差仅数微米。

(2) 重复精度高,用一只标准的母模可以制出很多形状一致的复杂型腔,同时原模可永久性重复使用。

(3) 生产率低,原模制造技术要求高,所以也存在一定的局限性。

电铸加工可用于复制精细的表面轮廓花纹、注塑模、制造复杂高精度的空心零件和薄壁零件等。

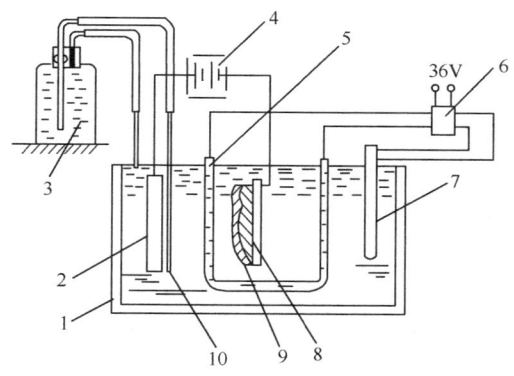

图 9-2　电铸加工原理

1-电铸槽；2-阳极；3-蒸馏水瓶；4-直流电源；5-加热管；6-恒温装置；7-温度计；8-母模；9-电铸层；10-玻璃管

3）电解磨削

电解磨削是将金属电化学阳极溶解作用和机械磨削作用相结合的复合磨削工艺。磨削时，工件接直流电源的正极，导电砂轮接直流电源的负极，两极之间由于砂轮中凸出的磨粒而使砂轮与工件之间构成一定的间隙，电解液经喷嘴输入间隙中，当接通电源后，工件的金属表面发生电化学溶解，表面的金属因失去电子而变成离子溶解在电解液中。同时由于化学反应而在工件表面形成一层极薄的氧化膜。这层氧化膜具有极高的电阻，使阳极溶解过程减慢，这时通过高速旋转的砂轮，将这层氧化膜不断刮去并被电解液带走。

电解磨削的特点如下：

(1)加工范围广，效率高。

(2)工件的加工精度和表面质量高。

(3)砂轮的磨损量小。与普通金刚石砂轮磨削相比，电解磨削砂轮的损耗速度仅为它们的 1/10～1/5，可显著降低成本。一个金刚石导电砂轮可用 5～6 年。

(4)对机床、工具腐蚀相对较小。

### 9.3.3　超声波加工

超声波加工是利用超声频(16～25kHz)振动的工具端面冲击工作液中的悬浮磨料，由磨粒对工件表面撞击抛磨来实现对工件加工的一种方法。超声发生器将工频交流电能转变为有一定功率输出的超声高频电振荡，通过换能器将此超声高频电振荡转变为机械振动，借助于振幅扩大棒(又叫变幅杆)把振动的位移幅值由 0.005～0.01mm 放大到 0.01～0.15mm，驱动工具振动。工具端面在振动中冲击工作液中的悬浮磨粒，使其以很大的速度，不断地撞击、抛磨被加工表面，把加工区域的材料粉碎成很细的微粒后打击下来。虽然每次打击下来的材料很少，但由于打击的频率高，仍有一定的加工速度。由于工作液的循环流动，被打击下来的材料微粒被及时带走。随着工具的逐渐伸入，其形状便"复印"在工件上。

超声波加工的特点及应用如下：

(1)加工范围广。可加工淬硬钢、不锈钢、钛及其合金等传统切削难加工的金属、非金属材料,特别是一些不导电的非金属材料,如玻璃、陶瓷等,对导电的硬质金属材料如淬火钢、硬质合金也能加工,但生产率低。

(2) 工件加工精度高、表面粗糙度低。由于超声波加工主要靠瞬时的局部冲击作用,故工件表面的宏观切削力很小,切削应力、切削热更小,所以可获得较高的加工精度(尺寸精度可达 0.005~0.02mm)和较低的表面粗糙度(Ra 0.05~0.2μm),被加工表面无残余应力、烧伤等现象,也适合加工薄壁、窄缝和低刚度零件。

(3) 易于加工各种复杂形状的型孔、型腔和成形表面等。

(4) 工具可用较软的材料做成较复杂的形状。

(5) 超声波加工设备结构一般比较简单,操作维修方便。

超声波加工可用于各种型孔和型腔的加工,也可用于用普通加工方法难以切割的脆硬材料的切割加工,如陶瓷、石英、硅、宝石等。超声波加工还被用于几何形状复杂、清洗质量要求高而用其他方法清洗效果差的中小精密零件的清洗,特别是工件上的深小孔、微孔、弯孔、盲孔、沟槽、窄缝等部位的精清洗。

### 9.3.4 激光加工

激光具有与普通光源很不相同的特性,它的方向性好,单色性好,相干性好,高亮度,一般称其为激光的四性。激光加工(laser beam machining,LBM)是在光热效应下产生的高温熔融和冲击波的综合作用过程。对工件的激光加工由激光加工设备完成。激光加工设备通常由激光器、电源、光学系统和机械系统四大部分组成。激光器(常用的有固体激光器和气体激光器)把电能转变为光能,产生所需的激光束,经光学系统聚焦后,照射在工件上进行加工。工件固定在三坐标精密工作台上,由数控系统控制和驱动,完成加工所需的进给运动。

激光加工的特点如下:

(1) 激光加工属非接触加工,不需要加工工具,无明显机械力,因而热影响区域小,工件热变形也小。

(2) 功率密度是所有加工方法中最高的,能加工任何能熔化而不易产生化学分解的固体材料。

(3) 激光加工可通过惰性气体、空气或透明介质对工件进行加工,如可通过玻璃对隔离室内的工件进行加工或对真空管内的工件进行焊接。

(4) 激光可聚焦形成微米级光斑,加工孔径和窄缝可以小至几微米,常用于精密细微加工。

(5) 加工速度快,生产力高。

(6) 能源消耗少,无加工污染,在节能、环保等方面有较大优势。

激光加工的应用有激光打孔、激光焊接、激光切割、激光表面热处理等。近年来,各行业中对激光合金化、激光抛光、激光冲击硬化法、激光清洗模具技术也在不断深入研究及应用中。

### 9.3.5 电子束、离子束加工

**1. 电子束加工的基本原理及特点**

电子束加工是利用能量密度极高的高速电子细束,在高真空腔体中冲击工件,使材料熔化、蒸发、气化,从而达到加工目的。电子束的加工装置主要由电子枪、真空系统、控制系统、电源系统四部分组成。

电子束加工的特点如下:
(1)它是一种精密微细的加工方法。
(2)非接触式加工,不会产生应力和变形。
(3)加工速度很快,能量使用率高达90%。
(4)加工过程可自动化。
(5)在真空腔中进行,污染少,材料加工表面不氧化。
(6)需要一整套专用设备和真空系统,价格较贵。

2. 离子束加工的基本原理及特点

离子束加工的原理与电子束的加工原理类似,也是在真空条件下将离子源产生的离子经过加速、聚焦后,以其能动轰击工件表面的加工部位,实现去除材料的加工。

离子束加工主要特点如下:
(1)加工的精度非常高。因离子束流密度和能量可得到精确控制,可以对材料实行"原子级加工"或"微毫米加工"。
(2)污染少。离子束加工是在较高真空度下进行加工,环境污染少,特别适合加工高纯度的半导体材料及易氧化的金属材料。
(3)加工应力、热变形等极小。
(4)设备费用高,维护麻烦。

离子束加工的应用范围正在日益扩大。可应用于离子蚀刻、离子镀膜及离子溅射沉积和离子注入等。

### 9.3.6 其他特种加工方法

(1)磨料流加工(abrasive flow machining,AFM)磨料流加工技术是一种最新的机械加工方法,它是以磨料介质(掺有磨粒的一种可流动的混合物)在压力下流过工件所需加工的表面,进行去毛刺、除飞边、磨圆角,以减少工件表面的波纹度和粗糙度,获得较好的表面质量。磨料流加工对在需要繁复手工精加工或形状复杂的工件以及其他方法难以加工的部位是最好的可供选择的加工方法。

(2)快速成形(rapid prototyping,RP)加工。快速成形加工技术是20世纪80年代后期发展起来的快速成形技术,被认为是近年来制造技术领域的一次重大突破,其对制造业的影响可与数控技术的出现相媲美。快速成形系统综合了机械工程、CAD、数控技术,激光技术及材料科学技术,可以自动、直接、快速、精确地将设计思想物化为具有一定功能的原型或直接制造零件,从而可以对产品设计进行快速评价、修改及功能试验,有效地缩短了产品的研发周期。而以快速成形系统为基础发展起来并已成熟的快速模具工装制造(quick tooling)技术、快速精铸技术(quick casting)、快速金属粉末烧结技术(quick powder sintering),则可实现零件的快速成品。

## 9.4 数控加工

数控即数字控制(numerical control,NC)。数控技术即 NC 技术,是指用数字化信息发出指令并实现自动控制的技术。用数控技术实施加工控制的机床,或者说装备了数控系统的机床称为数控机床。

数控加工是指在数控机床上加工产品的一种工艺方法,数控加工技术是国际上大力发展的一种高效、高质、自动化新型工艺方法,与传统的机械加工模式相比,具有许多突出的优点。

### 9.4.1 数控机床简介

20 世纪 40 年代以来,由于航空航天技术的飞速发展,对各种飞行器的加工提出了更高的要求,这些零件大多形状非常复杂,材料多为难加工的合金。用传统的机床和工艺方法进行加工,不能保证精度,也很难提高生产效率。为了解决零件复杂形状表面的加工问题,1952年,美国帕森斯公司和麻省理工学院研制成功了世界上第一台数控机床。半个多世纪以来,随着电子技术、计算机技术及自动化、精密机械与测量等技术的发展与综合应用,产生了机电一体化的新型机床——数控机床,数控机床一经使用就显示出了它独特的优越性和强大生命力,使原来不能解决的许多问题找到了科学解决的途径,数控技术得到了迅猛的发展,加工精度和生产效率不断提高。

数控机床最大的特点就是,当改变加工零件时,只需要向数控系统输入新的加工程序,而不需要对机床进行人工调整和直接参与操作,就可以完成整个加工过程,而且生产效率和加工精度高、加工质量稳定,能高效优质地完成复杂型面零件的加工。

数控机床具有柔性化和灵活性、可以采用较高的切削速度和进给量、加工精度高、加工对象的适应性强、生产效率高、质量稳定等特点。

1. 数控机床的基本机构

1)输入装置

数控加工程序可通过键盘用手工方式直接输入数控系统。还可由编程计算机用 RS232C 或采用网络通信方式传送到数控系统中。

零件加工程序输入过程有两种不同的方式:一种是边读入边加工,另一种是一次将零件加工程序全部读入数控装置内部的存储器,加工时再从存储器中逐段调出进行加工。

2)数控装置

数控装置是数控机床的中枢。数控装置从内部存储器中取出或接受输入装置送来的一段或几段数控加工程序,经过数控装置的逻辑电路或系统软件进行编译、运算和逻辑处理后,输出各种控制信息和指令,控制机床各部分的工作,使其进行规定的有序运动和动作。

3)驱动装置和检测装置

驱动装置接受来自数控装置的指令信息,经功率放大后,严格按照指令信息的要求驱动机床的移动部件,以加工出符合图样要求的零件。驱动装置包括控制器(含功率放大器)和执行机构两大部分。目前大都采用直流或交流伺服电动机作为执行机构。

检测装置将数控机床各坐标轴的实际位移量检测出来,经反馈系统输入机床的数控装置中。数控装置将反馈回来的实际位移量值与设定值进行比较,控制驱动装置按指令设定值运动。

4) 辅助控制装置

辅助控制装置的主要作用是接收数控装置输出的开关量指令信号,经过编译、逻辑判别和运算,再经功率放大后驱动相应的电器,带动机床的机械、液压、气动等辅助装置完成指令规定的开关量动作。这些控制包括主轴运动部件的变速、换向和启停指令,刀具的选择和交换指令,冷却、润滑装置的启停,工件和机床部件的松开、夹紧,分度工作台转位分度等开关辅助动作。

现广泛采用可编程控制器(PLC)作为数控机床的辅助控制装置。

5) 机床本体

数控机床的机床本体与传统机床相似,由主轴传动装置、进给传动装置、床身、工作台以及辅助运动装置、液压气动系统、润滑系统、冷却装置等组成。

2. 数控机床的工作原理

采用数控机床加工零件时,只需要将零件图形和工艺参数、加工步骤等以数字信息的形式,编成程序代码输入机床控制系统中,再由其进行运算处理后转成驱动伺服机构的指令信号,从而控制机床各部件协调动作,自动地加工出零件来。当更换加工对象时,只需要重新编写程序代码,输入机床,即可由数控装置代替人的大脑和双手的大部分功能,控制加工的全过程,制造出任意复杂的零件。数控加工的原理如图9-3所示。

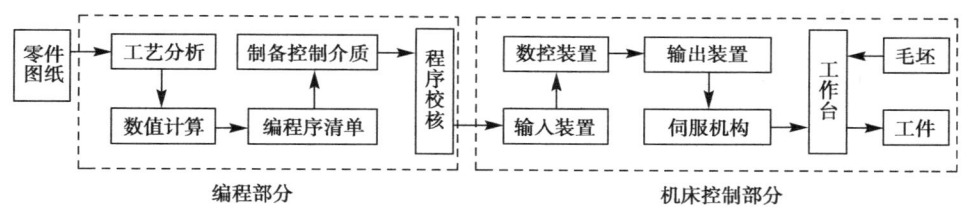

图 9-3 数控加工原理示意图

从图9-3可以看出,数控加工过程总体上可分为数控程序编制和机床加工控制两大部分。

数控机床的控制系统一般都能按照数字程序指令控制机床实现主轴自动启停、换向和变速,能自动控制进给速度、方向和加工路线进行加工,能选择刀具并根据刀具尺寸调整吃刀量及行走轨迹,能完成加工中所需要的各种辅助动作。

3. 数控机床的分类

1) 按加工工艺方法分类

(1) 金属切削类数控机床。包括数控车床、数控铣床、数控钻床、数控磨床、数控齿轮加工机床和加工中心等。

(2) 特种加工类数控机床。包括数控电火花线切割机床、数控电火花成形机床、数控等离子弧切割机床、数控火焰切割机床以及数控激光加工机床等。

(3) 板材加工类数控机床。包括数控压力机、数控剪板机和数控折弯机等。

(4) 非加工设备,如数控多坐标测量机、自动绘图机及工业机器人等。

2)按控制运动的方式分类
(1)点位控制数控机床。
(2)点位直线控制数控机床。
(3)轮廓控制数控机床。
3)按驱动装置的特点分类
(1)开环控制数控机床。其控制系统不带反馈装置,通常使用功率步进电动机为伺服执行机构。
(2)半闭环控制数控机床。其特点是在伺服电动机的轴或数控机床的传动丝杠上装有角度检测装置(如光电编码器等),通过检测丝杠的转角间接地检测移动部件的实际位移,然后反馈到数控装置中去,并对误差进行修正。
(3)闭环控制数控机床。其特点是在机床移动部件上直接安装直线位移检测装置,将测量的实际位移值反馈到数控装置中,与输入的指令位移值进行比较,用差值对机床进行控制,使移动部件向减小误差的方向移动,直到差值符合精度要求为止。这类控制系统,因为把机床工作台纳入了位置控制环,故称为闭环控制系统。
(4)混合控制数控机床。将以上三类数控机床的特点结合起来,就形成了混合控制数控机床。混合控制数控机床特别适用于大型或重型数控机床。混合控制系统又分为两种形式:①开环补偿型。其特点是基本控制选用步进电动机的开环环伺服机构,另外附加一个校正电路。通过装在工作台上的直线位移测量元件的反馈信号校正机械系统的误差。②半闭环补偿型。半闭环补偿型控制方式。其特点是用半闭环控制方式取得高速度控制,再用装在工作台上的直线位移测量元件实现全闭环修正,以获得高速度与高精度的统一。

### 9.4.2 数控机床的编程

1. 数控加工的过程

利用数控机床完成零件数控加工的过程包括以下几方面:
(1)根据零件加工图样进行工艺分析,确定加工方案、工艺参数和位移数据。
(2)用规定的程序代码和格式编写零件加工程序单;或用自动编程软件进行 CAD/CAM 工作,直接生成零件的加工程序文件。
(3)程序的输入或传输。由手工编写的程序,可以通过数控机床的操作面板输入程序;由编程软件生成的程序,通过计算机的串行通信接口直接传输到数控机床的数控单元(MCU)。
(4)将输入/传输到数控单元的加工程序,进行试运行、刀具路径模拟等。
(5)通过对机床的正确操作,运行程序,完成零件的加工。

2. 数控编程的内容

一般来讲,程序编制包括以下几个方面的工作:
(1)加工工艺分析。
(2)数值计算。
(3)编写零件加工程序单。
(4)制备控制介质。

(5)程序校对与首件试切。

3. 数控编程的种类

数控编程一般分为手工编程和自动编程两种。

(1)手工编程。就是从分析零件图样、确定加工工艺过程、数值计算、编写零件加工程序单、制备控制介质到程序校验都是由人工完成。对于加工形状简单、计算量小、程序不多的零件,采用手工编程较容易,而且经济、及时。

(2)自动编程。是利用计算机专用软件对复杂零件进行数控加工程序编制的过程。

# 思考题与习题

1. 试述出现精密加工、特种加工的背景。
2. 什么是电化学加工?按其作用原理可分为哪几类?
3. 试述电子束加工的基本原理及特点。
4. 试述离子束加工的基本原理及特点。
5. 试述激光加工的基本原理、特点及应用。
6. 试述超声波加工的基本原理、特点及应用。
7. 什么是精密加工?
8. 精密加工与超精密加工有什么不同?
9. 什么是特种加工?它与传统的机械加工有什么区别?
10. 电火花线切割加工与电火花成形加工相比有哪些特点?
11. 数控机床的基本结构有哪些?各具有什么功能?
12. 试述数控机床的工作原理。
13. 试述数控加工的过程。
14. 数控编程的内容包括哪些方面?
15. 什么是数控技术?

# 下篇　机械制造工艺

# 第 10 章　机械加工工艺规程设计

## 10.1　基本概念

### 10.1.1　机械加工工艺过程的组成

机械加工工艺过程是指用机械加工方法逐步改变毛坯的状态(形状、尺寸和表面质量等),使之成为合格零件所进行的全部过程。把工艺过程的有关内容用文件的形式确定下来,称为机械加工工艺规程。工艺规程用来指导零件的加工过程。

机械加工工艺过程分为以下五个组成部分。

(1)工序。工序是指一个(或一组)工人,在一台机床(或一个工作地点),对一个(或同时对几个)工件所连续完成的那一部分工艺过程。工序是组成工艺过程的基本单元。

(2)工步。工步是在加工表面不变、切削刀具不变、切削用量(主要是切削速度和进给量)不变的情况下,所连续完成的那一部分工艺过程。

(3)走刀。走刀是切削刀具在加工表面上切削一次所完成的那一部分工艺过程。

整个工艺过程由若干个工序组成,每一个工序可包括一个工步或几个工步,每一个工步又可包括一次走刀或几次走刀。

(4)安装。使工件在机床上(或在夹具中)定位并将它夹紧的过程称为安装。在一道工序中,工件可能只安装一次,也可能安装几次。但应尽可能减少安装次数,以减少加工误差和减少装卸工件的辅助时间。

(5)工位。为了减少工件的安装次数,常采用转位或移位夹具、回转工作台、或在多轴机床上加工。工件在机床上一次安装后,要经过若干个位置依次进行加工,则工件在机床上所占据的每一个位置所完成的那一部分工艺过程称为工位,如图 10-1 所示。

最后以六角螺钉的加工为例,说明工艺过程组成常用名词术语的具体应用。零件图如图 10-2所示,工艺过程的组成如表 10-1 所示。

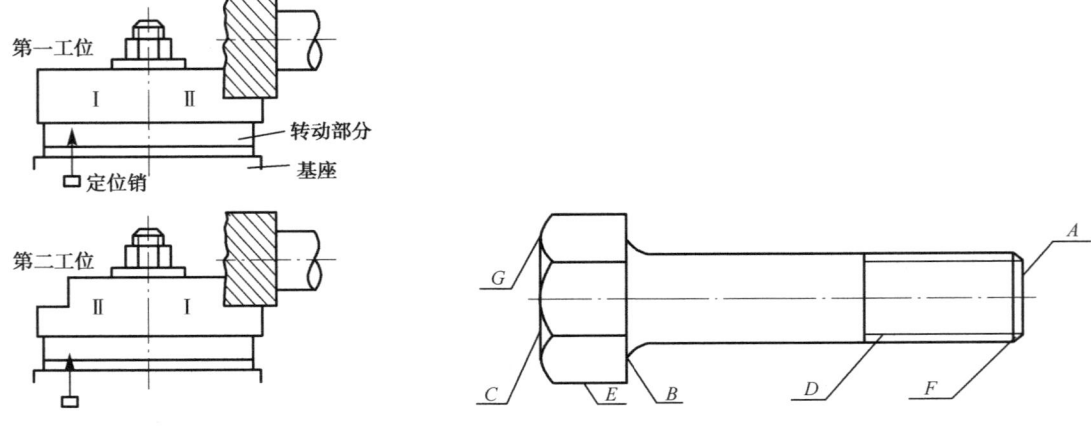

图 10-1　工位　　　　　　　　　　　　图 10-2　螺钉

表 10-1　螺钉机械加工工艺过程

| 工序 | 安装 | 步骤 | 走刀 | 工位 |
|---|---|---|---|---|
| 05：车 | 1<br>(三爪卡盘) | 1) 车端面 A | 1 | 1 |
| | | 2) 车外圆 E | 1 | |
| | | 3) 车螺纹外径 D | 3 | |
| | | 4) 车端面 B | 1 | |
| | | 5) 倒角 F | 1 | |
| | | 6) 车螺纹 | 6 | |
| | | 7) 切断 | 1 | |
| 10：车 | 1<br>(三爪卡盘) | 1) 车端面 C | 1 | 1 |
| | | 2) 倒棱 G | 1 | |
| 15：铣 | 1<br>(旋转夹具) | 1) 铣六方<br>(复合工步) | 3 | 3 |

## 10.1.2　生产类型与工艺过程的关系

工艺过程必须根据给定的生产量的大小来设计。生产量的大小决定着生产类型，一般可分为三种基本类型。

**1. 单件生产**

单件生产的基本特点是生产的产品品种繁多，每种产品仅制造一个或少数几个，而且很少再重复生产。

**2. 成批生产**

成批生产的基本特点是生产的产品品种较多，每种产品均有一定的数量，各种产品是分期分批地轮番进行生产，有重复性。

**3. 大量生产**

大量生产的基本特点是产品的产量大、品种少，大多数工作地长期重复的进行某一零件的某一工序的加工。

生产类型不同，产品制造的工艺方法、所用的设备和工装以及生产的组织等均不相同。例如，大批大量生产采用高生产率的工艺方法及设备工装，经济效益好；而单件小批生产常采用通用设备及工装，生产率低，经济效益较差。

## 10.1.3　工件的安装与获得尺寸的方法

**1. 工件安装定位的方法**

随着批量的不同、加工精度要求的不同、工件大小的不同，工件在安装中定位的方法也不同。

1) 直接找正定位的安装

对于形状简单的工件可以采用直接找正定位的安装方法,即用划针、百分表等直接在机床上找正工件的位置。用划针找正定位精度可达 0.5mm 左右,用百分表找正定位精度可达 0.02mm 左右。

直接找正定位的安装费时费事,因此一般只适用于以下几种情况:

(1)工件批量小,采用夹具不经济时。

(2)对工件的定位精度要求特别高(如小于 0.005mm),采用夹具不能保证精度时,只能用精密量具直接找正定位。

2) 按划线找正定位的安装

对于形状复杂的零件(如车床主轴箱),采用直接安装找正法会顾此失彼,这时就有必要按照零件图在毛坯上先划出中心线、对称线及各待加工表面的加工线,并检查它们与各不加工表面的尺寸和位置,然后按照划好的线找正工件在机床上的位置。对于形状复杂的工件,常常需要经过几次划线。划线找正的定位精度一般只能达到 0.2~0.5mm。

划线加工需要技术高的划线工,而且非常费时,因此一般只适用于以下几种情况:

(1)批量不大,形状复杂的铸件。

(2)尺寸和质量都很大的铸件和锻件。

(3)毛坯的尺寸公差很大,表面很粗糙,一般无法直接使用夹具时。

3) 用夹具定位的安装

对中、小尺寸的工件,在批量较大时都用夹具定位来安装。夹具以一定的位置安装在机床上,工件以定位基准在夹具的定位件上实现定位,不需要进行找正。这样既能保证工件在机床上的定位精度(一般可达 0.01mm),而且装卸方便,可以节省大量辅助时间。但是制造专用夹具的费用高、周期长,因此妨碍它在单件小批生产中的应用。现在这个困难已可由组合夹具和成组夹具来解决。对于某些零件(如连杆、曲轴),即使批量不大,但是为了达到某些特殊的加工要求,仍需要设计制造专用夹具。

2. 工件尺寸的获得方法

工件上各表面间的位置精度可由上述适当地定位安装来解决,而各表面的尺寸精度则可通过下列方法获得:

(1)试切法。先试切出很小一部分加工表面,测量试切所得的尺寸,再试切,再测量,直至达到图纸要求的尺寸后,再切削整个待加工表面。

(2)定尺寸刀具法。在孔加工中,钻头、扩孔钻、铰刀等的尺寸是有一定的精度的,因此加工出来的孔的尺寸也是一定的。

(3)调整法。利用机床上的定程装置或对刀装置或预先调整好的刀架,使刀具相对于机床或夹具达到一定的位置精度,然后加工一批工件。在机床上按照刻度盘进刀然后切削,也是调整法的一种。这种方法需要先按试切法决定刻度盘上的刻度。大批量生产中,多用定程挡块、样件、样板等对刀装置进行调整。

(4)自动控制法。使用一定的装置,在工件达到要求的尺寸时,自动停止加工。具体方法有两种:①自动测量,即机床上有自动测量工件尺寸的装置,在工件达到要求尺寸时,自动测量装置即发出指令使机床自动退刀并停止工作;②数字控制,即机床中有控制刀架或工作台精确移动的步进电机、滚动丝杠螺母及整套数字控制装置,尺寸获得由预先编制好的程序通过计算机数字控制装置自动控制。

### 10.1.4 制订工艺规程的技术依据和步骤

下列原始资料是制订工艺规程的主要依据和条件:
(1)产品的零件图,必要的装配图和有关的生产说明。
(2)毛坯图或型材规格资料。
(3)现场生产条件(主要包括设备、工装和工艺水平等)及其他技术资料。
(4)产品的生产类型。

制订工艺规程时一般是按以下几个步骤进行:
(1)分析研究产品的零件图和装配图,进行工艺审查和分析。
(2)确定毛坯或按材料标准确定型材的尺寸。
(3)拟订工艺线路(其中包括确定各表面的加工方法,选择各工序的定位基准和安装方式,划分加工阶段和安排工序顺序等)。
(4)确定各工序尺寸及公差、技术要求及检验方法。
(5)确定各工序的设备、刀夹量具和辅助工具。
(6)填写全部工艺文件。

## 10.2 定位基准的选择

### 10.2.1 基准的概念

零件是由若干表面组成的,它们之间有一定的相互位置和距离尺寸的要求。在加工过程中,也必须相应地以某个或某几个表面为依据来加工其他表面,以保证零件图上所规定的要求。所谓基准,就是零件上用来确定其他点、线、面的位置的那些点、线、面。根据基准的功用的不同,又可分为设计基准和工艺基准两大类。

1. 设计基准

设计基准是在零件图上用来确定其他点、线、面的位置的基准。例如,图 10-3 中的主轴箱箱体,顶面 $B$ 的设计基准是底面 $D$;孔Ⅳ的设计基准在垂直方向是底面 $D$,在水平方向是导向面 $E$;孔Ⅱ的设计基准是孔Ⅲ和孔Ⅳ的轴心线(在图纸上应标注 $R_2$ 及 $R_3$ 两个尺寸)。设计基准是由该零件在产品结构中的功用来决定的,是由产品设计人员确定的。

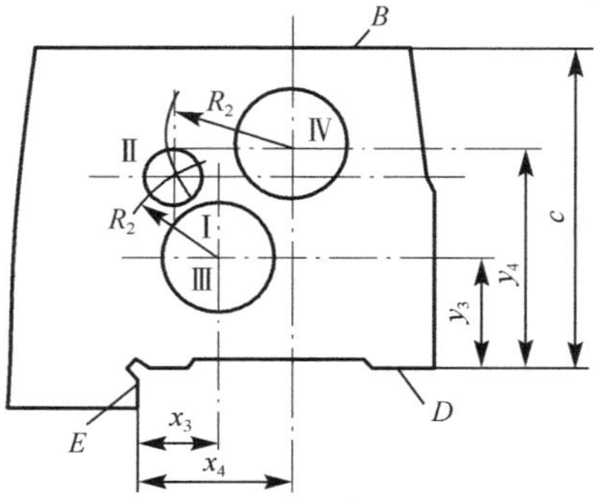

图 10-3 设计基准

2. 工艺基准

工艺基准是在加工及装配过程中使用的基准。按照用途的不同又可分为以下几种:
(1)定位基准。定位基准是在加工中使工件在机床或夹具上占有正确位置所采用的基准。

例如，在镗床上镗图 10-3 所示的主轴箱箱体的孔时，若以底面 $D$ 和导向面 $E$ 定位时，底面 $D$ 和导向面 $E$ 就是加工时的定位基准。

(2) 测量基准。测量基准是在检验时使用的基准。例如，在检验车床主轴时，用支承轴颈表面作测量基准。

(3) 装配基准。装配基准是在装配时用来确定零件或部件在产品中的位置所采用的基准。例如，主轴箱箱体的底面 $D$ 和导向面 $E$、活塞的活塞销孔、车床主轴的支承轴颈等都是它们的装配基准。

在分析基准问题时，必须注意下列几点：

(1) 作为基准的点、线、面在工件上不一定具体存在（如孔的中心线、轴心线、对称面等），而常由某些具体的表面来体现。这些表面就可称为基面。例如，在车床上用三爪卡盘夹持一根短圆轴，实际定位表面（基面）是外圆柱面，而它所体现的定位基准是这根圆轴的轴心线。因此选择定位基准的问题就是选择恰当的定位基面的问题。

(2) 上面所分析的都是尺寸关系的基准问题，表面位置精度（平行度、垂直度等）的关系也是一样的。例如，图 10-3 中顶面 $B$ 对底面 $D$ 的平行度，孔 $\mathrm{IV}$ 轴心线对底面 $D$ 和导向面 $E$ 的平行度，也同样具有基准关系。

### 10.2.2 基准不重合的误差

图 10-3 所示的车床主轴箱箱体，已知孔 $\mathrm{IV}$ 的轴心线在垂直方向上的设计基准是底面 $D$。若在加工时，为了在镗孔夹具上能布置固定的中间导向支承，把箱体倒放，采用顶面作为定位基面（图 10-4）。此时，用调整法加工一批主轴箱箱体，由夹具保证的尺寸则是 $a$，而零件图中规定了加工要求的尺寸却是 $b$（即图 10-3 中的 $y_4$）。可见，尺寸 $b$ 是通过尺寸 $c$ 和尺寸 $a$ 间接保证的。由于尺寸 $a$ 和 $c$ 都有加工误差，若设它们分别为 $a\pm\frac{1}{2}\delta_a$ 和 $c\pm\frac{1}{2}\delta_c$，则这一批主轴箱箱体的尺寸 $b$ 的变化为

$$b_{\max}=c_{\max}-a_{\min}$$

即

$$b+\frac{1}{2}\delta_b=c+\frac{1}{2}\delta_c-\left(a-\frac{1}{2}\delta_a\right)$$

$$b_{\min}=c_{\min}-a_{\max}$$

即

$$b-\frac{1}{2}\delta_b=c-\frac{1}{2}\delta_c-\left(a+\frac{1}{2}\delta_a\right)$$

两式相减，可得到

$$\delta_b=\delta_c+\delta_a$$

尺寸 $c$ 原来对孔 $\mathrm{IV}$ 的轴心线的尺寸无关，但是由于采用了顶面作为定位基面，使尺寸 $b$ 的误差中引入了一个从定位基准到设计基准之间的尺寸 $c$ 的误差 $\delta_c$，这个误差就是基准不重合误差。因为它是在定位过程中产生的，所以是一种定位误差。

设零件图中规定 $\delta_b=0.6,\delta_c=0.4$。若采用底面作为定位基准，直接获得尺寸 $b$，则只要求加工误差在 $\pm 0.3$ 范围之内就达到要求。这是定位基准与设计基准相重合的情况。

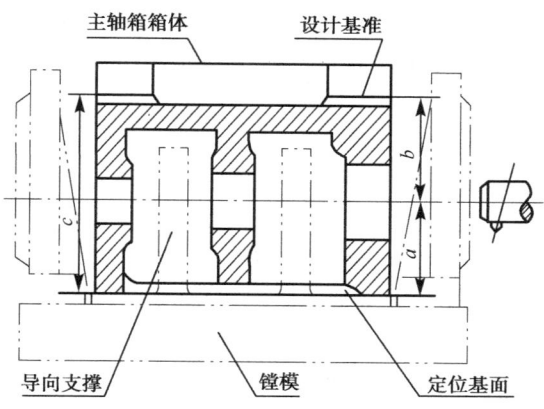

图 10-4　定位基准与设计基准不重合的影响

若采用顶面作为定位基面,即基准不重合时,则
$$\delta_a = \delta_b - \delta_c = 0.6 - 0.4 = 0.2$$
尺寸 $a$ 的加工误差必须在 $\pm 0.1$ 范围之内,才能保证这一批主轴箱箱体的尺寸 $b$ 符合图纸规定的要求。这就比基准重合的情况提高了加工要求。

设零件图中只规定 $\delta_b = 0.6$,而尺寸 $c$(370mm)未注公差,若按标准公差 13 级的极限偏差考虑,即 $\delta_c = 0.89$mm,则得到
$$\delta_a = \delta_b - \delta_c = 0.6 - 0.89 = -0.29$$
但加工误差不可能是零或是负值,这就意味着这种定位方法不能保证尺寸 $b$ 的加工要求。这时就必须采取措施:提高镗孔以前工序的加工精度,减小尺寸 $c$ 的误差,不但要使 $\delta_c < \delta_b$,还必须选择尺寸 $a$ 的加工方法,使加工误差 $\delta_a$ 不大于 $\delta_b - \delta_c$。

从上面的分析可知,当定位基准与设计基准不重合时,必须检查有关尺寸的公差及加工方法是否能满足
$$\delta_b \geqslant \delta_c + \delta_a$$
若不能满足,则要求改变加工方法,提高尺寸 $a$ 和 $c$ 的加工精度,另行规定合理的制造公差。若工艺上仍无法达到上述要求,就需要考虑另选定位基准或改变工艺方案。

在分析定位误差时要注意下面几个问题:

(1)从上例可知,定位基准与设计基准不重合而产生定位误差的问题,只发生于用调整法获得尺寸的场合,即镗杆(或镗刀)相对于定位基面的尺寸 $a$ 是预先调整好的(或用导向套保证的)。若用试切法加工,即加工每一个主轴箱箱体孔Ⅳ时都直接测量尺寸 $b$,则此时虽然仍用顶面安装,但它已不再决定刀具相对于工作的位置,所以顶面就不是定位基面,也就不产生定位误差。因此,定位误差问题是在用调整法加工一批零件时才产生的,若用试切法直接保证每个零件的尺寸,就不存在定位误差问题。

(2)基准不重合误差不仅指定位过程而言,对测量也有类似的情况。即测量基准和设计基准不重合也会产生基准不重合误差,其分析方法和上述完全相同或类似。

(3)上面所举的例子是指各表面的尺寸关系而言,但各表面的位置精度也有类似的情况。例如,主轴箱箱体孔Ⅳ的轴心线对底面有一定的平行度要求。若以底面为定位基面加工孔Ⅳ,则可直接保证其平行度要求(由夹具的制造精度保证)。若以顶面为定位基面加工孔Ⅳ,则就

会在孔Ⅳ的轴心线与底面的不平行度误差中引入顶面对底面的不平行度误差。这个误差也是定位误差,其分析方法也和尺寸关系的分析方法相似。

### 10.2.3 基准的选择

合理选择定位基准对保证加工精度和确定加工顺序都有决定性影响,因此,它是制订工艺过程时要解决的主要问题。如前所述,基准的选择实际上就是基面的选择问题。在第一道工序中,只能使用毛坯的表面来定位,这种定位基准就称为粗基准。在以后各工序的加工中,可以采用已经切削加工过的表面作为定位基面,这种定位基准就称为精基准。

经常遇到这样的情况:工件上没有能作为定位基面用的恰当的表面,这时就有必要在工件上专门加工出定位基面,这种基准称为辅助基准。辅助基准在零件的工作中没有什么用处,它是仅为加工的需要而设置的。例如,轴类零件加工时用的中心孔,活塞加工时用的止口和下端面等都是辅助基准。

在选择基准时,需要同时考虑以下三个问题:

(1) 用哪一个表面作为加工时的精基面,才有利于经济合理地达到零件的加工精度要求?

(2) 为加工出上述精基面,应采用哪一个表面作为粗基面?

(3) 是否有个别工序为了特殊的加工要求,需要采用第二个精基准?

在选择基准时有两个基本要求:

(1) 各加工表面有足够的加工余量(至少不留下黑斑),使不加工表面的尺寸、位置符合图纸要求,对一面要加工、一面不加工的壁,要有足够的厚度。

(2) 定位基面有足够大的接触面积和分布面积。接触面积大就能承受大的切削力;分布面积大可使定位稳定可靠。必要时,可在工件上增加工艺搭子或在夹具上增加辅助支承。

由于对精基准和粗基准的加工要求和用途都不同,所以在选择精基准和粗基准时所考虑问题的侧重点也不同。对于精基准考虑的重点是如何减少误差,提高定位精度,因此选择精基准的原则如下:

(1) 所选的定位基准应能使工件定位准确、稳定、刚性好、变形小和夹具结构简单。

(2) 应尽可能选用设计基准作为定位基准,这称为基准重合原则。特别在最后精加工时,为保证精度,更应该注意这个原则。这样可以避免因基准不重合而引起的定位误差。

(3) 应尽可能选择统一的定位基准加工各表面,以保证各表面间的位置精度,这称为基准统一原则。例如,车床主轴采用中心孔作为统一基准加工各外圆表面,不但能在一次安装中加工大多数表面,而且保证了各级外圆表面的同轴度要求以及端面与轴心线的垂直度要求;又如,图10-3所示的主轴箱箱体,采用底面和导向面作为统一基准加工各轴孔、前后端面和侧面等,这样不仅保证了这些表面间的位置精度,而且大大简化了夹具的设计和制造工作,缩短了生产准备时间。

(4) 有时还要遵循互为基准、反复加工的原则。例如,加工精密齿轮,当齿面经高频淬火后磨削时,因其淬硬层较薄,应使磨削余量小而均匀,所以要先以齿面为基准磨内孔,再以内孔为基准磨齿面,以保证齿面余量均匀;又如,当车床主轴支承轴颈与主轴锥孔的同轴度要求很高时,也常采用互为基准、反复加工的方法来达到。

(5) 有些精加工工序要求加工余量小而均匀,以保证加工质量和提高生产率,这时就以加工面本身作为精基面。例如,在磨削车床床身导轨面时,就用百分表找正床身的导轨面(导轨面与其他表面的位置精度则应由磨前的精刨工序保证)。

在选择粗基准时,考虑的重点是如何保证各加工表面有足够的余量,使不加工表面与加工表面间的尺寸、位置符合图纸要求。因此选择粗基准的原则如下:

(1) 如果必须首先保证工件某重要表面的余量均匀,就应该选择该表面作为粗基准。车床导轨面的加工就是一个例子,由于导轨面是车床床身的主要表面,精度要求高,并且要求耐磨。在铸造床身毛坯时,导轨面需向下放置,以使其表面层的金属组织细致均匀,没有气孔、夹砂等缺陷。因此在加工时要求加工余量均匀,以便达到高的加工精度,同时切去的金属层应尽可能薄一些,以便留下一层组织紧密、耐磨的金属层。同时,导轨面又是床身工件上最长的表面,容易发生余量不均匀和不够的危险,若导轨表面上的加工余量不均匀,切去又太多,如图 10-5(a)所示,则不但影响加工精度,而将把比较耐磨的金属层切去,露出较疏松的、不耐磨的金属组织。所以,应采用图 10-5(b)的定位方法(先以导轨面作粗基准加工床脚平面,再以床脚平面作精基准加工导轨面)进行加工,则导轨面的加工余量将比较均匀。至于床脚上的加工余量不均匀则并不影响床身的加工质量。

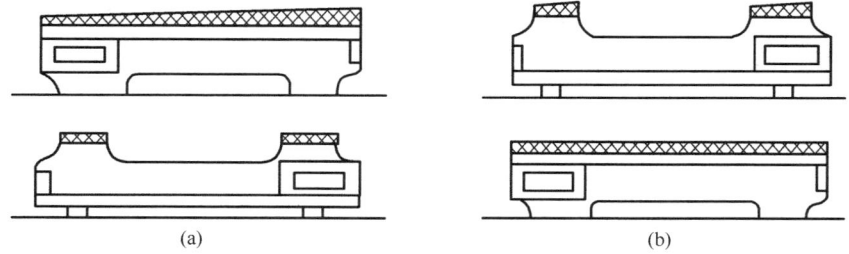

图 10-5　床身导轨面加工的两种定位方法的比较

(2) 如果必须首先保证工件上加工表面与不加工表面之间的位置要求,则应以不加工表面作为粗基准。如果工件上有好几个不需加工的表面,则应以其中与加工表面的位置精度要求较高的表面作为粗基准,以求壁厚均匀、外形对称等。图 10-6 所示的零件就是一个例子,若选不需要加工的外圆毛面作粗基准定位(图 10-6(a)),此时虽然镗孔时切去的余量不均匀,但可获得与外圆具有较高的同轴度的内孔,壁厚均匀、外形对称;若选用需要加工的内孔毛面定位(图 10-6(b)),则结果相反,切去的余量比较均匀,但零件壁厚不均匀。若零件上每个表面都要加工,则应该以加工余量最小的表面作为粗基准,使这个表面在以后的加工中不会留下毛坯表面造成废品。例如,铸造或锻造的轴套(图 10-7)通常总是孔的加工余量大,而外圆表面的加工余量较小,这时就应以外圆表面作为粗基准来加工孔。

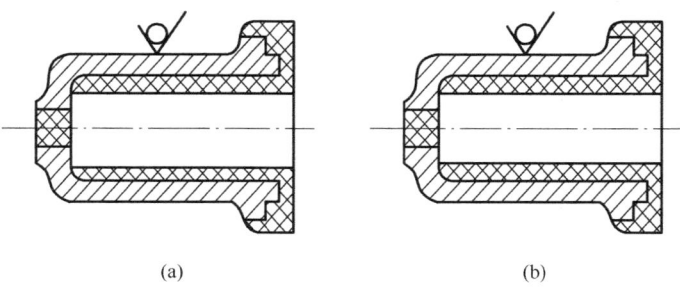

图 10-6　两种粗基准选择方案的对比

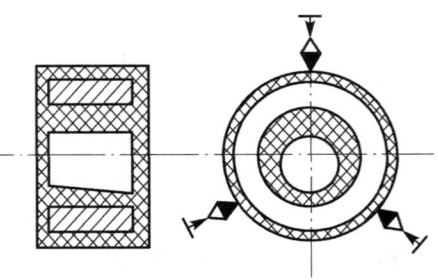

图 10-7　轴套加工的粗基面

(3)应该用毛坯制造中尺寸和位置比较可靠、平整光洁的表面作为粗基准,使加工后各加工表面对各不加工表面的尺寸精度、位置精度更容易符合图纸要求。在铸件上不应选择有浇冒口的表面、分模面、有飞刺或夹砂的表面作粗基准。在锻件上不应选择有飞边的表面作粗基准。

(4)由于粗基准的定位精度很低,所以粗基准在同一尺寸方向上通常只允许使用一次,否则定位误差太大。因此在以后的工序中,都应使用已加工过的精基准。

上述原则常互相矛盾,甚至同一个原则内亦存在彼此矛盾的表面。例如,在车床主轴箱箱体加工中,先要根据毛坯的主轴孔、内腔壁及两端面找正划线,也就是以主轴孔、内腔壁及两端面作粗基准。若主轴孔与内腔壁有矛盾,则允许主轴孔的加工余量不均匀。

总之,定位基准的选择原则是使从生产实践中总结出来的,在保证加工精度的前提下,应使定位简单准确,加工方便,夹具结构简单。因此,必须结合具体的生产条件和生产类型来分析和运用这些原则。

## 10.3　工艺路线的拟订

### 10.3.1　加工方法的选择

在分析研究零件图的基础上,对各加工表面选择相应的加工方法。

(1)首先要根据每个加工表面的技术要求,确定加工方法及分几次加工。这里的主要问题是选择零件表面的加工方案,这种方案必须在保证零件达到图纸要求方面是稳定而可靠的,并在生产率和加工成本方面是最经济合理的。表 10-2~表 10-4 分别介绍了三种最基本表面的较常用的加工方案及其所能达到的经济精度和表面粗糙度。表中所列都是根据生产实际中的统计资料得出的,可以根据被加工零件加工表面的精度和粗糙度要求,零件的结构和被加工表面的形状、大小,以及车间或工厂的具体条件,选取最经济合理的加工方案。

(2)决定加工方法时要考虑被加工材料的性质。例如,淬火钢必须用磨削的方法加工;而有色金属则磨削困难,一般都采用金刚镗或高速精密车削的方法进行精加工。

(3)选择加工方法要考虑到生产类型,即要考虑生产率和经济性的问题。在大批大量生产中可采用专用的高效率设备和专用工艺装备。例如,平面和孔可用拉削加工,轴类零件可采用半自动液压仿型车床加工,盘类或套类零件可用单能车床加工等。甚至在大批量生产中可以从根本上采取改变毛坯的形态,大大减少切削加工的工作量。例如,用粉末冶金制造油泵的齿轮,用石蜡浇铸制造柴油机上的小尺寸零件等。在单件小批生产中,就采用通用设备、通用工艺装备及一般的加工方法。

(4)选择加工方法还要考虑本厂(或本车间)的现有设备情况及技术条件。应该充分利用现有设备,挖掘企业潜力,发挥工人群众的积极性和创造性。有时虽有此种设备,但因负荷的平衡问题,还得改用其他的加工方法。

此外,选择加工方法还应该考虑一些其他因素,如工件的形状和质量以及加工方法所能达到的表面物理机械性能等。

**表 10-2 内孔表面加工方案及其经济精度**

| 加工方案 | 经济精度公差等级 IT | 表面粗糙度 Ra/μm | 适用范围 |
|---|---|---|---|
| 粗车 | 13~11 | 80~20 | 适用于除淬火钢以外的金属材料 |
| └→半精车 | 9、8 | 10~5 | |
|    └→精车 | 7、6 | 2.5~1.25 | |
|      └→滚压（或抛光） | 7、6 | 0.32~0.04 | |
| 粗车→半精车→磨削 | 7、6 | 1.25~0.63 | 除不宜用于有色金属外，主要适用于淬火钢件的加工 |
|      └→粗磨→精磨 | 7~5 | 0.63~0.16 | |
|          └→超精磨 | 5 | 0.16~0.02 | |
| 粗车→半精车→精车→金刚石车 | 6、5 | 0.63~0.04 | 主要用于有色金属 |
| 粗车→半精车→粗磨→精磨→镜面磨 | 5级以上 | 0.04~0.01 | 主要用于高精度要求的钢件加工 |
|    └→精车→精磨→研磨 | 5级以上 | 0.04~0.01 | |
|         └→粗研→抛光 | 5级以上 | 0.16~0.01 | |

**表 10-3 平面加工方案及其经济精度**

| 加工方案 | 经济精度公差等级 IT | 表面粗糙度 Ra/μm | 适用范围 |
|---|---|---|---|
| 钻 | 13~11 | ≥20 | 加工未淬火钢及铸铁的实心毛坯，也可用于加工有色金属（所得表面粗糙度 Ra 稍大） |
| └→扩 | 11、10 | 20~10 | |
|    └→铰 | 9、8 | 5~2.5 | |
|      └→粗铰→精铰 | 7 | 2.5~1.25 | |
| └→铰 | 9、8 | 5~2.5 | |
| └→粗铰→精铰 | 8、7 | 2.5~1.25 | |
| 钻→（扩）→拉 | 9~7 | 2.5~1.25 | 大批量生产（粗度可因拉刀精度而定），如校正拉削后，表面粗糙度可降低到 0.63~0.32μm |
| 粗镗（或扩） | 13~11 | 20~10 | 除淬火钢外的各种钢材，毛坯上已有铸出或锻出的孔 |
| └→半精镗（或粗扩） | 9、8 | 5~2.5 | |
|    └→精镗（或铰） | 8、7 | 2.5~1.25 | |
|      └→浮动镗 | 7、6 | 1.25~0.63 | |
| 粗镗（扩）→半精镗→磨 | 8、7 | 1.25~0.32 | 主要用于淬火钢，不宜用于有色金属 |
|    └→粗磨→精磨 | 7、6 | 0.32~0.16 | |
| 钻→（扩）→粗铰→精铰→珩磨 | 7、6 | 0.32~0.04 | 精度要求很高的孔，若以研磨代替珩磨，精度可达标准公差等级 IT6 以上，表面粗糙度可降低到 0.16~0.01μm |
|    └→拉→珩磨 | 7、6 | 0.32~0.04 | |
| 精镗→半精镗→精镗→珩磨 | 7、6 | 0.32~0.04 | |

表 10-4　平面加工方案及其经济精度

| 加工方案 | 经济精度公差等级 IT | 表面粗糙度 Ra/μm | 适用范围 |
|---|---|---|---|
| 粗车<br>└→ 半精车<br>　　└→ 精车<br>　　└→ 磨 | 13～11<br>9、8<br>8、7<br>6 | 80～20<br>10～5<br>2.5～1.25<br>1.25～0.32 | 适用于工件的端面加工 |
| 粗刨（或粗铣）<br>└→ 精刨（或精铣）<br>　　└→ 刮研 | 13～11<br>9～7<br>6、5 | 80～20<br>10～2.5<br>1.25～0.16 | 适用于不淬硬的平面（用端铣加工，可得较低的粗糙度） |
| 粗刨（或粗铣）→ 精刨（或精铣）<br>→ 宽刃精刨 | 6 | 1.25～0.32 | 批量较大，宽刀精刨效率高 |
| 粗刨（或粗铣）→ 精刨（或精铣）→ 磨<br>　　└→ 粗磨 → 精磨 | 6<br>6、5 | 1.25～0.32<br>0.63～0.04 | 适用于精度要求较高的平面加工 |
| 粗铣 → 拉 | 9～6 | 1.25～0.32 | 适用于大量生产中加工较小的不淬火平面 |
| 粗铣 → 精铣 → 磨 → 研磨<br>　　└→ 抛光 | 6、5<br>5级以上 | 0.32～0.01<br>0.16～0.01 | 适用于高精度平面的加工 |

### 10.3.2　加工阶段的划分

零件的加工质量要求较高时，必须把整个加工过程划分为以下几个阶段：

(1)粗加工阶段。在这一阶段中要切除较大量的加工余量，因此主要问题是如何获得高的生产率。

(2)半精加工阶段。在这一阶段中应为主要表面的精加工做好准备（达到一定的加工精度，保证一定的精加工余量），并完成一些次要表面的加工（钻孔、攻丝、铣键槽等），一般在热处理之前进行。

(3)精加工阶段。保证各主要表面达到图纸规定的质量要求。

(4)光整加工阶段。对于精度要求很高、表面粗糙度值要求很小（标准公差 6 级及 6 级以上，表面粗糙度 $Ra \leqslant 0.32\mu m$）的零件，还要有专门的光整加工阶段。光整加工阶段以提高加工表面的尺寸精度和降低表面粗糙度为主，一般不用以纠正形状精度和位置精度。

有时，由于毛坯余量特别大，表面特别粗糙，在粗加工前还要有去皮加工阶段。为了及时发现毛坯废品以及减少运输工作量，常把去皮加工放在毛坯准备车间进行。

划分加工阶段的原因如下：

(1)粗加工阶段中切除金属较多，产生的切削力和切削热都较大，所需的夹紧力也应该较大，因而使工件产生的内应力和由此引起的变形也大，不可能达到高的精度和低的粗糙度。因此需要先完成各表面的粗加工，再通过半精加工和精加工逐步减少切削用量、切削力和切削热，逐步修正工件的变形，提高加工精度和降低表面粗糙度，最后达到零件图要求。同时各阶段之间的时间间隔相当于自然时效，有利于消除工件的内应力，使工件有变形的时间，以便在后一道工序中加以修正。

(2)划分加工阶段可合理使用机床设备。粗加工时可采用功率大、精度不高的高效率设备;精加工时可采用相应的高精度机床。这样不但发挥了机床设备各自的性能特点,而且也有利于高精度机床在使用中保持高精度。

(3)为了在机械加工工序中插入必要的热处理工序,同时使热处理发挥充分的效果,这就自然而然地把机械加工工艺过程划分为几个阶段,并且每个阶段各有其特点及应该达到的目的。例如,在精密主轴加工中,在粗加工后进行去应力时效处理,在半精加工后进行淬火,在精加工后进行冰冷处理及低温回火,最后再进行光整加工。

此外由于划分了加工阶段,就带来以下两个有利条件:

(1)粗加工各表面后可及早发现毛坯的缺陷,及时报废或修补,以免继续进行精加工而浪费工时和制造费用。

(2)精加工表面的工序安排在最后,可保护这些表面少受损伤或不受损伤。

应当指出上述阶段的划分并不是绝对的。当加工质量要求不高,工件的刚性足够,毛坯质量高、加工余量小时,则可以不划分加工阶段,如在自动机上加工的零件。另外,有些重型零件,由于安装、运输费时又困难,常不划分加工阶段,在一次安装下完成全部粗加工和精加工;或在粗加工后松开夹紧,消除夹紧变形,然后再用较小的夹紧力重新夹紧,进行精加工,这样也有利于保证重型零件的加工质量。但是对于精度要求高的重型零件,仍要划分加工阶段,并插入时效、去除内应力等处理,这就需要按照具体情况来决定。

### 10.3.3 工序的集中与分散

一个工件的加工是由许多工步组成的,如何把这些工步组织成工序,是拟订工艺过程时要考虑的一个问题。在一般情况下,根据工步本身的性质(如车外圆、铣平面等),粗精阶段的划分、定位基面的选择和转换等,就把这些工步集中成若干个工序,在若干台机床上进行。但是这些条件不是固定不变的。例如,主轴箱箱体底面可以用刨加工、或铣加工、或磨加工;只要工作台的行程足够长,主轴箱箱体底面可以在粗铣结束后,再用另外一个动力头进行半精铣等。因此有可能把许多工步集中在一台机床上来完成,立式多工位回转工作台组合机床、加工中心和柔性生产线(FML),就是工序集中的极端情况。由于集中工序总是要使用结构更复杂、机械化自动化程度更高的高效率机床,因此集中工序就必然具备下列一些特点:

(1)由于采用高生产率的专用机床和工艺设备,大大提高了生产率。

(2)减少了设备的数量,也相应地减少了操作工人和生产面积。

(3)减少了工序数目,缩短了工艺路线,简化了生产计划工作。

(4)缩短了加工时间,减少了运输工作量,因而缩短了生产周期。

(5)减少了工件的安装次数,不仅有利于提高生产率,而且由于在一次安装下加工许多表面,也易于保证这些表面间的位置精度。

(6)因为采用的专用设备和专用工艺装备数量多而复杂,因此机床和工艺装备的调整、维修也很费时费事,生产准备工作量很大。

当然还存在另一个可能性,那就是每一个工步(甚至走刀)都作为一个工序在一台机床上进行,这就是工序分散的极端情况。由于每一台机床只完成一个工步的加工,因此工序分散就具有下列特点:

(1) 采用比较简单的机床和工艺装备,调整容易。
(2) 对工人的技术要求低,或只需经过较短时间的训练。
(3) 生产准备工作量小。
(4) 容易变换产品。
(5) 设备数量多,工人数量多,生产面积大。

在一般情况下,单件小批生产只能工序集中,而大批大量生产则可以集中,也可以分散。但根据目前情况及今后发展趋势来看,一般多采用工序集中的原则来组织生产。

### 10.3.4 加工顺序的安排

**1. 切削加工工序**

在安排加工顺序时,有以下几个原则是需要遵循:

(1) 先粗后精。先安排粗加工,中间安排半精加工,最后安排精加工和光整加工(表 10-2~表 10-4)。

(2) 先主后次。先安排主要表面的加工,后安排次要表面的加工。这里所谓主要表面是指装配基面、工作表面等;所谓次要表面是指非工作表面(如紧固用的光孔和螺孔等)。由于次要表面的加工工作量比较小,而且它们又往往和主要表面有位置精度的要求,因此一般都放在主要表面的主要加工结束之后,而在最后精加工或光整加工之前进行。

(3) 先基面后其他。加工一开始,总是先把精基准加工出来。如果精基准不止一个,则应该按照基准转换的顺序和逐步提高加工精度的原则来安排基准和主要表面的加工。例如,在一般机器零件上,平面所占的轮廓尺寸比较大,用平面定位比较稳定可靠,因此在拟订工艺过程时总是选用平面作为定位精基准,总是先加工平面后加工孔。

在安排加工顺序时,要注意退刀槽、倒角等工作的安排。有关这一类结构元素,在审查图纸的结构工艺性时就应予以注意。

为保证加工质量的要求,有些零件的最后精加工需放在部件装配之后或在总装过程中进行。例如,拖拉机连杆的大头孔,就要在连杆盖和连杆体装配好后再进行精镗和珩磨。

**2. 热处理工序**

热处理主要用来改善材料的性能及消除内应力。一般可分为以下几种:

(1) 预备热处理。安排在机械加工之前,以改善切削性能、消除毛坯制造时的内应力为主要目的。例如,对于碳含量超过 0.5% 的碳钢,一般采用退火,以降低硬度;对于碳含量不大于 0.5% 的碳钢,一般采用正火,以提高材料的硬度,使切削时切屑不粘刀,表面较光滑。由于调质(淬火后进行 500~650℃ 的高温回火)能得到组织细密均匀的回火索氏体,因此有时也用作预备热处理。

(2) 去除内应力处理。最好安排在粗加工之后、精加工之前,如人工时效、退火。但是为了避免过多的运输工作量,对于精度要求不太高的零件,一般把去除内应力的人工时效和退火放在毛坯进入机械加工车间之前进行。但是对于精度要求特别高的零件(如精密丝杠),在粗加工和半精加工过程中要经过多次去除内应力退火,在粗、精磨过程中还要经过多次人工时效。

另外，对于机床床身、立柱等铸件，常在粗加工前以及粗加工后进行自然时效（或人工时效），以消除内应力，并使材料的组织稳定，不在以后继续变形。虽然目前机床铸件已多采用人工时效来代替自然时效，但是对精密机床的铸件来说，仍以采用自然时效为好。

对于精密零件（如精密丝杠、精密轴承、精密量具、油泵油嘴偶件），为了消除残余奥氏体，使尺寸稳定不变，还要采用冰冷处理（在-80～0℃的空气中停留1～2h）。冰冷处理一般安排在回火之后进行。

(3) 最终热处理。安排在半精加工以后和磨削加工之前（但氮化处理应安排在精磨之后），主要用于提高材料的强度及硬度，如淬火—回火。由于淬火后材料的塑性和韧性很差，有很大的内应力，易于开裂，组织不稳定，材料的性能和尺寸要发生变化等原因，所以淬火后必须进行回火。其中调质处理能使钢材获得既有一定的强度、硬度，又有良好的冲击韧性等综合机械性能，常用于汽车、拖拉机和机床零件，如汽车半轴、连杆、曲轴、齿轮和机床主轴等。

**3. 辅助工序**

检验工序是主要的辅助工序，它是保证产品质量的主要措施。除了在每道工序的进行中，操作者都必须自行检验外，还应在下列情况下安排单独的检验工序：

(1) 粗加工阶段结束之后。
(2) 重要工序之后。
(3) 零件从一个车间转到另一个车间时。
(4) 特种性能（磁力探伤、密封性等）检验之前。
(5) 零件全部加工结束之后。

除检验工序外，还要在相应的工序后面考虑安排去毛刺、倒棱边、去磁、清洗、涂防锈油等辅助工序。应该认识到辅助工序仍是必要的工序，缺少了辅助工序或是对辅助工序要求不严，将会给装配工作带来困难，甚至使零件不能使用。例如，未去净的毛刺和锐边，将使工件不能装配，且将危及工人的安全；润滑油道中未去净的铁屑将影响机器的运行，甚至使机器损坏。

## 10.4 工序尺寸的确定和工艺尺寸的计算

### 10.4.1 加工余量的确定

在由毛坯变为成品的过程中，在某加工表面上切除的金属层的总厚度称为该表面的加工总余量。每一道工序所切除的金属层厚度称为工序间加工余量。对于外圆和孔等旋转表面而言，加工余量是从直径上考虑的，故称为双边余量，即实际所切除的金属层厚度是直径上的加工余量之半。平面的加工余量则是单边余量，它等于实际所切除的金属层厚度。

对于工序尺寸的公差，习惯上按"入体"的方法标注，即对于被包容面（如轴、键宽等），取上偏差为零，注成单向负偏差；对于包容面（如孔、键槽宽等），取下偏差为零，注成单向正偏差。但是应注意毛坯尺寸的公差取双向分布。

根据上面所说的规定，可以作出如图10-8和图10-9所示的加工余量及其和工序尺寸公差的关系图。从这两个图中可以看出下列关系：

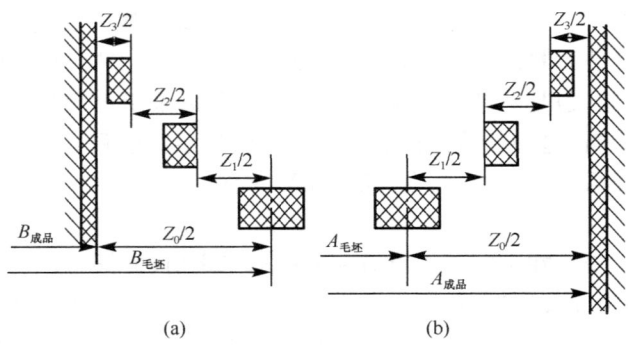

图 10-8 加工余量示意图

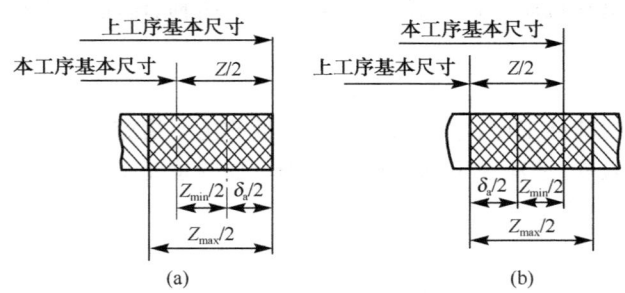

图 10-9 加工余量和工序尺寸公差示意图

(1) 加工总余量等于各工序间余量之和

$$Z_0 = Z_1 + Z_2 + Z_3 + \cdots$$

(2) 对于被包容面而言

　　工序间余量＝上工序的基本尺寸－本工序的基本尺寸

　　工序间最大余量＝上工序的最大极限尺寸－本工序的最小极限尺寸

　　工序间最小余量＝上工序的最小极限尺寸－本工序的最大极限尺寸

(3) 对于包容面而言

　　工序间余量＝本工序的基本尺寸－上工序的基本尺寸

　　工序间最大余量＝本工序的最大极限尺寸－上工序的最小极限尺寸

　　工序间最小余量＝本工序最小极限尺寸－上工序的最大极限尺寸

上面所说的工序间余量都是计算基本工序尺寸用的，所以又称为公称余量。

加工总余量的大小对制订工艺过程有一定的影响。总余量不够，不能保证加工质量；总余量过大，不但增加机械加工的劳动量而且也增加了材料、工具、电力等的消耗，从而增加了成本。加工总余量的数值，一般与毛坯的制造精度有关。同样的毛坯制造方法，总余量的大小又与生产类型有关，批量大，总余量就可小些。由于粗加工的工序间余量的变化范围很大，半精加工和精加工的加工余量较小，所以，在一般情况下，加工总余量总是足够分配的。但是在个别余量分布极不均匀的情况下，也可能发生毛坯上有缺陷的表面层都切削不掉，甚至留下了毛坯表面的情况。

对于一些精加工工序（如磨削、研磨、珩磨、金刚镗等），有一个最合适的加工余量范围。加工余量过大，会使精加工工时过长，甚至不能达到精加工的目的（破坏了精度和表面质量）；加工余量过小，会使工件的某些部位加工不出来。此外，精加工的工序余量不均匀，也会影响加工精度。所以对于精加工工序的工序间余量的大小和均匀性必须予以保证。

实际生产中加工余量的确定，主要参考由生产实践和试验研究所积累起来的资料，可以从一般的机械加工手册中查阅。

### 10.4.2 工序尺寸的确定

（1）当工艺基准与设计基准重合，工艺基准不变换，同一表面经过多道工序加工才能达到图纸尺寸的要求时，其中间工序尺寸可根据零件图的尺寸采用"由后往前推"的方法来确定，并可一直推算到毛坯尺寸。

例如，某零件上孔的设计要求是：$\phi 72.5^{+0.03}_{0}$ $\nabla_{0.2}$，毛坯为模锻件（孔已锻出），工艺过程为扩孔→粗镗→半精镗→精镗→精磨。

根据手册查得各工序公称余量如下：

精磨　0.7mm

精镗　1.3mm

半精镗　2.5mm

粗镗　4.0mm

扩孔　5.0mm

计算工序尺寸的方法如下：后道工序的工序尺寸加上（对于被包容面）或减去（对于包容面）后道工序的加工余量为前道工序的工序尺寸。

精磨后　按零件图规定为 $\phi 72.5$mm

精镗后　$\phi(72.5-0.7)=\phi 71.8$mm

半精镗后　$\phi(71.8-1.3)=\phi 70.5$mm

粗镗后　$\phi(70.5-2.5)=\phi 68$mm

扩孔后　$\phi(68-4)=\phi 64$mm

模锻孔　$\phi(64-5)=\phi 59$mm

工序尺寸的公差应参考经济加工精度来确定，标注时按"入体"的方法标注。对于毛坯的公差，可根据毛坯的生产类型、结构特点、制造方法和生产厂的具体条件，参照手册资料确定。

精磨　按零件图设计要求标注 $\phi 72.5^{+0.03}_{0}$，Ra0.2

精镗　能达到 IT8，按 H8 标注 $\phi 71.8^{+0.046}_{0}$，Ra0.8

半精镗　能达到 IT10，按 H10 标注 $\phi 70.5^{+0.012}_{0}$，Ra3.2

粗镗　能达到 IT11，按 H11 标注 $\phi 68^{+0.19}_{0}$，Ra6.4

扩孔　能达到 IT12，按 H12 标注 $\phi 64^{+0.3}_{0}$，Ra12.8

模锻孔　参照手册资料标注 $\phi 59^{+1}_{-2}$

（2）当工艺基准与设计基准不重合，或零件在加工过程中需要多次转换工艺基准、或工序尺寸需从尚待继续加工的表面标注时，工序尺寸的确定就比较复杂了，这时就应利用尺寸链原理来分析和计算，并对工序间余量进行验算以确定工序尺寸及其上下偏差。

## 10.4.3 工艺尺寸链

**1. 工艺尺寸链的定义和特征**

现以图 10-10 所示镗活塞销孔为例。图 10-10 中(a)和(b)所示尺寸 $A_\Sigma$、$A_1$、$A_2$ 的关系可以简单地用图 10-10(c)表示,这种互相联系的尺寸按一定顺序首尾相接排列的尺寸封闭图就定义为尺寸链。

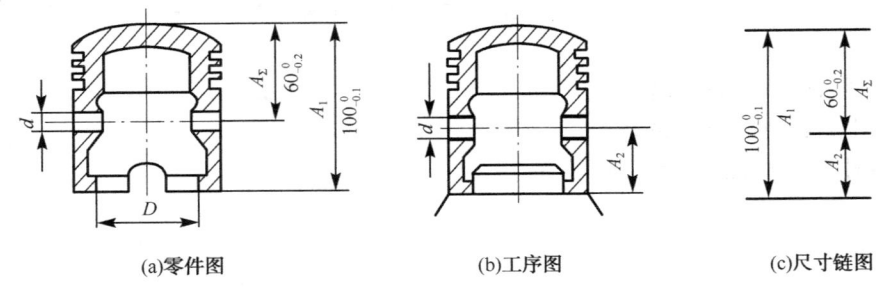

图 10-10　镗活塞销孔工序中的工艺尺寸链

由于定位基准与设计基准不重合,工序尺寸 $A_2$ 和 $A_1$ 必须要保证零件图上 $A_\Sigma$ 的设计要求。要注意的是尺寸 $A_1$ 和 $A_2$ 是在加工过程中直接获得的,尺寸 $A_\Sigma$ 是间接保证的。

尺寸链的主要特征如下:

(1)尺寸链是由一个间接获得的尺寸和若干个对此有影响的尺寸(即直接获得的尺寸)所组成。

(2)各尺寸按一定的顺序首尾相接。

(3)尺寸链必然是封闭的。

(4)直接获得的尺寸精度都对间接获得的尺寸精度有影响,因此直接获得的尺寸精度总是比间接获得的尺寸精度高。

**2. 尺寸链的组成**

组成尺寸链的各个尺寸称为尺寸链的环。图 10-10 中的尺寸 $A_\Sigma$、$A_1$、$A_2$ 都是尺寸链的环,这些环又分为以下几种:

(1)封闭环。最终被间接保证的那个环为封闭环,如尺寸 $A_\Sigma$,它在工序图中不标注,但它是间接被保证的设计尺寸,或者按加工顺序在尺寸链图中是最后形成的一个环。

(2)组成环。除封闭环之外其他环皆称为组成环,如尺寸 $A_1$ 和 $A_2$ 就是组成环,按它对封闭环的影响不同,组成环又分为增环和减环。

当其余各组成环不变时,尺寸 $A_1$ 增大,封闭环 $A_\Sigma$ 随之增大,相反,随着 $A_1$ 减小而减小,$A_1$ 尺寸就称为增环。

当其余各组成环不变时,尺寸 $A_2$ 增大,封闭环 $A_\Sigma$ 随之减小,相反,随着 $A_2$ 减小而增大,$A_2$ 尺寸就称为减环。

尺寸链计算的关键在于画出正确的尺寸链后,先正确地确定封闭环,其次确定增环和减环。在这里可用一个简便的方法来确定增环和减环,如图 10-11 所示,先给封闭环任意定个方向,然后像电流回路一样,给每一尺寸环画出箭头,凡箭头方向与封闭环方向相反者为增环(如$\vec{A_1}$),相同者为减环(如$\overleftarrow{A_2}$)。

**3. 尺寸链的基本计算公式**

当尺寸链已建立,组成环和封闭环已经确定后,下一步任务则是进行尺寸链计算。用极值法解尺寸链的基本计算公式如下:

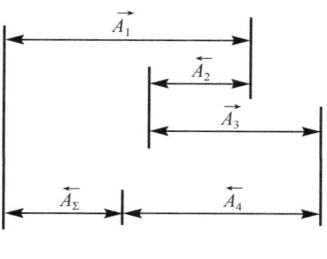

图 10-11 尺寸链图

封闭环的基本尺寸等于增环的基本尺寸之和减去减环的基本尺寸之和,即

$$A_\Sigma = \sum_{i=1}^{m} \vec{A_i} - \sum_{i=m+1}^{n-1} \overleftarrow{A_i} \tag{10-1}$$

封闭环的最大尺寸等于增环最大尺寸之和减去减环最小尺寸之和,即

$$A_{\Sigma\max} = \sum_{i=1}^{m} \vec{A}_{i\max} - \sum_{i=m+1}^{n-1} \overleftarrow{A}_{i\min} \tag{10-2}$$

封闭环的最小尺寸等于增环最小尺寸之和减去减环最大尺寸之和,即

$$A_{\Sigma\min} = \sum_{i=1}^{m} \vec{A}_{i\min} - \sum_{i=m+1}^{n-1} \overleftarrow{A}_{i\max} \tag{10-3}$$

由式(10-2)减去式(10-1)得

$$\mathrm{ES}(A_\Sigma) = \sum_{i=1}^{m} \mathrm{ES}(\vec{A_i}) - \sum_{i=m+1}^{n-1} \mathrm{EI}(\overleftarrow{A_i}) \tag{10-4}$$

即封闭环的上偏差等于增环上偏差之和减去减环下偏差之和。

由式(10-3)减去式(10-1)得

$$\mathrm{EI}(A_\Sigma) = \sum_{i=1}^{m} \mathrm{EI}(\vec{A_i}) - \sum_{i=m+1}^{n-1} \mathrm{ES}(\overleftarrow{A_i}) \tag{10-5}$$

即封闭环的下偏差等于增环下偏差之和减去减环上偏差之和。

由式(10-4)减去式(10-5)得

$$T(A_\Sigma) = \sum_{i=1}^{m} T(\vec{A_i}) + \sum_{i=m+1}^{n-1} T(\overleftarrow{A_i}) \tag{10-6}$$

即封闭环的公差等于所有组成环公差之和。

式中,$A_\Sigma$ 为封闭环的基本尺寸;$\vec{A_i}$ 为增环的基本尺寸;$\overleftarrow{A_i}$ 为减环的基本尺寸;$A_{\max}$ 为最大尺寸;$A_{\min}$ 为最小尺寸;ES 为上偏差;EI 为下偏差;$T$ 为公差;$m$ 为增环的环数;$n$ 为包括封闭环在内的总环数。

由式(10-6)可见,封闭环的公差比任何一个组成环的公差都大,为了减少封闭环的公差,就应使尺寸链中组成环的环数尽量少,这就是尺寸链的最短路线原则。

### 10.4.4 工艺尺寸的计算举例

**1. 基准不重合引起的尺寸换算**

**例 10-1** 如图 10-12 所示套筒零件(径向尺寸从略),加工表面 $A$ 时,要求保证图纸尺寸 $10^{+0.2}_{\ 0}$,今在铣床上加工此表面,定位基准为 $B$ 表面,试计算此工序的工序尺寸 $H^{\mathrm{ES}}_{\mathrm{EI}}$。

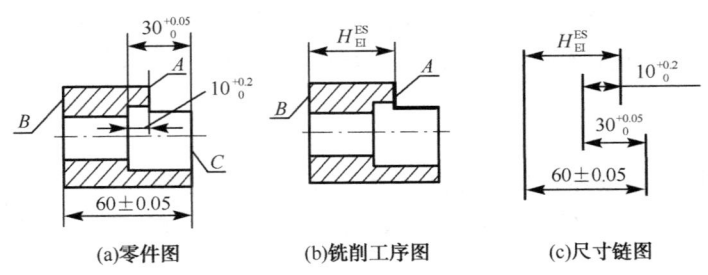

图 10-12　套筒工艺尺寸链

此题因基准不重合,故铣削 A 面时其工序尺寸 H 就不能按图纸尺寸来标注,而需经尺寸换算后得到。图纸尺寸 $30^{+0.05}_{0}$ 和 $60\pm0.05$ 在前面工序皆已加工完毕,是由加工直接获得的,故可根据此加工顺序建立尺寸链图,计算 $H^{ES}_{EI}$。

从图 10-12 尺寸链图中看出,图纸需要保证的尺寸 $10^{+0.2}_{0}$ 是通过加工间接得到的,它为封闭环,$H^{ES}_{EI}$ 和 $30^{+0.05}_{0}$ 为增环,$60\pm0.05$ 为减环。

然后根据尺寸链计算公式求解。

由 $10 = H + 30 - 60$,得 $H = 40$ mm。

由 $0.2 = ES(H) + 0.05 - (-0.05)$,得 $ES(H) = 0.1$ mm。

由 $0 = EI(H) + 0 - 0.05$,得 $EI(H) = 0.05$ mm。

所以

$$H^{ES}_{EI} \text{ 为 } 40^{+0.1}_{+0.05}$$

**2. 由于多尺寸保证而进行的尺寸换算**

**例 10-2**　图 10-13 所示为一压气机铝盘的零件简图和工序图,图 10-13(b)和图 10-13(c)为端面 E 的最后两道加工工序。现在要求按图 10-13(b)工序加工端面 E 时,E 和 F 的距离 L 的尺寸和公差为多少,才能使在图 10-13(c)工序加工端面 E 中,车一刀要直接获得 $60^{0}_{-0.05}$,同时间接保证图纸尺寸 $22\pm0.1$。

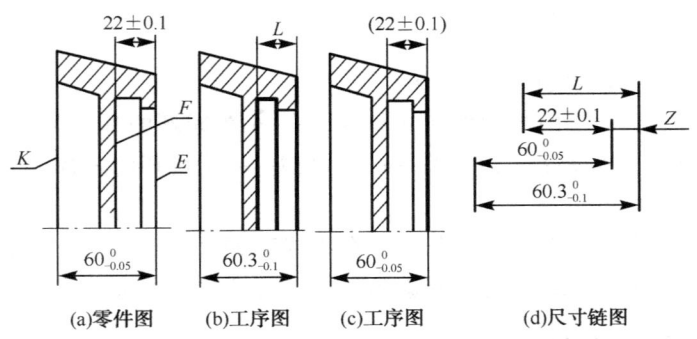

图 10-13　压气机铝盘工艺尺寸链

所谓多尺寸保证是指加工一个表面时,同时要求保证几个位置尺寸。如图 10-13(c)所示,加工端面 E 时,不但直接保证 $60^{0}_{-0.05}$,而且要间接保证 $22\pm0.1$ 的要求。

根据加工顺序,首先画出工艺尺寸链图 10-13(d),其中先通过 $60^{0}_{-0.05}$、$60.3^{0}_{-0.1}$ 和 Z 组成

的尺寸链中,求出 $Z$;然后在 $L$、$22\pm0.1$ 和 $Z$ 组成的尺寸链中,求出 $L$。也可用 $L$、$22\pm0.1$、$60_{-0.05}^{\ 0}$ 和 $60.3_{-0.1}^{\ 0}$ 这个尺寸链直接求出 $L$。下面分两个尺寸链进行计算。

在由 $60_{-0.05}^{\ 0}$、$60.3_{-0.1}^{\ 0}$ 和 $Z$ 组成的尺寸链中,$Z$ 为 $E$ 端面的加工余量,按加工顺序是最后得到的一环,所以 $Z$ 为封闭环。

由 $Z=60.3-60$,得 $Z=0.3$mm。

由 $ES(Z)=0-(-0.05)$,得 $ES(Z)=0.05$mm。

由 $EI(Z)=-0.1-0$,得 $EI(Z)=-0.1$mm。

所以
$$Z=0.3_{-0.1}^{+0.05}$$

在由 $L$、$22\pm0.1$ 和 $Z$ 组成的尺寸链中,$20\pm0.1$ 是间接保证的尺寸,是封闭环。

由 $22=L-Z=L-0.3$,得 $L=22.3$mm。

由 $+0.1=ES(L)-EI(Z)=ES(L)-(-0.1)$,得 $ES(L)=0$。

由 $-0.1=EI(L)-ES(Z)=EI(L)-0.05$,得 $EI(L)=-0.05$mm。

所以
$$L=22.3_{-0.05}^{\ 0}$$

**3. 中间工序尺寸换算**

**例 10-3** 图 10-14(a)所示为在齿轮上加工内孔及键槽的有关尺寸。该齿轮图纸要求的孔径是 $\phi 40_{0}^{+0.06}$,键槽深度尺寸为 $43.6_{0}^{+0.34}$。有关内孔和键槽的加工顺序如下。

工序 1:镗内孔至 $\phi 39.6_{0}^{+0.1}$;

工序 2:插键槽至 $X$ 尺寸;

工序 3:热处理;

工序 4:磨内孔至 $\phi 40_{0}^{+0.06}$。

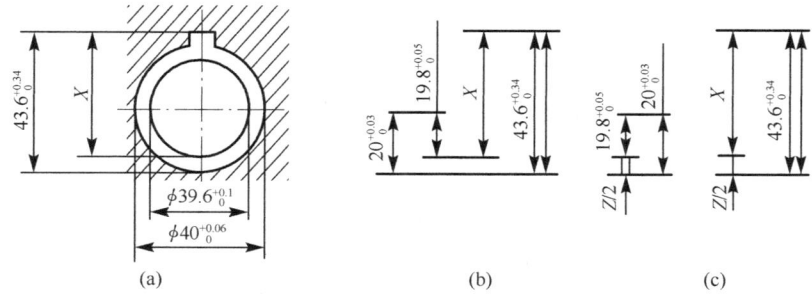

图 10-14 齿轮内孔键槽的尺寸关系

现在要求工序 2 插键槽尺寸 $X$ 为多少,才能使孔径磨削至 $\phi 40_{0}^{+0.06}$ 时,能最终保证图纸尺寸 $43.6_{0}^{+0.34}$。

要解这道题,可有两种不同的尺寸链图。图 10-14(b)的尺寸链是一个四环尺寸链,它表示 $X$ 和其他三个尺寸的关系,其中 $43.6_{0}^{+0.34}$ 是封闭环。图 10-14(c)是把图 10-14(b)的尺寸链分成两个三环尺寸链,并引进半径余量 $Z/2$。从图 10-14(c)的左图中可看到 $Z/2$ 是封闭环;在右图中,则 $43.6_{0}^{+0.34}$ 是封闭环,$Z/2$ 是组成环。工序尺寸 $X$ 可以由图 10-14(b)和图 10-14(c)求出。

现对图 10-14(b)进行计算,尺寸链中 $X$ 和 $20_{0}^{+0.03}$ 是增环,$19.8_{0}^{+0.05}$ 是减环。

由 $43.6=X+20-19.8$,得 $X=43.4$mm。

由 $0.34 = ES(X) + 0.03 - 0$,得 $ES(X) = 0.31$ mm。
由 $0 = EI(X) + 0 - 0.05$,得 $EI(X) = 0.05$ mm。

所以
$$X = 43.4^{+0.31}_{+0.05}$$

标注尺寸时,采用"入体"方向,即 $X = 43.45^{+0.26}_{0}$。

**4. 为保证渗碳或渗氮层深度所进行的尺寸换算**

当零件要求渗碳(或渗氮)时,为了保证零件所要求的渗碳(或渗氮)层深度,必须对渗碳(或渗氮)工序的渗入深度作出规定,这就要进行尺寸换算。

**例 10-4** 图 10-15 所示为某轴颈衬套,内孔 $\phi 145^{+0.04}_{0}$ 的表面要求渗氮,渗氮层深度要求为 $0.3 \sim 0.5$ mm(即单边为 $0.3^{+0.2}_{0}$,双边为 $0.6^{+0.4}_{0}$)。

其加工顺序如下:

(1)磨内孔到 $\phi 144.76^{+0.04}_{0}$,$\sqrt{0.8}$。

(2)渗氮。

(3)最后磨孔到 $\phi 145^{+0.04}_{0}$,$\sqrt{0.8}$。

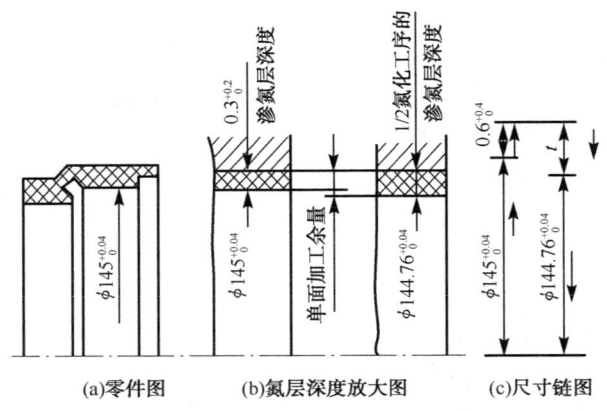

(a)零件图　(b)氮层深度放大图　(c)尺寸链图

图 10-15　某轴颈衬套工艺尺寸链

磨孔后零件内表面所留的氮层深度需在零件要求的 $0.3 \sim 0.5$ mm,求渗氮工序渗氮层的深度为多少,才能保证上述要求?

从尺寸关系可以看出,渗氮深度 $0.3^{+0.2}_{0}$(双边为 $0.6^{+0.4}_{0}$)是加工间接保证的设计尺寸,是封闭环,它和渗氮前后的磨孔尺寸 $\phi 144.76^{+0.04}_{0}$、$145^{+0.04}_{0}$ 以及渗氮工序的渗入深度 $t/2$(双边为 $t$)组成为尺寸链。因此,可得如下结果:

由 $0.6 = 144.76 + t - 145$,得 $t = 0.84$ mm。
由 $0.4 = 0.04 + ES(t) - 0$,得 $ES(t) = 0.36$ mm。
由 $0 = 0 + EI(t) - 0.04$,得 $EI(t) = 0.04$ mm。

所以
$$t = 0.84^{+0.36}_{+0.04}（双边）$$

$$\frac{t}{2} = 0.42^{+0.18}_{+0.02} \text{ 或 } \frac{t}{2} = 0.44 - 0.6 \text{ mm（单边）}$$

即渗氮工序的渗氮层深度为 $0.44 \sim 0.6$ mm。

保证渗碳层深度的尺寸链计算和渗氮情况相同。

### 5. 电镀零件的工序尺寸换算

零件上有尺寸精度要求的表面需要电镀时(镀铬、镀铜或镀锌等),为了保证得到一定的镀层厚度和零件表面尺寸精度,需要进行有关的尺寸和公差的换算。这种尺寸换算,在生产中常碰到两种情况:一种是零件表面镀完其镀层后直接保证零件的设计要求,无须再加工;另一种是表面镀后再加工,最后达到零件的设计要求。这两种情况在进行尺寸链计算时,其封闭环是不同的,现分别叙述如下。

(1) 零件表面在镀完镀层后,就达到设计尺寸。这时,镀层厚度公差和零件镀前的尺寸公差,都对该表面的设计尺寸精度有影响,所以要间接保证的这个设计尺寸精度是封闭环。

**例 10-5** 图 10-16 所示为一个轴套零件简图,外径镀铬,镀层厚度为 0.025~0.04mm,该表面的加工顺序如下:车→磨→镀铬,求其镀铬前磨外圆工序的尺寸和公差。

从尺寸关系可以看出,$\phi 28_{-0.045}^{\ 0}$、$0.08_{-0.03}^{\ 0}$(双边镀层范围)和磨削工序尺寸 $A$ 组成尺寸链。在成批生产镀铬时,是按镀层 0.025~0.04mm 为依据来控制其工艺用量的(电流、温度、溶液浓度和时间等),而零件尺寸 $\phi 28_{-0.045}^{\ 0}$ 是间接保证的,所以它是封闭环。现对其镀铬前磨削工序尺寸公差计算如下:

由 $28 = A + 0.08$,得 $A = 27.92$ mm。
由 $0 = ES(A) + 0$,得 $ES(A) = 0$。
由 $-0.045 = EI(A) + (-0.03)$,得 $EI(A) = -0.015$ mm。

所以 $$A = 27.92_{-0.015}^{\ 0}$$

(2) 当零件表面的精度要求高时,表面镀完镀层后,还需进行精加工。这样镀前和镀后表面加工工序的尺寸公差都将对镀层厚度产生影响,因而由三者所组成的尺寸链中,零件要求的镀层厚度(间接保证的)为封闭环。

**例 10-6** 已知涡轮轴承座零件 $\phi M$ 表面要求镀银层厚度为 0.2~0.3mm,镀银后尺寸为 $\phi 63_{0}^{+0.03}$。此表面的加工顺序为:镗孔→镀银→镗孔。试求镀银前镗孔工序中孔的直径尺寸及公差。

根据加工顺序列出尺寸链,如图 10-17 所示,银层厚度是由前后两个镗孔工序尺寸来间接保证的,所以它是封闭环。图 10-17 中 $t = 0.2_{0}^{+0.1}$,$\phi M_{后} = 63_{0}^{+0.03}$。

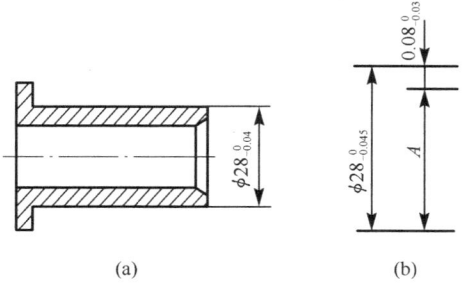

图 10-16 轴套简图

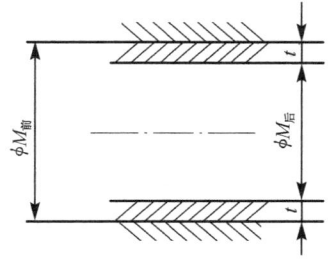

图 10-17 银层厚度尺寸链

尺寸链方程为
$$2t = \phi M_{前} - \phi M_{后}$$

由 $0.4 = \phi M_{前} - 63$,得 $\phi M_{前} = \phi 63.4$ mm。

由 $+0.2 = \text{ES}(H) - 0$，得 $\text{ES}(H) = 0.2\text{mm}$。
由 $0 = \text{EI}(H) - 0.03$，得 $\text{EI}(H) = 0.03\text{mm}$。

所以 $M_{前}{}_{\text{EI}(H)}^{\text{ES}(H)} = \phi 63.4^{+0.2}_{+0.03}$ 或 $\phi 63.43^{+0.17}_{0}$

**6. 余量校核**

工序余量的变化大小取决于本工序与上工序加工误差的大小，在已知本工序、上工序的工序尺寸及其公差的情况下，用工艺尺寸链来计算余量的变化，可以衡量余量是否能适应加工情况，防止余量过大或过小。

**例 10-7** 图 10-18 压气机铝盘加工端面 $E$ 时，校核其余量。其加工顺序如下：

(1) 车端面 $K$，工序尺寸 $60.8^{0}_{-0.1}$。
(2) 半精车端面 $E$，工序尺寸 $60.3^{0}_{-0.1}$。
(3) 精车端面 $E$，工序尺寸 $60^{0}_{-0.05}$。

端面 $E$ 经两次加工，计算其每次余量是否够用？

根据加工顺序建立尺寸链（图 10-18(d)），可看出 $60.8^{0}_{-0.1}$、$60.3^{0}_{-0.1}$ 和余量 $Z_1$ 以及 $60.3^{0}_{-0.1}$、$60^{0}_{-0.05}$ 和余量 $Z_2$ 各自组成一个工艺尺寸链。$Z_1$ 和 $Z_2$ 分别为两个尺寸链中的封闭环。

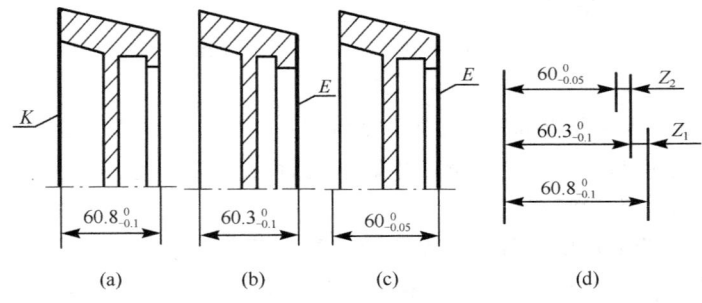

图 10-18 压气机铝盘工艺尺寸链

按工艺尺寸链的基本计算公式可解得 $Z_1 = 0.5 \pm 0.1$，$Z_2 = 0.3^{+0.05}_{-0.1}$。即半精车端面 $E$ 时的余量 $Z_1$ 为 $0.4 \sim 0.6\text{mm}$，精车端面 $E$ 的余量 $Z_2$ 的变化范围是 $0.2 \sim 0.35\text{mm}$，其中精车的最小余量为 $0.2\text{mm}$，具体对这个零件来说是可以的，所以有关工序尺寸及公差决定的公称余量及其偏差是合适的。

通过以上实例，将尺寸链计算步骤总结如下：

(1) 先正确作出尺寸链图。
(2) 按照加工顺序找出封闭环。
(3) 分出增环和减环。
(4) 进行尺寸链计算。
(5) 尺寸链计算完后，可按"封闭环公差等于各组成环公差之和"的关系进行校核。

## 10.5 成组加工工艺规程

### 10.5.1 概述

近年来产品的更新换代周期越来越短,品种日益增多,而每种产品的生产数量却并不是很多。目前世界上 75%～80% 的机械产品是以中、小批生产方式制造的。由于中、小批生产方式使用设备工装多、劳动生产率低,产品成本高、生产管理复杂,市场竞争能力差,能否把大批量生产的先进工艺和高效设备以及生产管理方式用于组织中、小批量产品的生产,成为人们关注的问题。

加工的零件虽然千变万化,但客观上如形状,尺寸、精度、表面质量和材料等方面具都有相似性。充分利用零件之间的相似性,将许多具有相似信息的零件归并成组,用大致相同的方法来解决这一组零件的生产技术问题,就可以发挥规模生产的优势,达到提高生产效率、降低生产成本的目的,这种技术统称为成组技术。

成组加工工艺在加工工序、安装定位、机床设备以及工艺路线等各个方面都呈现出一定的相似性。根据各种零件的结构形状特征和加工工艺特征,按规定的法则标识其相似性,再按一定的相似程度将零件进行分类编组。对成组的零件制定统一的加工方案,实现生产过程的合理化,如图 10-19 所示。

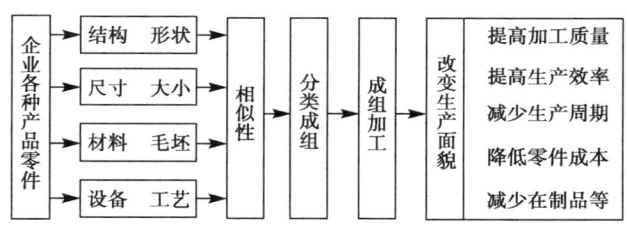

图 10-19 成组技术原理简图

### 10.5.2 零件的分类编码系统

为了对机械产品的零件进行科学的分类,必须把各种零件的数据信息化。用数字和字母来描述零件的设计和工艺基本特征信息,称为零件的编码。依据编码按一定的相似性和相似程度再将零件划分为加工组,其合理与否将会直接影响成组技术的经济效果。为此各国在成组技术研究和实践中都首先致力于分类编码系统的研究和制定。

分类编码方法的制定应该同时从设计和工艺两个方面来考虑。从设计角度考虑应使分类编码方法有利于零件的标准化,减少图纸数量,也就是减少零件品种,统一零件结构设计要素。从工艺角度考虑则应使具有相同工艺过程和方法的零件归并成组,以扩大零件批量。但是考虑到零件的工艺过程在很大程度上取决于零件的结构形状,而工艺方法又是在不断改进提高的,因此可以把编码数字分为以设计特征为基础的主码和以工艺特性为基础的辅码。目前国外采用的常用分类方法有 20 多种,主要分类方法有西德的 Opitz 和 ZAFO,英国的 Brisch,日本的 KK-3 和丰田分类法,苏联的 BEPTH 和中国的 JLBM-1 机械零件编码法则(图 10-20)、BLBM 兵器零件编码法则等。

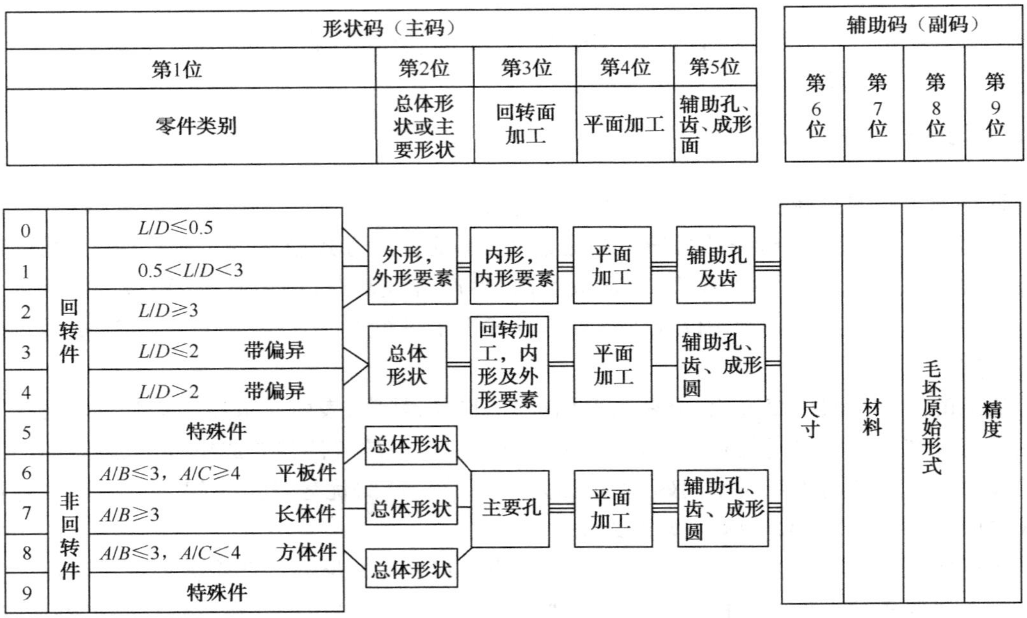

| 形状码（主码） | | | | | 辅助码（副码） | | | |
|---|---|---|---|---|---|---|---|---|
| 第1位 | 第2位 | 第3位 | 第4位 | 第5位 | 第6位 | 第7位 | 第8位 | 第9位 |
| 零件类别 | 总体形状或主要形状 | 回转面加工 | 平面加工 | 辅助孔、齿、成形面 | | | | |

| 0 | 回转件 | $L/D \leq 0.5$ | | 外形，外形要素 | 内形，内形要素 | 平面加工 | 辅助孔及齿 | 尺寸 | 材料 | 毛坯原始形式 | 精度 |
|---|---|---|---|---|---|---|---|---|---|---|---|
| 1 | | $0.5 < L/D < 3$ | | | | | | | | | |
| 2 | | $L/D \geq 3$ | | | | | | | | | |
| 3 | | $L/D \leq 2$ | 带偏异 | 总体形状 | 回转加工，内形及外形要素 | 平面加工 | 辅助孔、齿、成形圆 | | | | |
| 4 | | $L/D > 2$ | 带偏异 | | | | | | | | |
| 5 | | 特殊件 | | | | | | | | | |
| 6 | 非回转件 | $A/B \leq 3, A/C \geq 4$ | 平板件 | 总体形状 | 主要孔 | 平面加工 | 辅助孔、齿、成形圆 | | | | |
| 7 | | $A/B \geq 3$ | 长体件 | 总体形状 | | | | | | | |
| 8 | | $A/B \leq 3, A/C < 4$ | 方体件 | 总体形状 | | | | | | | |
| 9 | | 特殊件 | | | | | | | | | |

图 10-20 JLBM-1 分类编码系统结构

### 10.5.3 成组加工工艺规程设计

1. 零件编码和分类成组

编码能用于分类，即根据各类产品的生产纲领和图纸，按照拟定的分类编码法则对零件进行编码。

零件分类成组是实施成组技术的又一项基础工作。为了减少现有零件工艺过程的多样性，扩大零件的工艺批量，提高工艺设计的质量，只有先根据零件结构特征和工艺特征的相似性将零件分类编组，才能以零件组为对象进行工艺设计和组织生产。零件分类成组的方法有三种：编码分类法、人工视检法和生产流程分析法。

2. 编制成组加工工艺规程

零件分类成组后，便形成了加工组，下一步就是针对不同的加工组制订适合于组内各件的成组工艺过程。编制成组工艺的方法有两种：复合零件法和复合路线法。

1) 复合零件法

首先选择或设计一个能反映该组零件全部结构特征和工艺特征的复合零件（又称为主样件），按主样件编制工艺路线，它将适合于该零件组内所有零件的加工。

对于结构复杂的零件，要将组内全部形状结构要素综合而形成一个主样件，通常是困难的。此时可采用流程分析法，即分析组内各零件的工艺路线，综合成为一个工序完整、安排合理、适合全组零件的工艺路线。

2) 复合路线法

复合路线法是从分析加工组中各零件的工艺路线入手,从中选出一个工序最多、加工过程安排合理并有代表性的工艺路线,然后以它为基础,逐个地与同组其他零件的工艺路线比较,并把其他特有的工序,按合理的顺序叠加到有代表性的工艺路线上,使之成为一个工序齐全,安排合理,适合于同组内所有零件的复合工艺路线。

之后,选择设备并确定生产组织形式。设计成组夹具、刀具的结构和调整方案。编制出成组工艺卡片。

## 10.6  计算机辅助工艺过程设计

工艺过程设计是一项技术性和经验性很强的工作,长期以来,都是依靠工艺人员个人积累的经验完成。设计周期长,质量因人而异。20 世纪 60 年代末,人们开始在工艺过程设计领域应用计算机技术,进行计算机辅助工艺过程设计(computer aided process planning,CAPP)的研究与开发工作。具有里程碑意义的是设在美国的国际性组织 CAM-I 于 1976 年开发的 CAPP(CAM-I automated process planning)系统。20 世纪 80 年代初,同济大学和西北工业大学相继开发出中国最早的 CAPP 系统:TOJICAP 系统和 CAOS 系统。

应用 CAPP 技术,不仅可以使工艺人员从烦琐重复的事务性工作中解脱出来,而且可以提高工艺设计质量和缩短生产周期。

### 10.6.1  CAPP 系统的基本组成

尽管每个 CAPP 系统所针对的产品对象不同,所具备的功能不同,但都包括三个基本组成部分:产品设计信息输入、工艺决策、产品工艺信息输出。

1. 产品设计信息输入

工艺人员在进行工艺过程设计时,首先通过阅读工程图纸获取有关工艺设计所需的产品设计信息,再将这些信息转换成系统所能"读"懂的信息。目前,CAPP 系统的信息输入方法主要有两种:一种是人机交互输入系统所需的产品设计信息;另一种是直接从 CAD 系统读取所需的产品设计信息。

2. 工艺决策

所谓工艺决策,是指根据产品设计信息,利用工艺经验和具体的生产环境条件,确定产品的工艺过程。CAPP 系统所采用的基本工艺决策方法有两种:修订式方法(variant approach)和生成式方法(generative approach)。然而实用的 CAPP 系统往往综合使用修订式方法和生成式方法,所以也有人提出综合式或半创成式(semi-generative)方法的概念。

3. 产品工艺信息输出

通常以工艺卡片形式表示产品工艺过程信息。

### 10.6.2  产品信息

目前,CAPP 系统使用的零件信息描述主要有以下三种方式:

### 1. 零件分类编码法

零件分类编码系统是进行零件分类编码的重要工具。零件分类编码可以在宏观上描述零件而不涉及这个零件的细节。但采用分类编码法描述零件,即使采用较长码位的分类编码系统,也只能达到"分类"的目的,通常不能详尽地描述零件的每一个加工面特征。

### 2. 零件表面元素描述法

零件表面元素描述法是可以对零件进行详细描述的一种方法,在这种方法中,任何一个零件都被看成由一些基本形面(如平面、圆柱面、圆锥面、螺纹面等)构成。

运用零件表面元素描述法时,首先要确定适用的范围,然后着手统计分析该范围内的零件由哪些表面元素组成,即抽取零件表面元素。对于回转体零件,可以按形面在零件上的位置顺序加以描述,计算机可根据输入的形面数据构成完整的零件模型。

在对具体零件进行描述时,不仅要描述各表面元素本身的尺寸及其公差、形状公差粗糙度等信息,而且需要描述各表面元素之间位置关系、尺寸关系、位置公差要求等信息,以满足CAPP系统对零件信息的需要。

零件表面元素描述法通常采用菜单形式和交互方法输入零件信息,操作方便,且可完整地描述零件的几何和工艺信息。但输入工作量大,占用时间较长。

### 3. 零件特征描述法

1)零件特征

特征技术是 CAD/CAPP/CAM 集成系统的核心技术。在 CAPP 应用中,常把单个特征表示为以形状特征为核心,由尺寸、公差和其他非几何属性共同构成的信息实体。针对机械加工工艺过程设计,可以把零件特征定义为:机件上具有特定结构形状和特定工艺属性的几何外形域,它与特定的加工过程集合相对应。

2)回转体零件的描述

回转体零件一般包含沿轴线分布的构成零件主体的若干主要特征,可以称其为基本特征,如外圆面、内圆面。其他依附于基本特征的那些形状特征,称其为附加特征,如倒角、键槽、滚花等。

3)箱体件等非回转体零件的描述

非回体零件描述中,通常将加工方位作为描述特征的一个重要参数,对于较为规则的箱类零件,可划分为 6 个加工方位,即 $Z$ 轴正向、$Z$ 轴负向、$X$ 轴正向、$X$ 轴负向、$Y$ 轴正向、$Y$ 轴负向。对于复杂的非回转体零件,可根据需要,附加定义其他的加工方位。

## 10.6.3 CAPP 系统工艺决策原理与开发应用

### 1. 修订式 CAPP 系统

1)修订式工艺决策的原理

修订式工艺决策的基本原理是在成组工艺的基础上,利用零件的相似性,每一个新零件的工艺规程,通过检索相似零件的工艺规程并加以筛选或编辑而成。

2) 修订式 CAPP 系统的开发

修订式 CAPP 系统的开发可大致划分为 5 个阶段：

(1) 选择分类编码系统。分类编码系统的选择，应以对本企业所生产的零件进行的种类"频谱"分析以及形状、工艺属性分析为基础，选用现有的比较成熟系统。

(2) 划分零件族。将划定范围内的零件进行编码，并把它们划分为各个零件族。划分零件族的原则是，以制造过程相似性为主，兼顾零件几何形状的相似性。

(3) 编制标准工艺规程。标准工艺规程一般需要在总结现有工艺规程的基础上进行编制，编制的工艺规程代表全零件族的加工工艺，因此应满足族内所有零件的要求。

(4) 标准工艺规程数据库结构设计。数据库结构的设计应充分考虑检索的方便，其存储方式可以采用数据库系统，也可以存储在数据文件中。

(5) 系统程序设计、编码、调试与试运行。无论采用什么方法和语言，数据库的基本结构要保持相同的形式。

3) 修订式 CAPP 系统的应用

修订式 CAPP 系统开发完成后，工艺人员就可以使用该系统为实际零件编制工艺规程。具体步骤如下：

(1) 按照采用的分类编征码系统，对实际零件进行编码。

(2) 检索该零件所在的零件族。

(3) 调出该零件族的标准工艺规程。

(4) 利用系统的交互式修订界面，对标准工艺规程进行筛选、编辑或修订。有些系统则提供自动修订的功能，但这需要补充输入零件的一些具体信息。

(5) 将修订好的工艺规程存储起来，并按给定的格式打印输出。

应用修订式 CAPP 系统，可以减少工艺人员编制工艺规程的工作，而且相似零件的工艺过程可以达到一定程度的一致性。另外，修订式 CAPP 系统比较容易实现，所以，目前国内外实际应用的 CAPP 系统大多数属于修订式 CAPP 系统。

但由于修订式 CAPP 系统的使用者需要有经验的工艺人员，而且标准工艺规程未考虑的生产因素较多，当某些因素改变，如生产纲领或者生产技术和生产手段发展，系统不易修改，因此，修订式 CAPP 系统主要适用于零件族数较少、每族内零件项数较多、生产零件种类和批量相对稳定的制造企业，具有一定的局限性。

**2. 生成式 CAPP 系统**

1) 生成式方法的原理

生成式方法也称创成式方法，其基本思路是利用按工艺决策制定的逻辑算法语言，通过计算机自动地生成工艺规程。生成式 CAPP 系统实际上是一种智能化程序，可以克服修订式系统的固有缺点。但由于工艺过程设计非常复杂，利用生成式方法设计工艺规程还只局限于某一特定类型的零件，其通用系统尚待进一步研究开发。因此，人们把许多包含重要的决策逻辑，或者只有一部分工艺决策逻辑的 CAPP 系统也归入生成式 CAPP 系统。为此，有人提出所谓半创成式系统或综合式系统等。

### 2) 生成式 CAPP 系统的开发

生成式 CAPP 系统的开发尚无固定的模式，但人们在实践中也总结出了一些基本的工作内容和方法。

(1) 明确所开发的系统的设计对象及应用用环境，即本系统将适用于哪一类型的零件，适用于什么样生产环境，应包括哪些功能。

(2) 零件结构与工艺分析，确认该类零件由哪些表面元素或特征构成，每种表面元素或特征的加工方法有哪些，零件有哪些加工工序等。

(3) 建立各种加工方法的加工能力、经济加工精度以及各种标准数据等工程数据文件或据库等。

(4) 建立工艺决策模型及功能实现模型。

(5) 系统程序设计、编码、调试与试运行。

### 3) 工艺决策模型化

各种工艺决策逻辑的模型化和算法化是生成式 CAPP 系统开发的核心工作。在各阶段和各种工艺决策中，除以数值计算为主的问题可以依靠数学模型外，大多数决策过程属于逻辑决策，需要依靠工艺专家丰富的生产实践经验和技巧。在生成式 CAPP 系统开发中，由于不同的生产对象、不同的生产环境、不同的功能需求，可能会总结归纳出不同的工艺决策模型。

### 4) 工艺决策逻辑的判定树与判定表

尽管各种工艺决策问题的性质很不相同，决策逻辑与知识的表示却可以采用通用的技术和方法。判定表和判定式是传统 CAPP 系统最常用的决策逻辑表示方法。

## 3. 半创成式 CAPP 系统

修订式 CAPP 系统以企业现行工艺和个人经验为基础，难于保证设计结果最优，且局限性较大。生成式 CAPP 系统一般不需要人工干预，自动化程度较高，且决策科学，具有普遍性。但由于目前工艺过程设计经验的成分居多，理论还不完善，完全使用生成式方法进行工艺过程设计还有一定的困难。

将两种方法结合起来，互相取长补短，是一种可取的方案，这就是半创成式（或综合式）CAPP 系统。在半创成式 CAPP 系统中，通常对于可以采用创成的部分尽量采用创成方法，在难以实现创成的部分，则采用修订式方法或交互方法。

由于综合式 CAPP 系统集修订式 CAPP 系统和生成式 CAPP 系统优点，同时又克服了两者的不足，故得到普遍应用。

## 思考题与习题

1. 试叙述基准、设计基准、定位基准和测量基准的概念，并举例说明它们之间的区别。

2. 试述在零件加工过程中，定位基准（包括粗基准和精基准）选择的原则。根据原则试分析题图 10-21 所示零件，镗孔 $D_0^{+\delta d}$ 工序时的精定位基准选择的几种方案，确定其最佳方案。

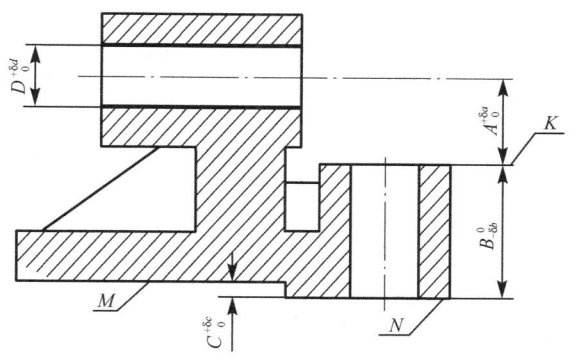

图 10-21 定位基准选择

3. 试述在零件加工过程中,划分加工阶段的目的和原则。

4. 叙述零件在机械加工工艺过程中,安排热处理工序的目的,常用热处理的方法及其在工艺过程中安排的位置。

5. 某轴套类零件,材料为 38CrMoAlA 氮化钢,内孔为 $\phi 90H7$,粗糙度 $\sqrt{0.03}$,内孔表面要求氮化,渗氮表面硬度 HRC≥58,零件心部调质处理 HRC28~HRC34。试选择零件孔 $\phi 90H7$ 的加工方法,并安排孔的加工工艺路线。

6. 一根长为 100mm 的轴,材料为 12CrNi3A 渗碳钢,外圆直径为 $\phi 10H7$,粗糙度要求 $\sqrt{0.03}$,外圆表面要求渗碳、淬火,渗碳、淬火后表面硬度为 HRC≥60,试选择零件外圆 $\phi 10H7$ 的加工方法,并安排外圆加工工艺路线。

7. 一根光轴,直径为 $\phi 30f6$,长度为 240mm,在成批生产条件下,试计算外圆表面加工各道工序的工序尺寸及其公差(其加工顺序为:棒料→粗车→精车→粗磨→精磨。经查手册可知各工序的名义余量分别如下:粗车为 3mm;精车为 1.1mm;粗磨为 0.3mm;精磨为 0.1mm。其公差分别为 0.39mm、0.16mm 和 0.062mm)。

8. 求图 10-22 所示尺寸链中的 $F_{EI}^{ES}$、$H_{EI}^{ES}$(双线为封闭环)。

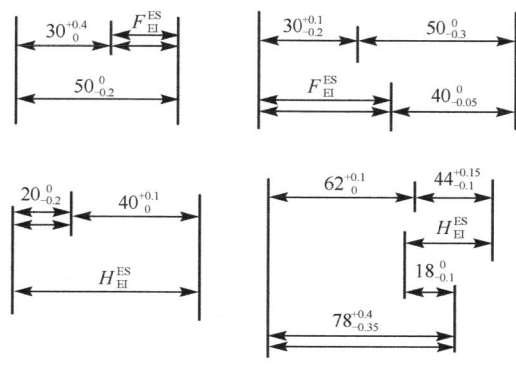

图 10-22 尺寸链计算

9. 求图 10-23 中下述几种情况下,加工指定表面时的定基误差的数值:

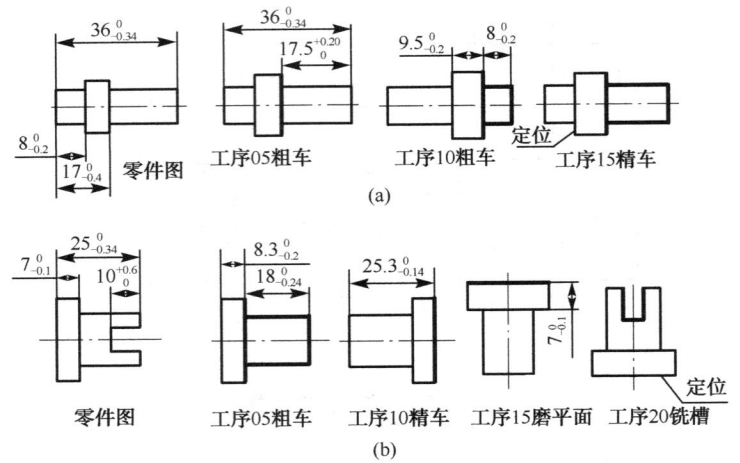

图 10-23 定基误差分析

(1) 求图 10-23(a) 工序 15 细车端面时的定基误差。
(2) 求图 10-23(b) 工序 20 铣槽时的定基误差。

10. 从图 10-24 所示零件图、工艺过程部分工序图(图 10-24(b) 和图 10-24(c))中,试校核零件图的尺寸能否保证。

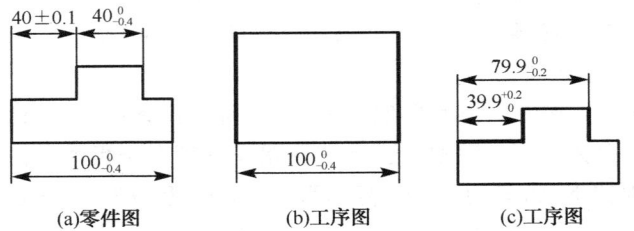

图 10-24 尺寸链计算

11. 图 10-25(a) 所示零件,为测量方便,今以图 10-25(b) 或图 10-25(c) 方式标注工序尺寸,试解尺寸 $t$ 或 $h$ 的尺寸及公差应为多少才能满足图纸要求?

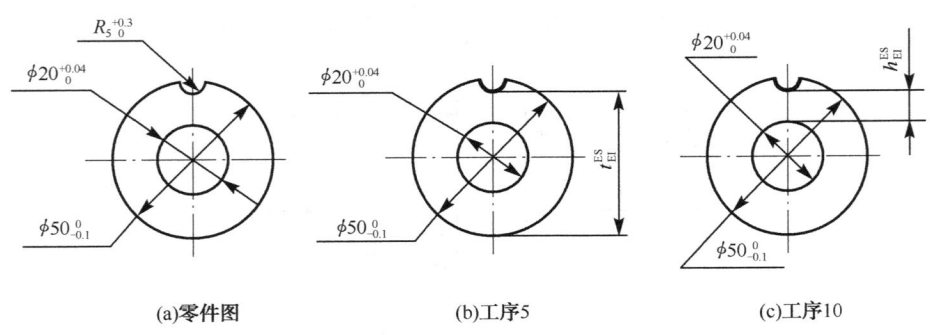

图 10-25 尺寸链计算

12. 在图 10-26 所示零件图和部分工序图中,试问,零件图中 $40_{-0.3}^{0}$ 尺寸是否能保证? $H_{EI}^{ES}=$ ?

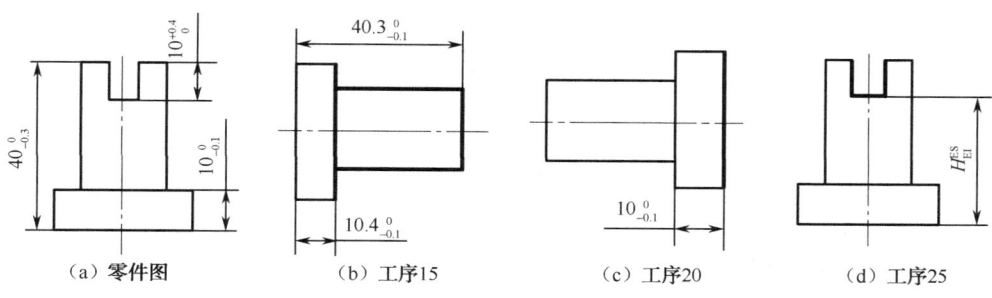

（a）零件图　　（b）工序15　　（c）工序20　　（d）工序25

图 10-26　尺寸链计算

13. 某零件加工工艺过程如图 10-27 所示，试校核工序 15 精车端面余量是否足够？

14. 某零件的外圆 $\phi 106_{-0.013}^{0}$ 上要渗碳，渗碳深度为 $0.9\sim1.1$mm（即单边为 $0.9_{0}^{+0.2}$）。此外圆加工顺序安排如下：先按 $\phi 106.6_{-0.03}^{0}$ 车外圆，然后渗碳并淬火，其后再按零件尺寸 $\phi 106_{-0.013}^{0}$ 磨此外圆，所留渗碳层深度要在 $0.9\sim1.1$mm，试问，渗碳工序的渗入深度应控制在多大范围？

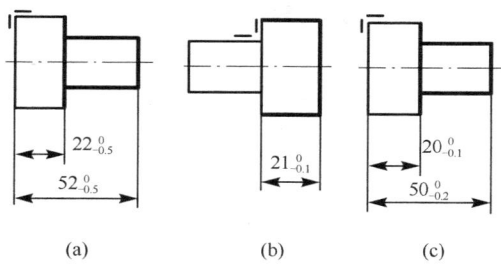

图 10-27　尺寸链计算

# 第 11 章　工艺过程质量控制

## 11.1　概　　述

质量、生产率和经济性是机械加工过程中的基本问题。这三者之间是互有联系的,但是,质量始终是最根本的问题。

零件的制造质量可用下面的参数来表示。

(1)几何参数:尺寸、形状、位置关系、粗糙度等。

(2)物理参数:导热、导电、导磁性等。

(3)化学参数:耐蚀性等。

(4)机械参数:强度、硬度、冲击韧性等。

这些参数的数值或指标可根据产品的工作要求来加以规定。制造后所获得零件的实际参数和设计规定的参数相符合的程度,就表示零件的制造质量。

为了便于分析研究,通常将加工质量分为两大部分:一部分是宏观几何参数,称为加工精度;另一部分是微观几何参数和表面物理-机械性能等方面的参数,称为表面质量。

### 11.1.1　加工精度

加工精度包括零件的尺寸精度、形状精度和表面相对位置精度三个方面。加工精度在数值上通过加工误差值的大小来表示,误差越小则加工精度越高;反之,误差越大则加工精度越低。

加工误差和设计规定的公差不同,它是加工过程中产生的,是一个变量。公差则是设计规定的对各参数允许变化的范围,它限制误差的数值。当工件上某一参数的误差值超过公差范围时,则此工件为不合格件,需要返修或报废。

研究加工精度的目的,就是要把各种误差控制在所允许的公差范围之内。为此,需要分析产生误差的各种原因,从而找出减小加工误差、提高加工精度的工艺措施。

### 11.1.2　表面质量

1. 研究表面质量的重要意义

近年来随着科学技术的发展,人们对产品零件工作性能和可靠性的要求越来越高,尤其在高温强度、疲劳强度以及抗腐蚀能力等方面的要求更为突出。在实际工作中也不断出现因零件表面层受损伤而产生故障,如齿轮等零件表面的磨削烧伤及裂纹,叶片根部的磨削裂纹等。

零件在工件时只要有载荷,它的工作应力总是受到所用结构材料疲劳特性的限制。使用经验表明,疲劳破坏通常发源于零件表面,因此疲劳性能与零件表面状态有关。零件的表面质量对其使用性能有如此重大的影响,其原因如下:

(1)零件的表面是金属的边界,经过机械加工后,它破坏了晶粒的完整性,从而降低了表面层的机械性能,但实际上零件表面层承受外部载荷所引起的应力是最大的。

(2) 经过加工后零件表面产生了如裂纹、裂痕、加工痕迹等各种缺陷。在动载荷的作用下，这些缺陷可能引起应力集中而导致零件破坏。

(3) 零件表面经过切削加工或特种加工后，表面层的物理-机械性能、金相组织、化学性能都变得和基体材料不同，这些变化对零件的使用寿命有重大的影响。

**2. 表面质量(表面完整性)的基本概念**

零件经过机械加工或特种加工后，表面上形成的结构和影响所及的与基体金属性质有所变异的表面层的状态，称为表面质量。这一表面层的厚度一般只有 0.05~0.15mm。

表面质量主要包括下列几方面：

1) 表面的几何结构

包括表面几何形状(或称宏观不平度)、波度和粗糙度(微观不平度)、

2) 表面层的特性

(1) 物理-机械性能。

① 表面层硬化的深度(即加工后零件表面塑性变形波及的深度)；

② 表面层硬化的程度

$$N=(H_m-H'_m)/H'_m \times 100\%$$

式中，$H_m$ 为加工后零件表面最外层的显微硬度；$H'_m$ 为原材料显微硬度。

③ 表面层内残余应力(大小、方向及分布情况)；

④ 切削加工时因刀瘤引起的表面撕裂、折皱等缺陷；

⑤ 微观和宏观裂纹；

⑥ 表面层内物理-机械性能的变化，如极限强度、疲劳强度、高温持久强度、导热性、导电性和导磁性等；

⑦ 重熔金属的沉积层(电火花、电子束、激光等加工时重熔金属在表面上的沉积)。

(2) 金相组织。

① 相变；

② 再结晶；

③ 过时效(析出物的大小以及弥散程度的变化)。

(3) 化学性质。

① 晶间腐蚀或选择性浸蚀(由电解液或切削冷却液引起的)；

② 表面脆化(如氢脆等)。

在生产中并不是对所有零件都要进行上述各项的研究和检查，一般是根据零件工作的重要性来决定在生产中要控制和检查的项目。

## 11.2 加工误差产生的原因

当切削加工时，刀具的切削刃与工件的被加工表面按一定的规律做相对运动。刀具固定在刀架上，或通过其他方法与机床相连接，而工件则通过夹具固定在机床上。因此，机床-夹具-刀具-工件组成了加工系统，也称为工艺系统。加工误差主要来源于两个方面：一方面是工艺系统各组成环节本身及其相互间的几何关系、运动关系、调整状态等方面偏离理想状态而造

成的加工误差；另一方面是在加工过程中由于载荷和其他干扰（如受力变形、受热变形、振动、磨损等）使工艺系统偏离理想状态而造成的加工误差。

根据生产实践和科学实验的总结，下面对影响加工精度的一些主要因素加以讨论。

### 11.2.1 理论误差

这种误差是因为在加工时采用了近似的运动方式或者形状近似的刀具而产生的。为了简化机床设备或者刀具的结构，当加工一些复杂型面时，常常采用近似的运动或近似形状的刀具，这就必然产生理论误差。这种误差不应超过工件相应公差的10%~15%。

例如，用模数铣刀加工齿轮时，如果工件的齿数和铣刀齿形原设计的齿数不符，就会由于基圆不同而产生方法性的齿形误差。

再如，加工某种涡轮叶片的叶盆时（图11-1），叶盆型面是斜圆锥表面，而加工时，圆锥形刀具的旋转运动只能形成正圆锥表面，这样每个截面上的理论曲线（圆弧）便由椭圆来代替，造成了理论误差 $\delta$。为了使叶盆仍然为斜圆锥型面，最后还得再加一道抛光工序进行修型。

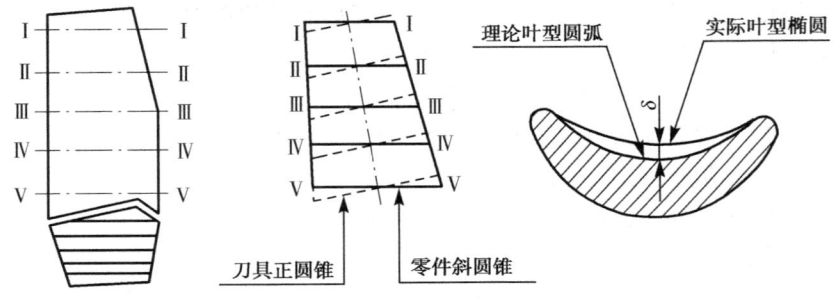

图 11-1　叶片叶盆加工的理论误差

### 11.2.2 机床、夹具和刀具本身的误差

#### 1. 机床误差的影响

机床影响加工精度的主要因素是主轴的回转精度、移动部件的直线运动精度以及成形运动的相对关系。

主轴回转精度通常反映在主轴径向跳动、轴向窜动和角度摆动上，它在很大程度上决定了被加工表面的形状精度，是机床主要精度指标之一。

主轴的径向跳动会使工件产生圆度误差，引起主轴径向跳动的原因主要是滑动轴承的轴颈和轴套的圆度误差及波纹度；滚动轴承滚道的圆度误差及波纹度；滚动轴承滚子的圆度误差及尺寸差、配合间隙等。不同的加工条件，影响各不相同。一般车床主轴的径向跳动为0.01~0.015mm，精密丝杠车床为0.003mm。

主轴的轴向窜动，对于加工内外圆柱面没有影响，但在车端面时，会使车出的工件端面与外圆不垂直。当加工螺纹时，主轴的轴向窜动将会引起螺距误差。

移动部件的直线运动精度主要取决于机床导轨精度，主要包括在水平面内的直线度、在垂直面内的直线度以及前后导轨的平行度（扭曲）三个方面。

以车床为例，导轨在水平面内的直线度误差，使得刀尖的直线运动轨迹产生同样程度的位

移 $\Delta y$,而此位移刚好发生在被加工表面的法线方向,所以工件的半径误差 $\Delta R$ 就等于 $\Delta y$(图 11-2)。

车床导轨在垂直面内的直线度误差,使得刀尖在被加工表面的切线方向产生了位移 $\Delta z$,从而造成加工误差 $\Delta R \approx \dfrac{\Delta z^2}{D}$(图 11-3)。由此可以看出,车床导轨在垂直面内直线度误差对加工误差的影响是很小的,可忽略不计。

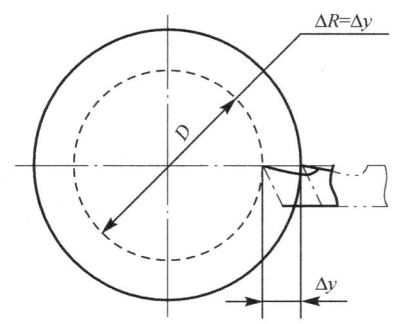

图 11-2 车床导轨在水平面内的
直线度误差引起的加工误差

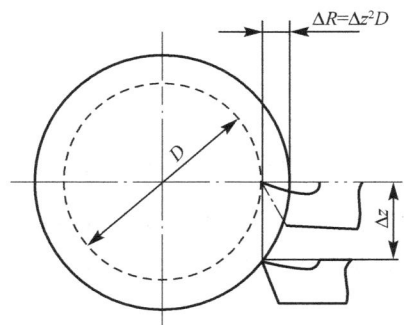

图 11-3 车床导轨在垂直面内的
直线度误差引起的加工误差

机床导轨除制造误差外,由于使用过程中的不均匀磨损以及安装不好都会造成扭曲而产生加工误差。

成形运动导轨的几何关系主要是指主运动与进给运动之间的几何关系,如车削或磨削圆柱体时,车刀或砂轮的直线运动轨迹与工件回转轴线是否平行;铣床上用端铣刀铣削平面时,铣刀的回转轴线与工件进给的直线运动是否垂直等。

当车削或磨削圆柱体时,如果车刀或砂轮的直线运动轨迹与工件轴线在水平面内不平行,加工出的将是圆锥表面,如图 11-4 所示,圆柱度误差的大小为 $2\Delta x = 2L\tan\alpha$,零件越长,圆柱度误差越大。

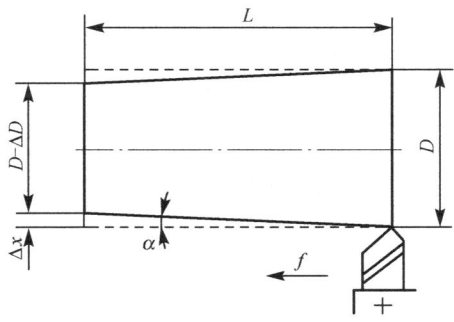

图 11-4 车刀直线运动轨迹与工件轴线在
水平面内不平行而造成的加工误差

当车刀或砂轮的直线运动轨迹与工件轴线彼此交叉时,加工出来的表面是一个旋转双曲面(图 11-5),造成了圆柱度误差,其大小 $2\Delta R \approx \dfrac{h_x^2}{R_0}$,它数值很小,可以忽略不计。

由于车刀或砂轮的直线运动轨迹与工件回转轴线在水平面内平行度误差对工件的形状误

差的影响误差很大,所以一般车床和磨床的前后顶尖在水平方向都可以调整,而上下的等高则一次装配后不再调整。

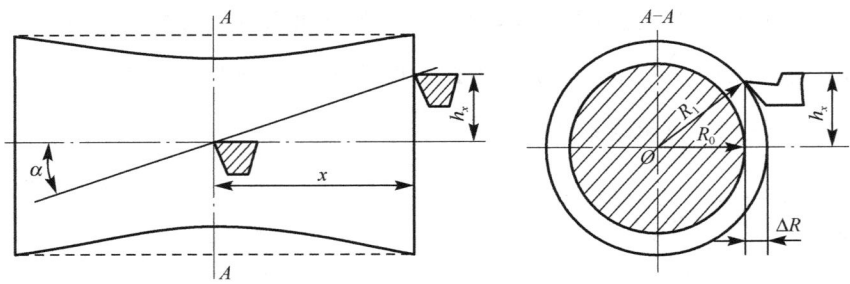

图 11-5  车刀直线运动轨迹与工件轴线在垂直面内不平行而造成的形状误差

镗床镗孔时,当工件直线进给运动与镗杆的回转轴线不平行时(图 11-6),镗出的孔在垂直于进给方向的截面内为一椭圆,整个内孔将是一个椭圆柱面。

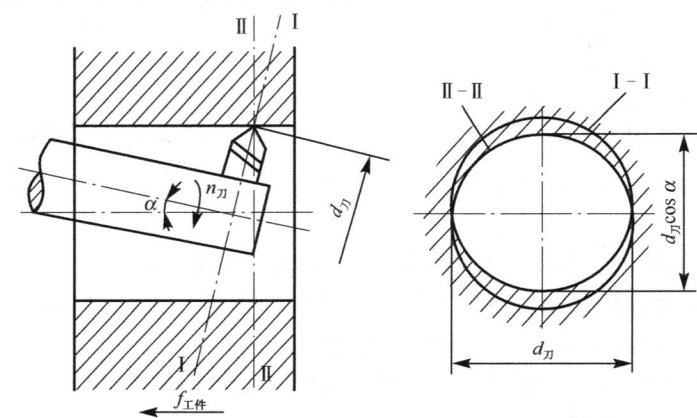

图 11-6  工件直线进给运动与镗杆回转轴线不平行所引起的工件形状误差

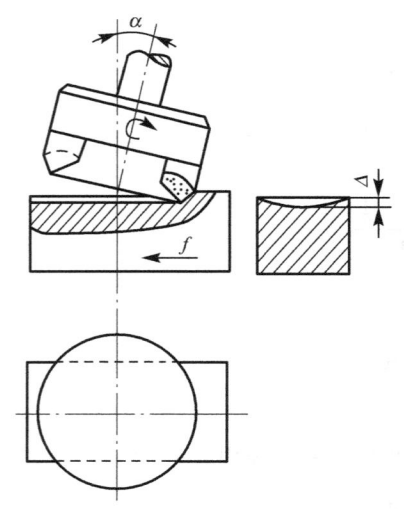

图 11-7  立铣刀倾斜后造成的误差

用立铣刀铣平面时,如果铣刀的回转轴线与工作台直线进给运动不垂直,工件表面就会呈凹形而产生平面度误差 $\Delta$,如图 11-7 所示。

成形运动的速度关系不准确,同样会使工件产生误差,如螺纹的螺距误差、螺距累积误差、齿轮的周节误差以及周节累积误差等。

### 2. 刀具误差的影响

刀具误差对加工精度的影响,根据刀具种类的不同而不同。

用定尺寸刀具(如钻头、铰刀、拉刀等)加工时,刀具的制造误差直接影响工件的尺寸精度,刀具安装不当也会影响工件的尺寸精度。

用成形刀具加工时,刀具的形状误差直接影响工件的形状精度。

用成形刀具对工件表面进行展成加工时,刀具的切削刃形状以及有关尺寸和技术条件也会直接影响工件的加工精度。

一般刀具(如车刀、铣刀、镗刀等)的制造误差对加工精度没有直接的影响,但是刀具的磨损将会引起工件尺寸和形状的改变。例如,车削大长轴时,由于刀具的磨损,工件的纵剖面会出现锥度。为了减小刀具磨损对加工精度的影响,应该根据工件的材料和加工要求,合理的选择刀具材料、切削用量和冷却润滑方式。

3. 夹具的影响

夹具上的定位元件、刀具引导件、分度机构以及夹具在机床上定位部分的制造误差和磨损,都会影响工件的加工精度。当设计夹具时,凡影响工件加工精度的元件,其制造误差应严加限制,一般可根据零件上相应的尺寸或位置精度选定,取其公差的 1/5～1/3。

## 11.2.3 机床的调整误差

在每一个工序中,总要进行一些调整工作,如在机床上安装夹具,按图纸要求调整刀具到加工尺寸等。由于安装调整不可能绝对准确,因而会影响工件的加工精度。

夹具在机床上安装时,有些利用夹具上与机床的连接面定位,如铣床夹具的底面和导向键;有些夹具和一些要求高的夹具,在机床上安装时须精细调整,如镗床夹具安装时就需要用百分表找正夹具上的安装面。夹具的安装误差对工件的加工精度有较大影响。

在自动机床、多刀机床、转塔车床以及组合机床上,刀具与夹具定位面之间、几个刀架之间和刀具之间、凸轮与停挡之间的相对位置都要进行调整,由于调整不可能绝对准确,都将影响工件的加工精度。刀具磨损或重新更换刀具后,还要进行新的调整。

引起调整误差的因素有调整时所用的刻度盘、定程机构(行程挡块、凸轮、靠模等)的精度以及与它们配合使用的离合器、电器开关、控制阀等元件的灵敏度;还与测量样板、标准件、仪表本身的误差有关。

## 11.2.4 工件在机床或夹具上安装时的定位和夹紧误差

工件安装时,由于基准不重合、定位件和定位面本身的制造误差以及它们之间的配合间隙,都将引起工件的定位误差。夹具上的夹紧机构以及工件夹紧处的状态,影响工件的夹紧误差。定位误差和夹紧误差都会引起加工误差。

## 11.2.5 工艺系统受力变形所引起的加工误差

在加工过程中,工艺系统会受到切削力、传动力、夹紧力、重力以及其他控制力和干扰力的作用。由于工艺系统本身不是一个绝对刚体,在上述外力作用下,各组成部分将产生相应的变形,使得已经调整好的刀具与工件的相对位置发生变化,造成工件几何形状和尺寸两方面的误差。在一般情况下,切削力所引起的变形是主要的。当加工重的工件和高速切削时,就需要分别考虑重力和离心力的影响。

工艺系统受力变形所产生的加工误差是指在加工过程中刀具相对工件在切削接触点法线方向的相对位移量 $y$,其值的大小与外力 $F$ 和工艺系统刚度 $K_{系统}$ 有关,即

$$y = \frac{F}{K_{系统}} \tag{11-1}$$

所谓刚度是指物体或系统抵抗使其变形的外力的能力。对于工艺系统来说,由于在其组成的各个部件之间存在许多连接表面,所以工艺系统的刚度在加工过程中并不是一个常数,它将随工件加工部件的不同而变化。现将工艺系统刚度对加工精度的影响分别不同情况加以分析讨论。

(1) 在切削力作用下,由于工艺系统在工件加工各部位的刚度不等而产生的加工误差。

现以在车床上两顶尖之间加工光轴为例。由于机床、刀具和工件的刚度不等以及刀具在加工过程中所处的位置不同而形成不同的系统刚度值 $K_{系统}$。从加工精度的观点,则

$$K_{系统} = \frac{F_y}{y_{系统}} \tag{11-2}$$

式中,$F_y$ 为切削力的径向分力;$y_{系统}$ 为在 $F_y$ 作用下,工艺系统的变形量。

由图 11-8 可知

$$\begin{aligned} y_{系统} &= y_{工件} + y_{机床} \\ &= y_{工件} + y_{头架} + (y_{尾架} - y_{头架})\frac{x}{L} + y_{刀架} \\ &= y_{工件} + \left(1 - \frac{x}{L}\right)y_{头架} + y_{尾架}\frac{x}{L} + y_{刀架} \end{aligned} \tag{11-3}$$

式中,$y_{工件}$、$y_{机床}$、$y_{头架}$、$y_{尾架}$、$y_{刀架}$ 分别为工件、机床、床头、尾座及刀架在加工过程中的 $x$ 位置处的变形量。

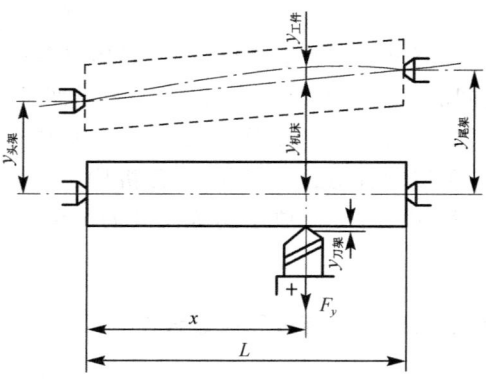

图 11-8 光轴车削时的受力变形

根据材料力学的公式,可以得到

$$y_{工件} = \frac{F_y L^3}{3EJ}\left(\frac{x}{L}\right)^2 \left(\frac{L-x}{L}\right)^2$$

由于力 $F_y$ 的作用,作用在床头上的力为 $F_1$,作用在尾座上的力为 $F_2$,则

$$F_1 = \left(\frac{L-x}{L}\right)F_y, \quad F_2 = \frac{x}{L}F_y$$

而有

$$y_{头架} = \frac{F_y}{K_{头架}}\left(1 - \frac{x}{L}\right)$$

$$y_{尾架} = \frac{F_y}{K_{尾架}}\left(\frac{x}{L}\right)$$

刀架的位移量 $y_{刀架}$ 根据下式计算：

$$y_{刀架} = \frac{F_y}{K_{刀架}}$$

将上述各项代入式(11-3)中并加以简化

$$y_{系统} = \frac{F_y L^3}{3EJ}\left(\frac{x}{L}\right)^2 \left(\frac{L-x}{L}\right)^2 + \frac{F_y}{K_{头架}}\left(1-\frac{x}{L}\right)^2 + \frac{F_y}{K_{尾架}}\left(\frac{x}{L}\right)^2 + \frac{F_y}{K_{刀架}} \quad (11-4)$$

式中，$E$ 为弹性模量($N/mm^2$)；$J$ 为截面惯性矩($mm^4$)；$K_{头架}$、$K_{尾架}$、$K_{刀架}$ 分别为床头、尾座和刀架的刚度($N/mm$)。

当在车床上加工细长轴时，由于刀具在两端时系统刚度最高，工件变形很小；当在工件中间时，由于工件刚度很底而变形很大，因此加工后出现腰鼓形，如图 11-9(a)所示。

假设工件材料为钢，尺寸为 $\phi 30\times 600mm$，$F_y=300N$，只考虑工件变形时，则

$$y_{工件} = \frac{F_y L^3}{3EJ}\left(\frac{1}{2}\right)^2 \left(\frac{1}{2}\right)^2 = \frac{F_y L^3}{48EJ}$$

式中

$$E = 2\times 10^5 N/mm^2$$
$$J = \frac{\pi D^4}{64} = \frac{3.14\times 30^4}{64}(mm^4)$$

则

$$y_{工件} = \frac{300\times 600^3}{48\times 2\times 10^5} \times \frac{64}{3.14\times 30^4} = 0.167(mm)$$

这时加工后的中间直径将比两端大 0.334mm，误差很大。

另外，当在车床上车削短而粗的高刚度轴时，工件几乎不变形，这时由于机床的刚度在各个位置不等而使加工出的零件形状与细长轴正好相反，两头大而中间小，呈马鞍形，如图 11-9(b)所示。

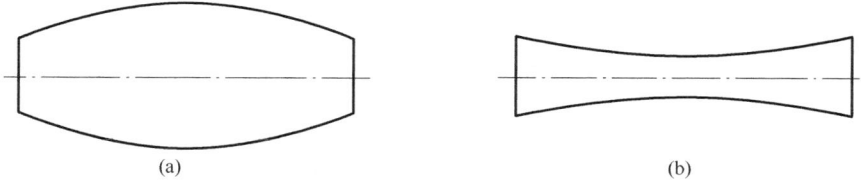

图 11-9　车削时由于工件和机床刚度不足而造成的加工误差

由于工艺系统刚度在加工不同部位处不相等而造成加工误差的实例很多。如图 11-10 所示，由于工件壁厚不均匀而在拉削或铰削后产生圆柱度误差和圆度误差。

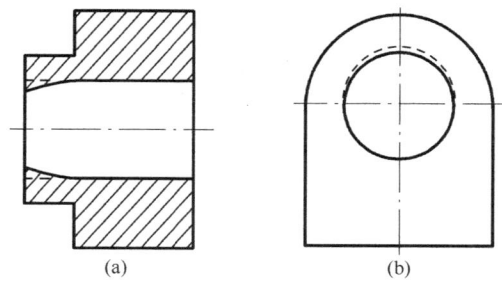

图 11-10　由于工件壁厚不均匀造成的加工误差

外圆磨削时，如果机床刚度不足，会出现类似车床刚度不足的情况，零件呈抛物线形（图 11-11）。当磨内孔时，如零件刚度不足，会出现缩口现象（图 11-12(b)），如砂轮杆刚度不足，则会产生喇叭口，如图 11-12(c)所示。

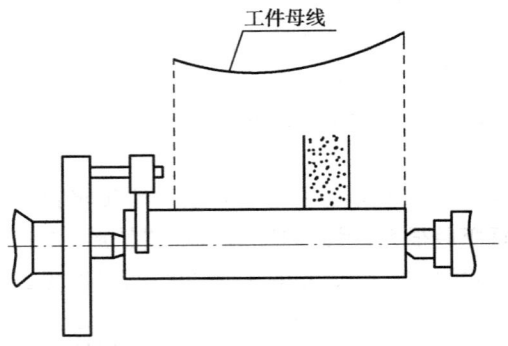

图 11-11　外圆磨床刚度不足对加工精度的影响

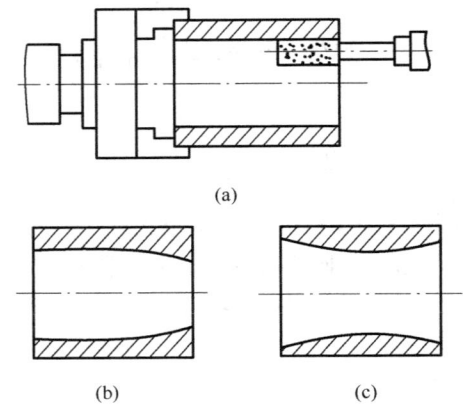

图 11-12　磨内孔时零件和砂轮杆刚度不足对加工精度的影响

在单臂刨床或铣床上加工平面时，由于机床悬臂，加工时因着力点不同而机床刚度不等，这样就会造成平面度误差，如图 11-13 所示。

镗床上镗孔时，如果镗杠是悬臂的，镗孔后，孔会产生如图 11-14 所示的圆柱度误差。

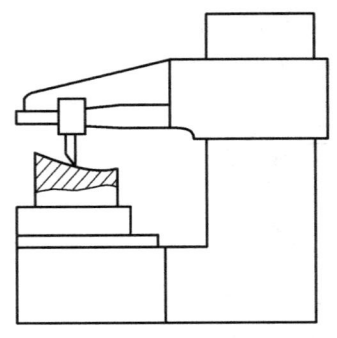

图 11-13　单臂刨床或铣床刚度不等而造成的加工误差

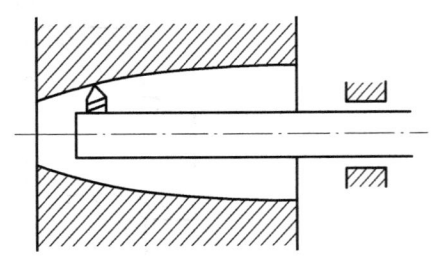

图 11-14　镗杆刚度对加工精度的影响

(2)在加工过程中由于切削力的变化而产生的加工误差。

加工工件时,在工艺系统刚度为常值的情况下(如车刀横向进给车槽或纵向车一个短而粗的圆柱表面),由于余量不均匀或硬度不均匀也会造成加工误差。

如图 11-15 所示,当毛坯有圆度误差时,将刀尖调整到要求的尺寸后。在工作每一转的过程中,切削深度将发生变化。车刀切至椭圆长轴时为最大切深 $a_{p1}$,切至椭圆短轴时为最小切深 $a_{p2}$,其余处则在 $a_{p1}$ 和 $a_{p2}$ 之间。因此切削力也随切深 $a_p$ 的变化而由最大值 $F_{y\max}$ 变到最小值 $F_{y\min}$,它所引起的变形量也由 $y_{\max}$ 变到 $y_{\min}$,所以加工后工件仍有圆度误差。毛坯的形状误差以类似的形式复映到加工后的工件表面上,这种现象称为误差复映。

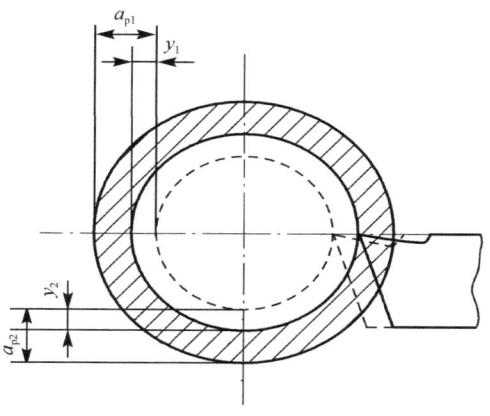

图 11-15 误差的复映

误差复映的程度以误差复映系数 $\varepsilon$ 表示,其大小可根据系统刚度 $K_{系统}$ 来计算。

根据图 11-15 可知

$$\Delta_{工作} = y_1 - y_2 = \frac{F_1 - F_2}{K_{系统}} \tag{11-5}$$

由于

$$F = C a_p$$

式中,$C$ 为与送进量和切削条件有关的系数。

代入式(11-5)则有

$$\Delta_{工作} = \frac{F_1 - F_2}{K_{系统}} = \frac{C}{K_{系统}}(a_{p1} - a_{p2}) = \frac{C}{K_{系统}} \Delta_{毛坯} \tag{11-6}$$

令

$$\frac{C}{K_{系统}} = \varepsilon$$

则

$$\Delta_{工件} = \varepsilon \Delta_{毛坯}, \quad \frac{\Delta_{工件}}{\Delta_{毛坯}} = \varepsilon \tag{11-7}$$

式中,$\varepsilon$ 为误差复映系数。

可以看出,工艺系统刚度越高,误差复映系数就越小,复映在零件上的误差也越小。当镗孔、磨内孔和车细长轴时,工艺系统刚度较低,误差复映现象比较严重。为了减小误差复映系数,可以改善刀具的几何形状和刃磨质量以减小 $C$,减小进给量也可以减小 $C$,还可以分几次走刀来逐步消除 $\Delta_{毛坯}$ 所复映的误差。

当加工材料硬度不均匀的工件时,也会引起工艺系统的变形不等而造成加工误差。如图 11-16所示,因铸造后轴承盖硬度常高于轴承座,故镗孔后产生了圆度误差;锻造后,由于下部冷却快而硬度高,这样在加工时也会产生形状误差。

(3)由于夹紧变形而引起的加工误差。

当工件刚度较差时,由于夹紧不当而产生夹紧变形,也常引起加工误差。如图 11-17 所示,用三爪卡盘夹持薄壁套筒来镗孔,夹紧前如图 11-17(a)所示,夹紧后外圆与内孔成三角棱圆形(图 11-17(b));镗孔后如图 11-17(c)所示,外圆形状不变,而内孔呈圆形;松开三爪卡盘后则如图 11-17(d)所示,外圆恢复圆形而内孔则呈三角棱圆形。

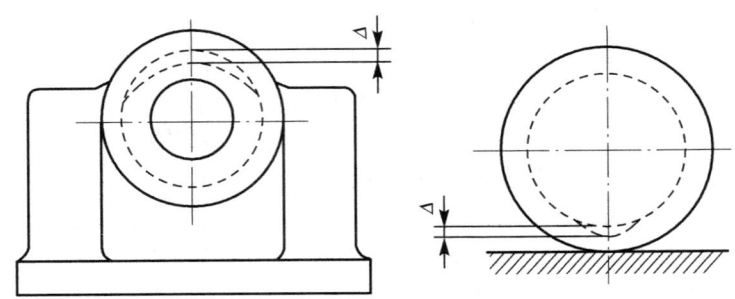

图 11-16　由于硬度不均匀而造成的加工误差

为了减小夹紧变形,可如图 11-17(e)和图 11-17(f)所示,在工件外面加一个开口的过渡环或加大卡爪接触面积,以使夹紧均匀,减小变形。

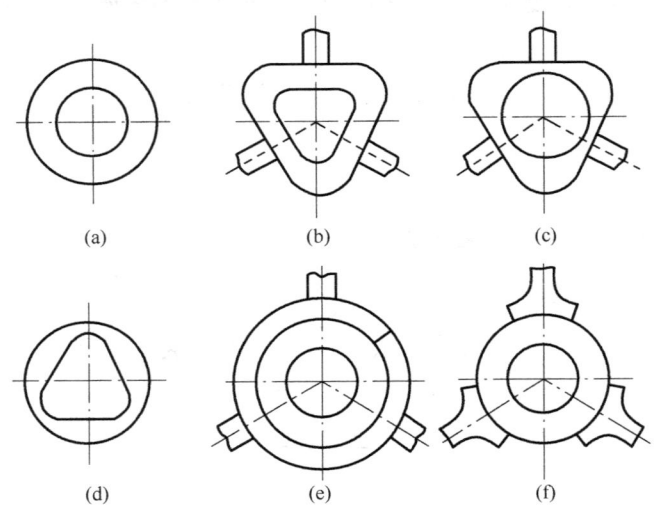

图 11-17　由于夹紧变形而造成的加工误差

在飞机上和发动机上有许多薄壁的本体零件和环形件,材料又多为铝镁合金,刚性低,易变形,所以加工时多采用轴向夹紧。为了消除由于夹紧力使零件变形而带来的加工误差,往往在半精加工后,将夹紧螺钉稍松一下,以便让零件恢复变形后再进行精加工。另外,要控制切削用量,减小切削力,有时使用增强零件刚性的辅助夹具,以减小零件加工时的变形。

(4) 其他力所引起的加工误差。

在切削力很小的精密机床中,工艺系统因有关部件自身重力作用所引起的变形而造成加工误差也较突出。例如,用带有悬伸式磨头的平面磨床磨平面时,由于磨头部件的自重变形将使得磨削平面产生平行度和平面度误差,如图 11-18(a)所示;在双柱坐标镗床上加工孔系时,由于主轴部件重力而引起横梁变形会使孔系产生位置误差,如图 11-18(b)所示。

为了减小由于重力而产生的变形问题,除机床设计时加强机床刚性外,可根据工艺系统变形的规律,采取补偿变形的方法。

(5)为减小工艺系统变形对加工误差的影响应采取的措施。

为减小工艺系统变形,提高加工精度,积极的措施是提高工艺系统的刚度。例如,减小机床、夹具中的接合面,减少不必要的连接环节,精心调整间隙等以提高机床、夹具的刚度;加工中使用中心架、跟刀架、导套等来提高工件的刚度;从刀具材料、结构和热处理方面采取措施来提高刀具的刚度等。

另外减小切削力和其他外力及其在加工过程中的变化也是一条重要措施。例如,合理选择刀具材料和切削用量;及时刃磨刀具;通过热处理改善材料的加工性;精加工时采用多次走刀;控制夹紧力大小使其均匀分布;使机床旋转部件平衡以减小离心力和惯性力等。

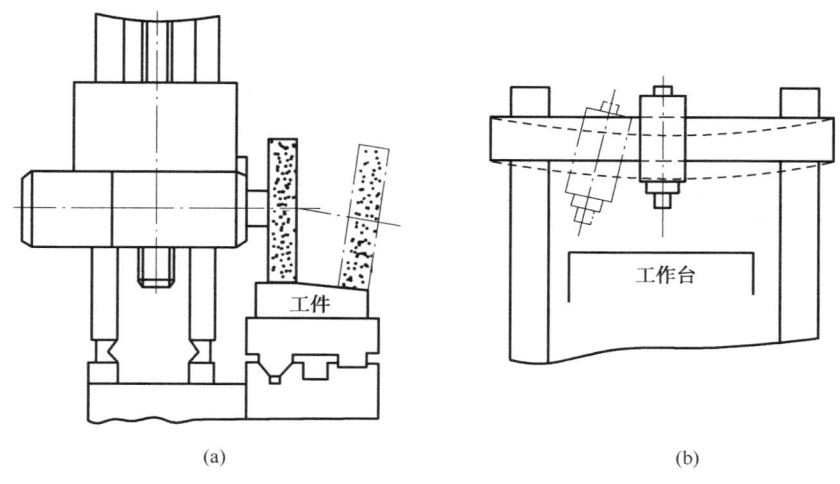

图 11-18  由于重力变形而造成的加工误差

## 11.2.6  工艺系统热变形所引起的加工误差

在零件加工过程中,工艺系统由于内部和外部热源的影响而引起变形,从而破坏了刀具与工件相对运动的准确性,也会产生加工误差。在精加工和大零件加工中,由于热变形而造成的加工误差,据统计占总加工误差的 40%～70%。在航空产品中,铝镁合金的壳体较多,而铝镁合金的线膨胀系数约为钢的 2 倍,因此,受热后产生的变形更不容忽视。

引起热变形的原因是工艺系统在加工过程中有内部和外部热源。内部热源有机床运动副的摩擦热;动力源(电动机、油泵)和液压系统、冷却系统工作时生成的热;加工时的切削热等。外部热源有由于空气对流而传来的热;阳光、灯光、加热器的辐射热等。

机床受热后,虽然温升不大,但由于机床尺寸较大,所以热变形的数值并不算小。机床的热变形会使主轴位置发生变化,转动丝杠伸长,导轨或工作台发生翘曲,从而破坏刀具与工件已调整好的相对位置,造成加工误差。由于机床结构复杂,各部分温升及热平衡所需的时间相差较大,所以其热变形难以精确计算,一般要通过试验测定。

要减小机床热变形对加工精度的影响,除改善机床结构和润滑条件外,当加工精密零件时,应先将机床空转一段时间,待机床达到热平衡后再加工零件,以控制机床热变形对加工精度的影响。例如,花键磨床磨花键之前,如果机床不空转一段时间,则加工开始一段时间内主轴由于受热膨胀而逐渐向外伸长,磨出的花键将产生较大的齿距误差。当加工大零件或一批精密零件时,最好不要间断,至少不要长期停车。此外,避免日光照射、车间内加热器安排均匀、利用恒温间放置机床也是很重要的工艺措施。

工件的热变形主要是切削热引起的。车、铣、刨、镗有10%~30%的切削热传给工件、钻孔约为50%,而磨削时传给工件的切削热约占切削热的84%。精密零件往往要进行磨削,因此工件的热变形对精密零件来说是不可忽视的影响加工精度的重要因素。

切削加工时,工件如果均匀受热,将只引起尺寸的变化而不产生形状误差,宽砂轮切入磨削即属于这种情况。当加工精度要求高的长轴时,开始加工时,温升为零,随着加工的继续,工件温度逐渐增高,直径则逐渐增大,加工终了时直径增大量最大。但此逐渐增大的量被切去,待工件冷却后,尾座处直径最大,而床头处工件直径最小,形成了锥度。

在平面磨床上磨削薄片类工件时,由于上下表面受热不均,温差较大,使得零件发生翘曲。这样平磨冷却后工件将产生平面度误差,加工表面呈凹形,如图11-19所示。这时只有两面反复交替磨削才能磨平。

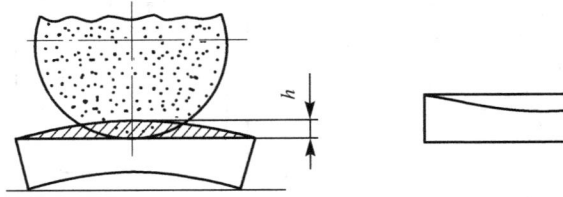

图 11-19 薄片磨削时的热变形

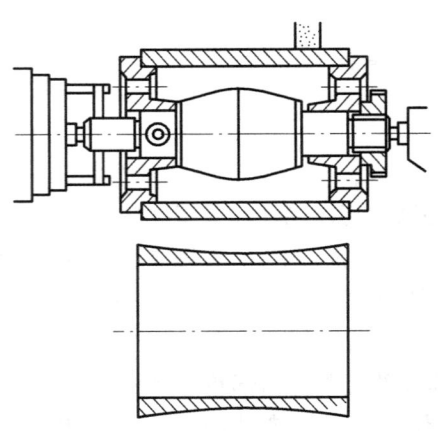

图 11-20 薄壁套筒加工时的热变形

装夹工件也要考虑加工时热变形的影响。如图11-20所示,磨削薄壁套筒时,工件受热要伸长,但两边没有伸长的余地,因而中间要向外鼓出,磨削后卸下工件冷却,最后出现鞍形。像这类问题,设计夹具时应考虑工件沿轴向可以伸长。

铝镁合金制造的壳体零件,由于材料线膨胀系数比钢约大1倍,所以热变形大,必须特别加以注意。在用钢质测量工具检验这类壳体零件时,由于材料线膨胀系数的不同,也会带来误差,所以一般应在车间采用与工件材料和尺寸都相同的标准件来校正测量工具。对于大型铝镁合金零件,加工后要用压缩空气吹零件,使零件与室温一致后再进行测量。

刀具受热膨胀也会影响零件的加工精度。但由于刀具体积小,能较快地达到热平衡,故对零件的影响较小。特别是加工小零件,影响不甚显著。刀具的热伸长与刀具的磨损对零件加工精度的影响在一定条件下(如一批短零件的头几个零件的加工)有一定的补偿作用。为了减小刀具热变形的影响,就要采取充分的冷却。

## 11.2.7 工艺系统磨损所造成的加工误差

在零件加工过程中,组成工艺系统各部分的有关表面之间,由于存在着力的作用和相对运动,经过一段时间后,不可避免地要产生磨损。无论是机床,还是夹具、刀具,有了磨损都会破坏工艺系统原有的精度,从而对零件的加工精度产生影响。但是,一般说来,机床、夹具的磨损很慢,而刀具的磨损很快,甚至在一个零件的加工过程中就可能出现不能允许的磨损,特别是在大尺寸零件精加工中表现得更为突出。

在加工过程中,刀具的磨损将直接影响刀刃与工件的相对位置,从而造成一批零件的尺寸误差或加工表面较大的单个零件的形状误差。成形刀具的磨损将直接引起加工表面的形状误差。为了减缓刀具的磨损,就要合理地选择刀具材料及切削用量,选择恰当的冷却润滑液,以减少热与摩擦的影响。也可采取热处理的办法改善材料的加工性能。

机床有关零部件的磨损,会破坏机床原有的成形运动精度,从而造成加工零件的形状和位置误差。夹具有关零件的磨损,会影响工件的定位精度,在加工一批零件的情况下,将造成零件加工表面与基准表面之间的位置误差。为延缓机床、夹具的磨损,就要合理地设计机床有关零部件的结构(如采用防护装置、静压结构等),提高有关零部件的耐磨性(如降低相对运动表面的粗糙度、采用合理的润滑方式等)。

## 11.2.8 工件因内应力而引起加工误差

内应力是在没有外界载荷的情况下,存在于零件内部互相平衡的应力。当加工时,内应力的平衡遭到破坏,要重新进行平衡。在重新平衡时,零件会发生变形,破坏原有精度。内应力越大,加工后的变形也越大。

内应力产生的原因是由于铸、锻、焊和热处理等热加工过程中零件各个表面冷却速度不均匀、塑性变形程度不一致而又互相牵制造成的;另外是因为在机械加工过程中的塑性变形、局部高温以及局部相变引起局部体积变化,而各部分又彼此互相牵制、不能自由伸缩而造成的。就整个工件而言,内应力是互相平衡的,所以在零件内部,内应力是成对出现的。

图 11-21(a)是一个铸造毛坯,壁 1 和壁 2 比壁 3 薄,因而冷却也较壁 3 快。当壁 1 和壁 2 冷却到常温而变硬时,壁 3 的温度仍较高,尚处于塑性状态,当壁 3 继续冷却到弹性状态时,企图收缩,但受到温度已很低的壁 1 和壁 2 的限制,因此壁 3 产生拉应力,壁 1 和壁 2 产生压应力,并处于平衡状态。如果在壁 2 处铣个缺口,则壁 2 的应力消失,在壁 1 和壁 3 的内应力作用下,工件将产生如图 11-21(b)所示的变形,以达到新的平衡。

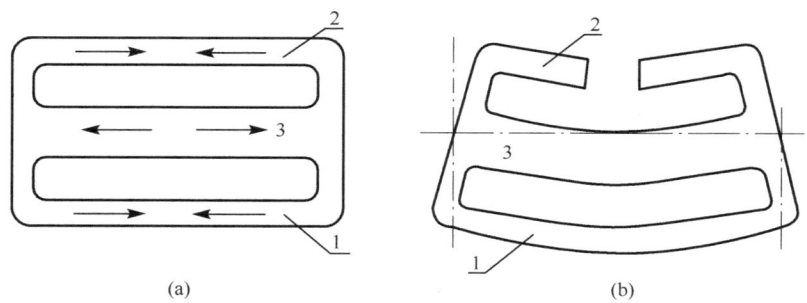

图 11-21 由于内应力而引起的变形

为了克服内应力的重新分布而引起的变形,一般采取以下几个措施:

(1)安排热处理工序来消除毛坯和零件粗加工后产生的内应力,对于特别精密的零件,还要进行多次消除内应力的热处理工序。例如,对于航空陀螺仪表框架的铝合金压铸毛坯,为了消除其内应力、稳定尺寸、减小加工和使用过程中的变形,常采用"高低温处理",即在250～350℃和－60～－50℃的温度下反复放置一定时间,使在变化的温度下内应力逐渐消除。

(2) 对于构件复杂、刚度低的零件,将工艺过程分为粗、半精、精三个加工阶段,以减小内应力引起的变形。

(3) 严格控制切削用量和刀具磨损,使零件不致产生较大的内应力。

(4) 合理设计零件结构,尽量减小各部分厚度尺寸差值,减小毛坯制造中的内应力。

(5) 采用无切削力的特种工艺方法,如电化学加工、电蚀加工等。

### 11.2.9 测量误差

零件加工精度的提高,往往首先受到测量精度的限制。目前有些零件从工艺方法上看,完全可以加工得很准确,但由于测量误差大而无法分辨。因此,必须把测量误差作为加工过程中产生加工误差的一项重要因素来考虑。

影响测量误差的原因很多,如测量工具本身的极限误差(包括示值误差、示值稳定性、回程误差和灵敏度)和使用过程中的磨损;量具与工件的温度不一致;非标准温度下测量时量具与工件材料不一致;量具与工件的相对位置不准确;测量力不适当以及测量者的视力、判断能力和测量经验等。

测量误差的大小与所用的量具和测量条件(温度、测量力、视差等)有关,一般将测量误差控制在工件公差的1/10～1/5。

对于大型、精密零件的测量,要特别注意温度的影响,应在恒温间在标准温度下测量。

## 11.3 加工后表面层的状态

零件加工后,因加工过程中塑性变形及温度高等的影响,使表面层在物理-机械性能、金相组织、化学性质等方面与基体金属不同,这一层称为表面层或表面缺陷层。

### 11.3.1 表面层的加工硬化

在切削加工的过程中,刀具前面迫使被切削金属受挤压而形成塑性变形区。由于刀具刃口有一圆角半径$\rho$,当刀具和工件继续进行相对运动时,在$A$点以下的金属将受很大的挤压变形,如图11-22所示。当刀具刃口离开后,工件表面上这部分受挤压的金属,由于材料的弹性恢复,将与刀具后面发生摩擦,这就使表面粗糙,并使表面层金属受到拉伸。图11-23为加工后的表面硬化层。

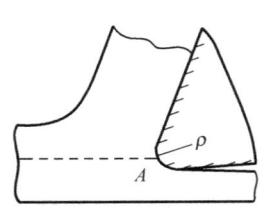

图11-22 表面层的形成

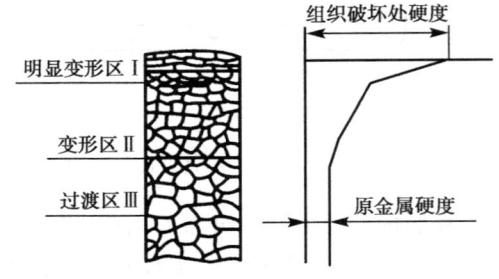

图11-23 加工后的表面硬化层

零件表面层经上述塑性变形后其金属性质发生了很大变化,其具体特点如下:

(1) 晶体形状改变。部分晶体被挤碎,晶体的一致性遭到破坏。

(2) 晶体的方向改变。在未变形前,其晶体的方向是不规则的,而在塑性变形以后,常产生纤维组织,并形成一定方向。

(3) 变形抵抗力增加。金属产生了冷作硬化,亦称强化。金属强化时晶格的畸变和晶体的破坏都进一步提高了产生塑性变形所需的临界剪应力,即变形抗力。由于变形抗力的增加,屈服点及极限强度将上升,硬度也随之增加,金属的塑性则降低。另外其导电性、导磁性和导热性方面也有所变化。

(4) 表面层产生了残余应力。

工件加工后,冷硬层的硬度是原来材料硬度的 1.8~2 倍。冷硬层的深度受到进给量、切削深度、切削速度和切削角的影响。

在加工过程中,零件表面金属不只是强化,同时还存在回复的过程。晶格扭曲等强化现象都有回复正常的趋势,因为在加工过程中产生切削热,热的作用会加强回复的过程。当温度超过一定数值时(即 $0.4T_{熔}$ 时,$T_{熔}$ 代表该金属熔点的绝对温度),将开始再结晶过程,强化现象逐渐消失。因此,凡是使塑性变形区温度降低(如改善冷却情况、减少摩擦等),热作用时间缩短(如提高工件速度等)的因素,都会使工件表层的强化程度增强。

### 11.3.2 表面层的残余应力

金属在塑性变形和局部受热后还会产生残余应力。所谓残余应力就是那些在引起应力出现的外因消除后,仍然残留在物体中的应力。它可分为三类:第一类是在零件整个尺寸范围内平衡的残余应力。例如,切削加工的零件表面层就因塑性变形不均匀而产生残余应力。又如,在焊接过程中也由于零件各部分的温度不同而产生残余应力,当这种残余应力的平衡受到破坏时会引起零件的变形。第二类是在晶粒范围内平衡的残余应力。第三类是晶胞(原子的最小组合)间平衡的残余应力。后两类一般不影响零件的变形,但对金属性能有一定的影响。

切削加工时,表面层中的残余应力,可能是拉应力(一般用正值表示),也可能是压应力(一般用负值表示),这和加工条件有关。这里先对切削加工时产生残余应力的主要原因分析如下。

1. 塑性变形的影响

零件在切削加工时产生塑性变形,使部分原子从稳定的晶格位置上移动,晶格被扭曲,破坏了原来的紧密的原子排列,因此密度下降,比容增大。工件表面层的金属由于塑性变形使比容增大,体积膨胀,而四周基体又阻止其膨胀,因此受到压应力。另外由于刀刃后刀面的摩擦与挤压,工件表面层的晶格被拉长,当刀具离开工件表面后,被拉长的表层就会受到下面基体的作用,使表层在切削方向受到压应力,里层则产生残余拉应力与其相平衡;相反,如果表面层产生收缩塑性变形,则由于基体金属的阻碍,表面层将产生残余拉应力。

2. 温度的影响

切削区的高温,使工件表层受热伸长,如果在此温度下,金属的弹性并没有消失,则四周基体阻止其伸长,表层受到压应力。当冷却时,压应力逐渐消失,冷到室温就恢复原来状态;如果温度很高,如对钢来说,温度高到 800~900℃时,金属的弹性几乎全部消失,这时在高温下,表面层处于塑性状态,表层的伸长因受基体金属的限制而全部压缩掉,不产生任何压应力,冷却时,表层收缩,当温度低到使表层金属恢复弹性时,表层就会因基体阻止其收缩而产生拉应力。因此,在切削区温度超过某一极限值时,工件的表层会产生拉应力,在下层则产生压应力。

3. 金相组织变化的影响

切削时产生的高温常常引起金属的相变,相变又常常会引起比容的变化。由于表面层的温度不同,因此在不同深度上相变也不相同。由金属学知,各种金相组织具有不同的比重($r_{马}=7.75$,$r_{奥}=7.96$,$r_{铁}=7.88$,$r_{珠}=7.78$)和比容。马氏体组织比重最小,比容最大;奥氏体比重最大,比容最小。因此,当磨削淬火工件时,如表层出现回火结构,则表层比容减小,体积要缩小,而基体又阻止其收缩,故表层产生拉应力。如果最外层有二次淬火结构,则在最外层由于金相组织变化而产生压应力。

在实际加工中上述几种原因可能同时起作用。因此,零件表面层中最后的应力要取决于各组成因素的综合结果。

图 11-24 所示为淬火钢在磨削切深为 0.05mm/行程时不同砂轮速度下磨出的表面层的应力状态。当 $v=30$m/s 时,得到以产生相变影响为主的应力层(曲线 1)。因为里层的回火组织比基体回火马氏体组织小,因而产生拉应力。而表层由于产生淬火马氏体组织体积比里层的回火组织大,因而产生压应力。当 $v=10$m/s 时得到以塑性变形影响为主的残余压应力(曲线 2)。表层因有温度影响其压应力值较小。图 11-25 所示为 $v=30$m/s 时改变磨削切深对残余应力的影响,当磨削切深减小至一定值时得到的是低残余应力值。

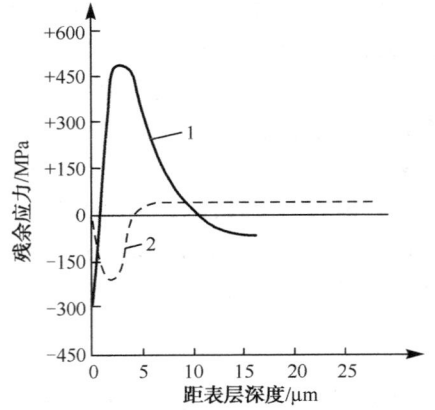

图 11-24 砂轮速度对残余应力的影响
曲线 1:$v=30$m/s;曲线 2:$v=10$m/s

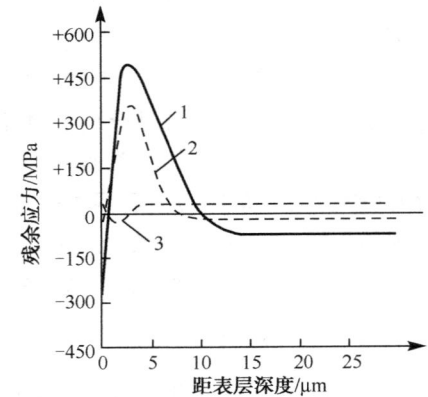

图 11-25 磨削切深对残余应力的影响曲线
曲线 1:切深 0.05mm/行程;
曲线 2:切深 0.025mm/行程;
曲线 3:低残余应力

## 11.4 表面质量对零件使用性能的影响

### 11.4.1 耐磨性

在没有润滑的情况下,两个相互摩擦的表面,最初只是在表面凸峰部分接触,它传递的压力实际上只是分布在这些微小的面积上,如图 11-26 所示。例如,车削和铣削后的实际接触面只有计算接触面的 15%～25%,细磨后也仅为 30%～50%,研磨后才能达到 90%～95%。因此,在正压力 $F$ 的作用下,在凸峰部产生很大的挤压应力。使表面粗糙部分产生弹性和塑性变形,在相互运动时还有一部分被剪切掉。当有润滑时,情况要复杂一些,但在最初阶段仍可发现凸峰划破油膜而产生上述类似的现象。

实践表明,磨损过程在不同条件下,基本规律是一样的,图 11-27 表示磨损量与工作时间的关系。

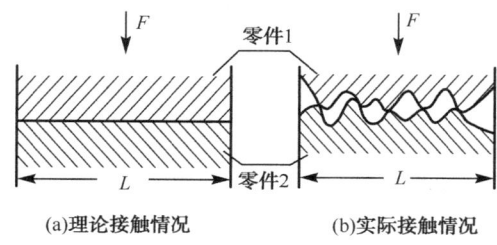

图 11-26 零件表面的接触情况

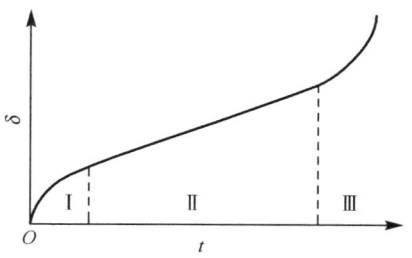

图 11-27 磨损过程基本规律

磨损的第Ⅰ阶段是装配后零件的磨配阶段,其特点是装配时所保证的间隙此时迅速增大,粗糙度高度可能降低 65%~75%。其后,就开始了正常工作的第Ⅱ阶段,此阶段接触面积逐渐增大,单位压力下降,磨损趋于缓和,这时正常工作阶段。超过这个阶段就出现了急剧磨损的第三阶段,此时由于油膜破坏及滞涩等原因,摩擦副的作用破坏了,因而产生急剧磨损。

在不同的条件下,初期磨损和正常工作阶段的时间与表面粗糙度有极密切的关系,而且与加工痕迹和表面滑动的相对方向亦有关系。

图 11-28 所示为表面粗糙度与磨损量间的关系。一对摩擦副在一定的工作条件下通常有一个最佳粗糙度,过大的粗糙度会引起工作时的严重磨损,过小也会产生同样的结果,这是因为过低的粗糙度由于接触面贴合,在较大的正压力作用下,润滑油被挤出而减弱润滑作用,并产生分子间的亲和力,接触面上的金属分子会相互渗透而产生"冷焊"现象,当相互运动时就发生"撕裂"作用,使磨损增加。例如,活塞式发动机活塞环滑动面的粗糙度为 Ra0.8μm 最佳,如果改为 Ra0.1~0.05μm,则只经短期作用后,表面质量就迅速变坏。汽缸套的最合适的粗糙度为 Ra0.2μm。

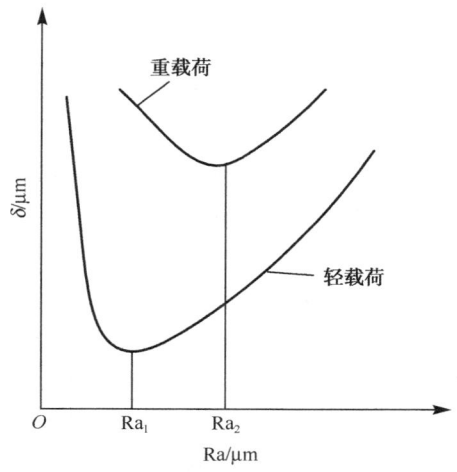

图 11-28 磨损量与粗糙度的关系

冷作硬化一般都能使耐磨性有所提高。但并不是冷作硬化的程度越高，耐磨性也越高，如图 11-29 所示，当冷作硬化提高到 HB＝380 左右时（工具钢 T7A），耐磨性达到最佳值，如再进一步加强冷作硬化程度，耐磨性反而降低，其原因是过度的硬化即过度的冷态塑性变形将引起金属组织的过度"疏松"，严重时则出现疲劳裂纹，都会使耐磨性降低。

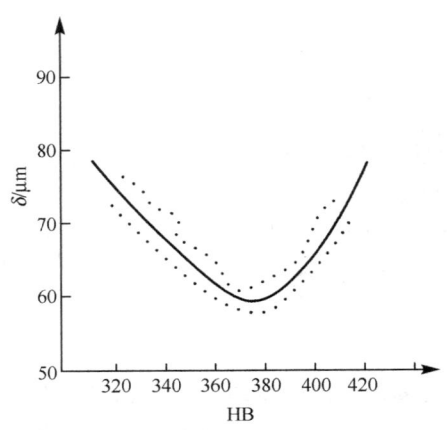

图 11-29　T7A 钢车削加工后，不同冷硬程度与耐磨性的关系

### 11.4.2　疲劳强度

在周期交替变化的负荷作用下，当零件工作表面粗糙度较大时，就会产生应力集中，在凹底部的应力可能比作用于表面层的平均应力大 0.5～1.5 倍，这样，就促使疲劳裂纹的形成。实验证明，合金钢的试件在作疲劳试验时，粗车的试件和经过精细抛光的试件比较，后者疲劳强度可提高 30%～40%。材料对应力集中越敏感，这种效果就越明显。所以承受交变负荷的零件表面常常需较低的粗糙度。

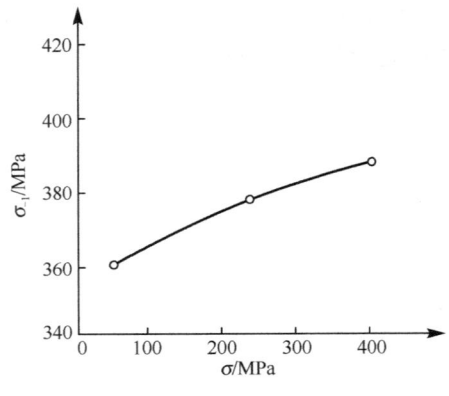

图 11-30　40Cr 钢试件残余压应力 $\sigma$ 与疲劳强度 $\sigma_{-1}$ 的关系

表面冷作硬化能提高零件的疲劳强度，因为强化过的表面层会阻止已有的疲劳裂纹扩大和产生新裂纹。同时，硬化会显著地减少表面外部缺陷和粗糙度的有害影响。

残余应力的大小和正负都对疲劳强度有影响。当表面具有残余压应力时，由于它能使表面显微裂纹合拢，从而提高零件的疲劳强度。如果有拉应力则使表面显微裂纹加剧，将降低疲劳强度。图 11-30 为 40Cr 钢试件残余压应力 $\sigma$ 与疲劳强度 $\sigma_{-1}$ 的关系。

对高强度金属，在低于恢复温度下工作的耐热钢和耐热合金，残余应力对疲劳强度有重大的影响。

随着零件工作温度的提高和时间的延长，冷作硬化将变为不利因素。这是因为冷作硬化可以由高温引起的回火作用而消失。例如，对于高温下使用的耐热钢和高温合金来说，在高温的工作条件下，材料中原子扩散增强，再结晶过程加剧，使金相组织发生变化，表面硬度改变，表层内的残余应力也会发生松弛。同时由于合金元素的氧化以及晶界层软化，高温性能有所降低，进而会导致沿冷作硬化层晶界形成起始裂纹。

所以对于在高温(一般指工作温度高于材料的再结晶温度)下使用的耐热钢和高温合金零件来说,能保证疲劳强度和持久强度的最佳表面层,应是没有加工硬化或者只有极小变形硬化的表面层,即用低应力加工方法所获得的表面层为最好。

可以采用在零件表面不会生成冷硬层的方法造成压应力,以便提高零件的疲劳强度,如表面淬火、渗碳、渗氮等。渗氮对表面带有缺陷和粗糙切痕的零件尤为有效。

### 11.4.3 耐蚀性

零件在潮湿的空气中或在有腐蚀性的介质中工作时,常会发生化学腐蚀或电化学腐蚀。化学腐蚀是由于大气中的气体及水汽或腐蚀介质容易在粗糙表面的谷底处积聚而发生化学反应,逐步在谷底形成裂纹,在拉应力作用下扩展以致破坏。电化学腐蚀是由于两个不同金属材料的零件表面相接触时,在表面的粗糙度顶峰间产生电化学作用而被腐蚀掉。所以降低表面粗糙度,可以提高零件的抗腐蚀性。

零件在应力状态下工作时,会产生应力腐蚀。这是因为金属零件处于特殊的腐蚀环境中,在这种条件下,在一定的拉应力作用下,便会产生裂纹并进一步扩展,引起晶间破坏,或者使表面受腐蚀而氧化,降低了抗腐蚀性能。凡零件表面存在有残余拉应力,都将降低零件的耐蚀性。

由于钛合金和其他合金在进行电化学加工时有晶界腐蚀和局部腐蚀的倾向,所以在这些工序后,还应有其他的强化工序。

### 11.4.4 配合质量的稳定性及可靠性

间隙配合零件的表面如果粗糙度太大,初期磨损量就大,工作一段时间后配合间隙就会增大,以致改变了原来的配合性质,影响间隙配合的稳定性。对于过盈配合表面,轴在压入孔内时表面粗糙度的部分凸峰被挤平,而使实际过盈量变小,影响过盈配合的可靠性。所以对有配合要求的表面都要求较低的表面粗糙度。另外,零件表面层的残余应力如过大,而零件本身刚性又差,这样就会使零件在使用过程中继续变形,失去原有的精度,降低机器的工作质量。

## 11.5 磨削的表面质量

磨削的表面质量对零件的使用性能影响是很大的,因为一般要求较高的零件表面,多以磨削作为终加工工序。

磨削加工与用一般刀具进行切削加工相比,又有很多的特点。磨削是由砂轮外表面上的很多砂粒进行切削的,这些砂粒在砂轮表面上的分布不规则,几何角度也各不相同,磨削表面就是由这些大量与加工基准等距或相近的磨粒刻痕所构成的。如单纯从几何角度考虑,可以认为在单位加工面积上,刻痕越多,粗糙度就越低。或者说,通过单位加工面的磨粒数越多,粗糙度就越低。因此,砂轮线速度$v_砂$越高,工件线速度$v_工$越低,纵向走刀量$f_纵$越低,则粗糙度就越低。砂轮粒度越细,粗糙度也越低。

事实上,在磨削表面的形成中,不仅有几何因素,而且有塑性变形方面的因素。虽然从切削速度的角度来看,磨削的切削速度远比一般切削加工的切削速度高得多,但不能认为磨削加工中塑性变形不严重。事实证明,由于磨粒相对来说并不锋利、尖锐,"刀尖"圆弧半径常达十

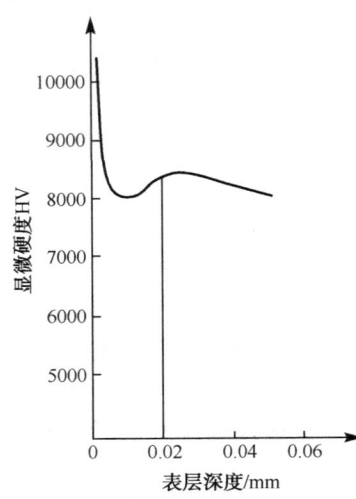

图 11-31　淬火钢 T8A 磨削后表面层显微硬度变化

几个微米,而每个颗粒所切的切削厚度一般仅为 $0.2\mu m$ 左右或更小。所以大多数磨粒在磨削过程中,只在加工面上挤过,根本没有切削,磨除量是在很多后继磨粒的多次挤压下,经过充分的塑性变形出现疲劳后,而被剥落。可见加工表面的塑性变形是很严重的。

所以磨削表面层的冷作硬化程度一般大于车削和铣削,而硬化层的深度不如车削和铣削。图 11-31 表示 T8A 工件淬火后磨削表层硬度的变化情况。磨削后外表面的显微硬度比原硬度上升了 40% 左右。这是由于表层发生了塑性变形的结果。从外表向里层,硬度迅速下降,至 0.004~0.006mm 深处已降到原来的淬火硬度。

增加磨削深度 $a_p$ 和纵向走刀量 $f_{纵}$,将使塑性变形程度增加,冷作硬化程度上升粗糙度也变高。如过大的增加磨削用量而冷却条件又不好,就可能发生烧伤而转变成新的金相组织;同时,温度剧烈变化,也是产生残余应力的主要原因。如果产生的拉应力过大,就要产生裂纹。无论发生烧伤或裂纹,零件只能报废,无从返修。因此磨削中必须防止这些情况的发生。

## 11.5.1　烧伤

工件表层发生烧伤,关键在磨削温度过高,高温作用时间过长,引起了金属组织变化(相变),改变了原始硬度。根据磨削烧伤性质的不同可分为以下两种。

**1. 回火烧伤**

当磨削淬火或低温回火钢工件时,如果用量偏大,冷却液不充分,表层温度超过了淬火钢工件的回火温度,那么表层中的淬火组织(马氏体)会转变成回火组织(索氏体、屈氏体),表层的硬度和强度将显著降低,这就称为回火烧伤。

发生回火烧伤的表面都带有氧化膜,氧化膜的颜色因温度的高低而不同,这种氧化膜可以作为烧伤的鉴别标志。但表面没有烧伤色并不等于表面层未受热损伤。如在磨削过程中采用的无进给磨削仅磨去了表面烧伤色,但却未能去掉烧伤层,留在工件上就会成为使用中的隐患。

**2. 夹心烧伤**

夹心烧伤也称为淬火烧伤。当磨削淬火钢零件时,温度超过了奥氏体的转变温度,表面层的马氏体会在瞬时内转变为奥氏体,随即充分冷却,如果冷却速度超过了淬火临界速度,那么在表层又形成二次淬火组织(马氏体)。这一层是非常薄的,它的下面是一层回火层,其硬度要比原淬火硬度低得多,如图 11-32 所示。原因是高温传入表层内部,使这层温度高于回火温度,原淬火组织(马氏体)转变为回火组织(索氏体、屈氏体),从而发生了回火烧伤。

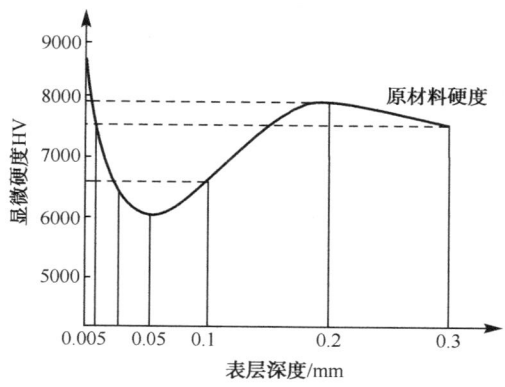

图 11-32 夹心烧伤层的硬度变化

这种烧伤的表面,有时不带氧化膜,因此不易鉴别,受压后会下凹,带这种烧伤的零件同样不能使用。

## 11.5.2 裂纹

如果磨削时表面产生的残余应力是拉应力,其值超过了材料的强度极限,零件表面就会产生裂纹。从外观来看,裂纹可分为以下两类。

### 1. 平行裂纹

裂纹垂直于磨削方向,这是因为磨削时表面产生的残余拉应力超过了晶体界面的强度极限,而发生界面破坏的微观裂纹(图 11-33(a)、图 11-33(b)),有时凭眼睛不一定能发现,只有经探伤或酸洗后才能暴露出来。裂纹的产生与烧伤可能同时出现。在这种微观裂纹的基础上,工作时引起宏观裂纹使零件发生破坏。

(a)平行裂纹　　(b)端面裂纹(平行性的)　　(c)网状裂纹

图 11-33 磨削裂纹

磨削裂纹的产生与材料及热处理工序有很大关系。由于硬质合金脆性大、抗拉强度低以及导热性差,所以磨削时容易产生裂纹。碳含量高的钢,由于晶界脆弱,磨削时也易产生裂纹。工件淬火后,如果存在残余拉应力,即使在正常磨削条件下也可能出现裂纹。

### 2. 网状裂纹

渗碳、渗氮时如果工艺不当,就会在表面层晶界面上析出脆性的碳化物、氮化物,当磨削时,在热应力作用下就容易沿这些组织发生脆性破坏,而出现网状裂纹,它经酸洗后可清楚显示出来。避免产生网状裂纹,只有从热处理工艺入手,即从根本上防止碳化物和氮化物的析离,才能保证在磨削中不会出现网状裂纹(图 11-33(c))。

采取常规的甚至不良的磨削所造成的金相组织变化,有时并不立即产生裂纹,但造成了延迟出现裂纹的条件,裂纹可能在零件架上或在使用中过早地出现。

低应力磨削是获得良好表面质量的有效方法,它可以减少表面金相组织的改变和裂纹的产生,也可以减小因磨削引起的变形。具体做法是在精磨时要求仔细控制磨削余量还剩 0.25mm 时的向下送进量,首先以 0.013mm/行程去掉 0.2mm;最后去除 0.05mm 余量时,采用连续地逐渐减小切除量,目的是逐步去掉前次磨削行程中产生的表面损伤层,最后得到小而浅的残余压应力。其用量如下:

(1) 0.013mm/行程,两次。
(2) 0.01mm/行程。
(3) 0.007mm/行程。
(4) 0.005mm/行程。
(5) 0.002mm/行程。

或者最后的 0.05mm 余量以 0.005mm/行程的向下送进量去除这些余量也可以。

避免产生磨削裂纹的途径主要在于降低磨削热与改善其散热条件,所以在磨削时提高冷却效果,选择合理的用量,以及选择合适硬度的砂轮都是很重要的。

## 思考题与习题

1. 在普通车床上车外圆,若导轨存在扭曲,将使工件产生什么样的误差?
2. 在镗床上镗孔,镗床主轴与工作台面有平行度误差时,问:
(1) 当工作台做进给运动时,所加工的孔将产生什么误差?
(2) 当主轴做进给运动时,所加工的孔将产生什么误差?
3. 在立轴式六角车床上加工外圆时,为什么不水平装夹车刀而垂直装夹车刀(图 11-34)?
4. 如图 11-34 所示,在立轴式六角车床上加工外圆,影响直径误差的因素中,导轨在垂直面内和水平面内的弯曲,哪项误差影响大?与普通车床比较有什么不同?为什么?

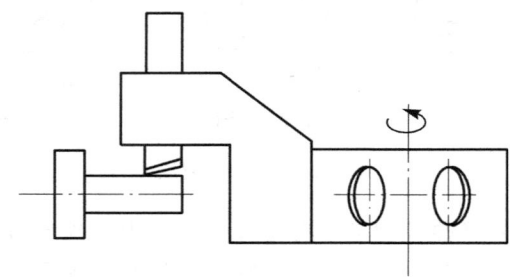

图 11-34　车床六角刀架

5. 在磨床上磨外圆,常使用死顶尖,为什么?
6. 在车床或磨床上加工相同尺寸及相同精度的内外圆柱面时,加工内圆表面的走刀次数往往较外圆表面多,为什么?
7. 在卧式铣床上铣削键槽,经测量发现工件两端之槽深大于中间之槽深,且都比调整的深度尺寸小,为什么?

8. 在车床上镗孔时,若刀具的直线进给运动和主轴回转运动均很准确,只是它们在水平面内或垂直面内不平行,试分析在只考虑工艺系统本身误差的条件下,加工后将造成什么样的形状误差。

9. 在车床上车削一细长轴,加工前工件横截面有圆度误差,且床头刚度大于尾座刚度,试分析在只考虑工艺系统受力变形影响的条件下,一次走刀加工后工件的横向及纵向形状误差。

10. 在车床上加工圆盘端面时,有时会出现如图 11-35(a)所示的圆锥面或如图 11-35(b)所示的端面凸轮似的形状,试分析是什么原因造成的。

11. 如图 11-36 所示,在车床上半精镗一个工件上已钻出的斜孔,试分析在车床本身具有准确成形运动的条件下,一次走刀后能否消除原加工的内孔与端面的垂直度误差。为什么?

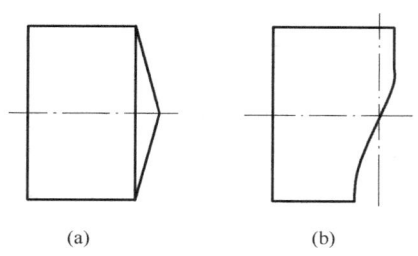

图 11-35　车床上车端面误差

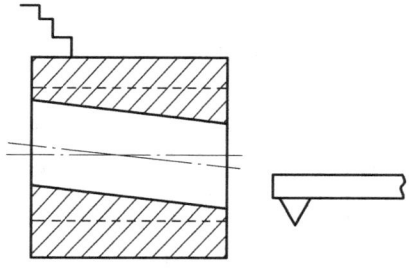

图 11-36　车床上镗已钻出的斜孔

12. 如图 11-37 所示,铸件的一个加工面上有一冒口未铲平,试分析加工后该表面会产生什么误差。

13. 一个工艺系统,其误差复映系数为 0.25,工件在本工序前的圆度误差为 0.5mm,为保证本工序 0.01mm 的形状精度,本工序最少走刀次数是几次?

14. 在普通镗床上镗箱壁两同心孔时,由于镗杆不能伸得太长,否则刚性不好,往往是镗一个孔后,工作台转 180°,再镗另一侧的孔,结果两孔出现同轴度误差,试分析产生的原因。

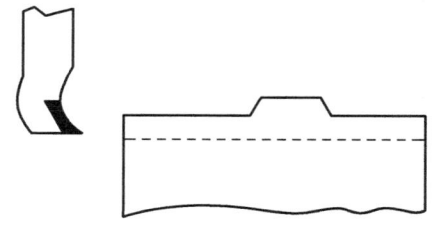

图 11-37　刨削有凸台平面

15. 当加工工件平面时,若只考虑工艺系统受力变形的影响,试分析采用龙门刨床和牛头刨床加工,哪种可获得较高的形状和位置精度。为什么?

16. 在内圆磨床上磨孔时,有时出现喇叭口形状,试分析产生的原因。

17. 在机械加工过程中,为什么会造成零件表面层物理-机械性能的改变?这些常见的物理-机械性能改变包括那些方面?它们对产品质量有何影响?

18. 机械加工时工件表面层产生残余应力的主要原因有哪些?试解释之。

19. 什么叫夹心烧伤?对零件使用性能有何影响?

20. 磨削淬火钢零件时表面有时会产生裂纹,其主要原因是什么?应采取什么措施防止?

21. 一块薄平板在加工时表面层产生拉应力,将零件从机床上拿下来后,平板会产生怎样的变形?应力如何重新分布?以图表示之。

22. 在高温下工作的零件,表面层的冷作硬化层和残余应力对使用性能会产生怎样的影响?

# 第 12 章　机床夹具设计基础

在机械加工过程中,为了使工艺过程中的任何工序均能够保证工件的制造质量、提高生产率、减轻工人劳动强度及工作安全等,使之占有确定位置以接受加工和引导刀具或检测的工艺装备统称为机床夹具,简称夹具。

## 12.1　机床夹具的基本概念

夹具是机床上用以装夹工件(和引导刀具)的一种装置。其作用是将工件定位,以使工件获得相对于机床和刀具的正确位置,并将工件可靠地夹紧,方便加工。机床夹具的主要作用如下:

①稳定保证加工质量。采用夹具后,工件各加工表面间的相互位置精度是由夹具保证的,而不是依靠工人的技术水平与熟练程度,所以产品质量容易保证。

②提高劳动生产率。使用夹具使得工件的装夹迅速、方便,从而大大缩短了辅助时间,提高了生产率。特别是对于加工时间短、辅助时间长的中、小零件,效果更为显著。

③减轻工人的劳动强度,保证安全生产。有些工件,特别是比较大的工件,调整和夹紧很费力气,而且注意力要高度集中,很容易疲劳;如果使用夹具,采用气动或液压等自动化夹紧装置,既可减轻工人的劳动强度,又能保证安全生产。

④扩大机床的使用范围。实现一机多用,一机多能。例如,在铣床上安装一个回转台或分度装置,可以加工有等分要求的零件;在车床上安装镗模,可以加工箱体零件上的同轴孔系。

### 12.1.1　夹具的组成

首先解释几个名词。

定位:在机床上加工工件时,工件被安置在机床平台的夹具内,并占有一个正确的位置,即确定工件相对于刀具的正确位置(图 12-1)。

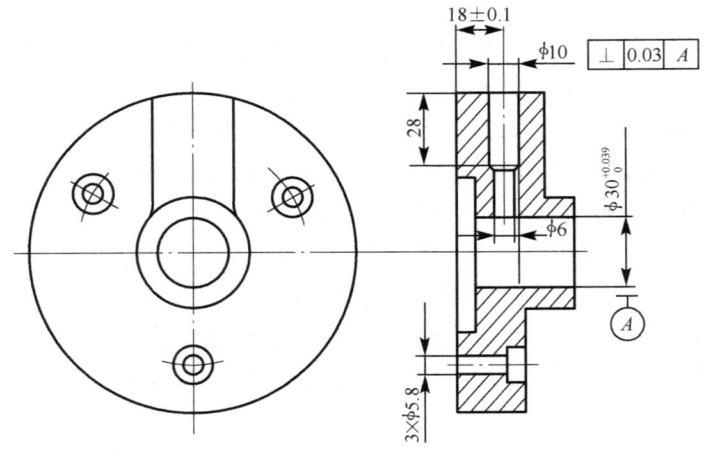

图 12-1　工件图

夹紧：工件定位后，为了使它在加工过程中仍能保持其正确的位置，必须把它压紧固定，这就称夹紧。

安装：从定位到夹紧这一全过程称为安装或装夹。

为了说明夹具的应用，下面分析一个用夹具加工的例子，如图12-1所示的工件，在加工完成 $\phi 30_0^{+0.039}$ 等孔、端面后需再加工两个孔 $\phi 6$ 和 $\phi 10$。要求两个孔同心；两个孔的中心线与左端面距离是 $18\pm 0.1$，并与 $\phi 30_0^{+0.039}$ 的中心线垂直，垂直度0.03，两孔中心线还应与 $3\times \phi 5.8$ 之中一个孔的中心线重合。根据以上要求设计出的钻床夹具如图12-2所示。

图12-2中所示为该夹具的轴测图，将工件 $\phi 30_0^{+0.039}$ 孔置于径向定位轴5之上时，旋动螺母7，就可以通过径向定位轴5、角向定位菱形销9、螺杆8和开口垫圈6将工件加工位置迅速定位并夹紧固定。加工时是由装在钻模板2上的导向套1引导钻头进行钻加工 $\phi 6$ 与 $\phi 10$ 两个孔，保证加工质量。

从上例可看出，一般机床夹具不外乎由下列共同的基本部分组成：

(1) 定位元件。确定工件在夹具中位置的元件，它保证加工时工件与切削刀具间有正确的相对位置。如图12-2简易钻模夹具中的径向定位销5、角向定位菱形销9和支承板4等零件，另外还有其他夹具中的如V形块等都是定位元件，它们使工件在夹具中占据正确位置。

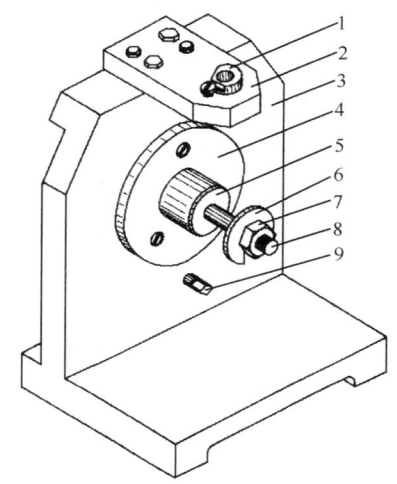

图12-2 简易钻模夹具示例
1-导向套；2-钻模板；3-夹具体；
4-支承板；5-径向定位；6-开口垫
7-螺母；8-螺杆；9-角向定位菱形销

(2) 夹紧装置。夹紧已定位好的工件并保证切削工件位置不变的装置。如图12-2简易钻模夹具中的开口垫圈6是夹紧元件，与螺杆8和螺母7一起组成夹紧装置。又如一般夹具中的偏心轮、压板等。

(3) 导向、对刀件。在加工前作为对刀和在加工中引导刀具在正确加工位置的元件，如导向套、对刀块等。图12-2中所示的钻床夹具中的导向套1就是导向元件。

(4) 夹具体。连接夹具所有元件和部件用的基础元件，使其组成一个整体。如图12-2所示，钻床夹具的夹具体3将夹具的所有元件连接成一个整体。

(5) 其他机构。根据被加工工件的特殊需要而设置的装置和元件，如分度机构和上、下料装置等。

应该指出，并不是所有夹具都要有这些部分。然而，无论那种夹具都离不开定位元件，通常也少不了夹紧装置，而保证工件加工精度的关键就在于正确处理工件的定位与夹紧问题。

## 12.1.2 夹具的分类

机床夹具的种类很多，形状千差万别。为了设计、制造和管理的方便，往往按某一属性进行分类。

**1. 按夹具使用的机床分类**

根据机床类型不同和具体的使用情况，可将机床夹具分为车床夹具、铣床夹具、钻床夹具、镗床夹具、拉床夹具、磨床夹具、齿轮加工机床夹具等。

**2. 按夹具动力源分类**

依照机床夹具所使用夹紧动力源,可将机床夹具分为手动夹紧夹具、气动夹紧夹具、液压夹紧夹具、气液联动夹紧夹具、电磁夹具、真空夹具等。

**3. 按夹具的使用特点分类**

按照这一分类方法,可将机床夹具分为通用夹具、专用夹具、可调夹具、组合夹具和随行夹具等。

1)通用夹具

通用夹具是指夹具结构已经标准化,并且有较大的适用范围。例如,车床上使用的三爪卡盘和四爪卡盘,铣床上使用的平口钳、回转工作台及分度头,磨床上使用的电磁吸盘等。

通用夹具的主要用途是作为附件与机床配套,其通用性强,不需调整或稍加调整就可以用于不同工件的加工,借以保证发挥机床的基本性能并扩大它的适用范围。但其生产率低,夹紧工件操作复杂。这类夹具主要用于单件或小批量生产。

2)专用夹具

专用夹具是指专门为某一工件的某一工序加工要求而设计制造的机床夹具。其特点是针对性极强,可获得较高的生产效率和加工精度,使用和维修较方便,但不具有通用性,且设计制造的周期较长。

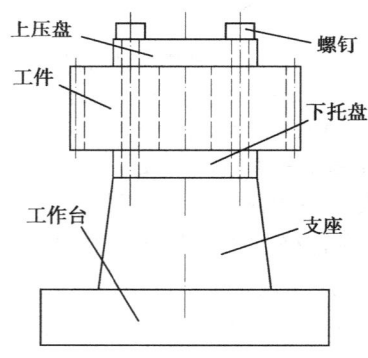

图12-3 可调齿轮加工夹具

专用夹具常常在产品相对稳定、批量较大的生产中使用,另外在军工企业或产品精度要求较高的场合也常应用。

3)可调夹具(成组夹具)

可调夹具是针对通用夹具和专用夹具的特点而发展起来的一类夹具。这类夹具的主要部分(如夹具体、原动装置、操纵装置)是定型的通用部件,它可以长期安装在机床上。夹具经过部分零件的更换或重新组装,这些可换的调整零件通常是专用件,是根据零件精度要求来设计制造的。因而能适应于不同工件的加工。如图12-3所示就是一个可调夹具,通过更换下托盘即可调整加工一定尺寸范围的齿轮。

这类夹具主要用于多品种、中小批量生产。

4)组合夹具

组合夹具是由预先制造好的各种通用、标准的零件和部件组合而成的专用夹具,它可以根据加工工件的不同要求,组合成车、铣、钻、磨、镗等各种不同的机床夹具,具有结构灵活多变、组装迅速、制造周期短、通用性强、元件和部件可反复使用的特点。但一次性投资大,夹具标准元件存放费用高;与专用夹具比,其刚性差,外形尺寸大。这类夹具主要用于新产品试制以及多品种、中小批量生产中。

5)随行夹具(自动线夹具)

上述各种夹具都是被固定在机床上的,但在加工(或自动)生产线上,有的夹具带着工件由输送装置,挨着每台机床逐步向前输送,完成工件的全部工序加工。随被装夹的工件一起由一个工位移到另一个工位的夹具,称为随行夹具。它是一种移动式夹具,担负装夹工件和输送工件两方面的任务。

综上所述,机床夹具是机械加工中必不可少的工艺装备。夹具的设计和使用是促进生产发展的重要工艺措施之一。随着中国机械工业生产的不断发展,夹具的设计和创造已成为广大机械工人和技术人员的一项重要任务。

## 12.2 工件在夹具上的定位原理和定位误差分析

工件在机床上的装夹质量将会直接影响到机械加工中的一些最根本的问题,如加工精度、生产率、制造成本、操作安全等。所以工件的定位是保证工件加工质量的关键。

### 12.2.1 六点定位原理

工件定位的实质即工件在夹具中具有某个确定的位置。因此工件的定位问题可转化为在空间直角坐标系中决定刚体坐标位置的问题来讨论。任何一个未被约束的刚体(工件),在空间都是一个自由体,它可以向任何方向移动和转动。如图12-4所示,在空间直角坐标系中,刚体具有六个自由度,即沿$X$、$Y$、$Z$轴移动的三个自由度,用$\vec{OX}$、$\vec{OY}$、$\vec{OZ}$来表示,以及绕此三轴转动的三个自由度,用$\stackrel{\frown}{OX}$、$\stackrel{\frown}{OY}$、$\stackrel{\frown}{OZ}$来表示。自由度就是指刚体的运动或位置变化的可能性。

要使工件在空间处于相对固定不变的位置,就必须限制其六个自由度。限制的方法如图12-5所示,用相当于六个支承点的定位元件与工件的定位基准面"接触"来限制。

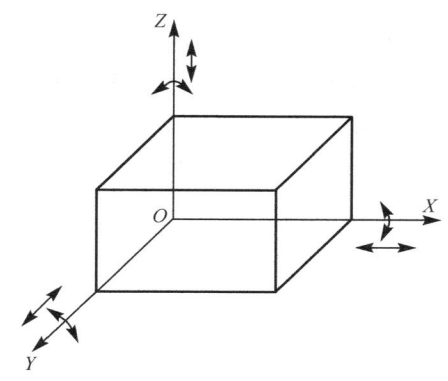

图12-4 在空间直角坐标系中的物体

在$OXY$,用三个支承点限制了$\stackrel{\frown}{OX}$、$\stackrel{\frown}{OY}$、$\vec{OZ}$三个自由度。

在$YOX$,用两个支承点限制$\vec{OX}$、$\stackrel{\frown}{OZ}$两个自由度。

在$XOY$,用一个支承点限制$\vec{OY}$一个自由度。

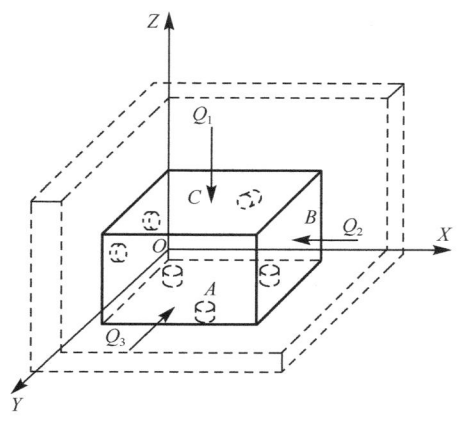

图12-5 限制六个自由度的物体

图12-5中工件的$A$表面与机床夹具上的三个支承点相接触,这个$A$表面称为主要定位基准。三点确定一个平面,显然,三个支承点之间的面积越大,被支承的工件就越稳定;工件的平面越平整,定位的可靠性就越高。所以,在生产实际中一般选择工件上大而平整的表面作为主要定位基准。工件的$B$表面与机床夹具上的两个支承点相接触,而两点决定一条直线,即决定方向,因此把$B$表面称为导向定位基准。生产中通常选择工件上的窄长表面作为导向定位基准,或者把夹具上起着两个支承作用的平面做成窄长形。工件的$C$表面与机床夹具上的一个支承相接触,$C$表面就称为止动定位基准。

在这里一定要分清"定位"和"夹紧"这两个概念,"定位"只是指工件在夹具中得到相对确定的位置,而要使工件受力后相对于刀具的位置不变,则还须"夹紧"。因此"定位"和"夹紧"是不相同的。

通常把按一定规律分布的六个支承点能消除工件六个自由度的方法,称为"六点定位原理"。应用此原理可以正确分析和解决工件安装时的定位问题。

### 12.2.2 自由度限制的选择

六点定位原理对于任何形状工件的定位都是适用的,如果违背这个原理,工件在夹具中的位置就不能完全确定。然而,用工件六点定位原理进行定位时,必须根据具体加工要求灵活运用,工件形状不同,定位表面不同,定位点的布置情况会各不相同,其宗旨是使用最简单的定位方法,使工件在夹具中迅速获得正确的位置。

一般在设计机床夹具时,通常会将工件的六个自由度全部用夹具中的定位元件所限制,工件在夹具中占有完全确定的唯一位置,这种定位情况称为完全定位。

但在生产中,有时工件的定位不一定要限制全部六个自由度,根据工件加工表面的不同加工要求,定位支承点的数目可以少于六个,一般只要相应地限制那些对加工精度有着影响的自由度就行了,这样可以简化夹具的结构。这种定位情况称为不完全定位。

用完全定位还是不完全定位;限制哪几个自由度,这些要根据工件的具体加工要求而定,现以图12-6为例加以说明。

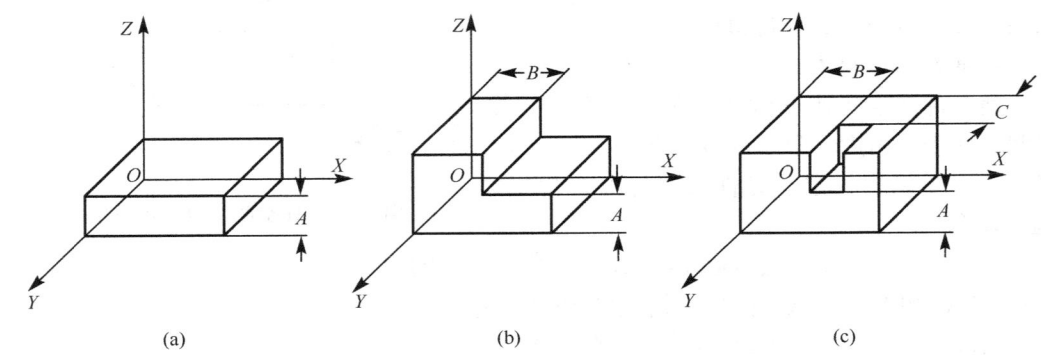

图12-6 根据加工需要确定限制的自由度

图12-6(a)中影响尺寸 $A$ 的自由度是绕 $X$ 轴的转动 $\overset{\frown}{OX}$ 和绕 $Y$ 轴的转动 $\overset{\frown}{OY}$ 及沿 $Z$ 轴的移动 $\overrightarrow{OZ}$,因此,从工件的加工要求来看只要限制这三个自由度就够了。例如,只有厚度尺寸要求的平面磨加工就是这样。

图12-6(b)中,影响尺寸 $A$ 的自由度与图12-6(a)相同,影响尺寸 $B$ 的自由度为沿 $X$ 轴的移动 $\overrightarrow{OX}$ 及绕 $Z$ 轴的转动 $\overset{\frown}{OZ}$,这样,工件就要限制五个自由度,沿 $Y$ 轴移动的自由度则不必限制。

图12-6(c)中,工件除了有尺寸 $A$ 和 $B$ 的要求外,还有尺寸 $C$ 的要求,因此工件还必须限制沿 $Y$ 轴方向移动的自由度 $\overrightarrow{OY}$,这样工件的六个自由度都限制了。

### 12.2.3 欠定位和超定位问题

欠定位是指工件实际定位时所采用的定位支承点数目少于按其加工技术要求所必须限制的自由度数目,即应限制的自由度而未全部被限制。例如,在图12-5中,如果限制的自由度少于六个就是欠定位。假若按欠定位方式进行加工,则必然导致工件的部分技术要求不能保证。所以在确定工件在夹具中的定位方案时欠定位的情况是不允许出现的。

超定位是指工件定位时几个定位元件限制的自由度出现了不必要的重复限制的现象。超定位的结果，往往使工件的定位精度受到影响，使工件或定位元件在工件夹紧后产生变形。因此，超定位是在分析和制订工件方案时所不希望出现的。

图 12-7 为长轴以三爪卡盘和机床尾座顶尖定位的情况。图 12-7(a)三爪卡盘，将工件夹得过长造成超定位。三爪卡盘限制了工件 $\overrightarrow{OY}$、$\widehat{OY}$、$\overrightarrow{OZ}$、$\widehat{OZ}$ 四个自由度，顶尖又限制了工件 $\overrightarrow{OX}$、$\overrightarrow{OY}$、$\overrightarrow{OZ}$ 三个自由度，这样 $\overrightarrow{OY}$ 和 $\overrightarrow{OZ}$ 就重复受到限制，发生了矛盾，工件容易产生变形；如果改成图 12-7(b)那样、三爪卡盘只夹工件很短一段就合理了，即它只限制 $\overrightarrow{OY}$ 和 $\overrightarrow{OZ}$ 的自由度。

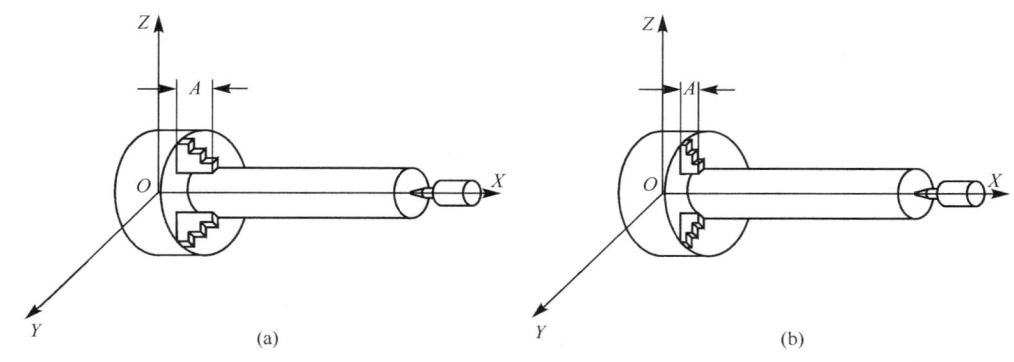

图 12-7　三爪卡盘和尾座顶尖定位

然而在实际生产中也有时会遇到工件采用超定位方式来定位的例子，这就说明，对超定位不能简单予以否定，必须作具体的分析，要根据定位所造成结果来判断。

(1)虽然属于超定位，但是重复限制相同自由度的定位支承点之间，并未互相干涉或冲突，则这种超定位方式仍然可用。

如图 12-8 所示，在滚齿(或插齿)机床上加工齿轮时，希望利用齿轮的安装孔在定位心轴上确定圆心位置，起到限制工件四个自由度的作用，从而有利于保证齿轮节圆与安装孔的同轴度，以保证齿轮的运动精度和工作平稳性。另外，在滚齿或插齿时，主要切削分力是沿齿坯的轴线向下，加之又是多刀刃间断切削，有较大的冲击力，因此需要增设一个面积较大的凸台与齿轮坯的端面接触，这是在单件、小批生产中常用的定位(销)心轴滚(插)齿轮加工的定位

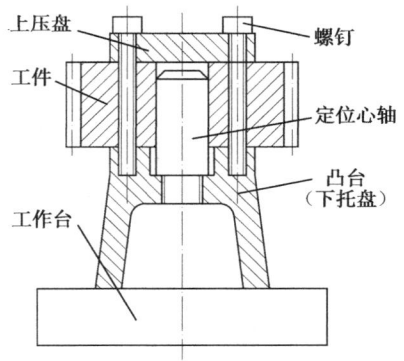

图 12-8　滚齿机上加工齿轮的夹具

方法。这时，不可避免地要发生超定位。但是，齿坯上作为定位基准用的内孔和端面，只要是在一次安装中加工的，或者内孔先精加工好，然后套在精密心轴上加工端面，就可以保证内孔和端面具有很高的垂直度。即使两者还有极小的垂直度偏差，还可以利用心轴与内孔之间的配合间隙来补偿。这样，尽管心轴和凸台重复限制了 $\overrightarrow{OX}$ 和 $\overrightarrow{OY}$ 两个自由度，然而，由于定位基准之间保证了较高的位置精度(此处即垂直度精度高)，也并不发生互相干涉或冲突。由此可知，像这种类型的超定位，只要能保证工件定位基准之间以及夹具上相应定位元件之间有较高的位置精度，在定位时还是可采用的。

(2)若根据定位原理的分析,已属超定位,而且重复限制相同自由度的定位元件之间,又存在严重的干涉和冲突,以致造成工件或夹具变形,破坏定位精度,则这种超定位必须采取适当措施,否则严禁使用。如图 12-9(a)中,$\overrightarrow{OY}$、$\overrightarrow{OY}$、$\overrightarrow{OZ}$、$\overrightarrow{OZ}$ 四个自由度由心轴圆柱面限制,而心轴端面又限制 $\overrightarrow{OX}$、$\overrightarrow{OY}$、$\overrightarrow{OZ}$ 三个自由度,所以 $\overrightarrow{OY}$、$\overrightarrow{OZ}$ 两个自由度被重复限制。当螺母夹紧工件时,由于工件端面与心轴端面不完全接触(图 12-9(a)上方的缝隙)而产生弯曲力矩,造成心轴的变形,影响工件外圆柱面加工的精度。

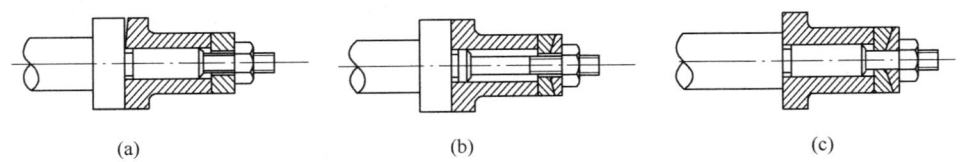

(a)　　　　　　　　(b)　　　　　　　　(c)

图 12-9　超定位采取的措施

此时,若将长心轴改短,如图 12-9(b)所示,或将心轴的端面减小,如图 12-9(c)所示,均能避免超定位。

从以上情况可知,运用六点定位原理,可判断工件的定位是否合理。

此外,在生产中常利用工件的平面、外圆柱面、内孔及导轨面作为定位基准面;也有用圆锥面、螺旋面(如螺纹)、渐开面(如齿轮的表面)作为工件定位基准面的。

为了在分析和设计夹具时能很快地判断工件的定位情况,下面给出各种常用定位元件所限制的自由度数目,作为学习的参考。

(1)钉头支承等小平面,相当于一点定位,限制一个自由度。

(2)板形支承等狭长平面,相当于两点定位,限制两个自由度。

(3)大平面支承,相当于三点定位,限制三个自由度。

(4)短削角销,相当于一点定位,限制一个自由度。

(5)短圆柱销(或短圆孔),相当于两点定位,限制两个自由度。

(6)长圆柱销(或长圆孔),相当于四点定位,限制四个自由度。

(7)短 V 形块,相当于两点定位,限制两个自由度。

(8)长 V 形块,相当于四点定位,限制四个自由度。

(9)短圆锥(或短圆锥孔),相当于三点定位,限制三个自由度。

(10)长圆锥(或长圆锥孔),相当于五点定位,限制五个自由度。

以上所指的小平面、大平面、长销、短销等都是与工件的定位表面大小相对而言,即定位元件的尺寸与工件的定位表面尺寸相差很大可称为小平面或短销等;定位元件的尺寸比工件的定位表面尺寸大或相差很小就可称为是大平面、长销等,总之定位面的大小是二者相对而言,不是绝对的。

## 12.2.4　定位误差分析方法

### 1.定位元件

凡作为安装基准的夹具零件,称为定位元件。定位元件的布置,要符合六点定位原理,定位元件的结构和尺寸,主要决定于工件定位面的结构形状和工件的质量。为了保证工件定位的稳定性,定位元件的设置应尽量敞开些,使工件的重力和切削力的作用点,都落在支承点连线所组成的平面之内。对于形状复杂的工件,在定位时,如有不稳定和刚性不足现象,可采用辅助支承来支承工件,以增加工件的刚性。但辅助支承不起限制工件自由度的作用。所以辅助支承都在工件定位及夹紧以后才去辅助的支承工作,否则将造成超定位现象。

设计定位元件时,应满足以下基本要求:具有较高的制造精度,以保证工件定位准确;耐磨性好,以延长定位元件的更换周期,提高夹具的使用寿命;应有足够的强度和刚度,以保证在夹紧力、切削力等外力作用下,不产生较大的变形而影响加工精度;工艺性好,定位元件的结构应力求简单、合理,便于加工、装配和更换。

在机械加工中,各种定位元件的基本结构不外乎是由平面、圆柱面、圆锥面及各种成形面所组成。工件在夹具中定位时,可根据各自结构特点和工序加工精度要求,选取相应的平面、圆面、曲面或者组合表面作为定位基准。定位元件的工作表面的结构形状,必须与工件的定位基准面形状特点相适应,常用定位元件的结构和尺寸已经制定了国家标准,一般工厂也有其标准,对其规格、尺寸和技术要求等都作了具体规定。

以下介绍的几种常用的定位元件。

1) 固定式定位元件

(1) 钉头支承。多用于以平面作定位基准时的定位元件。图12-10为标准支承钉(GB/T2226—91)其中图12-10(a)是平顶的,适用于工件经过粗加工或精加工的平面定位;图12-10(b)是圆顶的,为了减少接触面积,多用于毛坯的平面定位;图12-10(c)是花纹顶的,用于毛坯的侧面定位,由于花纹的作用,增大了接触面间的摩擦力,以防止工件移动。

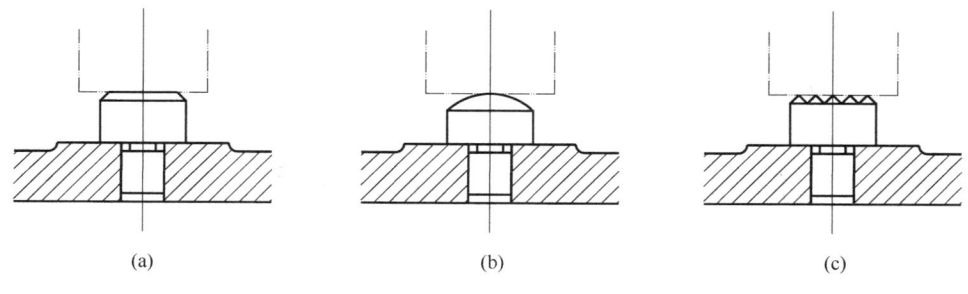

图12-10 钉头支承

(2) 板形支承。对于较大平面的工件,特别是粗加工过的较大平面,为使工件稳固,可以采用板形支承。图12-11所示是板形支承的三种标准结构(GB/2236—91)。图12-10(a)是平板支承,长度为50～150mm,宽度为20～25mm,用平头螺钉紧固在夹具体上。这种支承的优点是结构简单、位置紧凑。缺点是埋头螺钉头上铁屑碎末不宜清除,因此它比较适合用于侧面或顶面定位。图12-11(b)是台阶式支承板。这种支承板螺孔被移到一边,且螺钉安装后,它的顶面低于支承板顶面有3～5mm,因而避免了平板支承的缺点,适合安装于水平面上,但面积增大,显得不够紧凑。图12-11(c)是斜槽式支承板,它综合了上两种支承的特点。不但位置紧凑,而且当工件在板面上移动时,既能帮助清除切屑,又能起引导作用。

(3) 定位销。对于既有平面,又有与平面相垂直的圆孔工件,可以利用工件的平面和圆孔来定位。如连杆和箱体一类工件,常用定位销来定位。

定位销一般可分为固定式和可换式。如图 12-12 所示,图 12-12(a)是固定式定位销(GB/T2203—91),图 12-12(b)是可换式定位销(GB/T2204—91)。它们分圆柱销 A 型和菱形销 B 型两种类型。

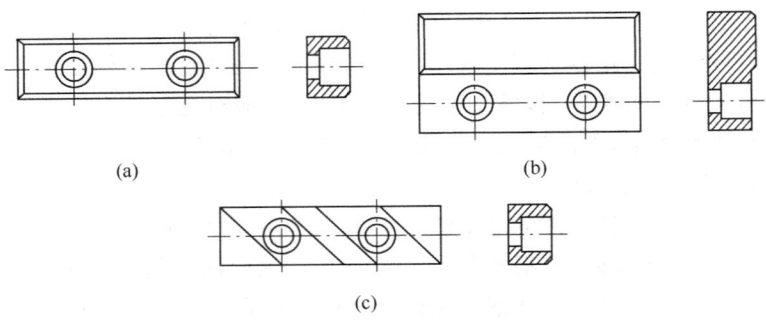

图 12-11 板形支承

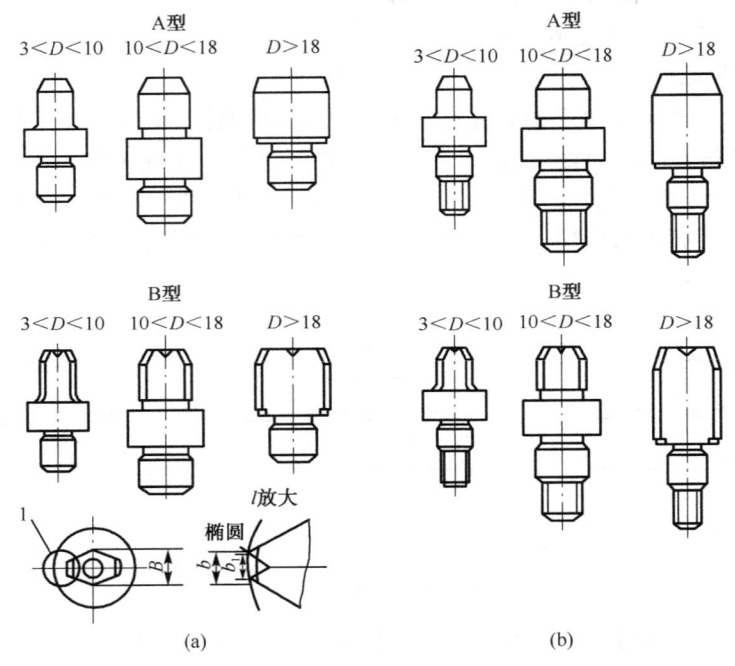

图 12-12 定位销的结构形式

固定式定位销是按配合直接压配在夹具体上,当定位销定位部分直径小于 10mm 时,由于销径太细,为避免销子上受力过大而剪断,通常在销子定位端根部倒成大圆角。这时夹具体上应锪出埋头坑,以便圆角部分沉入坑内,而不妨碍工件定位。

带台肩的定位销,其台肩面是为了不使夹具体安装工件而遭磨损。这个台肩也可与定位销分成两个零件。这时,台肩就是一个支承垫圈,可套装在定位销外。对于大批量生产时用的定位销,由于工件装卸频繁,定位销容易磨损而丧失定位精度,可采用可换式定位销与衬套配合使用。如图 12-13 所示的可换定位销,这种带衬套的可换定位销,衬套外径与夹具体为过盈配合,而其内径与定位销则为间隙配合,因此间隙会影响定位销的位置精度。所有定位销的定位端头部均做成 15°的大倒角,以便于工件套入,定位销与定位孔的配合。

以上介绍的定位销若从外形来看与平面定位用的支承钉很相像，但从本质上看是有区别的。定位销的工作表面不是顶面，而是圆柱面。对它们的技术要求和支承钉也不同。

值得指出的是，以上所适用的定位销是指单孔与平面所组成的定位，若使用两孔一平面时（这种情况在大批量生产中使用较多），应将其中一个定位销的断面制成如图12-14所示的形状。常称削角销（或菱形销），销角的目的是为了避免因孔距公差而影响安装。在安装时，还应注意使削边的方向与两销得连心线互相垂直，这样才能使两个定位销中心距离偏差有补偿可能。否则工件不宜套在定位销上。图12-14(a)是用于圆孔大于50mm的，图12-14(b)和图12-14(c)是用于圆孔小于50mm的。

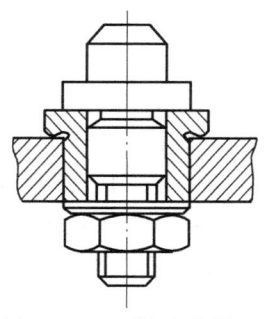

图12-13　可换定位销

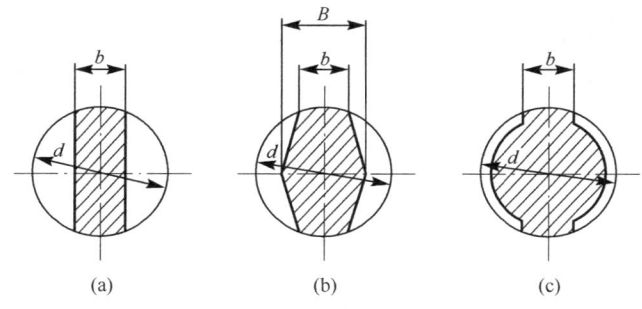

图12-14　常见削角销的截面

（4）定位心轴。定位心轴适用于以工件的内圆孔表面或内成形表面（各种内花键表面）作定位基准的定位元件。按其定位表面性质来分有两种不同结构形式。如图12-15(a)和图12-15(b)为圆柱定位心轴，图12-15(c)为花键心轴。为便于工件定位孔装入定位心轴中，心轴前部应设计出引导倒角，倒角一般以15°～30°为宜。

（5）V形块。V形块是用于以外圆柱表面作定位基准的定位元件。如图12-16所示，生产中常用的V形块开口角度有90°、60°和120°三种，角度大小的使用情况除某些特定要求之外，一般取决于定位精度要求（详见定位误差分析部分）。

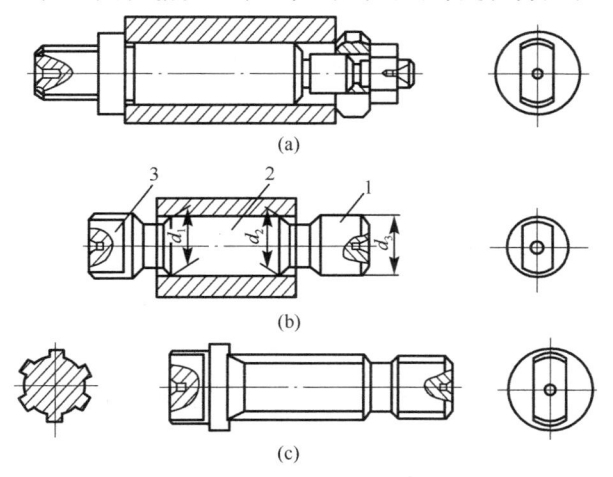

图12-15　圆柱心轴和花键心轴

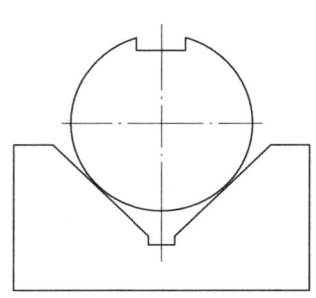

图12-16　V形块定位

设计 V 形块时应注意:紧固螺钉和定位销孔最好不要破坏 V 形块定位面;紧固螺钉不应选用得过小,否则当用紧固螺钉紧固后,再打定位销孔时会发生移动,从而影响 V 形块原来应有的位置精度。

2)可调式定位元件

工件定位过程中需要作适当调整时,某些定位件(甚至全部)常采用可调支承。定位元件的可调性完全是为了适应毛坯表面位置的变化,而是每加工一批毛坯时,按毛坯表面位置变化程度来加以相应的调整。有时可调支承也亦可用辅助性支承。图 12-17 是常见的几种可调支承结构。

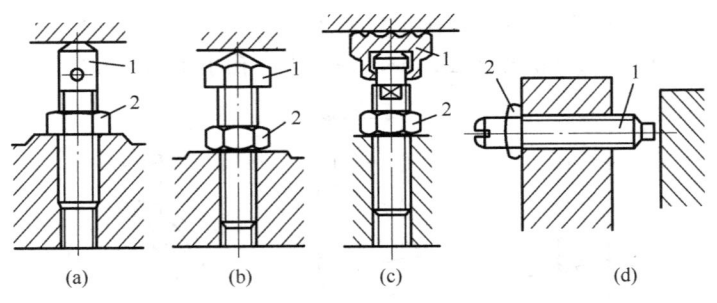

图 12-17 可调支承结构
1-调节螺钉;2-锁紧螺母

这类支承最基本的形式是螺钉螺帽式。可调支承的高度一经调节合适后,应用锁紧螺母锁紧,以防止螺纹松动而使高度发生变化。另外,在用同一付夹具加工不同尺寸的工件时,或者在加工前必须精确地确定被加工表面的位置时。这时,在夹具上也常用可调支承,以适应定位尺寸在一定范围内变化。如图 12-18 是在轴上铣键槽。键槽的长度尺寸相同但轴的长度不同,这时,工件使用同一套夹具,在 V 形块中定位,而轴向长度的确定采用可调支承定位。

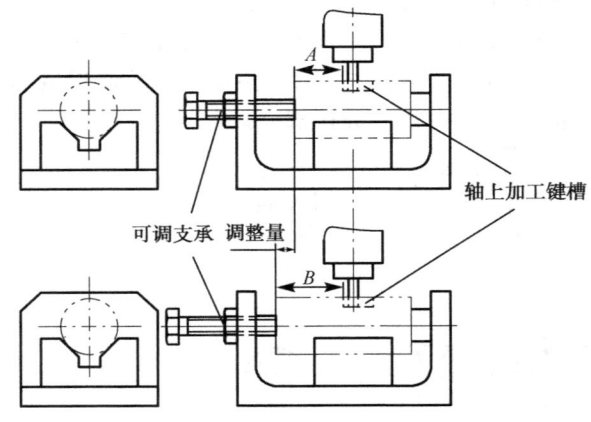

图 12-18 在轴上铣键槽

3)自位式定位支承

自位支承是指支承本身在定位过程中所处的位置,是随工件定位基准面位置的变化而自动与之适应。由此可见,这种支承在结构上应是活动的。如图 12-19 所示。

采用自位式定位支承,可以增加定位接触点,因而增加工件原始定位(未加紧前)的稳定性;此外,由于定位点增多,每点所受夹紧力将减少,故能改善工件的变形。但因定位点之间的浮动,有可能在外力的作用下破坏工件的原始定位,增加工件定位的不可靠性。现场可增加锁紧机构将它锁住而不再产生浮动,这时既得到因支承点之间浮动而产生的优点,又克服自位支承不稳定的缺点。

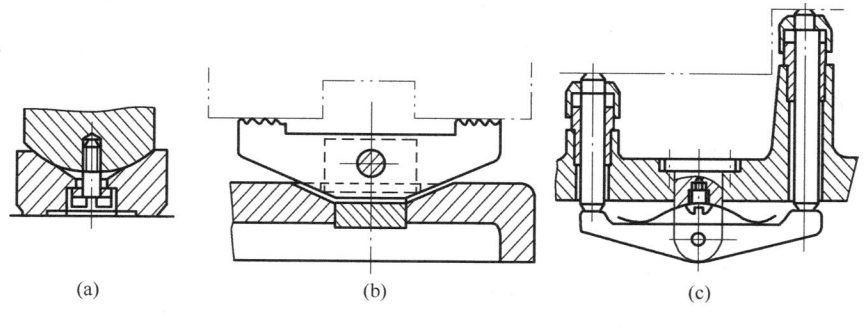

图 12-19　自位支承元件

**2.定位误差及其分析计算**

在加工过程中,工件总会产生加工误差,造成工件产生加工误差的因素是很多的。其中定位方法所引起的误差占有很大的比例,所以选择怎样的定位方法才能保证加工精度是在此要解决的问题。

为了保证加工质量,必须满足下面的关系式:

$$各种因素所产生的误差总和(\Delta_{总定位}+\omega)\leqslant 工件的误差\delta$$

即

$$\delta(\Delta_{总定位}+\omega)\leqslant\delta \tag{12-1}$$

式中,$\Delta_{总定位}$为定位方法所引起的误差(包括基准不符误差$\Delta_{不符}$);$\omega$为除定位方法所引起的误差以外,其他因素引起误差的总合,可取加工平均经济精度的误差值。

因此,设计夹具时,只要能确定零件定位方法所引起的误差,就可按式(12-1)来初步判断这种定位方式是否满足工件加工精度的要求。

定位误差的定义如下:定位误差是工件在夹具中定位,由于定位不准造成的加工面相对于工序基准沿加工要求方向上的最大位置变动量。

定位误差的组成如下:

(1)定位基准与工序基准不一致所引起的定位误差,称基准不重合误差,用$\Delta_b$表示,即工序基准相对定位基准在加工尺寸方向上的最大移动量。

(2)定位基准面和定位元件本身的制造误差所引起的定位误差,称基准位置误差,以$\Delta_d$表示,即定位基准的相对位置在加工尺寸方向上的最大变动量。故有

$$\Delta_{总定位}=\Delta_b+\Delta_d \tag{12-2}$$

式(12-2)中各参数是有方向的,如果$\Delta_b$、$\Delta_d$方向相同(或相反)且与加工尺寸线方向相平行(即相一致),则这两项可以直接相加(或相减);如果$\Delta_b$、$\Delta_d$方向与加工面的尺寸线方向不平行(即不一致)时,则还要将投影到加工尺寸线方向来计算。

下面讨论各种定位方法所引起的定位误差。

1) 工件以平面定位的定位误差分析计算

图 12-20 所示为用两种不同的定位方式铣削工件表面 1 和表面 2 的示意图，要求保证加工尺寸 $A-\delta_a$ 和 $B-\delta_b$。刀具位置经调整好后就不改变了，因此，可以认为被加工表面 1 和表面 2 的位置是不变的。在图 12-20(a)中由于定位面 $D$ 和定位面 $E$ 总是与支承板相接触的，所以设计基准的位置也不变，因此，这种定位方法对尺寸 $A$ 和 $B$ 不引起定位误差，即 $A$ 和 $B$ 的 $\Delta_{总定位}=0$。因设计基准与定位误差重合，$\Delta_b=0$。平面定位时如果定位面不变，一般认为 $\Delta_d=0$。

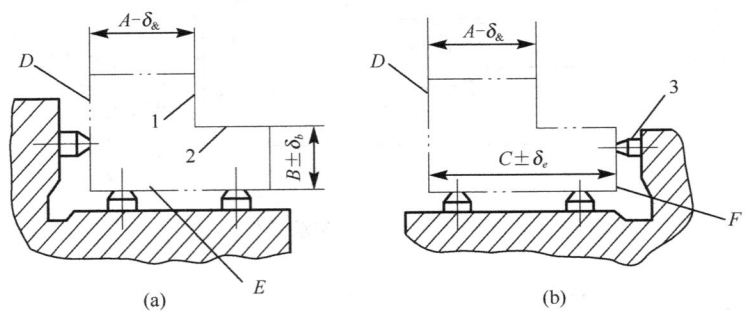

图 12-20 平面定位的误差分析

图 12-20(b)的定位方式对尺寸 $B$ 的误差影响不变，而尺寸 $A$ 的设计基准是表面 $D$，但定位基准是表面 $F$，因此就引起了基准不符误差 $\Delta_b$。这个基准不符误差是由于上一道工序加工时表面 $D$ 和表面 $F$ 之间的误差所引起的。因本工序加工时定位基准面 $F$ 和支承的接触网位置是不变的，所以表面 $D$ 的位置就在 $\pm\delta_c$ 范围内变动，这个变动量 $\pm\delta_c$ 就会反映到加工尺寸 $A$ 上来，即尺寸 $A$ 的定位误差 $\Delta_{总定位}=\Delta_b=\pm\delta_c$。

2) 工件以外圆柱面定位时的定位误差

这里主要分析工件以外圆柱面在 V 形块中定位的情形。图 12-21 所示为 V 形块定位误差的计算简图。为了便于研究，设 V 形块的夹角 $\gamma$ 无误差。由于工件外圆定位面的直径有公差 $a$，对一批工件来说，当其直径由最小 $D-a$ 变到最大 $D$ 时，工件中心（即定位基准）将由 $O'$ 变到 $O$，其变化量 $O'O$（即 $\Delta_d$）可按照图 12-21 中的几何关系算出。因为在直角三角形 $AO'O$ 中

$$O'O = AO/\sin(\gamma/2)$$

且

$$AO = BO - B'O' = D/2 - (D-a)/2 = a/2$$

所以

$$\Delta_d = O'O = (a/2)[1/\sin(\gamma/2)] \tag{12-3}$$

$\Delta_d$ 是工件沿着 V 形块对称线方向上的定位误差，它对垂直于对称轴线方向的位移并无影响。所以用 V 形块定位能很好的保证工件的对称性要求。

3) 工件以孔定位的定位误差分析计算

这里介绍的工件是以圆孔在动配合心轴上定位。根据心轴的位置不同，分两种情况。

(1) 心轴水平放置时如图 12-22 所示，由于工件自重而始终靠往心轴一边下垂，这时的定位误差仅反映在径向，且单边向下。因为

$$\Delta_d = 1/2(D_{\max} - d_{\min})$$

且

$$D_{\max} = D + \delta_D$$

$$d_{\min}=d-\delta_d$$
$$D=d+\Delta_{ab}$$
$$D_{\max}=d+\Delta_{ab}+\delta_D$$

所以
$$\Delta_d=OO_1=1/2(\delta_D+\delta_d+\Delta_{ab}) \tag{12-4}$$

式中，$D$ 为工件孔尺寸，$\delta_D$ 为工件孔公差，$d$ 为心轴尺寸，$\delta_d$ 为心轴公差，$\Delta_{ab}$ 为孔与轴配合应有的最小间隙。

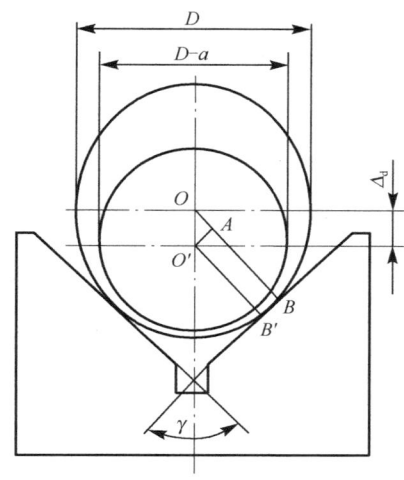

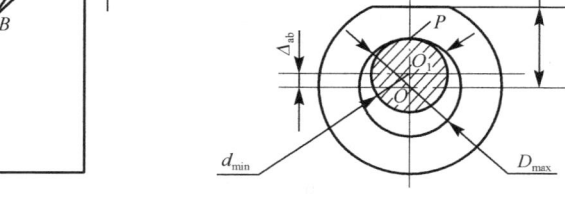

图 12-21　V 形块定位误差计算简图　　图 12-22　水平放置的心轴

(2)心轴（或定位销）垂直放置，按最大孔和最销轴求得孔中心线位置的变动量为
$$\Delta_d=\delta_D+\delta_d+\Delta_{ab} \tag{12-5}$$

4）工件以一平面、两圆孔为定位基准的定位误差分析计算

在加工箱体、支架类零件时，常用工件的一面两孔定位，以使基准统一。这种组合定位方式所采用的定位元件为支承板、圆柱销和菱形销。一面两孔定位是一个典型的组合定位方式，是基准统一的具体应用。在这种定位方式中，平面起主要定位基准的作用，它限制$\overrightarrow{OZ}$、$\overrightarrow{OX}$、$\overrightarrow{OY}$三个自由度。第一个圆孔起导向定位基准的作用，限制$\overrightarrow{OX}$、$\overrightarrow{OY}$两个自由度。第二个圆孔起止动定位基准作用，限制$\overrightarrow{OZ}$一个自由度。在这种情况下，如工件上的两定位基准孔都采用短圆销来定位，则其中第一个短圆销限制了$\overrightarrow{OX}$、$\overrightarrow{OY}$这两个自由度，而第二个短圆销也有限制$\overrightarrow{OX}$的能力，因此产生了超定位现象。第二个短圆销为超定位件。显然，由于工件两定位基准孔间和相应两定位销的位置误差，将可能使工件第二个基准孔无法装入第二个定位销。为此，必须对第二个定位销进行适当修改。

目前最常用的修改方法将第二个短圆销改为菱形销如图 12-23 所示，此时菱形销的直径也有一定程度的减小。菱形销作为防转支承，其长轴方向应与两销中心连线相垂直，并应正确地选择菱形销直径的基本尺寸和经削边后圆柱部分的宽度。

当$\overrightarrow{OZ}$方向有精度要求时，需要进行定位误差的分析计算，如图 12-24 所示。采用菱形销时，其计算方法可按下列步骤进行。

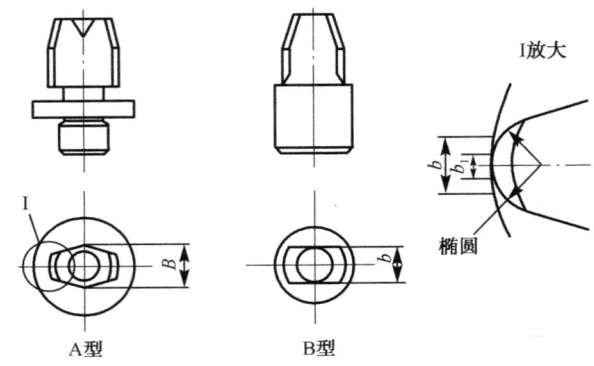

图 12-23 菱形销的结构

首先介绍图 12-24 中所用符号：
$D_1$——与夹具圆柱定位销相配合的工件孔的最小极限直径；
$D_2$——与夹具菱形定位销相配合的工件孔的最小极限直径；
$D_{定1}$——夹具圆柱定位销的最大极限直径；
$D_{定2}$——夹具菱形定位销的最大极限直径；
$\Delta_1{}'$、$\Delta_1$——夹具圆柱定位销与工件孔之间的最大、最小间隙；
$\Delta_2{}'$、$\Delta_2$——夹具菱形定位销与工件孔之间的最大、最小间隙；
$\pm\delta L_1$——工件两定位基准孔之间的尺寸公差；
$\pm\delta L_2$——夹具两定位销之间的尺寸公差；
$L$——工件两定位基准孔之间的公称尺寸。

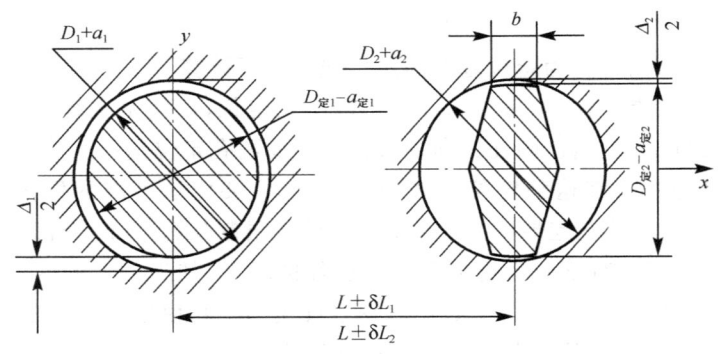

图 12-24 两定位销定位

工件上两定位基准孔的大小及其距离的尺寸和公差要以加工这两个定位基准孔时所给的工艺尺寸数据为准。

(1)确定定位销之间的公称尺寸及公差。夹具两定位销之间的公称尺寸也就是两定位基准孔之间的公称尺寸 $L$，定位销之间的尺寸公差取工件两孔间公差的 1/5～1/3，当这道工序要求夹具的定位精度较高时，$L$ 公差应取严一些，反之取宽一些。

(2)确定第一个定位销直径的公称尺寸及公差圆柱定位销的公称直径。取工件中与它相配合的定位基准孔的公称尺寸 $D$，公差按基孔制动配合 H7，选用定位精度要求高一点时可取 H6 或 H5。

(3)菱形销的直径尺寸公差按 g6 或 f7,其常用结构如图 12-25 所示,尺寸如表 12-1 所示。
(4)双销定位所产生的角度定位误差 α,按下式计算:

$$\tan\alpha = (\Delta_1' + \Delta_2')/2L \tag{12-6}$$

公式推导(略)。

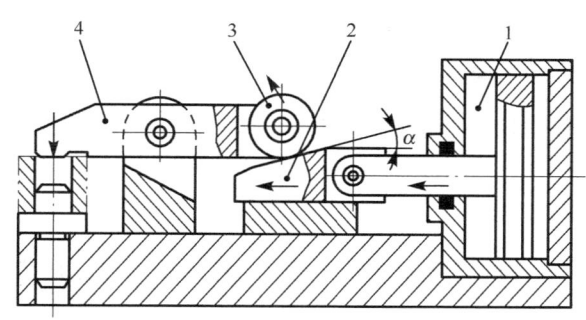

图 12-25 夹紧装置的组成
1-气缸(动力装置);2-斜楔(中间传力机构);3-滚子;4-压板(夹紧元件)

表 12-1 菱形销常用尺寸

| 销直径 $d$ | ≥4～6 | >6～10 | >10～18 | >18～30 | >30～50 | >50 |
|---|---|---|---|---|---|---|
| $b$ | 2 | 3 | 5 | 8 | 12 | 14 |
| $B$ | $d-1$ | $d-2$ | $d-4$ | $d-6$ | $D-10$ | |

## 12.3 夹紧装置和夹紧力计算

工件在夹具中正确定位后,需要由夹紧装置将工件夹紧固定。夹紧装置的主要作用在于生产适量的夹紧力,以保证工件的定位基准与定位件保持良好的接触,使工件在加工过程中不至于受到切削力、离心力、工件自重等外力作用而改变工件在定位时已确定的位置。

"夹紧力"这个概念是由力的作用方向、力的作用点和力的大小三个因素来体现的。所以在设计夹具时,首先要决定夹紧力的方向、作用点及其大小,然后再选择适当的传力方式,再后具体设计合理的夹紧机构。

设计夹紧过程中,对夹紧装置的选择,通常是在定位件与导向件确定之后进行的。但由于定位与夹紧关系密切,有时也应同时考虑。

### 12.3.1 对夹紧装置的要求

夹紧装置一般是由三个基本部分组成(图 12-25):产生夹紧动力的动力装置、直接用于夹紧工件的夹紧机构和将原动力以一定的大小和方向传递给夹紧元件的中间传力机构。在有些夹具中,夹紧元件(图 12-25 中的压板 4)往往就是中间传力机构的一部分,难以区分,所以夹紧元件和中间传力机构又统称为夹紧机构。

夹紧装置的基本要求如下。

(1)保证加工精度。夹紧时不应破坏工件的定位或产生过大的夹紧变形和受压力表面的损伤(技术条件所允许的范围内),又要有足够的夹紧力,防止工件在加工中产生振动和移位;要保证这一点,必须正确地选择定位件,夹紧力的方向和作用点。夹紧力应该是越小越好,但必须是足够的。

(2) 工艺性好。一般要求在保证足够的强度和刚度的条件下,夹紧装置应具有较小的尺寸,其结构应尽量简单,便于制造和维修;尽可能使用标准夹具零部件;操作方便、安全、省力。

(3) 效率高。夹紧装置的复杂程度与生产类型相适应。工件的生产批量越大,允许设计越复杂、效率越高的夹紧装置。

(4) 可靠性好。手动夹紧机构要有可靠的自锁性,一经夹紧后,在加工过程中不能因加工的振动而使夹紧松开。机动夹紧装置要统筹考虑夹紧的自锁性和原动力的稳定性。

### 12.3.2 夹紧力的方向和作用点的选择

#### 1. 夹紧力的方向

在实际生产中,尽管工件的安装方式各不相同,但对夹紧力作用方向的选择,均应遵循下列原则:

(1) 夹紧力的方向应有助于定位,而不破坏定位。即夹紧力的方向应指向各定位面,这在加工大型的铸件、锻件尤其如此。但在工件尺寸较小、切削力不大的情况下,往往只在一个方向上有夹紧力,此时夹紧力就应指向主要定位元件。

(2) 夹紧力的方向应与工件刚度最大的方向一致,以减小工件变形。在不同方向上对工件施加夹紧力时,产生的变形是不一样的。这是因为工件在不同方向上的刚性不同,所以不同受力表面的接触变形也不一样。如图12-26(a)中的工件套筒,如用三爪卡盘将薄壁部分用径向力夹紧,则工件的刚性不足会易引起薄壁部分变形,若采用图12-26(b)所示的特制螺母从轴向夹紧工件,则变形情况就会大为改善。

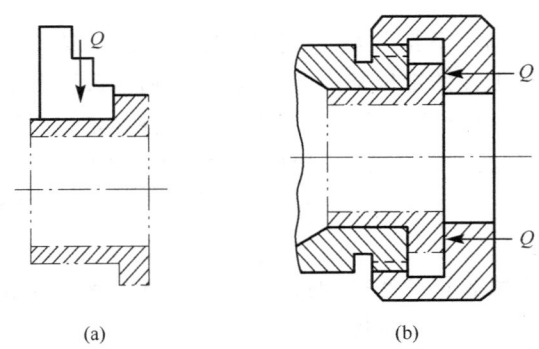

图 12-26 夹紧力方向与工件刚性的关系

(3) 夹紧力的方向应尽量与工件受到的切削力、重力等的方向一致,使所需夹紧力尽可能地小。图12-27为夹紧力$F_w$与工件重力$G$和切削力$F$三者关系的典型情况。工件在安装时所受到的力仅为自身的重力,其方向总是指向地面。因而从安装方便考虑,主要定位元件的表面应水平向上,如图12-27(a)、图12-27(b)所示工件安装方式既方便又稳定,而图12-27(c)~图12-27(e)的情况就比较差,图12-27(f)的安装就非常不方便。若从夹紧力的方向来看,假设图中工件的重力$G$和切削力$F$大小都相同,则所需的夹紧力$F_w$就不一样,图12-27(a)最小,图12-27(e)次之,而图12-27(d)所需夹紧力为最大,一般应尽量避免。显而易见,当夹紧力方向与切削力的方向和工件重力的方向重合时,所需夹紧力最小,此时只需防止工件加工时的振动即可。

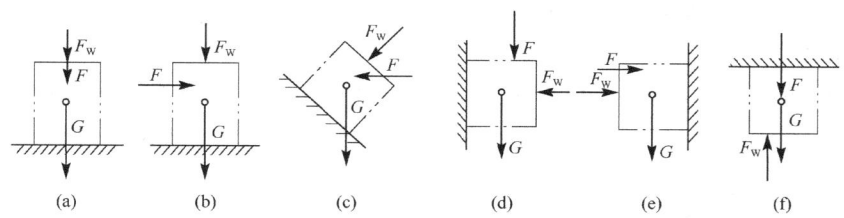

图 12-27　夹紧力方向与夹紧力大小的关系

**2. 夹紧力作用点的选择**

夹紧力的作用点是指夹紧元件与工件接触的一小块面积。选择作用点是指夹紧方向已决定的情况下，选择夹紧力的作用点的位置和数目及布局。同样夹紧力的作用点的位置、数目及布局应遵循保证工件夹紧稳定、可靠、不破坏工件原来的定位以及夹紧变形尽量小的原则，具体应考虑如下几点：

(1) 夹紧力的作用点应正对定位元件或位于定位元件所形成的支承面内。如图 12-28(a) 所示，能保持工件定位稳固而不至引起工件发生位移或偏转。而如图 12-28(b) 所示的夹紧力作用点，会使原定位遭到破坏。

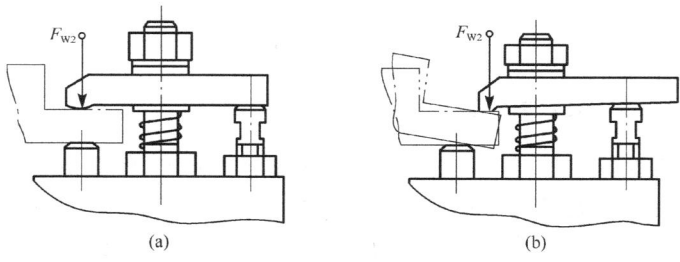

图 12-28　作用点与定位支承的位置关系

(2) 夹紧力的作用点应位于工件刚性较好的部位。如图 12-29 所示薄壁箱体，夹紧力 $F_W$ 不应作用在箱体的顶部（图 12-29(a) 中上面图中的 $F_W$），而应作用在刚性很好的凸沿边上（图 12-29(a) 下面图中的两个 $F_{W2}$）。作用点的数目应该使工件在整个接触表面上夹紧得很均匀，使夹紧牢靠、变形最小。假若箱体没有凸沿边时，则如图 12-29(b) 所示，将单点夹紧改为三点夹紧，使夹紧力作用点落在刚性好的箱壁上，可以减小工件的夹紧变形。

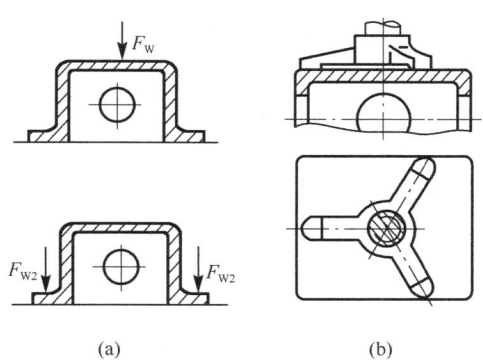

图 12-29　夹紧力的作用点和作用面的改善

(3) 夹紧力作用点应尽量靠近加工表面,这样可使切削力对此作用点产生的力矩较小,工件的振动也能减少。夹紧稳固可靠对有的工件由于结构形状关系,使加工面与夹紧作用点的距离较远,这时应增添辅助支承并附加夹紧力以减少工件受切削力后产生位置变动、变形或振动。如图 12-30 所示,图 12-30(a)、(b)中的 a 为辅助支承,$F_{W2}$ 是对着辅助支承的附加夹紧力。

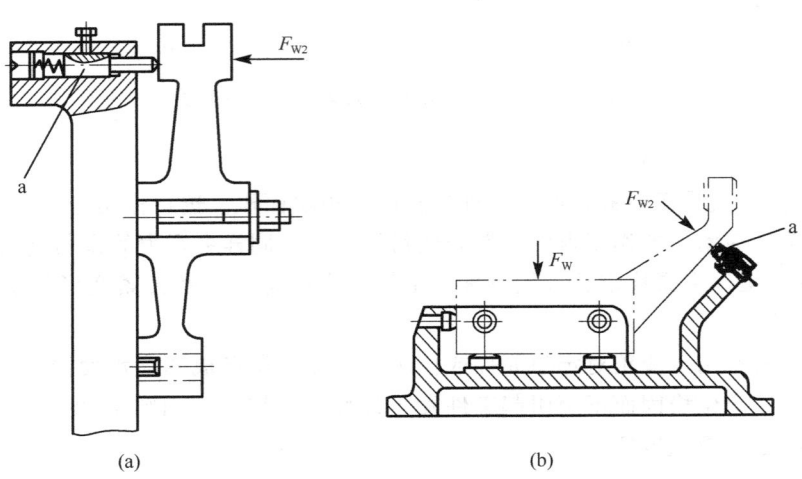

图 12-30 用以减少加工振动的辅助支承

### 12.3.3 常用夹紧装置及夹紧力计算

关于夹紧力能否保持工件定位后的位置,这不仅与其方向、作用点有关,主要还与它的大小有关。以下就讨论常用夹紧装置及夹紧力的计算,尽管实际生产中一般对夹紧力很少计算,但掌握其基本数量分析方法还是必要的。为了安全起见,还通常把计算得到的理论数据增大 1.5～3 倍,作为实际夹紧力考虑。

常用的典型夹紧机构是利用斜面的楔紧作用来夹紧工件的斜楔夹紧机构。斜楔夹紧机构是最基本夹紧机构,螺旋夹紧机构、偏心夹紧机构等均是斜楔机构的变形。下面首先分析楔块夹紧装置及夹紧力的计算。

**1. 楔块夹紧装置**

图 12-31 为一种斜楔夹紧机构。按图纸要求需要在工件上钻削互相垂直的 $\phi 8F8$ 与 $\phi 5F8$ 小孔,工件装入夹具后,在夹具体上定位后,锤击楔块大头,则楔块对工件产生夹紧力和对夹具体产生正压力,从而把工件楔紧。加工完毕后锤击楔块小头即可松开工件。

1) 斜楔的夹紧力分析

斜楔夹紧时的受力情况如图 12-32(a)所示,斜楔受外力为 $F_Q$,产生的夹紧力为 $F_W$,按斜楔受力的平衡条件,可推导出斜楔夹紧机构的夹紧力计算公式

$$F_Q = F_W \tan\varphi_1 + F_W \tan(\alpha + \varphi_2) \tag{12-7}$$

$$F_W = \frac{F_Q}{\tan\varphi_1 + \tan(\alpha + \varphi_2)} \tag{12-8}$$

当 $\alpha$、$\varphi_1$、$\varphi_2$ 均很小且 $\varphi_1 = \varphi_2 = \varphi$ 时,式(12-8)可近似的简化为

$$F_W = \frac{F_Q}{\tan(\alpha + 2\varphi)} \tag{12-9}$$

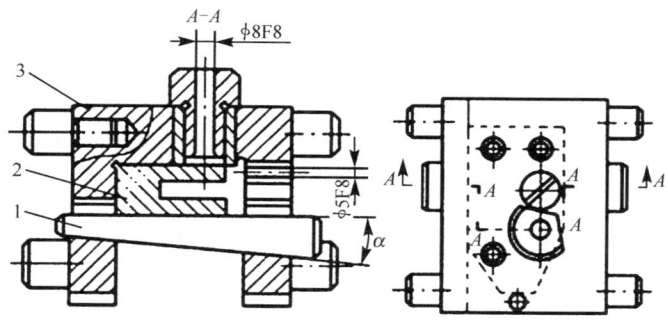

图 12-31 斜楔夹紧机构
1-斜楔；2-工件；3-夹具体

式中，$F_W$ 为夹紧力(N)；$F_Q$ 为作用力(N)；$\varphi_1$、$\varphi_2$ 为斜楔与支承面及与工件受压面间的摩擦角；常取 $\varphi_1=\varphi_2=5°\sim80°$；$\alpha$ 为斜楔的斜角，常取 $\alpha=6°\sim10°$。

2) 斜楔的自锁条件

如图 12-32(b)所示，当作用力 $F_Q$ 消失后，斜楔仍能夹紧工件而不会自行退出。根据力的平衡条件，可推导出自锁条件

$$F_1 \geqslant F_{R2}\sin(\alpha-\varphi_2) \tag{12-10}$$

$$F_1 = F_W \tan\varphi_1 \tag{12-11}$$

$$F_W = F_{R2}\cos(\alpha-\varphi_2) \tag{12-12}$$

将式(12-11)、式(12-12)代入式(12-10)，得

$$F_W \tan\varphi_1 \geqslant F_W \tan(\alpha-\varphi_2) \tag{12-13}$$

$$\alpha \leqslant \varphi_1+\varphi_2 = 2\varphi(设 \varphi_1=\varphi_2=\varphi) \tag{12-14}$$

一般钢铁的摩擦系数 $\mu=0.1\sim0.15$。摩擦角 $\varphi=\arctan(0.1\sim0.15)=5°43'\sim8°32'$，故 $\alpha\leqslant11°$。但考虑到斜楔的实际工作条件，为自锁可靠起见，取 $\alpha=6°\sim8°$。当 $\alpha=6°$ 时，$\tan\alpha\approx0.1$，因此斜楔机构的斜度一般取 1:10。

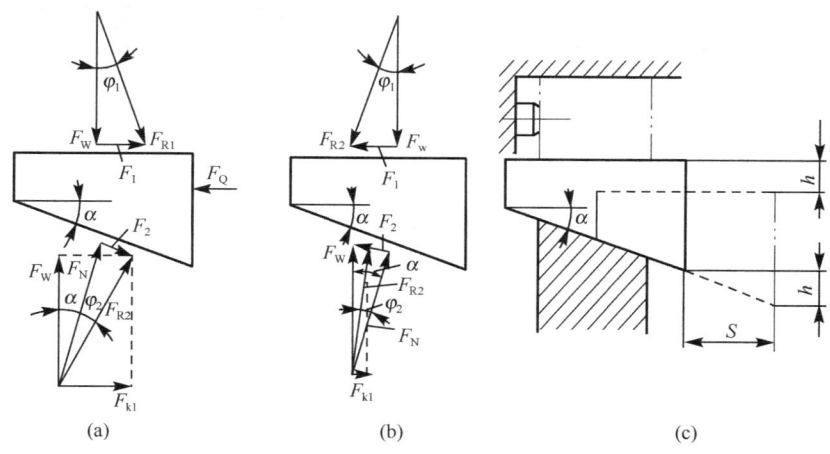

图 12-32 斜楔夹紧时的受力情况

3) 斜楔机构的结构特点

(1) 斜楔机构具有自锁的特性。当斜楔的斜角小于斜楔与工件以及斜楔与夹具体之间的摩擦角之和时,满足斜楔的自锁条件。

(2) 斜楔机构具有增力特性。斜楔的夹紧力与原始作用力之比称为增力比 $i_F$(或称为增力系数)。

$$i_F = \frac{F_W}{F_Q} = \frac{1}{\tan\varphi_1 + \tan(\alpha + \varphi_2)} \tag{12-15}$$

即当不考虑摩擦影响时,$i_F = 1/\tan\alpha$,此时如果 $\alpha$ 越小,增力作用越大。

(3) 斜楔机构的夹紧行程小。工件所要求的夹紧行程 $h$ 与斜楔相应移动的距离 $s$ 之比称为行程比 $i_s$。

$$i_s = \frac{h}{s} = \tan\alpha \tag{12-16}$$

因 $i_F = 1/i_s$,故斜楔理想增力倍数等于夹紧行程的缩小倍数。因此,选择升角 $\alpha$ 时,必须同时考虑增力比和夹紧行程两方面的问题。

(4) 斜楔机构可以改变夹紧力作用方向。由图 12-32 的受力分析可知,当对斜楔机构外加一个水平方向的作用力时,机构将产生一个垂直方向的夹紧力。

**2. 螺旋夹紧机构**

螺旋夹紧机构中所用的螺旋,实际上相当于把斜楔绕在圆面积柱体上,因此,其作用原理与斜楔是一样的。只不过是这时通过转动螺旋,使绕在圆柱体上的斜楔高度发生变化,而产生夹紧力来夹紧工件。图 12-33 所示是螺旋压紧机构。螺旋夹紧机构结构简单,制造容易,自锁性能好,夹紧可靠,是手动夹紧中常用的一种夹紧机构。

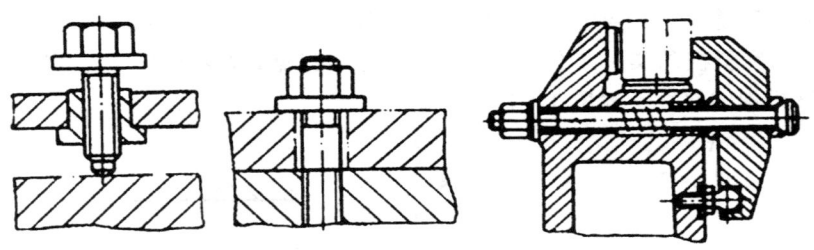

图 12-33 螺旋夹紧机构

螺旋夹紧机构由螺钉、螺母、垫圈、压板等元件组成。

1) 单个螺旋夹紧机构

直接用螺钉或螺母夹紧工件的机构,称为单个螺旋夹紧机构,如图 12-34 所示。图 12-34(a) 中螺钉头直接与工件表面接触,螺钉转动时,可能损伤工件表面或带动工件旋转。为克服这一缺点,可在螺钉头部装上摆动压块。如图 12-35 所示为标准化摆动压块(GB/T 2173-91)。图 12-35(a)、图 12-35(b) 所示为转动压块,A 型的端面光滑,用于夹紧已加工表面;B 型的端面有齿纹,用于夹紧毛坯面。当要求螺钉只移动不转动时,可采用图 12-35(c) 所示结构。压紧螺钉及压块已标准化,其材料、结构尺寸、性能特点等可查阅相关手册。

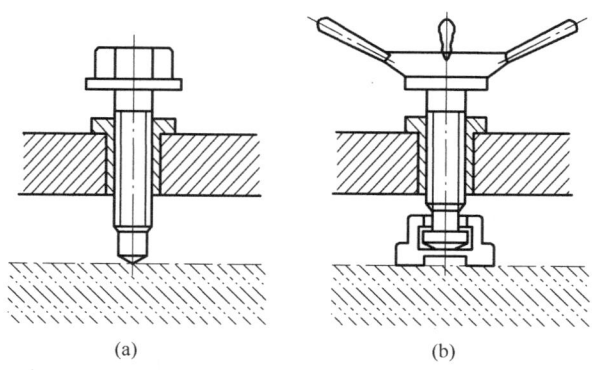

图 12-34 单个螺旋夹紧机构

单个螺旋夹紧机构夹紧动作慢，装卸工件费时，为克服这一缺点，可采用各种快速螺旋夹紧机构。

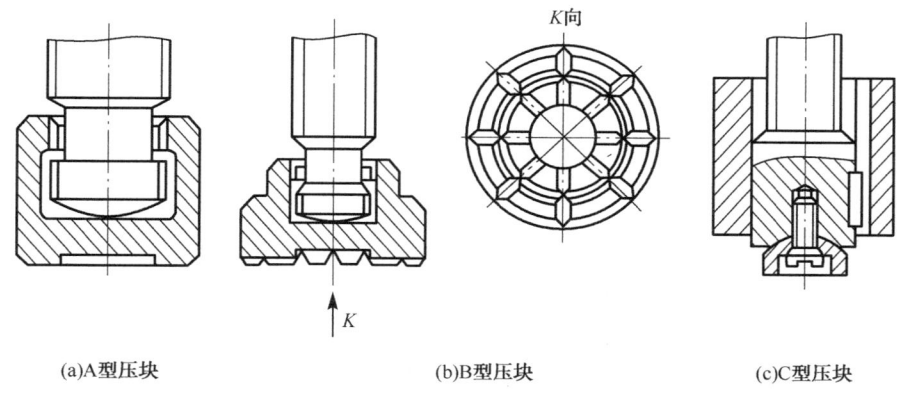

(a)A型压块　　　　　　(b)B型压块　　　　　　(c)C型压块

图 12-35 标准化压块

2) 螺旋压板夹紧机构

螺旋夹紧机构的结构形式很多，但从夹紧方式来分，可分为单个螺栓夹紧机构和螺旋衬板夹紧机构两种。图 12-36(a)为压板夹紧形式，图 12-36(b)为螺栓直接夹紧形式，在夹紧机构中，螺旋压板的使用是很普遍的。

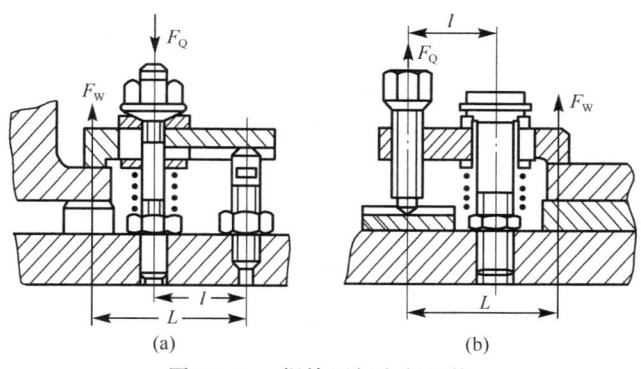

图 12-36 螺旋压板夹紧机构

由于螺旋夹紧动作慢、辅助时间长,效率低,使用时收到了很大的限制。为了克服螺旋夹紧动作慢,效率低等缺点,现在工业上已经出现了各种快速夹紧机构。如图 12-37 所示。图 12-37(a)中,在螺母的下方增加开口垫圈,螺母的外径小于工件内孔直径,只要稍微放松螺母,即可抽出垫圈,工件便可穿过螺母取出。图 12-37(b)为快卸螺母,螺母孔内钻有光孔,其孔径略大于螺纹的外径,螺母斜向沿光孔套入螺杆,然后将螺母摆正,使螺母的螺纹与螺杆啮合,再拧动螺母,便可夹紧工件。但螺母的螺纹部分被切去一部分,因此啮合部分减小,夹紧力不能太大。

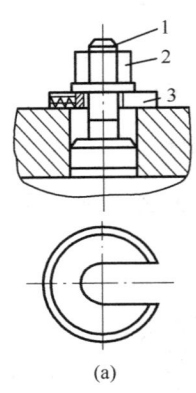 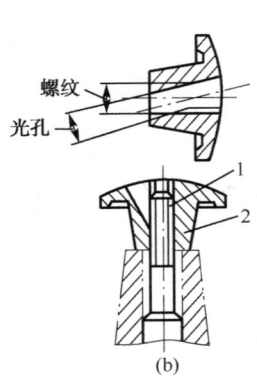

(a) 1-螺杆;2-螺母;3-开口垫  (b) 1-螺杆;2-快换螺母

图 12-37 快速螺旋夹紧机构

### 3. 偏心夹紧装置

偏心轮是一种转动中心与几何中心不重合的加紧件,旋转偏心轮就可以夹紧工件。由于偏心轮夹紧装置是一种快速的手动夹紧装置,如图12-38所示,其结构简单,使用方便,但扩力比小,偏心夹紧不如螺旋夹紧那样应用广泛。它主要适用于工件被夹紧部分的偏差要小、加工时没有振动或振动很小、需要的夹紧力不大的情况下,否则容易松开。

常用的偏心夹紧机构的圆盘状的偏心轮 1,其几何中心 $C$ 与回转中心 $O$ 之间有一偏心距 $e$,当顺时针转动手柄时,回转中心 $O$ 抬起,带动压板 2 以螺杆 5 为支点转动,从而夹紧工件。

1) 偏心夹紧的工作特性

如图 12-39(a)所示的圆偏心轮,其直径为 $D$,偏心距为 $e$,由于其几何中心 $C$ 和回转中心 $O$ 不重合,当顺时针方向转动手柄时,就相当于一个弧形楔卡紧在转轴和工件受压表面之间而产生夹紧作用。将弧形楔展开,则得如图 12-39(b)所示的曲线斜楔,曲线上任意一点的切线和水平线的夹角即为该点的升角。设 $\alpha_x$ 为任意夹紧点 $x$ 处的升角,其值可由 $\triangle OxC$ 中求得

$$\sin \alpha_x = \frac{2e}{D} \sin \varphi_x \qquad (12\text{-}17)$$

式中,转角 $\varphi_x$ 的变化范围为 $0° \leqslant \varphi_x \leqslant 180°$,由上式可知,当 $\varphi_x = 0°$ 时,$m$ 点的升角最小,$\alpha_m = 0°$,随着转角 $\varphi_x$ 的增大,升角 $\alpha_x$ 也增大,当 $\varphi_x = 90°$ 时(即 $T$ 点),升角 $\alpha$ 为最大值,此时

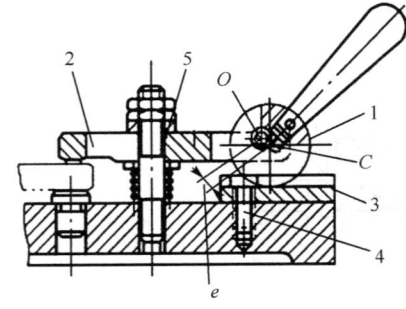

图 12-38 偏心夹紧装置

1-偏心轮;2-压板;3-垫板;4-螺钉;5-螺杆

$$\begin{cases} \sin \alpha_T = \sin \alpha_{\max} = \dfrac{2e}{2e} \\ \alpha_T = \alpha_{\max} = \arcsin \dfrac{2e}{D} \end{cases} \quad (12\text{-}18)$$

因 $\alpha$ 很小,故取 $\alpha_{\max} \approx 2e/D$。

当 $\varphi_x$ 继续增大时,$\alpha_x$ 将随着 $\varphi_x$ 的增大而减小,$\varphi_x = 180°$,即 $n$ 点处,此处的 $\alpha_n = 0°$。

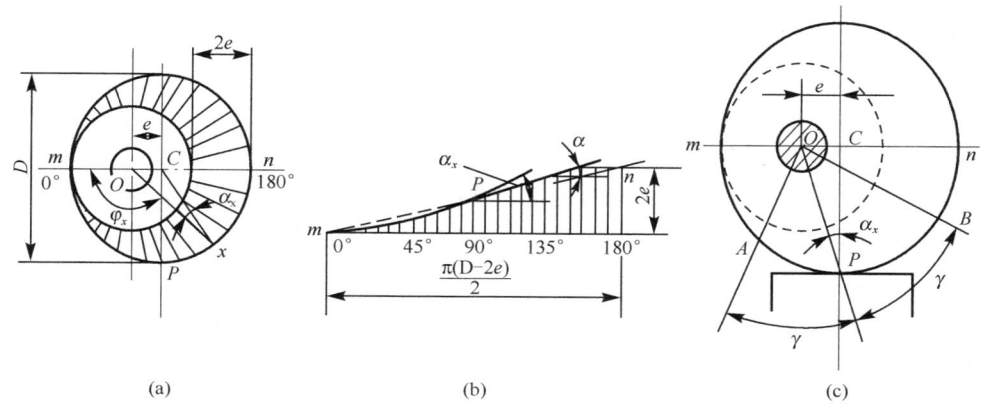

图 12-39 偏心轮特性

偏心轮的这一特性很重要,因为它与工作段的选择,自锁性能,夹紧力的计算以及主要结构尺寸的确定关系极大。

2)偏心轮工作段的选择

从理论上讲,偏心轮下半部整个轮廓曲线上的任何一点都可以用来作为夹紧点,相当于偏心轮转过 180°,夹紧的总行程为 $2e$,但实际上为防止松夹和咬死,常取 $P$ 点左右圆周上的 1/6~1/4 圆弧,即相当于偏心轮转角为 60°~90° 的范围所对应的圆弧为工作段。如图 12-39(c)所示的 $AB$ 弧段。由图 12-39(b)可知,该段近似为直线,工作段上任意点的升角变化不大,几乎近于常数,可以获得比较稳定的自锁性能。因而,在实际工作中,多按这种情况来设计偏心轮。

圆偏心的优点是制造容易,缺点是行程有限,夹紧力随回转角度而改变。当行程较大时,偏心直径就要增大。为了充分利用偏心轮的有效夹紧行程,在夹具中要加调整件(如图 12-38 中的垫块 3),以适应各批工件毛坯尺寸的变化。

3)偏心轮夹紧的自锁条件

设计圆偏心夹紧时应注意保证自锁,并有足够的夹紧行程和足够的夹紧力。必须保证自锁,否则将不能使用。要保证偏心轮夹紧时的自锁性能,和前述斜楔夹紧机构相同,应满足下列条件:

$$\alpha_{\max} \leqslant \varphi_1 + \varphi_2 \quad (12\text{-}19)$$

式中,$\alpha_{\max}$ 为偏心轮工作段的最大升角;$\varphi_1$ 为偏心轮与工件之间的摩擦角;$\varphi_2$ 为偏心轮转角处的摩擦角。

因为 $\alpha_p = \alpha_{\max}$,$\tan \alpha_p \leqslant \tan(\varphi_1 + \varphi_2)$,已知 $\tan \alpha_p = 2e/D$。为可靠起见,不考虑转轴处的摩擦,又 $\tan \varphi_1 = \mu_1$,故得偏心轮夹紧点自锁时的外径 $D$ 和偏心量 $e$ 的关系

$$2e/D \leqslant \mu_1$$

当 $\mu_1 = 0.10$ 时
$$D/e \geqslant 20$$
$\mu_1 = 0.15$ 时
$$D/e \geqslant 14$$

称 $D/e$ 之值为偏心率或偏心特性。按上述关系设计偏心轮时,应按已知的摩擦系数和需要的工作行程定出偏心量 $e$ 及偏心轮的直径 $D$。一般摩擦系数取较小的值,以使偏心轮的自锁更可靠。

4. 三种机构的对比

手动斜楔夹紧机构在夹紧工件时,费时费力,效率极低所以使用很少。因其夹紧行程较小,对工件的夹紧尺寸(工件承受夹紧力的定位基准至其受压面间的尺寸)的偏差要求很高,否则将会产生夹不着或无法夹紧的状况。因此,斜楔夹紧机构主要用于机动夹紧机构中,而且对毛坯的质量要求较高。

偏心夹紧机构的特点是结构简单、动作迅速,但它的夹紧行程受偏心距 $e$ 的限制,夹紧力较小,故一般用于工件被夹压表面的尺寸变化较小和切削过程中振动不大的场合,多用于小型工件的夹具中,对于受压面的表面质量有一定的要求。

螺旋夹紧机构结构简单、制造方便,增力比大,夹紧行程不受限制,所以在手动夹紧机构中应用广泛。但其夹紧动作慢、辅助时间长,效率较低。三种机构的对比如表 12-2 所示。

表 12-2 三种机构的比较

| 夹紧机构 | 自锁性 | 夹紧行程 | 夹紧力 |
| --- | --- | --- | --- |
| 楔块夹紧 | 一般 | 一般 | 夹紧力小 |
| 偏心夹紧 | 最差 | 受限制 | 一般 |
| 螺旋夹紧 | 最好 | 不受限制 | 夹紧力最大 |

5. 联动夹紧机构

根据工件结构特点和生产率的要求,有些夹具要求对一个工件进行多点夹紧,或者需要同时夹紧多个工件。如果分别依次对各点或各工件夹紧,不仅费时,也不易保证各夹紧力的一致性。为提高生产率及保证加工质量,可采用各种联动夹紧机构实现联动夹紧。

联动夹紧是指操纵一个手柄或利用一个动力装置,就能对一个工件的同一方向或不同方向的多点进行均匀夹紧,或同时夹紧若干个工件。前者称为多点联动夹紧,后者称为多件联动夹紧。

1) 多点联动夹紧机构

多点联动夹紧机构又称多点夹机构紧,是指是有一个作用力,通过一定的机构将这个力分解到几个点上对工件进行夹紧。最简单的多点联动夹紧机构是浮动压头,如图 12-40 所示。其特点是具有一个浮动元件 1,当其中的某一点夹压后,浮动元件就会摆动或移动,直到另一点也接触工件均衡压紧工件为止。

图 12-41 为两点联动夹紧机构,当液压缸中的活塞杆向下移动施加力 $F$ 时,通过双臂铰链使浮动板 2 相对转动,最后将工件 1 夹紧。

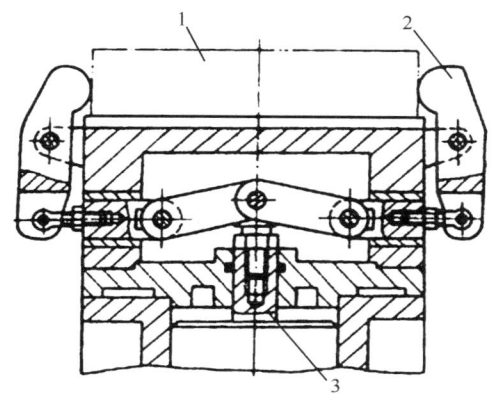

图 12-40 浮动压头示意图
1-浮动工件；2-浮动压板；3-活塞杆

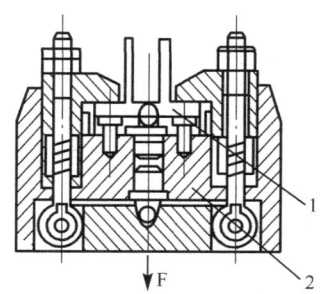

图 12-41 两点联动夹紧机构
1-工件；2-浮动板

2) 多件联动夹紧机构

夹紧机构施加一个作用力，通过一定的机构实现对几个工件进行夹紧，称为多件联动夹紧机构，多用于中、小型工件的加工，按其对工件施加力方式的不同，一般可分为平行夹紧、顺序夹紧等方式。图 12-42(a) 为平行夹紧的实例。由于压板 2、摆动压块 3 和球面垫圈 4 可以相对转动，均是浮动件，故旋动螺母 5 可同时平行夹紧每个工件。图 12-42(b) 所示为液性介质联动夹紧机构。密闭腔内的不可压缩液性介质既能传递力，还能起浮动环节作用。旋紧旋动螺母 5 时，液性介质推动各个柱塞 7，使它们与工件全部接触并夹紧。图 12-42(c) 所示为顺序夹紧夹具。通过转动旋动螺母（手柄）5 施加一个原始力，由工件依次传递将所有工件全部加紧。

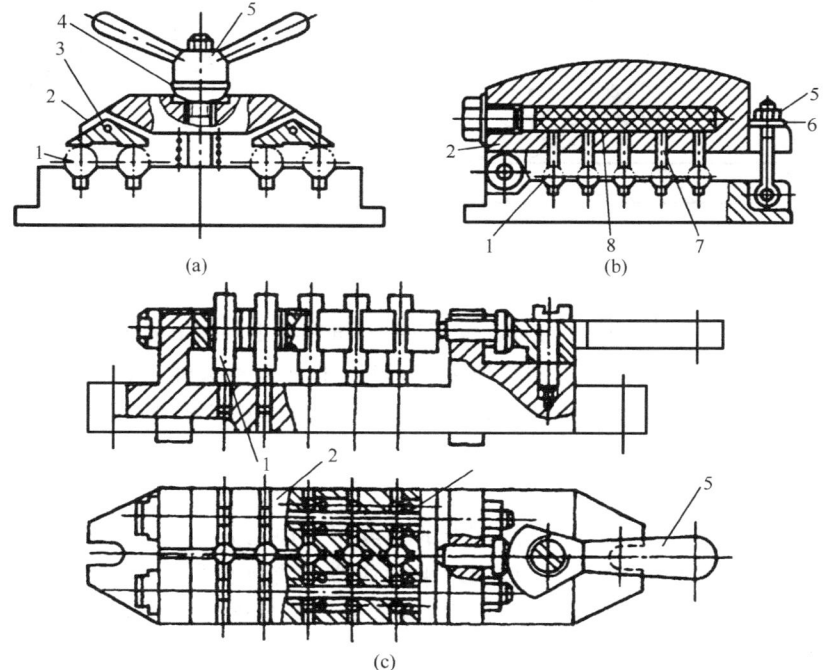

图 12-42 多件联动夹紧机构
1-工件；2-压板；3-摆动压块；4-球面垫圈；5-旋动螺母（手柄）；6-垫圈；7-柱塞；8-液性塑料

## 12.4 典型夹具及设计

### 12.4.1 钻床夹具

钻床上进行孔加工时所用的夹具称钻床夹具,也称钻模,是在钻床上用以确定工件和刀具相对位置并使工件得到夹紧的装置。其主要作用是控制刀具位置和导引其送进方向,以保证工件上被加工孔的位置精度。

钻床夹具主要是由钻套、钻模板、定位及夹紧装置和夹具体等零件组成。

1. 钻模特点

1) 固定式钻模

在加工过程中钻模的位置是固定不变的,因此,这种钻模的夹具体上,设有专供紧固螺钉夹压用的凸缘或凸边,图 12-43 是一种钻斜孔用的固定式钻模结构。

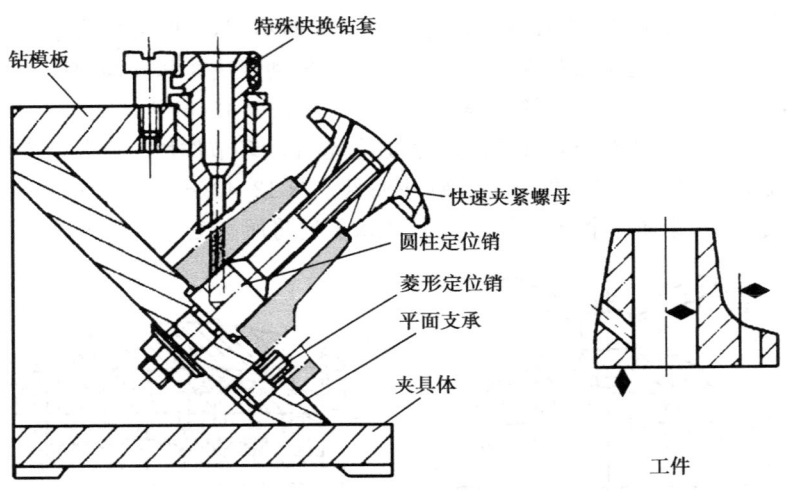

图 12-43 斜孔钻床夹具

在该夹具中,工件是以一面两孔为定位基准的,而夹具上与之相应地采用圆柱销、菱形销、倾斜的平面支板来定位。为便于工件快速装卸,采用了具有多头螺纹的快速夹紧螺母。由于是斜孔加工且工件斜装后离钻模板较远,故必须采用下端伸长且成斜面形的特殊可换钻套,以保证刀具能有良好的引导条件。

2) 回转式钻模

用于加工分布在工件的同一个圆周面上的孔或用于加工分布在工件的几个不同表面上的孔。因此这类钻模的回转分度部分可以绕水平轴或绕垂直轴回转,少数情况也与采用绕斜轴回转。为控制工件绕轴线转动角度,必须设有分度装置。如图 12-44 所示为轴向分度式回转钻模。工件以其端面和内孔与钻模上的定位表面及定位销 7 相接触完成定位;拧紧螺母 8,通过快换垫圈 9 将工件夹紧;通过钻套引导刀具对工件上的孔进行加工。对工件上若干个均匀分布的孔的加工,是借助分度机构完成的。如图 12-44 所示,在加工完一个孔后,转动手柄 3,

可将分度盘(与定位销 7 装为一体)松开,利用把手 5 将分度定位销 6 从定位套中拔出,分度盘带动工件可转动至某一角度后,将分度定位销 6 又插入分度盘上的另一定位套中即完成一次分度,再转动手柄 3 将分度盘锁紧,即可依次加工其余各孔。

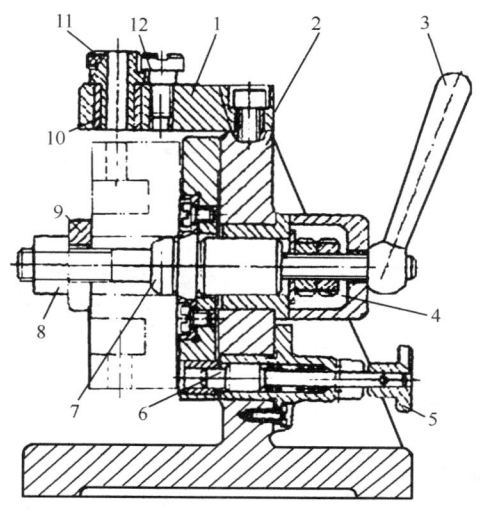

图 12-44 轴向分度式回转钻模

1-夹具体平板;2-联接螺钉;3-手柄;4-螺母;5-把手;6-分度定位销;
7-定位销;8-螺母;9-开口快换垫圈;10-衬套;11-铝套;12-螺钉

3)滑柱式钻模

如图 12-45 所示,这类钻模的钻模板固定在夹具体中自由升降的滑柱上,由手柄通过齿轮条或气动、液压等机构操纵滑柱带动钻模板上下,以夹紧和松开工件,因此这类钻模不必另设夹紧装置,为防止钻削过程中滑柱因受振动而松开,一般滑柱式钻模在结构上都设有各种自锁装置,以保证滑柱下降而夹紧工件后即处于锁紧状态。滑柱式钻模的优点是装卸工件快,易实现操作机械化和自动化,由于钻模下降时能产生夹紧作用的特点,如图 12-45 所示,从而使钻模的设计大大简化。它对大批量生产和中、小批生产均适用,若更换几个附件还能适用于加工类型而规格不同的工件。缺点是因滑柱与导向孔有间隙,因此所钻的孔与其端面的不垂直度和孔间距精度不是很高。

另外还有其他形式的钻模,如移动式钻模、翻转式钻模、盖板式钻模、铰链式钻模板等,这里就不一一论述了。

**2. 钻模的设计要点**

在设计钻模时,需要根据工件的尺寸、形状、质量和加工要求,以及生产批量、工厂的具体条件来考虑夹具的结构类型。然后按夹具设计步骤进行设计,并注意以下几个方面:

(1)工件上被钻孔的直径大于 10mm 时(特别是钢件),钻床夹具应设法固定在工作台上,以保证操作安全。钻夹具和工件的总质量不宜超过 10kg,以减轻操作工人的劳动强度。

(2)对于孔与端面精度要求不高的小型工件,即垂直度公差大于 0.1mm,可优先采用滑柱式钻模。以缩短夹具的设计与制造周期。但对于垂直度公差小于 0.1mm、孔距精度小于 ±0.15mm 的工件,则不宜采用滑柱式钻模。

(3)当加工多个不在同一圆周上的平行孔系时,如夹具和工件的总质量超过15kg,宜采用固定式钻模在摇臂钻床上加工,若生产批量大,可以在立式钻床或组合机床上采用多轴传动头进行加工。

(4)钻模板与夹具体的连接不宜采用焊接的方法。因焊接应力不能彻底消除,影响夹具制造精度的长期保持性。

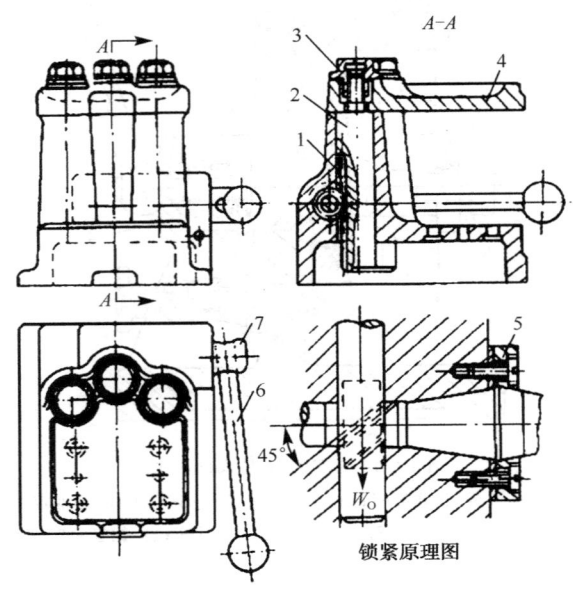

图 12-45　滑柱式钻模

1-夹具体;2-滑柱;3-锁紧螺母;4-钻模板;5-套环;6-手柄;7-齿轮轴

### 3.钻套的选择和设计

钻套装配在钻模板或夹具体上,钻套的作用是确定被加工工件上孔的位置,引导钻头、扩孔钻或铰刀,并防止其在加工过程中发生偏斜。按钻套的结构和使用情况,可分为四种类型。

1)固定钻套

固定钻套的结构分为 A 型、B 型两种,如图 12-46(a)、图 12-46(b)所示。为防止使用时钻屑及油污进入钻套,A 型钻套在压入安装孔时,其上端应稍突出钻模板;B 型固定钻套为带凸缘式结构,上端凸缘直接确定了钻套的压入位置,为安装提供方便,并提高钻套上端孔口的强度,防止钻头等在移动中撞坏钻套上口。在使用过程中若不需要更换钻套(据经验统计,钻套一般可使用 1000～12000 次),则用固定钻套较为经济,钻孔的位置精度也较高。

固定式钻套与安装孔间的配合,一般选为 H7/n6 或 H7/r6。因钻套不易更换,故常用于中、小批量生产中,或用来加工孔距较小及孔的位置精度要求较高的孔。

2)可换钻套

当生产批量较大,需要更换磨损的钻套时,则用可换钻套较为方便,如图 12-46(c)所示。可换钻套装在衬套中,衬套是以 H7/n6 或 H7/r6 的配合直接压入钻模板的底孔内,钻套外圆与衬套内孔之间常采用 F7/m6 或 F7/k6 配合。当钻套磨损后,可卸下螺钉,更换新的钻套。螺钉还能防止加工过程中因钻头与钻套内孔的摩擦使钻套发生转动,或退刀时随刀具升起。

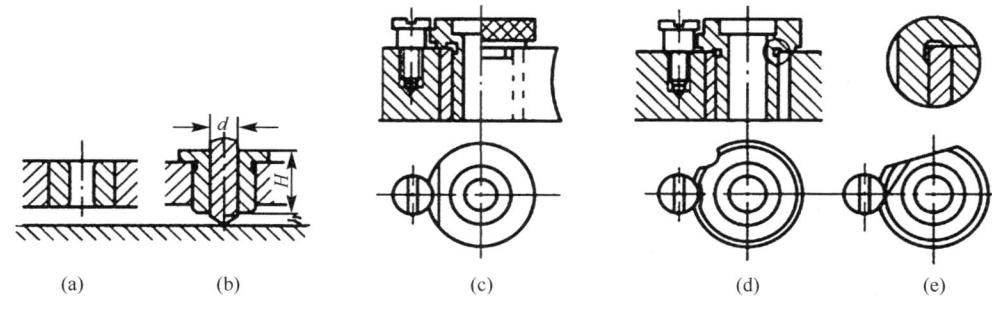

图 12-46 标准钻套

3) 快换钻套

当被加工孔需依次进行钻、扩、铰时,由于刀具直径逐渐增大,应使用外径相同而内径不同的钻套来引导刀具,这时使用快换钻套可减少更换钻套的时间,如图 12-46(d)、图 12-46(e)所示。快换钻套的有关配合与可换钻套的相同。更换钻套时,将钻套的削边处转至螺钉处,即可取出钻套。钻套的削边方向应考虑刀具的旋向,以免钻套随刀具自行拔出。

以上三类钻套已标准化,其结构参数、材料和热处理方法等,可查阅有关手册。

4) 特殊钻套

由于工件形状或被加工孔位置的特殊性,有时需要设计特殊结构的钻套,如图 12-47 所示。在斜面上钻孔时,应采用图 12-47(a)所示的钻套,钻套应尽量接近加工表面,并使之与加工表面的形状相吻合。如果钻套较长,可将钻套孔上部的直径加大(一般取 0.1mm),以减少导向长度。在凹坑内钻孔时,常用图 12-47(b)所示的加长钻套($H$ 为钻套导向长度)。图 12-47(c)、图 12-47(d)为钻两个距离很近的孔时所设计的非标准钻套。

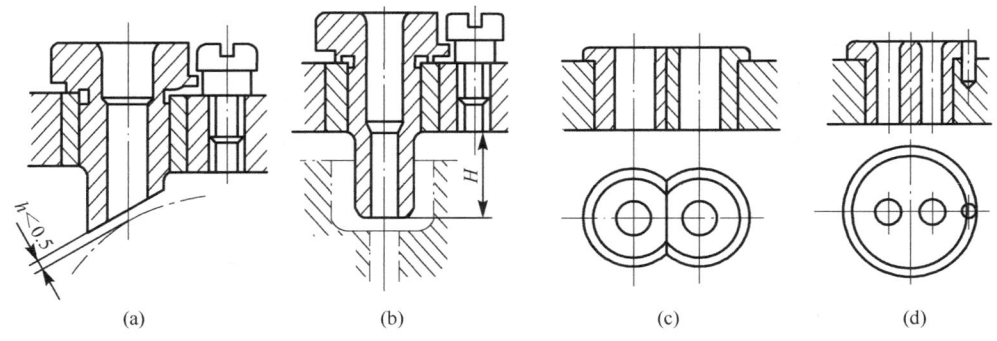

图 12-47 特殊钻套

4. 钻套的基本尺寸及公差配合的选择

1) 钻套内孔

钻套内孔(又称导向孔)直径的基本尺寸应为所用刀具的最大极限尺寸,并采用基轴制间隙配合。钻孔或扩孔时其公差取 F7 或 F8,粗铰时取 G7,精铰时取 G6。若钻套引导的是刀具的导柱部分,则可按基孔制的相应配合选取,如 H7/f7、H7/g6 或 H6/g5 等。

2）导向长度 $H$

如图 12-48 所示，钻套的导向长度 $H$ 对刀具的导向作用影响很大，$H$ 较大时，刀具在钻套内不易产生偏斜，但会加快刀具与钻套的磨损；$H$ 过小时，则钻孔时导向性不好。通常取导向长度 $H$ 与其孔径之比为 $H/d=1\sim2.5$。当加工精度要求较高或加工的孔径较小时，由于所用的钻头刚性较差，则 $H/d$ 可取大些，如钻孔直径 $d<5$mm 时，应取 $H/d\geqslant2.5$；如加工两孔的距离公差为 $\pm0.05$mm 时，可取 $H/d=2.5\sim3.5$。

3）排屑间隙 $C$

排屑间隙 $C$ 是指钻套底部与工件表面之间的空隙，如图 12-49 所示。如果 $C$ 太小，则切屑排出困难，会损伤加工表面，甚至还可能折断钻头。如果 $C$ 太大，则会使钻头的偏斜增大，影响被加工孔的位置精度。$C$ 可按经验公式选取：一般加工铸铁件时，$C=(0.3\sim0.7)d$；加工钢件时，$C=(0.6\sim0.9)d$，其中 $d$ 为所用钻头的直径。

式中系数在材料越硬应取小，钻小孔时，系数应取大。但下列情况例外：

(1) 孔的位置精度要求高时，不论钻削铸铁、钢或青铜，$C$ 取 0，这时刀具进给应慢，以免切削阻塞。

(2) 钻深孔（$L/d>5$）时，要求排屑轻快，$C$ 一般取 $1.5d$。

(3) 钻斜面工件孔时 $C$ 尽量取小，甚至可以取为 0。

当孔的位置尺寸精度要求较高时（其公差小于 $\pm0.05$mm），则宜采用固定式钻模板和固定式钻套的结构形式。

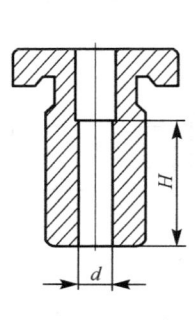

图 12-48 钻套

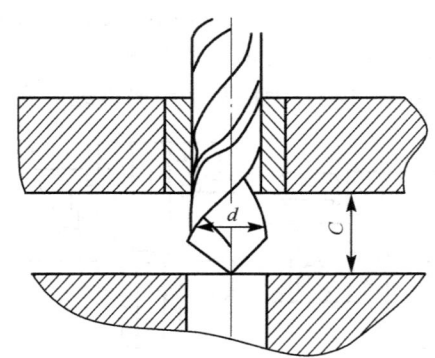

图 12-49 工件与钻套间的间隙

## 12.4.2 镗床夹具

镗床夹具又称镗模，主要用于加工箱体类工件以保证孔系位置精度的夹具。它主要由镗模底座、镗查勘支架、镗套、镗杆以及必需的定位、夹紧装置组成。由于箱体类工件的孔系加工精度要求较高，镗模的制造精度通常比钻模高。图 12-50 所示是加工机床主轴箱用的镗模。图 12-50(a) 为结构简图，图 12-50(b) 为立体图，按照图纸要求精镗齿轮轴承孔系，同时还要扩孔。工件的定位基面是底面和底面上的两个预先加工好的定位销孔。

当用两个或两个以上的支架 1 来引导镗杆 4 时，镗杆与镗床主轴 2 必须浮动联接。当采用浮动联接时（图 12-51），机床精度对孔系加工精度影响很小，因而可以在精度较低的机床上加工出精度较高的孔系。一般说来，利用镗模精加工孔系能可靠的保证两孔中心距误差为

0.02mm;孔的平行度、垂直度、同轴度等形位公差为 0.01mm;镗床能加工公差等级 IT7 的孔,其表面粗糙度可达 Ra0.8～1.6μm。因此,工件孔及对各有关表面的相互位置精度要求是靠镗模的精度保证,所以,确保镗模精度是设计镗床夹具必须注意的问题。

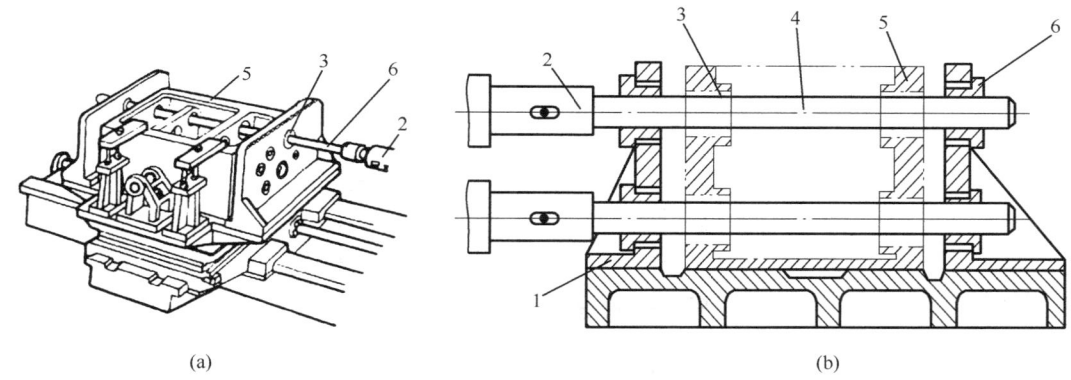

图 12-50 用镗模加工孔系
1-支架;2-镗床主轴;3-镗刀;4-镗杆;5-工件;6-镗套

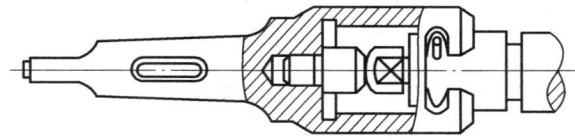

图 12-51 浮动联接的镗杆

现仅将镗模引导元件和镗杆的设计简述如下。

镗模的引导元件(支架、镗套)和定位元件一样,对保证加工精度同等重要。

1. 支架的设计

支架是决定镗模刚度的关键零件,所以对镗模支架的要求主要是有足够的刚度和强度。为增强支架刚度而又不致于使它笨重,一般都设置加强筋。支架应避免承受夹紧力和切削力,以免变形影响导向精度,为了便于制造,支架不宜与夹具体做成整体。

2. 镗套的设计

镗套可分为固定式和回转式两种。固定式镗套如图 12-52 所示,结构简单、初始精度较好但易磨损,难以长期保持精度,故适用于切削速度较低的情况。固定式镗套结构已标准化了,设计时可参阅 GB2266—91《夹具零件及部件》。

在加工中,镗套和镗杆间有相对转动,必须充分润滑,为此在镗套肩部要有注油孔,镗套内需要加工出油槽,以方便注油润滑。当转速 $v \geq 24\text{m/min}$ 时就应采用回转式镗套。

回转式镗套 回转式镗套随镗杆一起转动,适于镗杆在较高速度条件下工作。由于镗杆在镗套内只做相对移动(转动部分采用轴承),因而可避免因摩擦发热而产生"卡死"现象。根据回转部分安排的位置不同,回转式镗套又分"外滚式"和"内滚式"。如图 12-53 所示,其中图 12-53(a)、图 15-53(b)是内滚式镗套;图 12-53(c)、图 15-53(d)为外滚式镗套。装有滑动轴承的内滚式镗套,在良好的润滑条件下具有较好的抗振性,常用于半精镗和精镗孔,压入滑动套内的铜套内孔应与刀杆配研,以保证较高的精度要求。

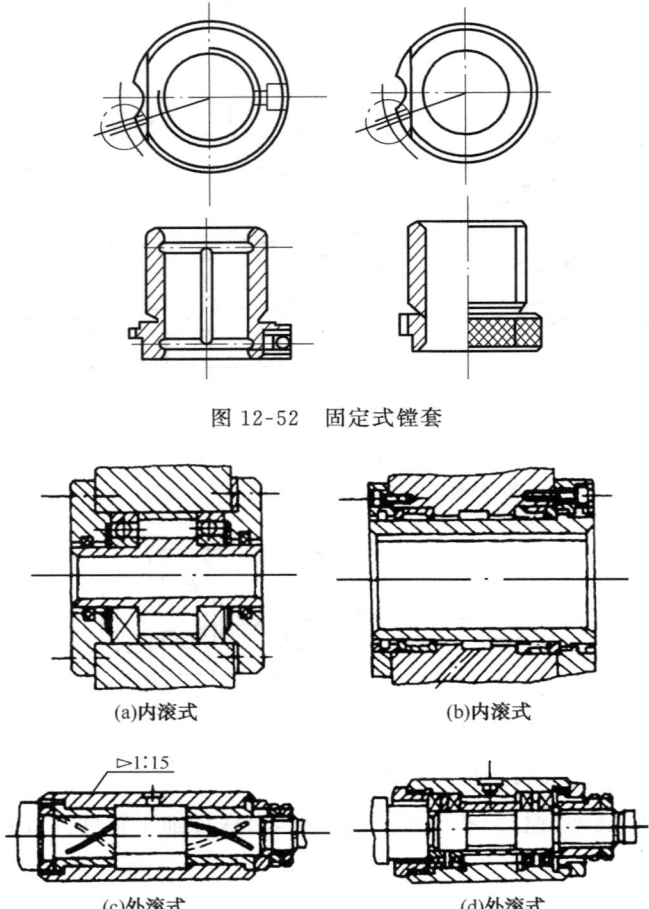

图 12-52　固定式镗套

图 12-53　回转式镗套

**3. 镗套的布置形式**

镗套的布置形式主要根据被加工孔的直径 $D$ 以及孔长与孔径的比值 $L/D$ 和精度要求而定。一般有以下四种形式。

1)单支承前引导

当镗削直径 $D>60$mm,且 $L/D<1$ 的通孔或小型箱体上单向排列的同轴线通孔时,常将镗套(及其支架)布置在刀具加工部位的前方,如图 12-54(a)所示。这种方式便于在加工中进行观察和测量,特别适合镗平面或攻螺纹的工序,其缺点是切屑易带入镗套中。为了便于排屑,一般取 $h=(0.5\sim1)D$,但 $h$ 应大于 20mm。镗套的长度(相当于钻套高度)$H$ 宜根据镗杆导向部分的直径 $d$ 来选取,一般取 $H=(2\sim3)d$。

2)单支承后引导

当 $D<60$mm 时,常将镗套布置在刀具加工部位的后方(即机床主轴和工件之间)。当加工 $L<D$ 的通孔或小型箱体的盲孔时,应采用如图 12-54(b)所示的布置方式($d>D$),这种方式刀杆刚性很大,加工精度高,且用于立镗时无切屑落入镗套;当加工 $L>(1\sim1.25)D$ 的通孔和盲孔时,应采用如图 12-54(c)所示的布置方式($d<D$),这种方式使刀具与镗套的垂直距离 $h$ 大大减少,提高了刀具的刚度。镗套距工件孔的距离 $h$ 要根据更换刀具及排屑要求等而定。如果在立式镗床上则与钻模相似,$h$ 可参考钻模的情况确定。在卧式镗床、组合机床上使用时,常取 $h=60\sim100$ mm。镗套长度 $H$ 的选取与单支承前引导相同。

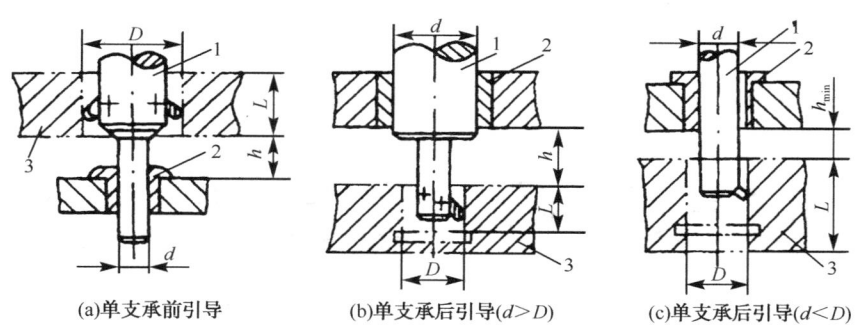

图 12-54 镗套的布置形式
1-镗杆;2-镗套;3-工件

3) 双支承前后引导

导向支架分别装在工件两侧,如图 12-55(a)所示。当镗长度 $L>1.5D$ 的通孔,且加工孔径较大,或排列在同一轴线上的几个孔,并且其位置精度也要求较高时,宜采用双支承前后引导方式。这种方式的缺点是镗杆较长、刚性差、更换刀具不方便。图 12-55(a)中的后引导是采用内滚式镗套,前引导采用的是外滚式镗套。这两种滚动轴承所构成的回转式镗套的长度,可按 $H=0.75d$ 的关系和结构情况选取。若采用固定式镗套时,可按 $H=(1.5\sim2)d$ 来选取。

4) 双支承后引导

当在某些情况下,因条件限制不能使用前后双引导时,可在刀具后方布置两个镗套,如图 12-55(b)所示。这种布置方式装卸工件方便,更换镗杆容易,便于观察和测量,较多应用于大批生产中。由于镗杆在受切削力时呈悬臂状,为了提高刀具的刚度,一般镗杆外伸端应满足 $L_1<5d$。

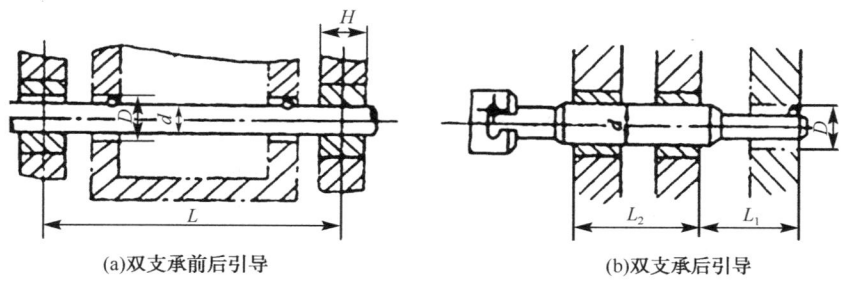

图 12-55 双支承引导

不论单面双支承还是双面单支承,布置的两镗套一定要同轴,且镗杆与机床主轴之间应采用浮动联接。浮动联接应能自动调节以补偿角度偏差和位移量,否则失去浮动的效果,影响加工精度。轴向切削力由镗杆端部的和镗套内部的支承钉来支承,圆周力由镗杆联接销和镗套横槽来传递。

### 5) 镗套硬度及材料选择

因镗套磨损后更换比镗杆易,所以硬度一般应低于镗杆。镗套材料一般可选用铜、铸铁或T10A等。生产批量小时,多用铸铁,批量大时多用铜。

### 4. 镗杆的设计

图 12-56 所示是用于固定式镗套的镗杆导向部分的结构。当镗杆导向部分直径 $d<50\text{mm}$ 时,镗杆常采用整体式。当直径 $d>50\text{mm}$ 时,常采用图 12-56(d)所示的镶条式结构,镶条应采用摩擦系数小而耐磨的材料,如铜或钢。镶条磨损后,可在底部加垫片,重新修磨使用。

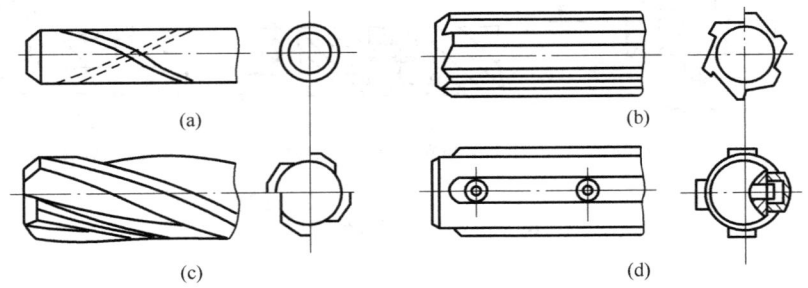

图 12-56 镗杆导向结构

图 12-57 所示是用于外滚式回转镗套的镗杆引进结构。图 12-57(a)所示为镗杆前端设置平键,键下装有压缩弹簧,键的前部有斜面,适用于开有键槽的镗套。无论镗杆以何位置进入导套,平键均能自动进入键槽,带动镗套回转。图 12-57(b)所示镗杆上开有键槽,其头部做成螺旋引导结构,其螺旋角应小于 45°,以便镗杆引进后使键顺利进入槽内。

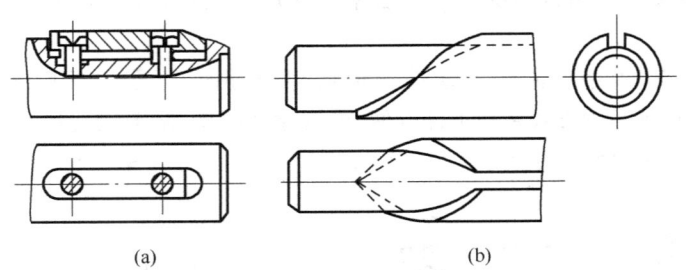

图 12-57 镗杆引进结构

镗杆直径主要受工件孔径所限,确定镗杆直径时,为保证加工精度,加工中要求镗杆不能产生大的变形和振动,因此镗杆直径应尽可能取大些,具有足够的刚度。但在精加工或较深孔的加工中,应注意使镗杆与孔间留有足够的容屑空间间隙,一般可取 $d=(0.6\sim0.8)D$($d$ 为镗杆直径(mm),$D$ 为被镗孔直径(mm))。对采用前后支承引导方式的镗杆,其直径与前后两支承内断面间的距离比例最好为 1:10,最大不超过 1:20。

设计镗杆时,镗孔直径 $D$、镗杆直径 $d$、镗刀截面 $B\times B$ 之间的关系一般按 $(D-d/2=(1\sim1.5)B)$ 考虑,或参照表 12-3 选取。

表 12-3 中所列镗杆直径的范围,在加工小孔时取大值,在加工大孔时,若导向好,切削负荷小则可取小值;一般取中间值,若导向不良,切削负荷大时可取大值。

表 12-3　镗杆直径 $d$、镗刀截面 $B \times B$ 与被镗孔直径 $D$ 的关系

| $D$/mm | 110~40 | 40~50 | 50~70 | 70~90 | 90~110 |
|---|---|---|---|---|---|
| $d$/mm | 20~30 | 30~40 | 40~50 | 50~65 | 65~90 |
| $B \times B$/(mm×mm) | 10×10 | 10×10 | 12~12 | 16×16 | 16×16,20×20 |

镗杆的轴向尺寸应按镗孔系统图上的有关尺寸确定。镗杆上若装置几把镗刀时,应采用对称装刀法,尽量使径向切削力平衡。

镗杆的材料要求镗杆表面硬度高而心部有较好的韧性,因此可以用 20Cr 等渗碳钢,渗碳淬火硬度为 HRC61~HRC63;也可用氮化钢 38CrMoAlA;大直径的镗杆,还可采用 45 钢、40Cr 钢或 65Mn 钢等材料。

镗杆的主要技术条件要求一般规定如下:

(1)镗杆导向部分的圆度与锥度允差控制在直径公差的 1/2 以内。

(2)镗杆导向部分公差带分别是粗镗为 g6,精镗为 g5。表面粗糙度 Ra0.8~0.4μm。

(3)镗杆的直线度允差为 0.01~0.1mm/500mm。装刀孔不淬火,表面粗糙度一般为 Ra1.6μm。

### 12.4.3　车床、磨床夹具

车床和内、外圆磨床主要的加工对象是零件的内外圆柱面、圆锥面、回转成形面、螺纹及端平面等。在加工过程中夹具安装在机床主轴上随主轴一起带动工件转动。除常用的顶针、三爪卡盘、四爪卡盘、花盘等一类万能通用夹具外,有时还要设计一些专用夹具。这类夹具在安装在机床主轴上加工时随主轴一起旋转,刀具做进给运动。

下面只讨论车床夹具的结构特点和设计要点,磨床夹具原理类似可以此类推。

**1. 车床专用夹具的典型结构**

1)心轴类车床夹具

心轴类车床夹具多用于工件以内孔作为定位基准,加工外圆柱面的情况。这类夹具因结构简单所以应用较多。常见的车床心轴有顶尖式心轴(图 12-58)、锥柄式心轴(图 12-59)等,前者用于加工较长的套筒类工件,后者多用于短套类工件或盘类工件。

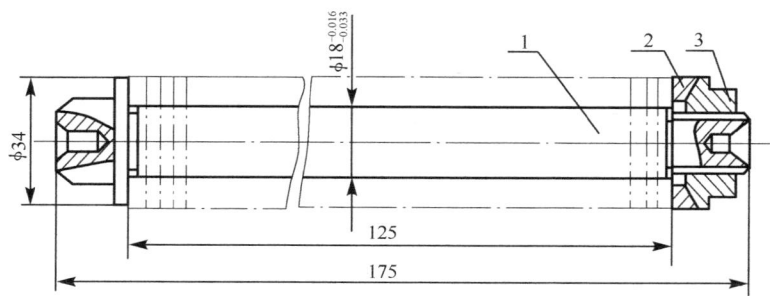

图 12-58　顶尖式心轴

1-心轴;2-调整垫;3-螺母

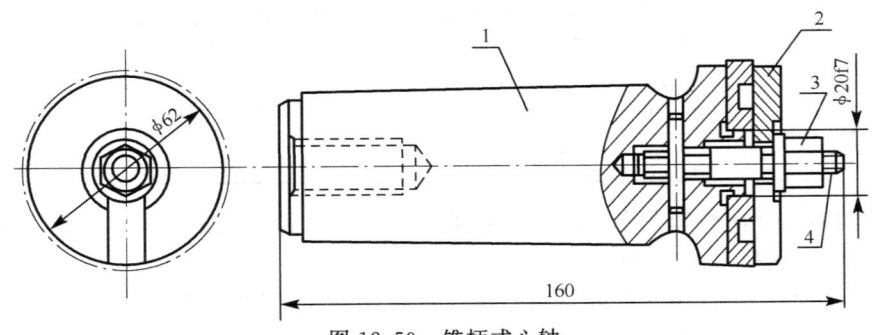

图 12-59 锥柄式心轴

1—锥柄夹具体；2—快卸垫片；3—螺母；4—螺杆

锥柄式心轴的锥柄必须机床的主轴锥孔的锥度一致。锥柄尾部的螺纹是为用拉杆拉紧心轴的工艺孔，以便于心轴可成受较大的负荷。

为保证工件的加工精度，设计时可参考表 12-4 所列的数据。

表 12-4 车、磨床夹具的跳动量允差

| 工件的允许跳动量/mm | 夹具定位面对旋转轴线的允许跳动量/mm | |
| --- | --- | --- |
| | 心轴类夹具 | 一般车床夹具 |
| 0.05～0.1 | 0.005～0.01 | 0.01～0.02 |
| 0.1～0.2 | 0.01～0.02 | 0.02～0.04 |
| 0.2 以上 | 0.02～0.03 | 0.04～0.06 |

2）角铁式车床夹具

角铁式车夹具的结构特点是具有类似于角铁的夹具体。常用于加工壳体、支座、接头等类零件上的圆柱面及端面。

图 12-60 所示是加工的托架类零件。车加工工序的加工表面为外圆柱面 $\phi100js6$，应保其轴线的距离尺寸为 $(100\pm0.10)$mm 和 $(57.5\pm0.05)$mm，并保证其轴线与底面 $B$ 平行。

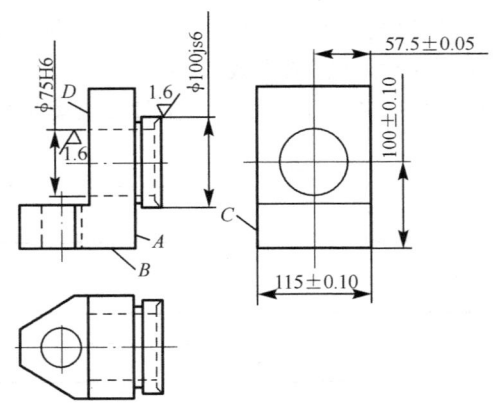

图 12-60 工件图

图 12-61 所示是为本工序的角铁式车夹具的结构示意图。该夹具的夹具体 1 为角铁式结构，外形为方形，但四角倒圆。为使整个夹具回转平衡，加配重物 2。夹具与机床主轴的连接

是通过过渡盘 5 实现的。角铁式夹具体 1 用螺钉与过渡盘 5 联接,过渡盘 5 与机床主轴前端部连接。过渡盘一般均为车床的附件随车床一起提供,如没有过渡盘则应根据车床主轴端部结构自行设计。为了保证工序尺寸(100±0.10)mm 和(57.5±0.05)mm,根据基准重合原则,选择底平面 B 为主要定位基准限制三个自由度,在夹体具上用三个支承钉 7 作为定位元件,三个支承钉装配后须磨平,以达到工作面等高的要求。以工件侧面 C 在夹具的支承板 6 上定位限制两个自由度。再以 D 面靠住配重物 2 的平面作为止推基准,限制一个自由度(此自由度根据加工要求可以不限制)。用两副螺旋压板 4 夹紧工件。夹具体中间的 $\phi d$ 孔为工艺孔,作为组装夹具时确定尺寸(100±0.10)mm 和(57.5±0.05)mm 的支承板 6 和支承钉 7 位置的测量工艺孔,也可作为夹具安装到车轴主轴时找正夹具中心与机床主轴回转轴线同轴度的找正孔。这个工艺孔是角铁式夹具上很重要的一个结构要素。

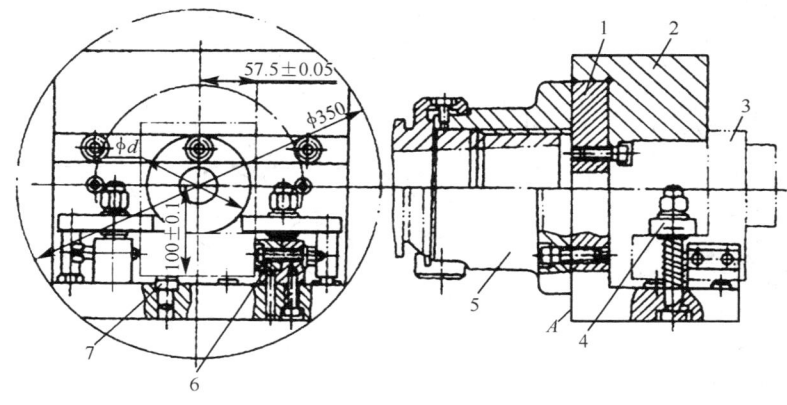

图 12-61 角铁式车床夹具结构示意图
1-角铁式结构夹具体;2-配重物;3-工件;4-压板;5-过渡盘;6-支承板;7-支承钉

3) 花盘式车床夹具

花盘式车床夹具的夹具体为圆盘形。在花盘式夹具上加工的工件一般形状都较复杂,多数情况是工件的定位基准为圆柱面和与其垂直的端面。夹具上的平面定位件与车床主轴的轴线相垂直。

图 12-62 为回水盖工序图。本工序车加工回水盖上 2×G1 螺孔。加工要求:两螺孔的中心距为(78±0.3)mm,两螺孔连心线之间夹角为 45°,两孔轴线与底面垂直。

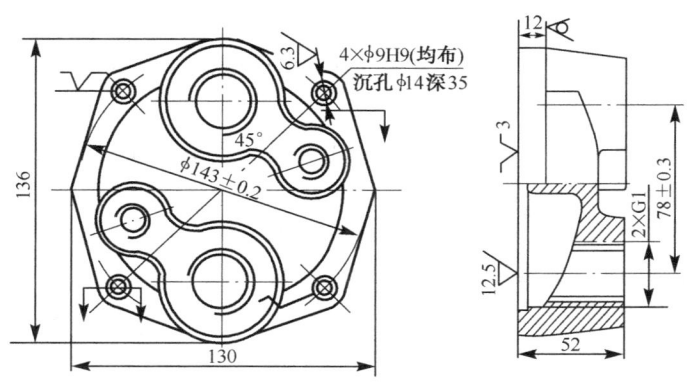

图 12-62 回水盖工序图

图 12-63 所示为花盘式车床夹具结构示例。工件以底面及 4×φ9H9 孔分别在分度盘 3、圆柱销 7 和菱形销 6 上定位,采用一面两孔定位方式,拧紧螺母 9,两副螺旋压板 8 夹紧工件。车完一个孔后,松开 3 个螺母 5,拔出对定销,将分度盘 3 回转 180°,对定销在弹簧力的作用下插入另一分度孔中,拧紧 T 形螺钉的螺母 5,即可加工另一孔。夹具体 2 以端面 C 和止口(φ170H7)与过渡盘 1 对定,并用螺钉紧固,过渡盘与机床主轴连接。为使整个夹具回转平衡,夹具上设置平衡块 11。

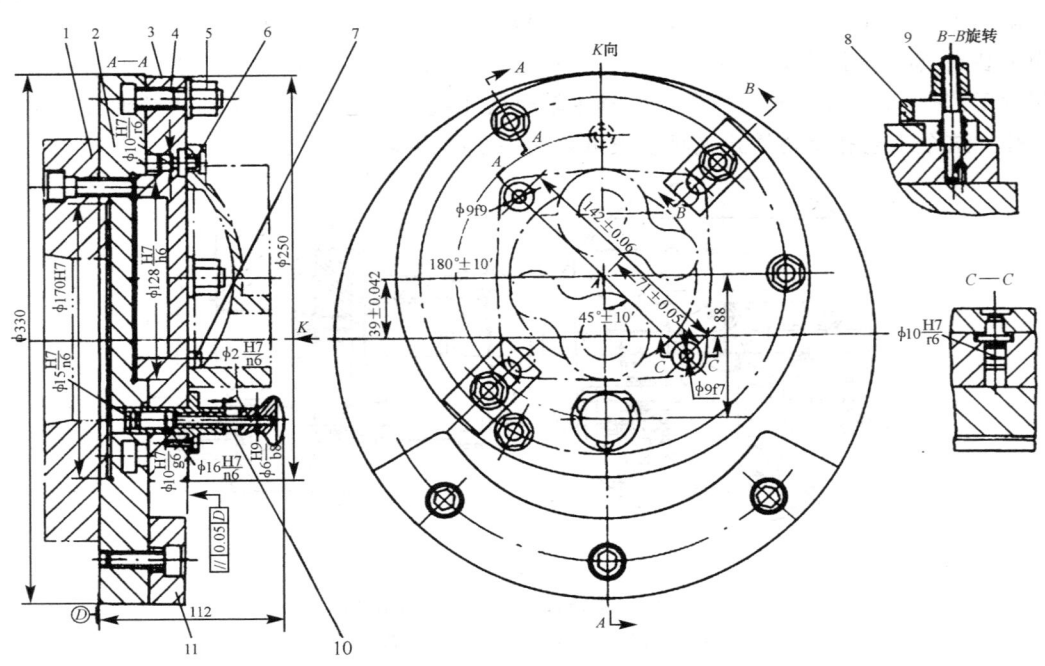

图 12-63 花盘式车床夹具
1-过渡盘;2-夹具体;3-分度盘;4-T 形螺钉;5-螺母;
6-菱形销;7-圆柱销;8-压板;9-螺母;10-平衡块;11-平衡块

### 2. 车床夹具设计要点和应注意的问题

(1) 由于加工中夹具必须带动工件一起旋转,应确保加工表面与基准的同轴度,所以夹具上定位装置的结构和布置必须保证这一点。对于壳体、接头或支座等工件,被加工的回转面轴线与工序基准之间有尺寸联系或相互位置精度要求时,应以夹具轴线为基准确定定位元件工作表面的位置。

(2) 夹紧装置的设计要求。在车削过程中,由于工件和夹具随主轴旋转,除工件受切削扭矩的作用外,整个夹具还受到离心力的作用。此外,工件定位基准的位置相对于切削力和重力的方向是变化的。因此,夹紧机构必须产生足够的夹紧力,自锁性能要可靠。对于角铁式夹具,还应注意施力方式,防止引起夹具变形。

(3) 夹具与机床主轴的连接。车床夹具与机床主轴的连接精度对夹具的回转精度有决定性的影响。因此,要求夹具的回转轴线与主轴轴线应具有尽可能高的同轴度。

对于径向尺寸 D<140mm,或 D<(2~3)d 的小型夹具,一般用锥柄安装在车床主轴的锥孔中,并用螺杆拉紧。这种连接方式定心精度较高,如图 12-64 所示。

对于径向尺寸较大的夹具。一般通过过渡盘与车床主轴头端连接。过渡盘的使用,使夹具省去了与特定机床的连接部分,从而增加了通用性,即通过同规格的过渡盘可用于别的机床。同时也便于用百分表在夹具校正环或定位面上找正的办法来减少其安装误差。因而在设计圆盘式车床夹具时,就应对定位面与校正面间的同轴度以及定位面对安装平面的垂直度误差提出严格要求。如图12-65所示。

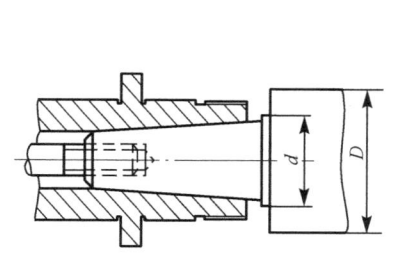
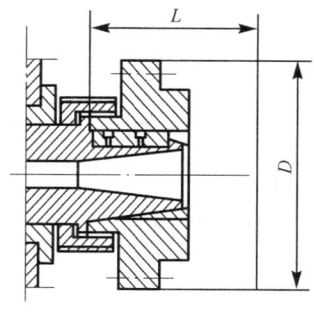
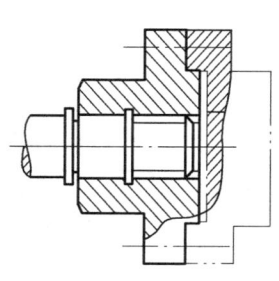

图12-64 用螺杆拉紧固定锥柄　　　图12-65 过渡盘与车床主轴连接示意图

(4)在加工中主轴有高速转动、反转、急刹车等情况,夹具应力求结构紧凑,质量要小,夹具与主轴的连接应有防松装置,最好选用主轴前端带法兰盘的机床,采用法兰盘连接较好。另外对夹具的平衡、元件的刚度和精度以及夹紧牢靠程度、操作安全等问题,设计中都应特别注意。

(5)总体结构设计要求。车床夹具一般是在悬臂的状态下工作,为保证加工的稳定性,夹具的结构应力求紧凑、轻便,悬伸长度要短,使重心尽可能靠近主轴。

由于加工时夹具随同主轴旋转,如果夹具的总体结构不平衡,则在离心力的作用下将造成振动,影响工件的加工精度和表面粗糙度,加剧机床主轴和轴承的磨损。因此,车床夹具除了控制悬伸长度外,结构上还应基本平衡。角铁式车床夹具的定位装置及其他元件总是安装在主轴轴线的一边,不平衡现象最严重,所以在确定其结构时,特别要注意对它进行平衡。

平衡的方法有设置配重块或加工减重孔两种。

为保证安全,夹具上的各种元件一般不允许突出夹具体圆形轮廓之外。此外,还应注意切屑缠绕和切削液飞溅等问题,必要时应设置防护罩。

### 12.4.4 铣床类夹具

铣削、刨削以及平磨在工艺上有许多相似的特点,都是加工平面、沟槽、缺口以及非封闭成形曲面等的主要方法。铣削工件余量较大,加工中刀具工作不连续,刀刃上切削力不断变化,切削过程不稳定,伴有较大的冲击和振动,因工件形状变化大,装夹比较复杂,以致辅助时间比例较大,因此,提高机床利用率和生产率是它们共同的问题。

铣床夹具在结构上的重要特征就是采用了定向键与对刀装置,分别用来确定夹具在机床上的方位和刀具与工件的相对位置。夹具安装后用螺栓紧固在铣床的工作台上。

铣床夹具一般按工件的进给方式分成直线进给与圆周进给两种类型。

#### 1. 直线进给的铣床夹具

在铣床夹具中,这类夹具用得最多,一般根据工件质量和结构及生产批量,将夹具设计成装夹单件、多件串联或多件并联的结构。铣床夹具也可采用分度等形式。

图 12-66 所示是铣削壳体侧面的夹具,工件以端面、大孔和安装边上的小孔作定位基准,用定位平板 2、定位轴 6 和菱形销 10 定位。采用螺旋压板联动机构夹紧装置,工作时只要拧动螺母 4,即可使左右两个压板同时压紧工件,加剧上装有对刀装置 5,用以调整铣刀的位置。夹具体底下两个定向键 11 可以确定夹具在机窗上的工作方向。

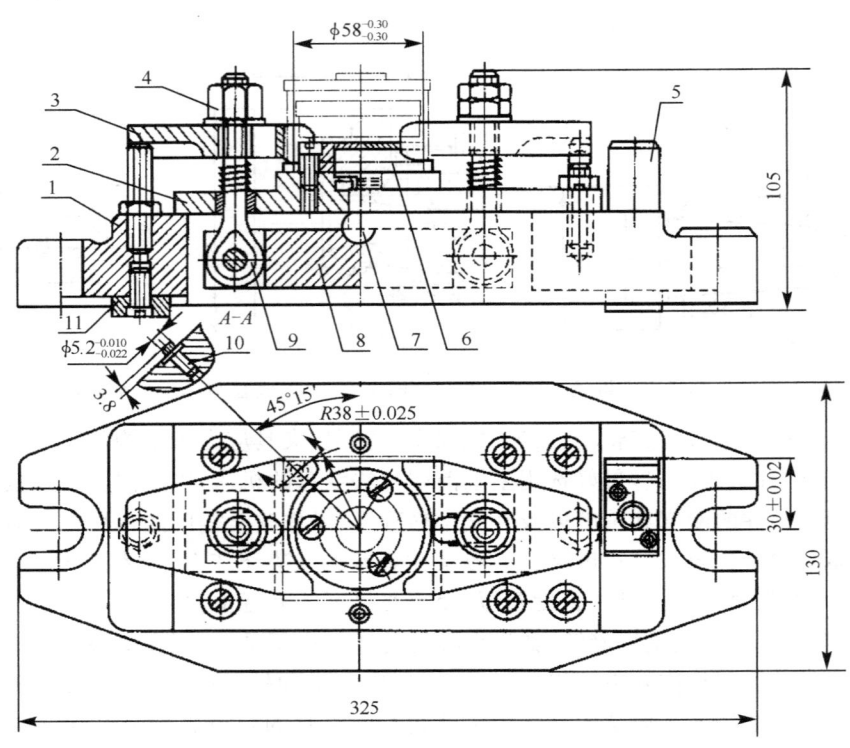

图 12-66 加工壳体的铣床夹具
1-夹具体;2-定位平板;3-压板;4-螺母;5-对刀装置;
6-定位轴;7-球形定位件;8-浮动板;9-铰链臂;10-菱形销;11-定向键

2.圆周进给的铣床夹具

圆周进给铣削方式在不停车的情况下装卸工件,因此生产率高,适用于大批量生产。

图 12-67 所示是在立式铣床上圆周进给铣拨叉的夹具。通过电动机、蜗轮副传动机构带动回转工作台 6 回转。夹具上可同时装夹 12 个工件。工件以一端的孔、端面及侧面在夹具的定位板、定位销 2 及挡销 4 上定位。由液压缸 5 驱动拉杆 1,通过开口垫圈 3 夹紧工件。图 12-67 中 AB 是加工区段,CD 为工件的装卸区段。

根据加工特点,在设计这类夹具时必须注意以下四点。

(1) 为迅速准确而牢固地将夹具安装在机床上,在夹具体上设计利用键嵌入铣床工作台同一条 T 形槽中的定位键(图 12-68)和带两个穿 T 形螺栓的 U 形槽耳座(图 12-69 所示)两部分。定位键以侧面与机床工作台 T 形槽侧面贴合而起定向作用。在加工中定位键能承受铣削时所产生的扭转力矩,因此可使联接夹具与工作台的紧固螺钉负荷减轻,还能加强夹具在加工过程中的稳定性。

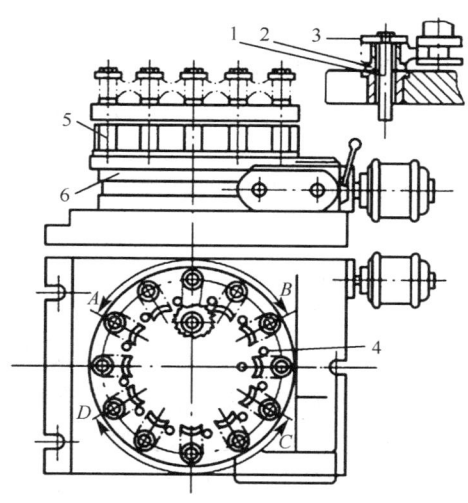

图 12-67 加工拔叉的铣床夹具
1-拉杆；2-定位销；3-开口垫圈；4-挡销；5-液压缸；6-工作台

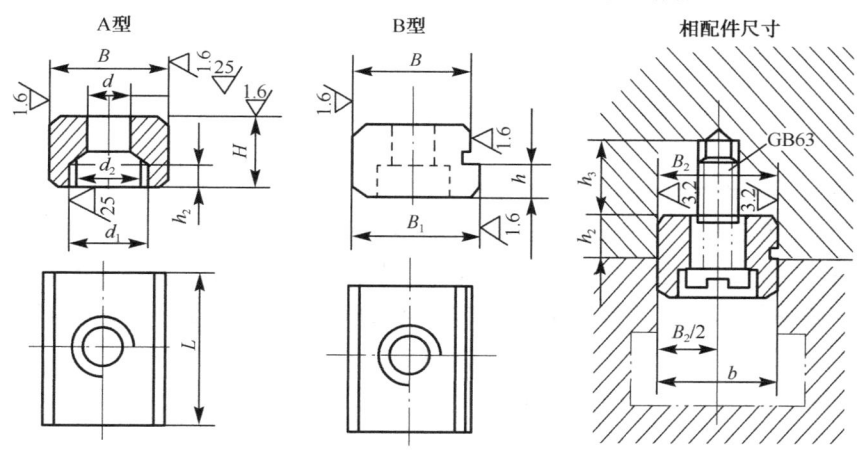

图 12-68 不同形式的定位键

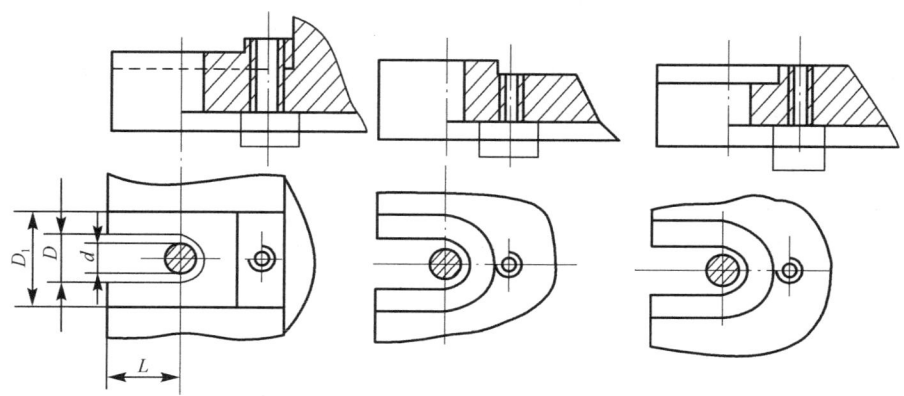

图 12-69 不同形式的 U 形槽耳座

(2) 由于铣刨夹具承担较大的切削力,振动和冲击,因此有以下几点要求:

① 夹具的夹紧力要足够和可靠。夹紧力的作用点要选在工件刚性较好的部位,力求使夹紧力尽可能接近工件被加工部分,工件与主要定位元件接触的表面刚度要大,使工件在加工过程中处于较稳定的状态。

② 夹紧机构设计应注意自锁性要好。粗加工中不宜采用在临界自锁条件下的偏心夹紧机构。

③ 夹具体要有足够的强度和刚度,使之承受较大的切削力而不致变形,并尽量使夹具的重心降低,因此夹具高度与宽度之比要适当。

(3) 若夹具用于粗加工工序,此时若以粗基准定位,故有以下几点要求:

① 在设计定位元件时,要注意加可调支承以适应毛坯的变化;

② 在设计夹紧点的位置和方向时,应特别注意使夹紧合力方向朝着主要定位元件;

③ 由于铣、刨切削中,切屑较多,夹具上应有足够的排屑空间。

(4) 铣、刨床夹具应用中,为了确定夹具与刀具间的相对位置,对于精加工的夹具或工件外形复杂不宜较正刀具位置,甚至不能测量尺寸时,必须设置对刀块。有了这种对刀装置,就可以很迅速而准确地调整好刀具位置。

## 12.5 夹具设计的方法与步骤

夹具设计是根据设计任务书提出的任务要求而进行设计的。设计时应明确本工序的加工内容和技术要求,熟悉加工工艺规程、零件图、毛坯图和有关的装配图,了解零件的生产纲领等有关资料。深入生产实际进行调查研究,收集所用机床、刀具、量具、辅助工具和生产车间等资料和情况。了解掌握国家有关标准资料及典型夹具资料,并注意学习国内外有关先进技术。在此基础上提出初步方案,最后定出合理方案再进行具体设计。

通常,夹具的设计过程可分为四个阶段。

1. 设计前的准备工作

在设计夹具前,应掌握下列情况:

(1) 工件。研究工件图及其工艺路线,了解工件的生产纲领和形状、尺寸、技术要求、毛坯材料及各工序的具体情况。尤其对所要设计夹具的该工序,必须充分了解它的加工要求和特点。

(2) 设备。使用该夹具的机床、刀具和量具的主要技术规格、性能特点、机床运动情况以及在机床上安装夹具部分的结构及配合尺寸。

(3) 环境。准备好设计夹具所需的各种标准、规定等有关夹具设计的指导性及参考性资料。了解工人使用同类型夹具有什么经验;厂内能源利用的可能性;有无通用零部件可供选用。

2. 确定夹具初步设计方案

初步拟定夹具结构方案,绘制出方案草图,这里主要解决下列问题:

(1) 制定工件的定位和刀具的导向方案,设计定位元件和导向装置,进行定位精度验算。

(2) 确定夹紧方案并设计夹紧装置,计算夹紧力。

(3) 设计其他部分的结构形式,如分度装置、夹具体等。

(4)绘制结构方案的总体草图,此时应注意多画些草图以便进行分析比较,从中选择最佳的方案。

(5)确定夹具在机床上的连接方式。

**3. 绘制夹具结构总图**

根据结构的初步方案来确定各元件的具体结构、尺寸以及各元件的连接方式,标注必要的尺寸、公差并提出技术要求。绘制出夹具结构总图。

夹具总图的比例根据具体情况一般应尽量使用1∶1的比例,这样比较直观,可避免在设计和制造中因错觉而引起的差错。

绘制总图时,主视图应选取最能表示夹具的主要部分,并尽可能按操作者在加工时正对的位置绘制。在能保证清楚地表达夹具各部分结构的前提下,视图应尽可能少;视图布置应使图面匀称、紧凑。对于夹具上运动的零部件在总图上应画出运动的两个极端位置,借此检查是否有干涉现象。必要时还需将刀具的最终位置和与机床的连接部分用细线或点线画出,对于结构复杂的夹具,有时需列出操作说明示意图。

通常绘制总图的步骤如下:

(1)用双点划线按比例画出工件的外形轮廓和主要表面,如定位面、夹紧面、本工序加工面等。

(2)围绕工件的形状和位置,依次画出定位元件、导向装置、夹紧装置以及其他元件,并组装在夹具体上,使夹具连成一体。在设计定位元件、夹紧装置及导向装置时,应当首先参照有关标准和图册选用,尤其应广泛采用各种形式的通用动力部件,如标准气缸、标准油缸、独立的夹紧机构等组成专用夹具。注意夹具零件的结构工艺性,使制造方便,并考虑到操作轻便、安全、清除切屑方便等。从工件加工面的位置精度入手,分析影响这些精度的因素,从而提出必要的技术条件。

(3)在总图上标注有关的尺寸、公差配合及技术要求,其中主要有以下几个:

① 主要元件工件面的配合尺寸及其公差;

② 定位元件、导向元件之间的距离尺寸和公差,这些尺寸的标准应便于检验,其公差的数值可取工件上相应的尺寸公差的1/5~1/3;

③ 定位元件、导向元件的工作面与夹具在机床上的安装面之间的相互位置精度,其误差数值也可取工件上相应表面的相互位置误差的1/5~1/2,最常取1/3;

④ 夹具的外形,即长、宽、高尺寸。

**4. 绘制夹具零件图**

对于夹具总图中的非标准件要分别绘制零件图,并注上相应的尺寸公差和技术要求。夹具上用来固定夹具重要零件(如钻模板、镗模支承、对刀块等)的锥销定位孔,应在装配中校正后加工,但此时应在有关零件图上注明,以引起注意。

## 12.6 现代机床夹具

随着科学技术的不断进步,夹具已从一种辅助工具发展成为门类齐全的工艺装备。特别是近年来,数控机床、加工中心、成组技术、柔性制造系统(FMS)等新加工技术的应用,对机床夹具提出了许多新的要求。例如,能迅速而方便地装备新产品的投产,以缩短生产准备周期,降低生产成本;能装夹一组具有相似性特征的工件;能适用于精密加工的高精度机床夹具;能适用于各种现代化制造技术的新型机床夹具;采用以液压站等为动力源的高效夹紧装置,以进一步减轻劳动强度和提高劳动生产率;提高机床夹具的标准化程度等。为适应现代技术的飞速发展和市场需求的变化,现代机床夹具主要向标准化、精密化、高效化和柔性化四个方面发展。现代夹具虽各有特色,但其定位、夹紧原理与专用夹具是相同的,这里着重介绍这些夹具的特点和发展趋势。

### 12.6.1 可调夹具

可调夹具分为通用可调夹具和成组夹具(或称专用可调夹具)两类。它们共同的特点是,只要更换或调整个别定位、夹紧或导向元件,即可用于多种零件的加工,从而使多种零件的单件小批生产变为一组零件在同一夹具上的"成批生产"。产品更新换代后,只要属于同一类型的零件,就仍能在此夹具上加工。由于可调夹具具有较强的适应性和良好的继承性,所以使用可调夹具可大量减少专用夹具的数量,缩短生产准备周期,降低成本。

1. 通用可调夹具

通用可调夹具的加工对象较广,有时加工对象不确切,只提出一个大致的加工规格和范围。例如,滑柱式钻模,只要更换不同的定位、夹紧、导向元件,便可用于不同类型工件的钻孔。

2. 成组夹具

成组夹具是成组工艺中为一组零件的某一工序而专门设计的夹具。

成组夹具加工的零件组都应符合成组工艺的相似原则,相似原则主要包括以下内容:工艺相似;装夹表面相似;形状相似;尺寸相似;材料相似;精度相似。图 12-70 所示为加工拨叉叉部圆弧面及其一端面的成组工艺零件组,它符合成组工艺的相似性原则。

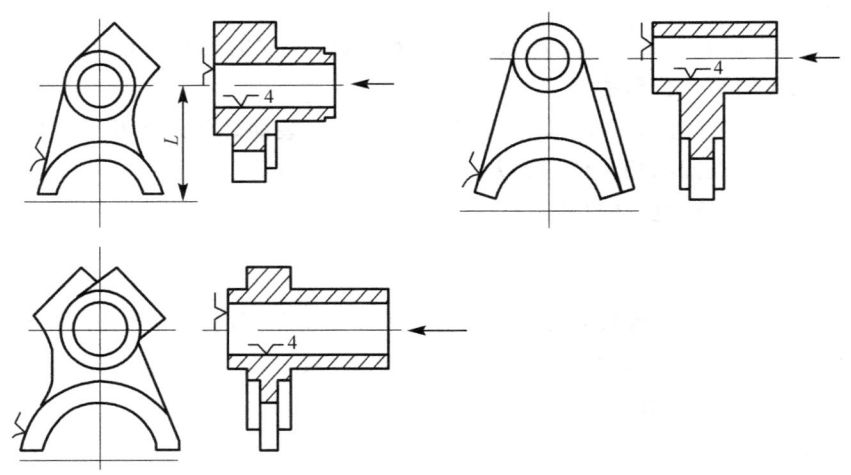

图 12-70 拨叉车圆弧及平端面

图 12-71 所示为加工该零件组的成组车床夹具,两件同时加工。夹具体 1 上有四对定位套 2(定位孔为 $\phi16H7$),可用来安装四种可换定位轴 KH1,用来加工四种中心距 $L$ 不同的零

件。若将可换定位轴安装在 C-C 剖面的 T 形槽内,则可加工中心距 L 在一定范围内变化的各种零件。可换垫套 KH2 及可换压板 KH3 按零件叉部的高度 H 选用更换,并固定在两定位轴连线垂直的 T 形槽内,防转定位及辅助夹紧用。

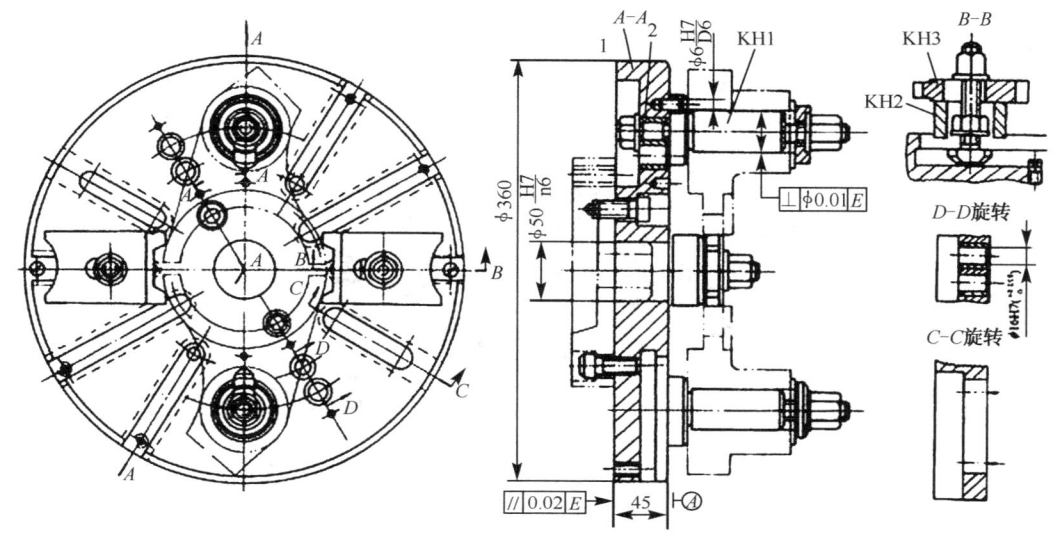

图 12-71 拨叉车圆弧及平端面的成组车床夹具
1-夹具体;2-定位套;KH1-可换定位轴;KH2-可换垫套;KH3-可换压板

成组夹具的设计方法与专用夹具相似,首先确定一个"复合零件",该零件能代表组内零件的主要特征,然后针对"复合零件"设计夹具,并根据组内零件加工范围,设计可调整件和可更换件。应实现调整方便、更换迅速、结构简单。由于成组夹具能形成批量生产,因此可以采用高效夹紧装置,如各种气动和液压装置。

### 12.6.2 自动线夹具

自动线夹具的种类取决于自动线的配置形式,主要有固定夹具和随行夹具两大类。

(1) 固定夹具用于工件直接输送的生产自动线,通常要求工件具有良好的定位和输送基面。

(2) 随行夹具用于工件间接输送的自动线中,主要适用于工件形状复杂、没有合适的输送基面,或者虽有合适输送基面,但属于易磨损的有色金属工件,使用随行夹具可避免表面划伤与磨损。

设计随行夹具应考虑下列主要问题:
(1) 工件在随行夹具中的夹紧方法。
(2) 随行夹具在机床夹具中的夹紧方法。
(3) 随行夹具的定位基面和输送基面的选择。
(4) 随行夹具的精度问题。
(5) 排屑与清洗。
(6) 随行夹具结构的通用化。

### 12.6.3 组合夹具

组合夹具是在夹具元件高度标准化、通用化、系列化的基础上发展起来的一种夹具如图 12-72 所示为盘类零件钻孔的组合夹具。中国从 20 世纪 60 年代初开始推广使用,目前已基本普及,组合夹具由一套预先制造好的,具有各种形状、功用、规格和系列尺寸的标准元件和组件组成。根据工件的加工要求,利用这些标准元件和组件组装成各种不同夹具。

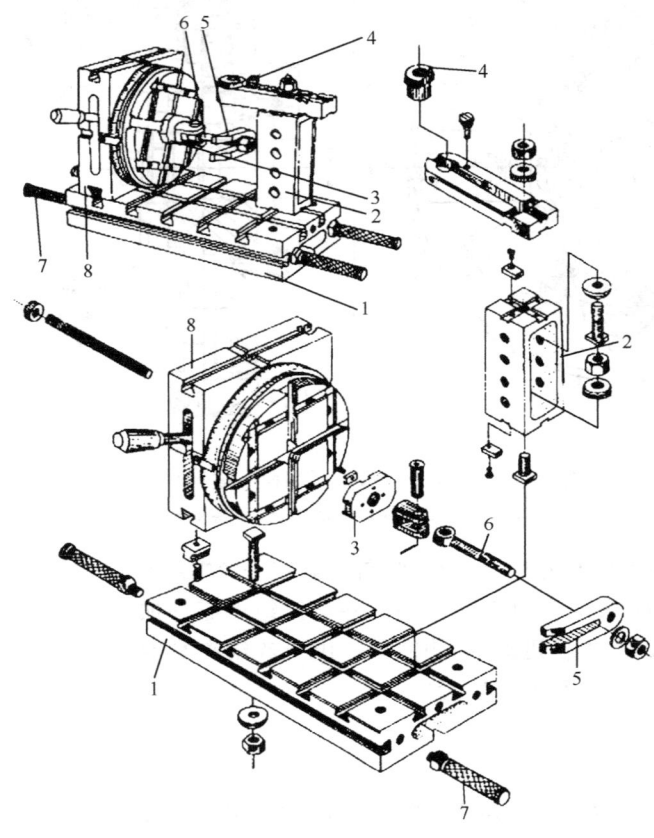

图 12-72 盘类零件钻孔的组合夹具
1-基础件;2-支承件;3-定位件;4-导向件;5-夹紧件;6-紧固件;7-其他件;8-合件

1)组合夹具使用特点

(1)确定采用组合夹具后,不需设计夹具图纸,只需填写组合夹具任务单,连同产品图纸、工艺规程和坯件实物送组装室组装,组装后的夹具送车间给操作者作用。使用完毕交还后,由组装室清点并拆开夹具,清洗元件,归类存放备用。

(2)组合夹具的元件要重复多次使用,但组装成某一夹具后,一般仍为某工件的某道工序使用。所以组合后的结构是专用性的,只能一次使用。

(3)组合夹具是由标准元件组装而成,元件还需多次重复使用。

(4)组合夹具的各元件之间采用键定位和螺栓紧固的联接,其刚性不如整体结构好,尤其是连接处结合面间的接触刚度是一个薄弱环节。组装时应注意提高夹具的刚度。

(5)组合夹具各标准元件的尺寸系列的级差是有限的,使装成的夹具尺寸不能像专用夹具那样紧凑,体积较为笨重。

2)组合夹具优点

(1)对多品种、中、小批量生产,使用专用夹具是不经济的。但对一些加工要求高的关键零件,不采用夹具又难以保证加工质量,采用组合夹具可解决这个矛盾,特别对新产品试制和产品对象经常变换不定的生产特点,采用组合夹具不会因试制后产品改型或加工对象变换造成原来使用的夹具报废。采用组合夹具既能保证产品加工质量,提高生产率,又能节约使用夹具费用,充分发挥了组合夹具的优势。

(2)由于夹具设计、制造劳动量在整个生产准备工作中占有较大的比重。采用组合夹具后不需专门设计制造夹具,节约设计和制造夹具的工时、材料和制造费用,缩短生产准备周期。

### 12.6.4 数控机床夹具

数控机床的特点是在加工时机床、刀具、夹具和工件之间应有严格的相对坐标位置,所以数控机床夹具在机床上应相对数控机床的坐标原点具有严格的坐标位置,以保证所装夹的工件处于规定的坐标位置上。数控机床夹具实质上是可调夹具和组合夹具的结合与发展,它的固定基础板部分与可换部分的组合是可调夹具组成原理的应用,而它的元件与组件高度标准化与组合化,又是组合夹具标准元件的演化与发展。

# 思考题与习题

1. 机床夹具有哪几部分组成?各自的作用是什么?
2. 为什么夹具具有扩大机床工艺范围的作用?试举例说明。
3. 定位误差由几部分组成?
4. 图 12-73 所示连杆在夹具中定位,定位元件分别为支承平面 1、短圆柱销 2 和固定短 V 形块 3。试分析图 12-73 所示定位方案的合理性并提出改进方法。

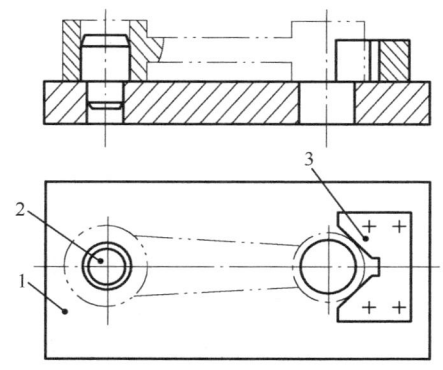

图 12-73
1-支承平面;2-短圆柱销;3-固定短 V 形块

5. 试分析图 12-74 中各定位元件所限制的自由度数。
6. 图 12-75 所示为铣键槽工序的加工要求,已知轴径尺寸为 $\phi80_{-0.022}^{0}$,试分析图 12-75(b)和图 12-75(c)两种定位方案的定位误差。

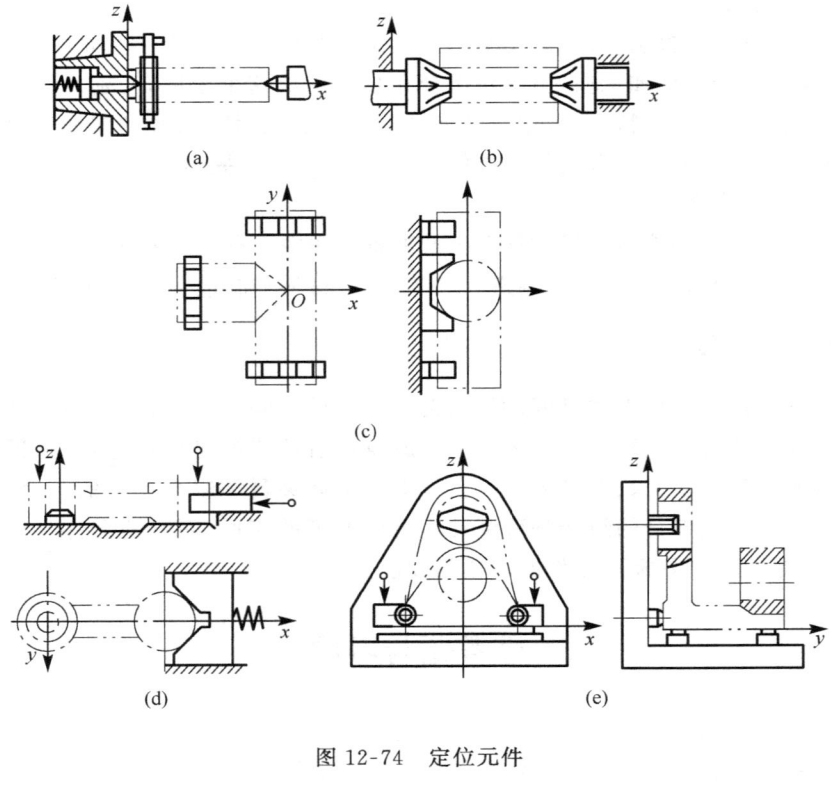

图 12-74 定位元件

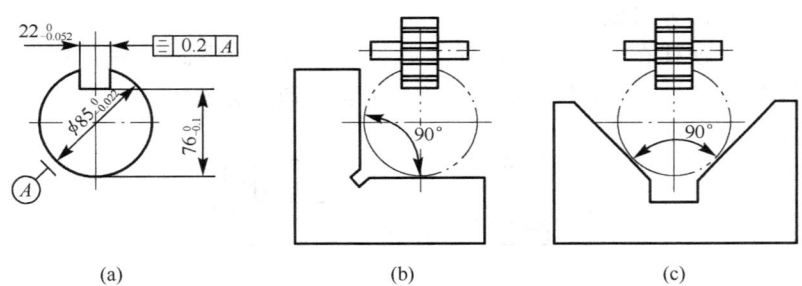

图 12-75 铣键槽定位分析

7. 题图 12-76 所示活塞以底面和止口 $\phi$95H7 定位(活塞的角向位置靠拔活塞销孔定位),镗活塞销孔,要求保证活塞销孔轴线相对于活塞轴线的对称度为 0.01mm。已知止口与短销配合尺寸为 $\phi$95H7/f6mm,试计算此工序针对对称度要求的定位误差。

8. 按图 12-77 所示定位方式铣轴平面,要求保证尺寸 $A$。已知轴径 $d=\phi 16_{-0.11}^{0}$ mm,$B=10_{0}^{+0.3}$ mm,$\alpha=45°$。试求此工序的定位误差。

9. 图 12-78 所示齿轮坯在 V 形块上定位插齿槽,要求保证工序尺寸 $H=38.5_{0}^{+0.2}$ mm。已知 $d=\phi 80_{-0.1}^{0}$ mm,$D=\phi 35_{0}^{+0.025}$ mm。若不计内孔与外圆同轴度误差的影响,试求此工序的定位误差。

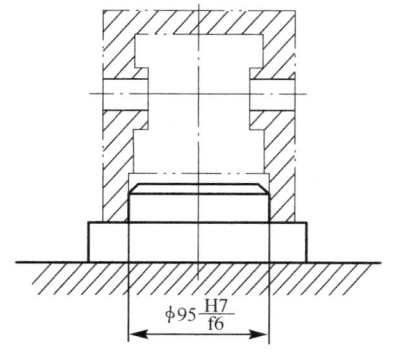
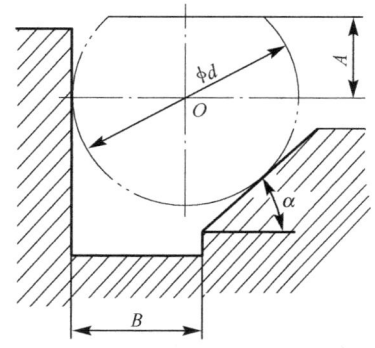

图 12-76 镗孔定位误差分析　　　　图 12-77 铣加工定位分析

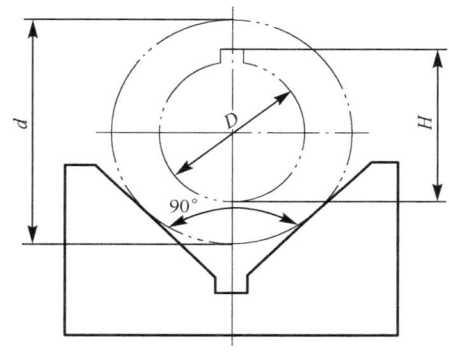

图 12-78 V形块定位误差分析

10. 按图 12-79 所示方式定位加工孔 $\phi 20^{+0.045}_{0}$ mm，要求孔与外圆的同轴度公差为 $\phi 0.03$ mm。已知 $d=\phi 80^{0}_{-0.14}$ mm，$b=(35\pm 0.07)$ mm。试分析计算此定位方案的定位误差。

11. 若切削力 $F$ 已知，小轴 1、2 的摩擦损耗忽略不计，试计算图 12-80 所示夹紧装置作用在斜楔左端的作用力 $F_Q$。

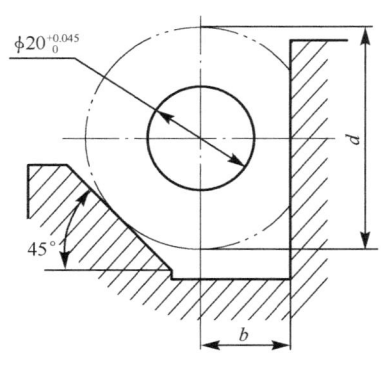
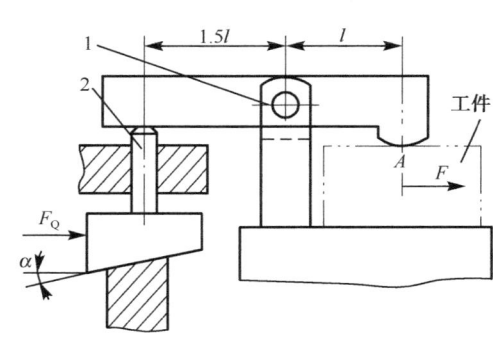

图 12-79 镗孔定位　　　　图 12-80 楔块夹紧夹具

12. 图 12-81 所示气动夹紧机构，夹紧工件所需夹紧力 $F_J=3000$N，已知气压 $p=0.5$MPa，$\alpha=10°$，$L_1=150$mm，$L_3=15$mm，各相关表面的摩擦系数 $f=0.15$，铰链轴 $\phi d$ 处摩擦损耗按 5% 计算。问需选用多大缸径的气缸才能将工件夹紧？

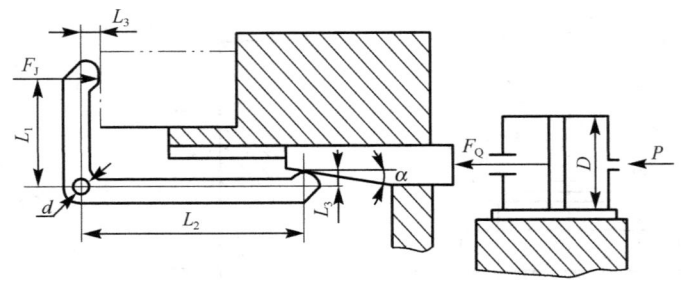

图 12-81 气动夹紧机构

13. 试分析比较可调支承、自位支承和辅助支承的作用及其应用范围。

14. 钻床夹具在机床上的位置是根据什么确定的？车床夹具在机床上的位置是根据什么确定的？

# 第 13 章　典型零件加工简介

## 13.1　轴类零件的加工

**1. 轴类零件的功用与结构特点**

(1)功用。支承传动零件(齿轮、皮带轮等)传动扭矩、承受载荷,以及保证装在轴上的零件要有一定的回转精度。

(2)结构特点。①结构特征分类:按轴的长径比分刚性轴($L/d \leqslant 12$)和挠性轴($L/d > 12$)两类;②形状结构特点分类:光轴、阶梯轴、空心轴和异形轴(包括曲轴、凸轮轴和偏心轴等)。

轴类零件被加工表面:外圆、内孔、圆锥、螺纹、花键、横向孔、键槽及沟槽等。

**2. 轴类零件的主要技术要求**

(1)尺寸精度。轴的直径和长度精度通常为 IT9~IT6,精密轴颈可达 IT5。

(2)形状、位置精度。轴的形状精度(圆度、圆柱度),一般限制在直径公差范围内。对形状精度要求较高时,可在零件图上另行规定其公差。对一般精度轴的位置精度为 0.01~0.03mm。对高精度轴其位置精度为 0.001~0.005mm。

(3)表面粗糙度。由于零件的表面工作部位的不同,可以有不同的表面粗糙度。随着机器运转速度的增大和精密程度的提高,轴类零件表面粗糙度要求也相应会小。

**3. 轴类零件的材料和毛坯**

(1)轴类零件的材料。一般常用 45 钢或 40Cr 或其他合金钢,有时也用 GCr15 和 65Mn 等材料。对于高转速、重载荷等重要的轴,选用 20Cr、20CrMnTi、20MnMo 等低碳含金钢或 38CrMoAlA 氮化钢。

(2)轴类零件的毛坯。轴类零件的毛坯最常用的是圆棒料和锻件,只有某些大型的、结构复杂的轴才采用铸件。

**4. 主要工艺问题**

1)定位基准确定

因轴类零件大都是回转表面,通常应选择两端中心孔为基准,采用双顶尖装夹方法,没有基准误差,可以较好地保证零件的技术要求。

2)加工方法选择

根据轴的材料、加工表面的技术要求等要求,可以选择加工方法。当主要表面加工顺序确定后,要合理地插入非主要表面加工工序,如螺孔、键槽、螺纹等。这些表面加工一般不易出现废品,所以尽量安排在后面工序进行。但也不能放在主要表面精加工后,以防损伤已精加工过的主要表面。

对凡是需要在淬硬表面上加工的螺孔、键槽等,都应安排在淬火前加工。非淬硬表面上螺孔、键槽等一般在外圆精车之后,精磨之前进行加工。对与主轴支承轴颈之间有同轴要求的螺纹,安排在以非淬火-回火为最终热处理工序之后的精加工阶段进行,这样半精加工后残余应力和热处理引起的变形,不会影响螺纹的加工精度。

3)加工阶段划分

因轴类零件多数是精度要求较高的零件,其粗、精加工应分开,以保证零件的质量。通常轴类零件加工划分为三个阶段:粗车(粗车外圆、钻中心孔等),半精车(半精车各处外圆、台阶和修研中心孔及次要表面等),粗、精磨(粗、精磨各处外圆)。各阶段划分大致以热处理为界。

4)热处理工序安排

轴的热处理要根据其材料和使用要求确定。例如,正火、调质可以安排在粗加工之前,调质、淬火、表面淬火、渗碳、氮化等处理,安排在粗加工(或半精加工)之后,精加工之前。

## 13.2 套筒类零件的加工

1. 套筒类零件的功用与结构特点

(1)功用:支承、导向作用。

(2)结构特点:主要表面为同轴度要求较高的内、外圆表面,零件壁厚较薄,长度大于直径。

2. 套筒类零件的主要技术要求

套筒类零件的主要表面是内孔和外圆,其主要技术要求是内、外圆的尺寸精度;圆度要求;内、外圆之间的同轴度;孔轴线与端面的垂直度等。

(1)孔的技术要求。孔的直径尺寸精度一般是IT7,精密轴套为IT6;形状精度多在尺寸公差内,精密轴套控制在尺寸公差 $1/3 \sim 1/2$,长套筒有圆柱度要求,表面粗糙度 $Ra1.6 \sim 0.16\mu m$,高的可达 $Ra0.4\mu m$。

(2)外圆表面要求。套筒类零件的外圆一般以过盈或过渡配合与其他零件的孔相连接。其尺寸精度一般为IT7和IT6,形状尺寸精度控制在外径公差范围内,表面粗糙度 $Ra1.6 \sim 0.4\mu m$。

(3)孔与外圆的同轴度。当孔的终加工是在套筒装入机座后加工时要求较低。最终加工是在装配前完成的,一般同轴度为 $0.01 \sim 0.05mm$。

(4)内、外圆轴线与端面。套筒类零件的端面(包括凸缘端面)若在工作中受轴向力或作定位基准(装配基准)时,外圆轴线与端面的垂直度要求为 $0.01 \sim 0.05mm$。

3. 套筒类零件的材料和毛坯

(1)套筒类零件材料。套筒类零件一般用钢、铸铁、青铜或黄铜,或双金属结构,如滑动轴承,以离心铸造法浇注巴氏合金等。

(2)套筒类零件毛坯。孔径小的常用热轧或冷拉棒料,也用实心铸件;孔径大的多用无缝钢管或带孔铸件或锻件;大量生产时采用冷挤压或粉末冶金。

4. 主要工艺问题

套筒类零件加工的主要工艺问题是如何保证其主要加工表面(内孔和外圆)之间的相互位置精度,以及内孔本身的加工精度和表面粗糙度要求。同时套筒类零件壁薄,径向刚度弱,在加工过程中受切削力、切削热及夹紧力等因素的影响,极易变形。尤其是深孔的套筒零件,由于受力后容易变形,加上深孔刀具的刚性及排屑与散热条件差,故其深孔加工经常成为套筒零件加工的技术关键。

以外圆为基准加工零件时要注意使用专用夹具装夹,使夹紧力不宜集中于工件的某一部分,减少变形。

零件的内表面多是工作面,其硬度、形状精度和表面粗糙度要求较高,因受孔的尺寸限制,磨削难以满足精度要求的,精加工通常安排滚压、珩磨或研磨工艺。

## 13.3 盘(环)类零件的加工

涡轮盘、压气机盘以及齿轮、花键等都属于盘类零件。

1) 齿轮的功用与结构特点

(1) 功用。按规定的速度传递运动和动力。

(2) 结构。结构复杂,径向尺寸较大,(某些环类零件)壁薄,型面较多。

2) 盘类零件的主要技术要求

尺寸精度较高;形位公差精度较严;对于齿轮、花键类的传动零件还有运动精度要求和平衡精度要求;多数零件有无损探伤检测要求。

3) 盘(环)类零件的材料和毛坯

盘(环)类零件由于工作条件的要求,材料常用中碳钢或低碳钢(渗碳淬火)、不锈钢、合金钢或其他合金等。毛坯多为锻件。由于在毛坯面上不能做无损探伤检测工作,所以该类零件的粗加工一般放在锻造车间进行。

4) 主要工艺问题

由于盘(环)类零件的种类较多,零件的工作条件、结构形式、尺寸精度各不相同,因而遇到的工艺问题也不一样,如压气机盘径向尺寸较大,壁薄,刚性较差加工中的变形问题是主要工艺问题。

齿轮、花键等零件多用铣(插)齿加工,效率较高但精度较低,而磨削加工精度高但效率低。对于工作转速较高的盘(环)类零件要考虑增加静、动平衡试验。

## 13.4 箱体类零件的加工

箱体类零件通常作为机器或箱体部件装配时的基础零件。

1. 箱体类零件的功用与结构特点

(1) 功用。将轴、套、齿轮等相关零件连接成一个整体,使之保持正确的相对位置,以便其正确完成各自的工作。

(2)结构特点。箱体的壁厚较薄,且壁厚不均匀,箱体壁上有多种形状的凸起平面及较多的轴承支承孔和紧固孔。其内部呈腔形,形状复杂。

2. 箱体零件的主要技术要求

轴颈支承孔孔径精度及相互之间的位置精度;定位销孔的精度与孔距精度;主要平面的精度;表面粗糙度等。

3. 箱体零件材料及毛坯

多为铸造件,箱体零件常选用灰铸铁、铝合金,也少数有用铸钢或焊接件。

4. 主要工艺问题

由于箱体薄壁,且壁厚不均匀,箱体壁上有多种形状的凸起平面及较多孔。而这些平面和轴承孔的精度要求又较高、表面粗糙度低,还有较高的相互位置精度要求。以因而箱体零件不但加工部位较多,而且加工的难度也较大。多用铣、镗类加工机床。

箱体的加工表面主要是平面和孔系,安排箱体的加工工艺,应遵循先面后孔的工艺原则。

箱体类零件较重,故应尽量减少工件的运输和装夹次数。工序安排应相对集中。

# 第 14 章 机器的装配

## 14.1 概 述

每一台机器(或称机器产品)都是由若干零件(机器的最小单元)、合件(由若干零件永久连接而成或连接后再经机械加工而成,如图 14-1 所示)、组件(一个或若干个合件与零件的组合,如图 14-2 所示)和部件(若干组件、合件和零件构成的,如图 14-3 所示,在机器中能完成一定完整的功能)等独立单元总装而成,如图 14-4 所示。

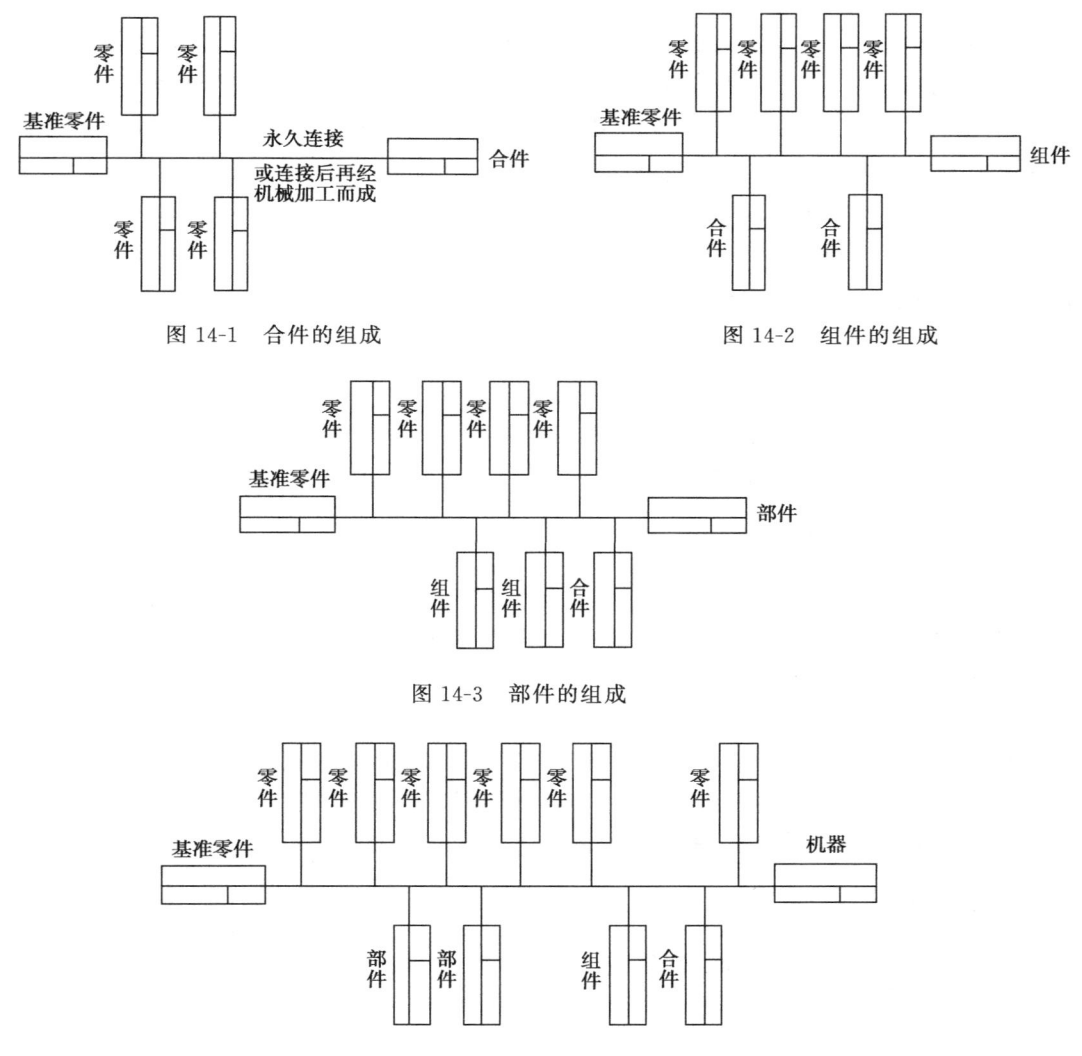

图 14-1 合件的组成　　　　图 14-2 组件的组成

图 14-3 部件的组成

图 14-4 机器的组成

按照规定的技术要求,将个几个零件(或合件)进行配合连接,使之成为组件,进一步合成为部件以至整台机器的过程,称为机器的装配。

机器的装配是机械制造过程中最后的工艺环节,机器的装配质量在很大程度上决定着机器的最终质量,如果装配工艺制定的不合理,即使全部机器零件都符合质量要求,也不能装配出质量合格的产品。

为保证机器的装配的质量,在机器的整个装配过程中,对于每一个合件、组件和部件都要选定某一零件或比它低一级装配单元作为装配基准件。装配基准件通常应是产品基体或主干零件;基准零件不仅有连接有关零件、部件的作用,同时也用于保证零件与零件、零件与部件、部件与部件以及整台机器的相对位置精度和功能要求。还应有较大体积和质量,有足够支承面,以满足陆续装入零部件时作业要求和稳定性要求。

## 14.2 装配工艺规程的制定

将合理的装配工艺过程和操作方法按一定的格式编写成文件,即装配工艺规程。装配工艺规程是制定装配生产计划进行生产技术准备的主要依据,是指导装配生产的主要技术文件,也是作为新建、改建装配车间的基本依据之一,它对保证装配质量,降低成本、提高装配生产效率和减轻工人劳动强度等都有积极的作用。

制定装配工艺规程是生产技术准备工作的主要内容之一。制定装配工艺规程与制定机械加工工艺规程一样,也需考虑多方面的问题。

### 14.2.1 制订装配工艺规程的原则

1. 保证机器产品质量

选择合理和可靠的装配方法,全面、准确地达到设计所要求的技术参数和技术条件,提高精度储备量,延长产品的使用寿命。

2. 保证装配周期和安全性

根据生产纲领,计算出完成装配工作所给定的时间,处理好进入装配作业的零件前后顺序,尽量减小钳工装配工作量,减轻工人劳动强度,并充分考虑安全生产。

3. 降低装配成本和环保性

根据机器产品的结构、车间设备和场地条件,尽可能减少装配工作的占地面积,有效提高车间的利用率。尽可能提高装配机械化和自动化程度,采用先进装配工艺技术和装配经验。缩短装配周期,提高装配效率,降低装配成本,还要防止环境污染问题。

4. 注意标准化

装配工艺规程应做到正确、完整、统一、清晰、协调、规范,所用的术语、符号、代号、计量单位、文件格式与填写方法等要符合现有国家标准的规定。

### 14.2.2 制订装配工艺规程的原始资料

制定装配工艺规程需要收集以下原始资料:
(1)机器产品的总装图和部件装配图,以及重要零件图或主要零件图和技术性能要求。从而可以作为制订装配顺序、装配方法、核算装配尺寸链、制订产品检验内容方法及设计或购买装配工具、运输设备等工作的依据。

(2)机器产品的生产纲领。生产纲领决定了产品的生产类型。

(3)相关标准资料。用于机器产品的质量标准和验收依据。

(4)现有的生产条件。根据现有的装配工艺设备、工人技术水平、装配车间面积等情况,制订出切合实际,符合生产条件装配工艺规程。

### 14.2.3 制订装配工艺规程的内容及步骤

1. 产品图纸的分析

(1)研究分析装配图,了解产品结构,明确零部件间的装配关系;掌握装配技术要求及产品验收技术标准,明确装配中的关键技术问题。

(2)分析并审查机器产品的结构的装配工艺性,以确定产品结构是否便于装拆和维修;进行必要的装配尺寸链计算及其精度验算,确保产品装配质量。

(3)研究装配方法,可将产品分成为能够独立进行装配的"装配单元",以便组织装配工作的平行、流水作业。缩短总装配周期。

2. 确定装配的组织形式

根据产品的生产纲领、结构特点及现有生产条件来确定生产的组织形式。装配组织形式按产品在装配过程中是否移动可分为固定式和移动式两种。

固定式装配是指全部装配工作在一个固定点进行,产品在装配过程中不移动,该装配形式多用于单件小批量生产或重型产品生产。

移动式装配是指将零部件按顺序从一个装配位置移动到另一个装配位置,在各装配位置上分别完成一部分装配工作,经过若干个装配位置后完成产品的装配工作,这种装配形式常用于大批量的生产中。

装配组织形式的选择主要取决于产品的尺寸、质量、复杂程度和生产批量,并应考虑现有生产技术条件和设备状况,装配组织形式一经确定,装配方式、工作地布置也相应确定。

3. 确定装配工作的具体内容

根据产品结构及其装配要求,即可确定装配工作具体内容,还要注意妥善安排包括清洗、刮研、平衡、过盈连接(压配或热胀冷缩方法)、螺纹联接和校正等其他装配工作。装配过程中和装配完成后还应及时安排质量检验和试车,对某些产品的特殊要求,除在图纸上说明外,还应在有关设计文件中加以说明,以引起注意。

4. 确定装配工艺方法及设备

根据产品技术要求,确定装配工艺方法,如热装、冷装、冷压装等。所用装配工艺参数,如过盈配合的压入力、变温装配的温度、紧固螺钉螺母的旋紧扭矩、预紧力的大小、装配环境的要求等可参照经验数据或经试验和计算确定。

为顺利完成装配工作,需要选用合适的设备以及工、夹、量具等。如有必要的话也可以专门设计、制造装配所需的设备和工具。

## 5. 选择装配基准

无论哪一级的装配单元都要选定某个零件或比它低一级的组件作为装配基准件。尽量选择产品基体或主干零件为装配基准件，通常这些机件的体积和质量较大，有足够的支承面，可以满足陆续装入其他零部件的作业要求和稳定性需求。基准件补充加工工作量应尽可能少，尽量不要有后续加工工序。基准件还应有利于装配过程中的检测、工序间的传递、输送和翻身转位等作业。

## 6. 确定装配顺序

产品的装配顺序取决于产品的结构特点和组织形式，装配顺序的一般原则如下：

(1) 预处理工序先行。例如，零件的去毛刺、清洗、防锈防腐、涂装、干燥等工序要安排在装配工作之前做完。

(2) 先下后上，先内后外，先难后易。先进行处于机器下部的、基础零部件的装配，再安装处于机器上部的零部件，使机器在整个装配过程中的重心稳定。先装产品内部零部件，不会妨碍后续的装配作业；开始装配时，基准件上有较开阔的空间、有利于较难装配的零、部件的装配工作。

(3) 先重大后轻小，先精密后一般。先安排装配体积、质量较大的零部件，有利于安全生产，减少工人劳动强度；先将影响整台机器精度的零、部件安装调试好，再安装一般要求的零部件，便于保证装配质量。

(4) 电线、油(气)管路应与相应工序同时进行。

(5) 易燃、易爆、易碎、有毒物质或零部件的安装放在最后。

## 7. 绘制装配系统图

对于结构比较简单、零部件少的产品，可以只绘制产品装配系统图。对于结构复杂、零部件很多的产品，则还需要绘制各装配单元的装配系统图。用以表明产品零、部件间相互装配关系及装配流程的示意图叫做装配系统图。如图 14-5 所示即产品的装配系统图。

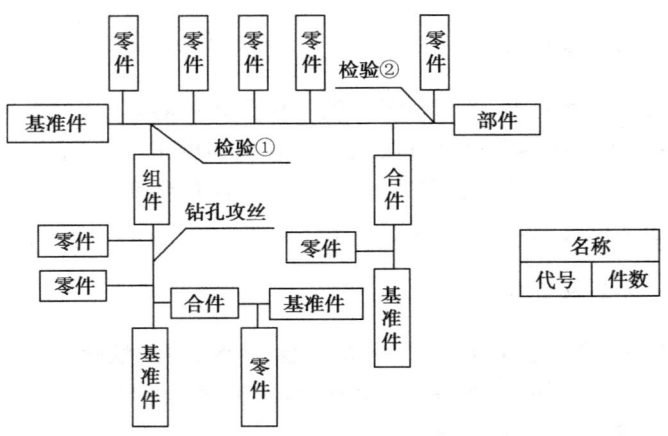

图 14-5 产品装配系统图

绘制装配系统图时,先画一条较粗的横线,横线右端是装配单元,横线左端为基准件。按装配的顺序,从左向右依次将安装于基准件上的零件、合件、组件和部件画出。代表零件的长方格画在粗横线的上方,代表合件、组件和部件的长方格画在横线的下方。长方格内,上方注明装配单元名称,左下方填写装配单元代号,右下方填写装配单元件数。

在装配系统图上加注所需的工艺说明,如焊接、配钻、配刮、冷压和检验等。装配系统图能比较清楚、全面地反映装配单元的划分、装配顺序和装配工艺方法等工艺内容,是装配工艺规程制定中的主要文件之一,也是划分装配工序的依据。

8.填写装配工艺文件

装配工艺文件主要有装配工艺过程卡片、检验卡片和试车卡片等。这些文件的编写方法与机械加工所用同类卡片的编写方法基本相同。

通常单件小批量生产时,不需制定装配工艺卡,而是用装配系统图来代替。

对于成批生产时,一般只制定部件及总装的装配工艺卡片,而不制定装配工序卡片,但在工艺卡片上要写明工序次序;简明扼要的工序内容、所需设备和工具名称及编号、工人技术等级及时间定额等。但在成批生产中的关键工序应制定相应的装配工序卡片。

在大批量生产中,不仅需要制定装配工艺卡片,而且还要制定装配工序卡片,用以指导装配工作。

## 14.3 装配尺寸链

### 14.3.1 装配尺寸链的基本概念

为保证机器装配的精度和性能质量要求,将与装配的精度有关和影响装配精度的尺寸按一定顺序首尾相接构成的封闭尺寸组合,称为装配尺寸链。装配尺寸链基本特征仍然是尺寸关系或相互位置关系封闭性,遵循尺寸链基本规律。如图 14-6(a)所示为导柱与导套装配,要求装配时保证装配精度。根据相关尺寸绘出尺寸链图,如图 14-6(b)所示。

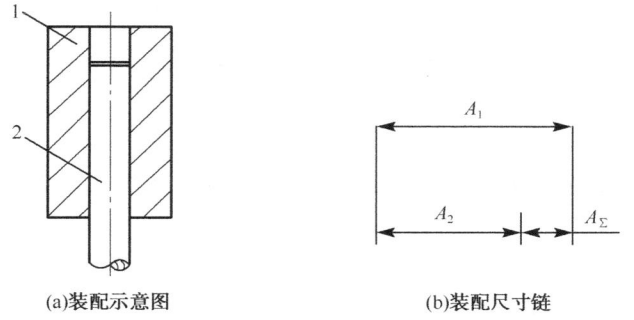

(a)装配示意图　　　　　　(b)装配尺寸链

1-导套;2-导柱　　　$A_1$:导套的内径;$A_2$:导柱的外径;$A_\Sigma$:装配间隙

图 14-6　导柱与导套装配及装配尺寸链

装配尺寸链按照各组成环的几何特征和所处的空间位置,可分为直线尺寸链(由长度尺寸组成,各尺寸环彼此平行)、角度尺寸链(由角度或平行度、垂直度等构成)、平面尺寸链(由成角度关系布置的长度尺寸构成,各尺寸环均位于三个平面上)和空间尺寸链。其中,最常见的是直线尺寸和角度尺寸链。

### 14.3.2 装配尺寸链的建立

先分析一下图 14-6 的例子(图 14-6(b)),假定:$A_1 = \phi 40^{+0.025}_{0}$,$A_2 = \phi 40^{0}_{-0.016}$,则装配间隙 $A_\Sigma$ 的最大值和最小值是多少?

由工艺尺寸链的知识可知:

最大装配间隙 $A_{\Sigma max} = +0.025 - (-0.016) = 0.041(\text{mm})$;最小装配间隙 $A_{\Sigma min} = 0 - 0 = 0(\text{mm})$。所以导柱导套的配合间隙为 0~0.041mm。

该例子说明装配精度直接取决于相互配合零件的制造精度。由此得出应用装配尺寸链分析可以较方便的解决装配精度问题。

建立装配尺寸链首先要确定封闭环,再以封闭环为依据查找与其相关的各组成环,绘出尺寸链图,判别各组成环的性质,再进行相应的计算,并制定保证装配精度的工艺方法。

### 14.3.3 装配尺寸链组成的最短路线原则

由工艺尺寸链的知识可知,封闭环的公差为各组成环公差之和。因此,当封闭环的公差值(装配精度)确定后,组成环的数目越少,各组成环所分配的公差值就越大,对零件的加工要求就越低。在设计机器时,应在保证其使用性能的前提下,尽量简化其结构,以减少对装配精度有影响的零件数目,尽量减少对封闭环精度有影响的零件数目。这是机器设计中所必须遵循的一个原则。

### 14.3.4 达到装配精度的几种方法

根据机器的结构特点、性能要求、零件的精度等级和生产条件的不同,有许多的装配工艺方法,常见的有四种方法:互换法、选择装配法、修配法和调节法。

1. 互换装配法

机器的各个零件严格按图纸要求的公差进行加工,装配时不需要再作选择、修配和调整就能达到规定的装配精度和技术要求。根据零件的互换程度,互换装配法又分为完全互换法和统计互换法。

1)完全互换法

在全部产品中,装配时各组成零件不需要任何的挑选或改变其大小或位置,装配后即能达到装配精度的要求,这种装配方法称为完全互换法。

用完全互换法装配时,运用式(10-1)~(10-6)所示标极值法计算公式解算装配尺寸链。

优点:装配质量稳定可靠,装配工作简单,易于实现装配工作的机械化及自动化,便于组织流水线作业和零部件的协作与专业化生产。

缺点:当机器精度要求较高时,特别是尺寸链环数又较多时,零件的加工精度就会变高,可能造成无法加工或加工成本大幅提高。

因此,完全互换法装配仅用于零件数量少、装配精度要求较低的机器产品。

2) 统计互换法

在正常情况下,零件尺寸出现极值的可能性极小,完全互换法装配以提高零件加工精度为代价来换取装配质量,有时是不经济的。运用概率法解尺寸链,将组成环的制造公差适当放大,使零件容易加工,这会使极少数产品的装配精度超出规定要求,但这是小概率(约 0.27%)事件,很少发生,从总的经济效果分析,仍然是经济可行的。

2. 选择装配法

选择装配法是指将尺寸链中组成环的公差放大到经济加工精度,然后再选择合适的零件进行装配,以保证装配精度。选择装配法多用于装配精度要求较高、组成环数较少的成批或大批量生产类型。该方法又分为直接选配法、分组选配法和复合选配法三种。选择装配法的装配尺寸链采用极值法计算。

1) 直接选配法

由装配工人直接从许多待装配的零件中凭经验选择合适的零件进行装配。该方法的装配质量主要取决于工人技术水平的高低。不宜用于节奏要求较严的大批量生产。

2) 分组选配法

将各组成环的公差按完全互换法所要求的值放大几倍(2~4 倍),使零件能按经济加工精度进行加工,之后再按实际测量出的尺寸将零件分为若干组,装配时选择对应组内零件进行装配,来满足装配精度要求。

3) 复合选配法

这是上述两种方法的复合形式。即把零件预先测量分组,装配时由工人在各对应组内挑选合适零件进行装配。这种方法既能提高装配精度、又不会增加分组数,但装配精度仍依赖于工人的技术水平,常用于相配件公差不等时,作为分组装配法的一种补充形式。

3. 修配法

修配法是指将尺寸链中各组成环均按经济加工精度制造,装配时将指定零件的预留修配量如图 14-7 所示浇口套组件的 $h$ 处和 0.02 处修去,使之达到装配精度的装配方法,适用于单件或小批量生产。采用修配法时,计算装配尺寸的方法采用极值法。

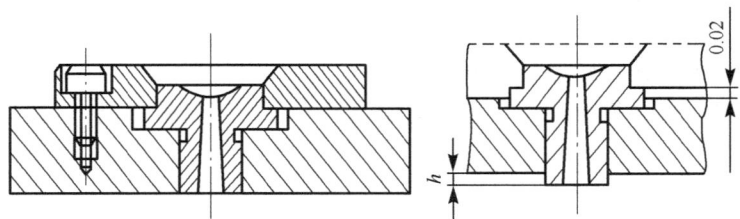

图 14-7 浇口套组件的修配装配

4. 调整法

在成批或大批量生产中,对于装配精度要求较高而组成环数目又较多的装配尺寸链,多采用调整法来进行装配。即在装配时通过改变产品中可调零件的位置或更换尺寸合适的可调零件来保证装配精度的方法。

调整法也是按经济精度确定各组成环的公差,通过改变调整环的尺寸来保证装配精度,只是调整法是依靠改变调整件的位置或更换调整件来保证装配精度。根据调整方式的不同,调整法又分为可动调整法、固定调整法和误差抵消法三种。

1) 可动调节法

该方法是指通过移动、旋转等来改变调节件的位置,保证装配精度的方法。如图14-8所示是利用调整螺钉1作为调节件,调整滚动轴承的装配间隙。

2) 固定调节法。固定调节法是指按一定的尺寸等级制造的若干专用零件(如垫圈、垫片或轴套等),装配时通过选择某一尺寸等级的合适的调节件加入到装配结构中,从而达到装配精度的方法。图14-9所示是注射模滑块型芯水平位置的装配调整示意图。

3) 误差抵消法。在产品或部件装配时,通过调整有关零件的相互位置,使其加工误差相互抵消一部分,以保证装配精度的方法称为误差抵消装配法。

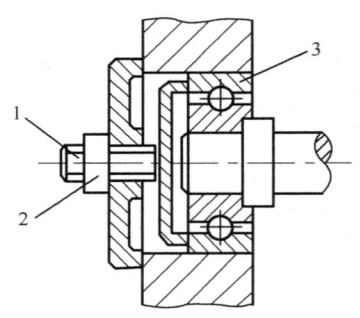

图14-8 可动调节装配法
1-调整螺钉;2-锁紧螺母;3-滚动轴承

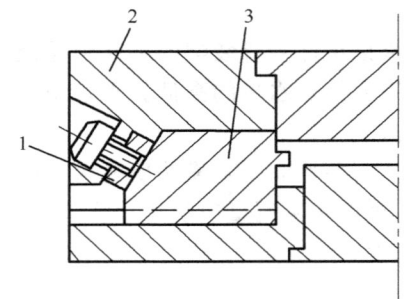

图14-9 固定调节装配法
1-调整垫圈;2-压板;3-滑块型芯

## 思考题与习题

1. 在机器生产过程中,装配过程起什么重要作用?
2. 什么是零件、合件、组件、部件?
3. 为什么在大批量生产中一般都采用互换法进行装配?它的优点是什么?
4. 采用分组互换法保证装配精度要注意什么?
5. 什么是装配尺寸链最短路线原则?
6. 极值法解尺寸链与概率法解尺寸链有何不同?各用于何种情况?

# 参 考 文 献

宾鸿赞,王润孝.2006.先进制造技术.北京:高等教育出版社
成大先.2004.机械设计手册:单行本——常用机械工程材料.北京:化学工业出版社
崔占全,邱平善.2001.工程材料.哈尔滨:哈尔滨工程大学出版社
邓文英.2000.金属工艺学.北京:高等教育出版社
邓文英.2008.金属工艺学(上册).5版.北京:高等教育出版社
付广艳.2007.工程材料.北京:中国石化出版社
戈晓岚,许晓静.2007.工程材料与应用.西安:西安电子科技大学出版社
何世禹,金晓鸥.2006.机械工程材料.哈尔滨:哈尔滨工业大学出版社
黄鹤汀,杨建明.2001.机械制造装备.北京:机械工业出版社
吉卫喜.2005.现代制造技术与装备.北京:高等教育出版社
荆长生.1997.机械制造工艺学.西安:西北工业大学出版社
刘云.2008.工程材料应用基础.北京:国防工业出版社
柳秉毅.2005.材料成型工艺基础.北京:高等教育出版社
卢志文.2005.工程材料及成型工艺.北京:机械工业出版社
祁红志.2007.机械制造基础.北京:电子工业出版社
齐乐华.2000.工程材料与机械制造.北京:高等教育出版社
申荣华,丁旭.2008.工程材料及其成形技术基础.北京:北京大学出版社
沈其文.2003.材料成型工艺基础.3版.武汉:华中科技大学出版社
盛定高.2003.现代制造技术概论.北京:机械工业出版社
束德林.2003.工程材料力学性能.北京:机械工业出版社
孙广平.2007.材料成形技术基础.北京:国防工业出版社
孙康宁.2005.现代工程材料成型与机械制造基础.北京:高等教育出版社
汪传生,刘春廷.2008.工程材料及应用.西安:西安电子科技大学出版社
王爱珍.2003.工程材料及成形技术.北京:机械工业出版社
王光斗,王春福.2000.机床夹具设计手册.3版.上海:上海科学技术出版社
王润孝.2004.先进制造技术导论.北京:科学出版社
王忠.2005.机械工程材料.北京:清华大学出版社
武良臣.2001.先进制造技术.徐州:中国矿业大学出版社
徐国义.1997.金属工艺学.哈尔滨:哈尔滨工程大学出版社
徐自立.2003.工程材料.武汉:华中科技大学出版社
薛顺源.2001.机床夹具设计.2版.北京:机械工业出版社
闫康平.2008.工程材料.北京:化学工业出版社
严霖元.2004.机械制造基础.北京.中国农业出版社
严绍华.2004.热加工工艺基础.工程材料及机械制造基础(Ⅱ).2版.北京:高等教育出版社
阎光明,侯忠滨,张云鹏.2007.现代制造工艺基础.西安:西北工业大学出版社
于骏一,邹青.2004.机械制造技术基础.北京:机械工业出版社
于骏一,邹青.2009.机械制造技术基础.北京:机械工业出版社
于永泗,齐民.2007.机械工程材料.大连:大连理工大学出版社
袁根福,祝锡晶.2007.精密与特种加工技术.北京:北京大学出版社
张建中.2009.机械制造工艺学.北京:国防工业出版社

中国机械工业教育协会组编.2005.机械制造基础.北京:机械工业出版社
周光万.2010.机械制造工艺学.成都:西南交通大学出版社
朱上秀,王世辉.2006.机械制造基础.广州:华南理工大学出版社
朱张校.2001.工程材料.北京:清华大学出版社
朱征.2007.机械工程材料.北京:国防工业出版社